计 算 机 科 学 丛 书

原书第2版

容错系统

[美] 伊斯雷尔·科伦（Israel Koren）　著
C. 玛尼·克里希纳（C. Mani Krishna）

董 剑 译

Fault-Tolerant Systems
Second Edition

机械工业出版社
CHINA MACHINE PRESS

Fault-Tolerant Systems, Second Edition

Israel Koren,C. Mani Krishna

ISBN: 9780128181058

Copyright © 2021 Elsevier Inc. All rights reserved.

Authorized Chinese translation published by China Machine Press.

《容错系统（原书第 2 版）》（董剑 译）

ISBN: 9787111758792

Copyright © Elsevier Inc. and China Machine Press. All rights reserved.

注意

本书涉及领域的知识和实践标准在不断变化。新的研究和经验拓展我们的理解，因此须对研究方法、专业实践或医疗方法作出调整。从业者和研究人员必须始终依靠自身经验和知识来评估和使用本书中提到的所有信息、方法、化合物或本书中描述的实验。在使用这些信息或方法时，他们应注意自身和他人的安全，包括注意他们负有专业责任的当事人的安全。在法律允许的最大范围内，爱思唯尔、译文的原文作者、原文编辑及原文内容提供者均不对因产品责任、疏忽或其他人身或财产伤害及 / 或损失承担责任，亦不对由于使用或操作文中提到的方法、产品、说明或思想而导致的人身或财产伤害及 / 或损失承担责任。

北京市版权局著作权合同登记 图字：01-2021-3379 号。

图书在版编目（CIP）数据

容错系统：原书第 2 版 /（美）伊斯雷尔·科伦（Israel Koren），（美）C. 玛尼·克里希纳（C. Mani Krishna）著；董剑译 . — 北京：机械工业出版社，2024.5

（计算机科学丛书）

书名原文：Fault-Tolerant Systems, Second Edition

ISBN 978-7-111-75879-2

Ⅰ.①容…　Ⅱ.①伊…②C…③董…　Ⅲ.①容错系统　Ⅳ.① TP277.3

中国国家版本馆 CIP 数据核字（2024）第 102894 号

机械工业出版社（北京市百万庄大街 22 号　邮政编码 100037）
策划编辑：姚　蕾　　　　　　　　　责任编辑：姚　蕾
责任校对：张婉茹　马荣华　景　飞　责任印制：常天培
北京科信印刷有限公司印刷
2024 年 9 月第 1 版第 1 次印刷
185mm×260mm · 19.75 印张 · 528 千字
标准书号：ISBN 978-7-111-75879-2
定价：149.00 元

电话服务　　　　　　　　　　网络服务
客服电话：010-88361066　　机 工 官 网：www.cmpbook.com
　　　　　010-88379833　　机 工 官 博：weibo.com/cmp1952
　　　　　010-68326294　　金 书 网：www.golden-book.com
封底无防伪标均为盗版　　　　机工教育服务网：www.cmpedu.com

初次接触本书（第1版）是在2010年左右，当时我正在为哈尔滨工业大学计算机专业本科高年级学生讲授"容错计算技术"的课程，为了拓展课程内容亟需找到一本适合的参考教材。拿到本书第1版时确实让我眼前一亮，书中系统全面地介绍了容错的基本概念和分析方法、软硬件容错设计技术、容错网络及VLSI电路中的缺陷容忍等内容，还给出了一些实际案例分析以帮助读者理解容错技术的应用。书中的每一章都独立给出了相关的参考文献与阅读指导，并给出了配套的练习题，所以本书非常适合作为计算机以及电子类专业开设容错计算相关课程的教材，同时也非常适合作为研究生以及科研人员从事容错计算相关研究的参考书籍。

本书第2版保留了第1版的所有主题，增加了每个主题十几年来的一些新研究进展。例如，第3章增加了对LDPC、层次化RAID以及闪存RAID的介绍，第6章增加了对云计算以及百亿亿次规模高性能计算场景中的检查点机制的讨论，第8章的案例分析也补充了更多的案例。此外，还增加了一个新的主题（第7章），介绍了最近发展迅速的CPS中的容错技术。每一章的参考文献也得以更新，反映了容错计算各个领域的新进展。新增内容（详见前言）大多以独立章节给出，便于第1版的读者快速了解本领域的这些新研究成果。

使用本书十余年后，在2020年底得知本书第2版已经出版（期盼已久），并且可以承担将其翻译成中文的任务时，内心颇有些激动。由于初次接触翻译工作，在工作展开之后才知自己能力之不足，从2021年初开始，历时一年有余才完成初稿。如此，仍难免有谬误之处，还望读者批评指正，不吝赐教，我的联系邮箱是 dan@hit.edu.cn。

在本书的翻译过程中，首先要感谢协助我完成翻译工作的可爱的同学们，他们是我的博士生计松言、王野、韩铭、王峒棋、孙日辉、李天阳。此外，需要特别感谢周鹏博士在第7章的翻译中给予的支持。感谢出版社编辑为本书所做的大量工作。特别感谢我的太太任潇博士和两个宝贝溪溪和润润，翻译过程中有一些用词的讨论，太太带领孩子们参与其中，给了很多好的建议，为翻译工作增添了很多乐趣。

最后，感谢恩师杨孝宗先生在一九九九年的那个冬天带我叩开容错计算的大门！

2022年10月23日

本书第 2 版保留了第 1 版的结构，但在大部分章节增加了新的内容。参考文献也做了相应更新，以反映本领域最新的研究进展。

如下为我们增加的新内容。

- 第 2 章：增加了对导致硬件失效的主要物理因素的讨论。
- 第 3 章：增加了对低密度奇偶校验编码（LDPC）、层次化 RAID 以及闪存 RAID 的讨论。
- 第 4 章：增加了胖树、片上网络以及无线感知网相关的容错技术。
- 第 5 章：增加了基于 Hypervisor 的抗衰恢复，对软件可靠性模型的介绍增加了 Ostrand-Weyuker-Bell 模型。
- 第 6 章：增加了对云计算，以及千万亿次（petascale）、百亿亿次（exascale）等高性能计算场景中的检查点机制的讨论。
- 第 7 章：这是一个全新的章节，主要讨论日益显著的信息物理融合系统（CPS）中的容错相关技术。
- 第 8 章：这一章增加了一些新的案例分析，包括航空航天系统、IBM 的 POWER8 多核处理器、Intel 至强处理器，以及 Oracle 和 NEC 的服务器。此外，增加了一些云计算的案例。
- 第 9 章：增加了对拆分方法的介绍。

致谢

我们在此感谢 Zahava Koren 通读本书全文后提出的宝贵建议。我们也要感谢 Morgan Kaufman 公司的员工为这个项目所做的努力。我们还要感谢多年来支持我们工作的资助机构，特别是第 7 章的内容是在美国国家科学基金会 CNS-1717262 项目的赞助下完成的。

预备知识

在过去的 50 年中，计算机已经从只有政府部门和个别大公司才能使用的昂贵计算设备变成日常商品，广泛应用在生活的方方面面。它不仅是我们日常使用的台式计算机、笔记本计算机以及智能手机，还是我们不常接触的汽车、智能家居、医疗设备、航空器、工业厂房、发电厂以及大规模分布式系统中至关重要的组成部分，也是目前世界上大多数金融系统不可或缺的核心基础设施，对股票、债券、货币市场的交易都是不可或缺的。随着计算机能力的日益增强，将计算机系统应用在关乎我们生命和财富的关键应用领域之中这一社会需求也在不断提高。我们将越来越多地依赖计算机去执行那些至关重要的操作。不管我们愿不愿意承认，我们正在把最宝贵的生命和财产全部押注在"计算机不会出错"上。

计算机（硬件加软件）可能是目前人类创造的最复杂的系统。而且，随着芯片加工工艺的不断更新换代，晶体管密度不断提高，计算机硬件的复杂度在不断增加。计算机软件的复杂程度更高，这就使得出现失效的可能性不断提高。我们无法确定一个较大规模的软件或者硬件是没有任何缺陷的，即使在使用了当前最为先进的开发和测试工具的航天飞机软件系统中，依旧存在潜在的严重缺陷。

计算机领域的科学家和工程师一直在努力应对复杂系统的设计挑战，他们使用了大量的工具和技术来降低所设计系统中故障的数目。然而，这仍不足以解决问题：我们需要正视系统生命周期中故障的存在，使用相应的技术容忍这些故障，使我们所构建的计算机系统能够在故障发生时仍然具有可接受的服务水平。本书将主要讨论与容错计算相关的内容。

1.1 故障的分类

在我们的日常语言里，故障（fault）、失效（failure）和错误（error）三个词经常混用。但是，在容错计算领域的术语中，这三个词有着不同的含义。故障（或失效）可以是硬件加工过程中的缺陷，也可以是软件（程序）编写过程中的缺陷。与此相对，错误是故障或失效的表现形式。

举例来讲，考虑一个加法器电路，其中一个输出信号固定为 1，不管加法器输入的操作数为何值，该输出信号所对应的值始终为 1。这就产生了一个故障，但并不是一个错误。只有当该加法器参与运算且运算结果在出故障的那位信号上应该为 0 而不是 1 时，这种故障才会引起一个错误。硬件故障与错误的区别同样存在于软件故障与错误之间。例如，我们设计一个用来计算 $\sin(x)$ 的子函数，由于编程过程中的失误，子函数的输出变成了 $\sin(x)$ 的绝对值。只有当该函数被调用且正确的 $\sin(x)$ 值为负时，这个缺陷（故障）才会引起一个运行错误。

故障和错误能够在整个计算机系统内传播。如果一个芯片的电源与地面发生短路故障，则可能导致邻近的芯片也失效。当某个模块的输出成为其他模块的输入时，错误会随之传播到其他模块。再来看一下前面的两个例子，存在故障的加法器和子函数 $\sin(x)$ 所产生的错误输出会影响使用它们的后续计算过程，从而传播错误。

为了控制故障或错误在系统中的传播，计算机系统的设计者引入了隔离分区的概念。可以将它们看作一些壁垒，能防止故障或错误从一个分区传播到另一个分区。举例来说，可以建立故障隔离分区，使一个分区的最大可能电压摆幅不会影响其他分区，即实现分区间的电气隔离，并为每一个分区提供独立电源。错误隔离分区的实现将在后面的介绍中看到，一般使用冗余模块（程序）和表决机制实现。

故障可以按照不同的维度进行分类，主要的分类维度包括：故障持续时间、故障引入阶段、故障引入的主观性，以及故障发生的位置（软件或硬件）等。下面按照不同维度介绍一下故障的分类。

- **故障持续时间**。持续时间是针对硬件故障的一个重要的分类维度，可以将硬件故障分为永久故障、瞬时故障和间歇故障。永久故障表示一个部件将会永远失效，烧坏的灯泡就是一个永久故障的例子。瞬时故障会导致一个部件在某一段时间内发生故障，但是在这段时间之后，故障将会消失，部件完全恢复正常功能。例如电话通话过程中随机出现的噪声干扰。还有一个例子，存储单元的内容可能会因为某些电磁干扰被篡改，这种情况下存储单元本身并未损坏，当下一次写操作到来，存储单元的内容被覆盖后，故障将会消失。间歇故障不会完全消失，它时而出现，时而消失。当间歇故障消失时，部件功能完全正常，当它出现时，部件就会发生故障。松动的电气连接就会造成时隐时现的间歇故障。
- **故障引入阶段**。故障可能在系统生命周期的各个阶段引入。在设计阶段可能因有缺陷的设计决策引入故障，在系统实现（例如，软件开发）阶段同样会引入故障。在系统的运行阶段，硬件的降级、有缺陷的软件更新以及恶劣的运行环境（例如，高强度辐射或者超高温）都可能引入故障。
- **故障引入的主观性**。故障的引入可以分为有意和无意的。大多数软件缺陷是无意引入的故障。例如，在 Fortran 中，程序员原本想用指令 do i = 1,35 设定一个循环，却由于失误而将指令写成了 doi = 1.35，故系统得到的指令是将 1.35 赋值给变量 doi。

有意引入的故障是指在设计阶段，通过有意识制定的设计决策在系统中引入的故障，可以进一步将其分为非恶意和恶意故障两种。非恶意故障的引入并没有任何恶意的目的，通常是一些在设计阶段无法预知的边际效应（往往由系统各个模块之间的交互产生），或是设计者对软件的运行环境未能充分理解的结果。而恶意故障就是出于某种恶意目的而在设计阶段引入的故障，例如程序员故意在程序中设置后门使其可以访问未授权的关键数据。本书会介绍恶意故障的一个子类，这类故障虽然不是故意引入的，但其行为好像带有某种人为的恶意目的。举例来讲，一个"看上去存在恶意故障"的组件会发送不同的值给不同的接收者。飞机上的高度计可能会向一个接收单元发送 1000 ft$^\ominus$，却向另一个接收单元发送 8000 ft。恶意故障也被称为"拜占庭故障"。

1.2 冗余类型

容错就是对冗余机制的开发和管理。冗余是指相对于实现系统功能的最小资源需求，设计者使用了更多的资源来构建系统。在系统没有发生故障的情况下，即使将这些冗余资源去掉也不会影响系统的正常工作。当系统发生故障时，这些冗余资源就可以屏蔽故障的影响，或者使系统在故障状态下降级运行，维持在可接受的的功能级别。

$\ominus$ 1 ft = 0. 3048m。——编辑注

　　本书将主要研究四种类型的冗余：硬件冗余、软件冗余、信息冗余以及时间冗余。一般来讲，硬件故障的解决多使用硬件冗余、信息冗余或时间冗余的方法，而软件故障（缺陷）大多使用软件冗余的方法解决。

　　硬件冗余需要在系统的设计中加入额外的硬件部件，通过对失效组件的检测或屏蔽来消除故障的影响。例如，我们可以使用两个或三个处理器来代替原来的单个处理器，所有处理器都执行相同的功能。在两处理器的方案中，我们可以通过对两个相同处理器的输出进行比较，发现单个处理器的失效；在成本更高的三处理器方案中，可以选择输出中占多数的相同输出作为系统的输出，可以实现对单个故障处理器错误输出的屏蔽。这一类方法称为静态硬件冗余，主要用来实现故障的快速屏蔽。还有一种称为动态冗余的硬件冗余方式，通常是将冗余模块作为备份模块，在当前活动模块发生故障后，备份模块被激活，成为活动模块，继续维持系统正常工作。在有些场合，也会将静态和动态冗余结合起来，形成混合硬件冗余的设计方案。

　　硬件冗余可以是简单的硬件复制，也可以是非常复杂的主从切换架构。额外硬件的加入使硬件冗余系统成本高昂，通常都用在能接受这种高成本的关键系统中。尤其在应对恶意故障时，更是需要大量的冗余部件。

　　最著名的信息冗余方式就是检错与纠错编码。通过在原始数据中加入额外的信息位（校验位），实现对错误数据位的检测或纠正。目前检错和纠错编码已经广泛应用到了内存单元和各类存储设备中，以保护其不被良性故障影响。需要注意的是，编码方法（包括其他的信息冗余方法）需要额外的硬件来处理冗余数据（校验位）。

　　检错和纠错编码也被用来保护噪声信道上的数据通信。噪声信道存在大量的瞬时故障，这种信道可以是广域网（例如 Internet）或局域网中处理器之间的通信链路。在数据通信中，如果只需要提供数据错误检测能力，而不需要进行错误纠正，则完全可以使用重传这种简单的解决方法，这属于时间冗余的范畴。

　　在噪声信道上，除了瞬时数据通信故障之外，不管是广域网还是局域网，都可能出现永久链路故障。这通常会造成一条或多条通信路径的断裂，导致网络中部分节点间通信延迟的增加和通信带宽的降低，严重时会导致部分节点完全与网络中的其他节点断开连接，形成多个独立的子网络。这种情况需要增加冗余通信链路（如硬件冗余）予以解决。

　　一些计算节点会通过在相同硬件上重复执行相同的程序来实现时间冗余。大多数硬件故障都是瞬时故障，同一程序的多次独立执行（执行间隔足够大）发生同样的瞬时故障的可能性极低，因此时间冗余对瞬时故障的处理特别有效。时间冗余的方法也可以用来检测一些其他检测方法难以发现的瞬时故障。对于一个已经拥有其他错误检测机制，甚至已经具有从故障影响中恢复且重新开始计算的能力的系统，时间冗余方法仍然可以应用其中。主要原因是与其他冗余机制相比，时间冗余的硬件和软件成本都非常低，只需要付出一些性能的代价。

　　软件冗余主要用于应对软件故障。一个合理的猜测是：每一个具有一定规模的软件都会不可避免地存在故障（缺陷）。处理这种软件缺陷成本高昂，有一种方法是独立地开发两个或多个不同版本的软件（具有同样的功能，最好由不同团队独立开发），并且让这些版本不会因同样的输入而引起失效。一般来讲，在从版本的开发中会使用较为简单、准确度更低的算法（越简单故障越少），当主版本失效时，由从版本提供一个可接受的结果。以类似硬件冗余的原理，软件的多个独立版本在检测故障时可以并行执行（需要冗余硬件支持），或者串行执行（需要更多的执行时间，如时间冗余）。

1.3 容错机制的基本评测指标

既然容错的目的是使得机器更加可信赖，那么建立一套合理的可信赖程度评测指标体系就变得非常重要。本节将对一些评测指标及其应用进行讨论。

一个评测指标就是一个数学抽象，是对被测目标性能的一些相关特征的描述。因此，一个评测指标往往仅关注被测对象的一个属性子集。在定义评测指标时经常需要进行权衡，属性子集的选取要足够大，从而能够度量用户感兴趣的那些系统行为，但如果属性子集选取得过大，又会使得指标对系统的描述过于笼统，失去评测意义。

1.3.1 常用评测指标

我们首先讨论一些常用的基本评测指标，主要用来描述单个计算机节点的可信赖程度。这些已经使用了多年的指标主要用来度量系统最基本的一些属性，其中最基本的两个指标是可靠度与可用度。

可靠度是在时间区间 $[0, t]$ 内，系统能够连续保持正常工作的概率，通常用时间 t 的函数 $R(t)$ 表示，有 $R(0) = 1$。这个指标一般用于衡量那些不允许出错的高可靠系统，例如控制飞机飞行的计算机系统，它的系统级失效将会造成巨大的灾难。

与可靠度密切相关的还有两个评测指标，分别是平均无故障运行时间（mean time to failure，MTTF）和平均故障间隔时间（mean time between failures，MTBF）。MTTF 是系统在故障发生前的平均正常工作时间，MTBF 是连续发生的两次故障间隔时间的均值。在一个可维修的系统中，每次发生故障时，系统需要经过维修过程重新回到正常工作状态，这段时间称为维修时间，对应的指标为平均维修时间（mean time to repair，MTTR）。三者关系为

$$\text{MTBF} = \text{MTTF} + \text{MTTR}$$

可用度 $A(t)$ 表示在时间区间 $[0, t]$ 内，系统处于正常工作状态的平均时间比例。在一些应用场景中，并不看重连续无故障运行，而长时间的系统死机却会造成巨大的损失，这样的系统适合用可用度来度量。例如，航空公司订票系统就是一个典型的高可用场景，系统长时间死机会导致乘客滞留、营业额下降，而一个持续时间较短的偶然故障可能只会造成乘客难以察觉的服务延迟，是可以容忍的。

稳态可用度 A 定义为

$$A = \lim_{t \to \infty} A(t)$$

A 表示系统在某个随机时间点保持正常工作状态的概率，只适合度量可维修系统（即系统有能力通过对故障组件的维修恢复其功能）。稳态可用度可以用 MTTF、MTBF 和 MTTR 来计算，

$$A = \frac{\text{MTTF}}{\text{MTBF}} = \frac{\text{MTTF}}{\text{MTTF} + \text{MTTR}}$$

还有一个与稳态可用度相关的指标是点可用度 $A_p(t)$，表示在某个特定时刻 t 系统正常工作的概率。

有可能存在低可靠却高可用的系统。考虑这样一个系统，它平均每小时发生一次故障，但是每次故障 1 s 之后就会恢复到正常工作状态。很显然，这个系统的 MTBF 只有 1 h，可靠度很低，然而它的可用度很高，即 $A = 3599/3600 = 0.99972$。

在上面提到的评测指标定义中，我们的数学模型都自然地假设系统可以分为两个状态，

一个可视为"正常工作",另一个可视为"失效"。对于一些简单的组件,这种假设是成立的。例如,一个灯泡要么处于正常状态,要么处于烧毁状态。一条电缆也只有连通或断开两个状态。然而在系统层面,即使是非常简单的系统,这种假设也具有很大的局限性。举例来讲,考虑一个这样的处理器,在它的上百万个门电路中,有几百个发生了"固定 0"故障。也就是说,不管输入为何值,这些故障门的输出永远为 0。我们假设处理器其他所有门电路的功能都是正常的,这几百个发生故障的门可能每 25 000 h 才能使处理器产生一次错误的输出。例如,除法单元中的特定故障门电路,可能只有在除数属于某个特定的子集时才会产生一个错误的商。很明显,这个处理器是存在故障的,但是否可以把它定义为"失效"呢?

上述问题在一些支持功能降级的系统上更加难以处理。在这类系统的设计中,会定义多个系统功能等级。在系统初始状态,所有组件都能正常运行,系统处于最高功能等级。在运行过程中,随着组件不断失效,系统会降低功能等级,直到系统不能产生任何有用的输出,完全失效。这种系统有多个功能等级可用于提供不同程度的正常工作状态,此时如何定义模型中的失效状态呢?当系统从完全功能等级下降到一个部分功能等级时呢?当系统无法产生任何有用的输出时?功能等级下降到一个预设的阈值时呢?最后一问的答案如果为"是",那这个阈值又如何选择呢?

因此,传统的可靠度和可用度这两个评测指标在应用过程中具有非常大的局限性。目前已经有很多对评测指标的扩展研究。例如,对于一个由 n 个处理器组成的系统,我们可以度量它的平均计算能力。用 c_i 表示一个包含 i 个正常工作处理器的系统的计算能力,根据上层应用程序对 i 个处理器的使用情况,c_i 可以是处理器数目 i 的简单线性函数,即 $c_i=ic_1$,也可以与 i 构成一个更复杂的函数关系。这样,整个系统在 t 时刻的平均计算能力可以定义为 $\sum_{i=1}^{n} c_i P_i(t)$,$P_i(t)$ 是 t 时刻系统中恰好有 i 个处理器正常工作的概率。与此对应,t 时刻系统的点可用度为

$$A_p(t) = \sum_{i=m}^{n} P_i(t)$$

这里,m 是系统能够正常工作所需处理器的最小数量。

1.3.2　网络系统的评测指标

除了前面讨论的针对一般系统的评测指标之外,还有一些针对网络系统(能够将处理器连在一起)的特定评测指标。这里面最简单的指标就是经典的节点和链路连通度,分别表示使一个网络从连通状态变成非连通状态的故障节点和链路的最小数目。连通度给出了对网络连接脆弱程度的一个大致估计。例如,可能因为一个节点(关键位置节点)故障就发生断连的网络,与至少出现四个故障节点才会不再连通的网络相比,前者要更加脆弱。

传统的连通度指标是度量网络系统可靠性的一个非常基本的指标。但是,像前面的可靠度指标一样,在连通度的计算模型中,也只能区分两个网络状态:连通和非连通。传统连通度指标并不关心在网络变得非连通之前或之后,网络状态如何随着节点故障不断降级。如图 1-1 中的两个网络,它们的节点连通度都是 1。然而,直观上来讲,网络 N_1 要比 N_2 具有更好的连通性,网络 N_2 更有可能被分割成多个小的网络。

为了评价这种"连通度健壮性",提出了新的

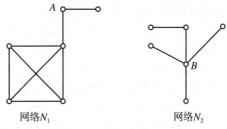

图 1-1　传统连通度指标的不足

指标。平均节点距离和网络直径（节点距离的最大值）就是其中的两个，它们的计算都需要事先给出网络中节点和链路的故障概率。有了这些针对网络系统的评测指标，加上之前提到的常用评测指标，我们就可以对各种由处理器和通信链路组成的网络系统的可信赖程度进行度量了。

1.4   本书主要内容

第 2 章讨论硬件容错，这是容错计算领域里最基础的一个研究主题，其中许多基本的原理和技术已经延伸到其他容错技术的研究中。重要的硬件失效机制和典型的硬件冗余结构将在第 2 章展开讨论，此外，还会介绍著名的拜占庭（恶意）故障。在该章的最后给出了容错系统可靠性和可用性的评估方法，包括马尔可夫模型在容错系统评价中的应用。

第 3 章主要介绍信息冗余技术，首先介绍最广泛使用的检错和纠错编码，然后对其他几种信息冗余方式进行讨论，包括存储冗余技术（RAID 系统）、分布式系统中的副本技术以及基于算法的容错技术（该技术主要利用编码容忍数组计算过程中的数据错误）。

当前的许多计算系统都由多个网络处理器组成，它们不仅会受到前面提到的单节点（处理器）故障的影响，还会受到连接处理器的互连链路故障的影响。在本书的第 4 章将讨论适合这些网络系统的容错技术，以及网络拓扑健壮性的分析方法。此外，该章还将针对处理器片上网络、感知网等新兴网络系统，介绍适用的容错技术。

软件故障（缺陷）在实际应用中是无法避免的，所以软件系统也需要不同程度的容错机制。有时，最简单的验收测试就可以满足要求，这只需要在使用结果之前对结果的合理性进行检查；有时，可能需要非常复杂的方法，如运行软件的多个独立版本（串行执行或并行执行）。众所周知，一个软件长时间连续运行，其状态会不断恶化直至最后崩溃，我们可以通过周期性地重新启动软件进行抗衰恢复，有效延长软件的可靠运行时间。基于超级监督者的系统现在应用越来越广泛，它可以使用同一个硬件平台支持多个独立运行操作系统的虚拟机，本书也会对与之相关的容错技术进行讨论。第 5 章的最后将介绍软件可靠性模型。与硬件故障不同，为软件缺陷建立数学模型的难度非常大，尽管如此，研究者仍旧提出了很多模型，本书将介绍其中的几个经典模型。

硬件容错技术的实现成本很高，而且在一些应用场景中，并不需要在第一时间完全消除硬件故障（尤其是一些瞬时故障）的影响。此时，检查点技术就成为一个低成本的替代方案。对于一个已经运行了很长时间的程序，因为一个故障而重新执行整个程序将产生巨大的运行成本，在执行期间我们可以将程序的状态保存起来（单次或是周期性保存）。一旦发生失效，系统可以将程序回滚到最近的检查点并从该点恢复程序的执行，这可以极大降低故障恢复的代价。检查点技术对于百亿亿次计算尤其重要，这些运算任务往往需要成千上万的处理器合作执行几个小时、几天，甚至几周的时间。本书第 6 章将针对通用计算和实时系统，对各种检查点技术进行介绍和分析。

信息物理融合系统（cyber-physical system, CPS）近年来快速兴起，它主要由受计算机控制的物理设备组成。例如，电传飞机、自动驾驶汽车、航天器、电网、化学反应堆以及智能高速公路等均是 CPS。这类系统通常都关乎生命安全，对可靠性有着极高的要求。CPS 通常包括感知设备状态和环境信息的传感器、执行控制软件的计算机以及将它们的控制输出传递给设备的执行器。本书第 7 章将讨论与之相关的容错技术。

第 8 章中将介绍几个容错系统的实际案例，以说明上面提到的容错技术在实际系统中是如何应用的。

在容错系统设计和评估过程中的一个重要环节就是确定系统的可靠性确实达到了生产厂商所宣称的水平。设计出来的容错系统通常都非常复杂，难以给出反映它们可靠性的数学解析表达式。在实践过程中，如果已经构建出了容错系统的原型，则可以通过故障注入实验来度量容错系统的一些可信赖程度属性。当然，在大多数情况下，我们没有原型系统可供实验，基于统计的模拟方法将是唯一的选择。必须谨慎地设计复杂容错系统的模拟程序，才能在不需要过多计算时间的前提下得到准确的结果。本书的第 9 章将讨论模拟程序设计中应该遵循的基本原则，以及如何基于模拟结果推断系统的可靠性。

在本书的最后将介绍容错领域的两个特殊主题，分别是超大规模集成（very large-scale integration，VLSI）电路设计中的缺陷容忍和加密设备中的容错方法。随着 VLSI 芯片设计复杂性的快速增加，加工过程中不可避免地会产生一些制造缺陷。如果对此不做任何的补救，则芯片的成品率（能够正常运行的芯片在所有加工出的芯片中所占的比例）将会降到一个很低的水平。因此，许多降低制造缺陷对芯片质量影响的技术已经被提出，其中的一些方法与硬件冗余机制很相似。

对于加密设备而言，容错的必要性体现在两个方面。一个是无论运行环境如何，加密设备（例如，智能卡）必须要保障能无故障地运行。另一个更加重要的方面是，加密设备必须保持其安全性。目前，基于故障注入的攻击方法已经成为非法获取加密设备密钥的最简单也最快速的方法。因此，加入容错机制，能够有效提高加密设备的安全性。

1.5　延伸阅读

已经出版了一些关于容错计算的教材和参考书籍，比如参考文献 [5-7, 10, 14, 18-20]。针对软件的容错机制的研究可以参考文献 [3, 12, 15]。一些容错方法的分类可以参考文献 [2, 17]。容错领域主要的国际会议是 Conference on Dependable Systems and Networks（DSN），其前身是 Fault-Tolerant Computing Symposium（FTCS）。

特定领域的容错机制研究在许多文献中均有涉及，例如，嵌入式 CPS 的在文献 [1, 8] 中、云计算的在文献 [9] 中、高性能计算的在文献 [13] 中。

文献 [22] 提到了一种计算模式——普适计算（pervasive computing）。这种已经遍布我们日常生活每一个角落的计算却没有引起足够的关注。

基本的术语和评测指标的定义可以在上面提到的教材或一些概率和统计的书籍中找到，例如文献 [21]。本书中关于故障和错误的定义与一些参考文献略有不同。关于错误的另一种定义是导致系统失效的系统状态。严格来讲，这种定义只适合那些具有状态的系统，如存储器。本书将错误定义为故障的表现形式，这个定义涵盖范围更广，例如不存在状态的纯组合电路也可以生成错误。

在容错系统评测的相关研究中，还有一种从应用角度考虑的新方法，综合考量了计算机性能与可信赖程度的相关关系，与之对应的评测指标为可运行度（performability）。我们为这里的应用定义多个"完成等级"，即 L_1, L_2, …, L_n，每一个等级都表示应用能够提供的一个服务质量（quality of service）。计算机性能会影响应用的服务质量（根据定义，如果没有影响则说明该应用与计算机的性能无关）。可运行性将计算机系统的性能与其所能支撑的应用完成等级联系起来，可以表示为一个向量 $(P(L_1), P(L_2), …, P(L_n))$，$P(L_i)$ 表示计算机的性能能够支撑应用达到完成等级 L_i 的概率。本书并未对可运行性进行讨论，更多细节可以参考文献 [11, 16]。

参考文献

[1] I. Alvarez, A. Ballesteros, M. Barranco, D. Gessner, S. Djerasevic, J. Proenza, Fault tolerance in highly reliable ethernet-based industrial systems, Proceedings of the IEEE 107 (6) (June 2019) 977–1010.

[2] A. Avizienis, J.C. Laprie, B. Randell, C. Landwehr, Basic concepts and taxonomy of dependable and secure computing, IEEE Transactions on Dependable and Secure Computing 1 (1) (October 2004) 11–33.

[3] B. Baudry, M. Monperrus, The multiple facets of software diversity: recent developments in the year 2000 and beyond, ACM Computing Surveys 48 (1) (September 2015) 16.

[4] Dependable Systems and Networks (DSN) Conference, http://www.dsn.org.

[5] E. Dubrova, Fault-Tolerant Design, Springer, 2013.

[6] W.R. Dunn, Practical Design of Safety-Critical Computer Systems, Reliability Press, 2002.

[7] C.E. Ebeling, An Introduction to Reliability and Maintainability Engineering, McGraw-Hill, 1997.

[8] C. Edwards, T. Lombaerts, H. Smaili, Fault-Tolerant Flight Control, Springer, 2009.

[9] B. Fuhrt, A. Escalante, Handbook of Cloud Computing, Springer, 2010.

[10] J-C. Geffroy, G. Motet, Design of Dependable Computing Systems, Kluwer Academic Publishers, 2002.

[11] R. Ghosh, K.S. Trivedi, V.K. Naik, D.S. Kim, End-to-end performability analysis for infrastructure-as-a-service cloud: an interacting stochastic models approach, in: Pacific Rim International Symposium on Dependable Computing, 2010, pp. 125–132.

[12] R.S. Hammer, Patterns for Fault-Tolerant Software, John Wiley, 2013.

[13] T. Herault, Y. Robert, Fault-Tolerance Techniques for High-Performance Computing, Springer, 2015.

[14] P. Jalote, Fault Tolerance in Distributed Systems, PTR Prentice Hall, 1994.

[15] J. Knight, Fundamentals of Dependable Computing for Software Engineers, Chapman and Hall, 2012.

[16] J.F. Meyer, On evaluating the performability of degradable computing systems, IEEE Transactions on Computers 29 (August 1980) 720–731.

[17] G. Psychou, D. Rodopoulos, M.M. Sabry, D. Atienza, T.G. Noll, F. Catthoor, Classification of resilience techniques against functional errors at higher abstraction layers of digital systems, ACM Computing Surveys 50 (4) (2017) 50.

[18] L.L. Pullum, Software Fault Tolerance Techniques and Implementation, Artech House, 2001.

[19] D.P. Siewiorek, R.S. Swarz, Reliable Computer Systems: Design and Evaluation, A. K. Peters, 1998.

[20] M.L. Shooman, Reliability of Computer Systems and Networks: Fault Tolerance, Analysis, and Design, Wiley-Interscience, 2001.

[21] K.S. Trivedi, Probability and Statistics With Reliability, Queuing, and Computer Science Applications, John Wiley, 2002.

[22] M. Weiser, The computer for the twenty-first century, Scientific American 265 (3) (September 1991) 94–105.

硬件容错技术

硬件容错是容错计算最为成熟的领域。许多硬件容错技术已经开发出来并应用到一些关键应用场景中，这些场景小到电话交换机，大到航天任务。过去，硬件容错技术无法得到广泛应用的主要障碍是所需额外硬件的成本。随着硬件成本的持续减少，这已不再是影响硬件容错技术的主要因素，硬件容错技术的应用也有望增加。然而其他的约束，尤其是在功耗方面，可能依然会对在许多应用中使用大量冗余硬件产生限制。

硬件容错可以大致分为三个层次。（也可以更加详细地进一步划分，但三个层次已经可以满足本书的需求。）顶层是系统级，这是实际呈现到运行环境中的"表层"，比如控制现代飞机的计算机硬件。在中间层，系统由多个模块或组件组成，比如单个处理器核心、内存模块和 I/O 子系统。显然，每个模块本身都由更小的子模块组成。最底层则是一个个独立的纳米级设备。

本章首先从较高层次讨论硬件的失效。然后，深入设备层面来解释一些主要的硬件失效机制。之后，回到系统级，讨论由多个组件组成的更加复杂的系统，介绍各种已被提出与实现的容错结构，并评估它们的可靠性与可用性。接下来，介绍专门为通用处理器开发的硬件容错技术。最后，讨论恶意故障，并研究应对这类故障所需的冗余成本。

2.1 硬件失效率

硬件组件的失效率取决于其使用时长、所受的电压或物理冲击、所处的环境温度和所使用的技术。硬件失效率关于使用时长的变化趋势通常被称为浴盆曲线（如图 2-1 所示）。当组件刚刚生产出来时，具有很高的失效率。这是由于一些有制造缺陷的组件可能混过了制造质量控制而流向市场。随着时间的推移，这些组件被淘汰，组件在大部分使用寿命内呈现一个相当恒定的失效率（在后面会给出一个精确的失效率定义，但现在有直观的理解就足够了）。当组件使用很久后，老化效应开始起作用，失效率再次上升。

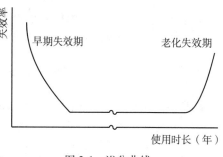

图 2-1　浴盆曲线

对于失效率大致恒定的区域，各种因素对失效率的影响可以通过以下经验失效率公式（2.1）表示，

$$\lambda_{\mathrm{emp}} = \pi_{\mathrm{L}} \pi_{\mathrm{Q}} (C_1 \pi_{\mathrm{T}} \pi_{\mathrm{V}} + C_2 \pi_{\mathrm{E}}) \tag{2.1}$$

其中符号表示如下：

λ_{emp}　　组件的失效率。

π_{L}　　学习因子，与技术成熟度有关。

π_{Q}　　质量因子，代表制造过程的质量控制（取值范围是 0.25~20.00）。

π_{T}　　温度因子，取值范围是 0.1~1000。它与 $\mathrm{e}^{-E_{\mathrm{a}}/kT}$ 成正比，其中 E_{a} 为与技术相关的活化

能，单位是电子伏特（eV）；k 为玻尔兹曼常数（$0.8625 \times 10^{-4}\,\text{eV/K}$）；$T$ 为温度，单位是开尔文（K）。

π_V　CMOS 器件的电压应力因子，取值范围是 1~10，视供电电压和温度而定。不适用于采用其他器件的情形（此时该因子设置为 1）。

π_E　环境影响因子。在有空调的办公室环境下，取值很低（约 0.4）。在恶劣环境下，取值会很高（约 13.0）。

C_1、C_2　复杂性因子，是一个关于芯片上的门数和封装内的引脚数的函数。

更多的细节可以在美国国防部制定的手册 MIL-HDBK-217E 中查询。

在充满带电粒子的太空中运行的设备可能会受到严重的温度波动的影响，因此与在有空调的办公室中运行的设备相比，在太空中运行的设备可能更容易发生失效。在汽车（会承受高温和振动）和工业应用中的计算机也是如此。

2.2　失效率、可靠度和平均无故障运行时间

在本节中，我们分析更加复杂系统中的单个组件，并给出如何根据失效率的基本概念推导可靠度和平均无故障运行时间（MTTF）。假设一个组件在 $t=0$ 时刻是能够正常工作的，并且在出现失效之前一直保持这种正常工作状态。假设现在所有的失效都是永久性的且无法修复。设 T 表示组件的寿命（组件发生失效前的时间），$f(t)$ 和 $F(t)$ 分别表示 T 的概率密度函数和 T 的累积分布函数。这两个函数的定义域为 $t \geq 0$（因为组件寿命不能为负值），并且两者之间的关系为：

$$f(t) = \frac{\mathrm{d}F(t)}{\mathrm{d}t} \text{ 和 } F(t) = \int_0^t f(\tau)\,\mathrm{d}\tau \tag{2.2}$$

$f(t)$ 表示（但不等于）t 时刻发生失效的瞬时概率。确切地说，对于一个非常小的 Δt，有 $f(t)\Delta t \approx \text{Prob}\{t \leq T \leq t+\Delta t\}$。作为密度函数，$f(t)$ 必须满足

$$f(t) \geq 0 (t \geq 0) \text{ 和 } \int_0^\infty f(t)\,\mathrm{d}t = 1$$

$F(t)$ 是组件在 t 时刻或 t 时刻之前失效的概率，

$$F(t) = \text{Prob}\{T \leq t\}$$

$R(t)$ 是一个组件的可靠度（至少到时刻 t 它仍能正常工作的概率），表示为

$$R(t) = \text{Prob}\{T > t\} = 1 - F(t) \tag{2.3}$$

我们先定义一个重要的量，即一个正常工作了 t 时间的组件，在随后的一个非常短的时长 $\mathrm{d}t$ 内发生失效的概率。很明显这是一个条件概率，我们知道组件首先至少要能够工作到 t 时刻。这个条件概率称为组件在 t 时刻的失效率（也称为故障率），由与时间相关的函数 $\lambda(t)$ 表示，

$$\lambda(t) = \frac{f(t)}{1 - F(t)} \tag{2.4}$$

因为 $\frac{\mathrm{d}R(t)}{\mathrm{d}t} = -f(t)$，所以我们能得到

$$\lambda(t) = -\frac{1}{R(t)}\frac{\mathrm{d}R(t)}{\mathrm{d}t} \tag{2.5}$$

如果一个组件没有发生明显的老化，并且随着时间的推移失效率是恒定的，即 $\lambda(t) = \lambda$，那么在这种情况下，

$$\frac{\mathrm{d}R(t)}{\mathrm{d}t} = -\lambda R(t)$$

有 $R(0) = 1$，这个微分方程的解为：

$$R(t) = \mathrm{e}^{-\lambda t} \tag{2.6}$$

因此，失效率是一个常量意味着组件的寿命 T 服从指数分布，该分布的参数等于常量失效率 λ，

$$f(t) = \lambda\mathrm{e}^{-\lambda t}, \quad F(t) = 1 - \mathrm{e}^{-\lambda t}, \quad R(t) = \mathrm{e}^{-\lambda t}, \text{其中 } t \geq 0$$

对于不可修复的组件，MTTF 等于其期望寿命 $E[T]$（其中 $E[\,]$ 表示随机变量的期望或均值），

$$\mathrm{MTTF} = E[T] = \int_0^\infty t f(t)\,\mathrm{d}t \tag{2.7}$$

代入 $\dfrac{\mathrm{d}R(t)}{\mathrm{d}t} = -f(t)$ 得到

$$\mathrm{MTTF} = -\int_0^\infty t\frac{\mathrm{d}R(t)}{\mathrm{d}t}\mathrm{d}t = -tR(t)\big|_0^\infty + \int_0^\infty R(t)\,\mathrm{d}t = \int_0^\infty R(t)\,\mathrm{d}t \tag{2.8}$$

其中 $-tR(t)$ 项在 $t=0$ 和 $t=\infty$ 时等于 0，因为 $R(\infty) = 0$。

对于失效率保持恒定的情况，有 $R(t) = \mathrm{e}^{-\lambda t}$，则有

$$\mathrm{MTTF} = \int_0^\infty \mathrm{e}^{-\lambda t}\mathrm{d}t = \frac{1}{\lambda} \tag{2.9}$$

尽管在大多数可靠度计算中使用了常量失效率（主要是为了简化推导），但在某些情况下，这种简化的假设是不合适的，特别是在组件的早期失效期和老化失效期（图 2-1）。在这种情况下通常使用韦布尔分布。该分布具有 λ 和 β 两个参数，并具有以下组件寿命 T 的密度函数：

$$f(t) = \lambda\beta t^{\beta-1} \cdot \mathrm{e}^{-\lambda t^\beta} \tag{2.10}$$

相应的失效率为：

$$\lambda(t) = \lambda\beta t^{\beta-1} \tag{2.11}$$

当 $\beta > 1$ 时，失效率为关于时间的递增函数；当 $\beta = 1$ 时，失效率为常量；当 $\beta < 1$ 时，失效率为关于时间的递减函数。这使得它非常灵活，尤其适用于描述老化失效期和早期失效期。对于韦布尔分布，组件可靠度为

$$R(t) = \mathrm{e}^{-\lambda t^\beta} \tag{2.12}$$

组件的 MTTF 为

$$MTTF = \frac{\Gamma(\beta^{-1})}{\beta\lambda^{\beta-1}} \tag{2.13}$$

其中 $\Gamma(x) = \int_0^\infty y^{x-1}e^{-y}dy$ 为伽马函数（Γ 函数）。Γ 函数是阶乘函数在实数上的扩展，满足

- $\Gamma(x) = (x-1)\Gamma(x-1)$ $x>1$
- $\Gamma(1) = 1$
- $\Gamma(n) = (n-1)!$ n 为整数，$n=1,2,\cdots$

一种特殊情况值得注意，在 $\beta=1$ 时，韦布尔分布相当于具有常量失效率 λ 的指数分布。

2.3　硬件失效机制

前几节介绍了一些影响硬件可靠性的因素。在本节中，我们将介绍一些物理失效机制，这些是引起组件失效的根本原因。这些失效机制将说明失效率［式（2.1）］与温度、供电电压和电路使用时长的关系。

需要注意到一个器件的失效并不一定会导致该器件所在的电路发生失效，这取决于电路的设计和使用情况，它们一起决定了器件对组件功能的关键程度。在同一电路中不同的器件面对不同的运行压力，例如，它们的占空比（器件开启时间的占比）是变化的，它们的温度也可以是变化的。所以，将单个器件的寿命映射到整个电路的寿命是非常困难的。

正是因为如此，我们不可能建立一个完整连续的因果关系链——从系统中每个晶体管（共数十亿个）对应的单个失效率模型开始，逐级向上，对整个系统的可靠性进行精确的建模。这样一个模型需要很长时间来进行评估，因此我们必须在芯片或系统层次上使用基于实验测试和仿真的近似模型。

器件故障模型可能最适合用于理解运行时参数（例如，电流、外施电压和运行时温度）的变化如何影响失效率。我们可以利用这些知识来尝试调整运行时参数，以尽可能地避免电路失效。我们也可以使用这些模型进行加速失效测试。例如，如果我们知道失效率随温度呈指数上升，便可以对器件进行高温测试，然后利用无故障运行时间的数据来估计设备在正常工作温度下的无故障运行时间。如果我们知道器件能部分从运行压力造成的失效中恢复，我们就可以调度一些休息时间使器件得到恢复。随着器件的老化，其延迟会变大，我们可以降低其时钟频率，（在一定程度上）对这种变大的器件延迟进行补偿。在设计阶段，电路不同部分的老化过程是不同的（因为不是所有的部分都承受相同的运行压力），所以我们可以对器件进行尺寸上的调整，从而让承受更大运行压力的器件拥有更强的抗老化弹性。此外，还可以有很多用途。

我们在这里讨论的失效机制是那些影响常规 CMOS 器件的机制。到目前为止，这类器件是当今计算机领域最常见的器件。然而，读者应该牢记，随着器件特征尺寸的持续减小（比如在撰写本书时，正在开发 5 nm 器件），以及新技术的不断引入，可能会有新的失效机制成为影响系统可靠性的主要因素，失效模型也可能会改变。

2.3.1　电迁移

当电流沿导线流动时，流动的电子与构成导线的金属原子之间就会发生动量转移。由于外加电场的作用，在与电流相反的方向上产生了另一种效应，这种效应通常不足以完全抵消动量的转移，导致金属导线中的原子能够离开它们原来的位置进行迁移，使互连的导线变薄或完全分离。

电迁移导致的失效的平均无故障运行时间的中值记为 $\mathrm{MedTTF_{EM}}$，它的表达式是在 20 世纪 60 年代推导出来的，被称为布莱克公式：

$$\mathrm{MedTTF_{EM}} = A_{\mathrm{EM}} \cdot J^{-m} \cdot \exp\left(\frac{E_a^{(\mathrm{EM})}}{kT}\right) \tag{2.14}$$

其中 A_{EM} 为比例常数，J 为电流密度，m 是值通常在 $1 \sim 2$ 之间的指数，$E_a^{(\mathrm{EM})}$ 是与互连材料相关的活化能，k 为玻尔兹曼常数，T 是绝对温度，$\exp(x) = \mathrm{e}^x$。铝的活化能为 0.6eV，金的活化能为 0.9eV。在铝中加入少量的铜（小于 4%）就足以显著提高铝的活化能。

布莱克公式适用于超过一定厚度和长度的导线。金属互连界面一般可以看作由晶粒组成的多晶薄膜。当导线宽度低于晶粒大小时，晶界与互连导线纵向方向的垂直程度增加，导线对电迁移的抵消能力增强。

在短导线中，电迁移也会受到机械应力的抵消：在一定长度（称为 Blech 长度）以下，电迁移效应并不显著。Blech 长度随电流密度的增大而减小；Blech 长度和外加电流密度的乘积大致是一个常数，这个常数的值取决于所使用的材料。

2.3.2　应力迁移

金属互连置于硅衬底上，两种材料受热膨胀的速度不同，产生了作用在金属互连上的机械应力，从而引发金属原子的迁移。金属互连上应力迁移引起的平均无故障运行时间通常用如下公式表示：

$$\mathrm{MTTF_{SM}} = A_{\mathrm{SM}} \cdot \sigma^{-m} \cdot \exp\left(\frac{E_a^{(\mathrm{SM})}}{kT}\right)，\tag{2.15}$$

其中，A_{SM} 为比例常数，σ 为机械应变，$E_a^{(\mathrm{SM})}$ 为应力迁移活化能（通常取 $0.6 \sim 1.0\mathrm{eV}$），k 为玻尔兹曼常数，T 为绝对温度。对于铝和铜这样的软金属，指数 m 通常介于 2 和 4 之间；对于坚硬的材料，m 可以达到 $6 \sim 9$。

2.3.3　负偏压温度不稳定性

负偏压温度不稳定性（negative bias temperature instability，NBTI）是晶体管中日益重要的一种失效机制。NBTI 可由负栅电压和温升引起，会对 pMOS 晶体管产生影响。在 nMOS 晶体管中，与之相对应的则是正偏压温度不稳定性。这里我们主要关注 NBTI。

当外加电场穿过晶体管的栅氧化层时，电荷倾向于被困在晶体管栅下。被困电荷的数量随着电场施加时间的增加而增加。然后晶体管的阈值电压（超过阈值电压，在源极和漏极之间将形成通道，从而晶体管接通，电流可以流动）改变，导致流过接通晶体管的电流减少，栅延迟增加。栅延迟超过临界点，器件就不能再按标准规格运行。随着加工工艺的不断精进，器件越来越小，这个问题变得更加严重。

一旦栅极电压消失，这个电荷就会随时间缓慢消散，整个过程可能需要数千秒。此外，器件往往无法完全恢复到初始状态，从一个应力周期到另一个应力周期，总会产生一定程度的退化。（正是恢复，使得对电荷消散过程的无故障运行时间的建模十分困难。）器件的变化超过某个点，就会发生时序故障，由这些器件组成的电路就会发生失效。

实验表明，阈值电压随温度、供电电压和占空比的变化而变化。这种变化是关于栅极应力作用时间 t 的增函数：阈值电压的变化与 t^m 成正比，其中建模的 m 通常介于 1/6 与 1/4 之间。

可以尝试通过调节供电电压和减小占空比来降低 NBTI 引起的失效率。定期通过电源门控关闭部分芯片，为芯片提供休息期，能够在一定程度上为器件提供逆转 NBTI 引起的阈值电压偏移的机会。体偏置（也就是给芯片体，即衬底施加电压）可用于补偿阈值电压的变化。还可以通过提高供电电压来使器件加速，以弥补 NBTI 引发的延迟。但这样会加剧 NBTI，也会显著增加能耗。此外，我们可以通过监测 NBTI 引发的长期退化所导致的电路延迟的增加，并在必要时降低时钟频率，以防止时序故障。

2.3.4 热载流子注入

载流子（n 沟道器件的电子和 p 沟道器件的空穴）通过器件沟道中的高场强达到加速。这些加速后的载流子中，有一定比例的载流子在获得足够的能量后会注入栅氧化层，并被困在那里，从而改变晶体管的电流-电压特性。一段时间后，受到这种缺陷影响的晶体管可能会变得十分缓慢。

MTTF 的表达式取决于器件是 n 沟道还是 p 沟道的，这是因为电子和空穴具有不同的迁移率特性。通常建议的 n 沟道和 p 沟道器件的 MTTF 表达式分别如下：

$$\mathrm{MTTF_{n\text{-}HCI}} = A_\mathrm{n} I_\mathrm{sub}^{-m} \cdot w^m \cdot \exp\left(\frac{E_\mathrm{a}^{(\mathrm{HCI})}}{kT}\right) \tag{2.16}$$

$$\mathrm{MTTF_{p\text{-}HCI}} = A_\mathrm{p} I_\mathrm{gate}^{-m} \cdot w^m \cdot \exp\left(\frac{E_\mathrm{a}^{(\mathrm{HCI})}}{kT}\right) \tag{2.17}$$

其中，A_n、A_p 为比例常数，I_sub、I_gate 分别为衬底电流和栅极电流，w 是晶体管宽度，$E_\mathrm{a}^{(\mathrm{HCI})}$ 是与热载流子注入（hot carrier injection，HCI）过程相关的活化能，m 是取值范围为 [2，4] 的指数，k 是玻尔兹曼常数，T 是绝对温度。需要注意的是，根据器件的使用情况，栅极和衬底电流会随时间变化，将它们的峰值作为 MTTF 的下界。此外，这个表达式有助于判断运行条件的变化对基于 HCI 的失效的加速影响。

2.3.5 时间依赖的电介质击穿

当电压施加得穿过栅氧化层时，其内部就会产生被称为陷阱的电缺陷，使通过栅氧化层的泄漏电流增加。随着时间的推移，这些陷阱可以四处移动，并引起泄漏电流和栅极时延的变化。这就是软击穿，发生在老化失效期。

一段时间后，陷阱可能重叠，并产生一个通过氧化层的导电路径。一旦发生这种情况，通过栅极的泄漏电流就会骤增，导致器件升温，进而形成更多的陷阱。这些陷阱可以拓宽通过氧化层的导电路径，使泄漏电流进一步增加，导致温升，并形成一个极具破坏性的正反馈回路。电介质膜发生硬击穿，导致晶体管失效。栅极介质随时间的击穿称为时间依赖的电介质击穿（time-dependent dielectric breakdown，TDDB）。

这种失效机制的 MTTF 的计算模型，目前有多种受认可的表达式，尚未达成共识。TDDB 的 MTTF 的常用表达式如下：

$$\mathrm{MTTF_{DB}} = A_\mathrm{DB} V^{-(a-bT)} \cdot \exp\left(\frac{X + Y/T + ZT}{kT}\right) \tag{2.18}$$

其中 A_DB 是一个比例常数，V 是施加在栅极氧化层上的电压，T 是绝对温度，k 是玻尔兹曼常数（以 K 为单位）。其他参数典型值为：$a = 78$，$b = -0.0081$，$X = 0.759\mathrm{eV}$，$Y = -66.8\mathrm{eV} \cdot \mathrm{K}$，$Z = -0.37 \times 10^{-4}\mathrm{eV/K}$。

2.3.6 综合考虑多种失效机制

考虑到存在多种失效机制，我们如何综合考虑它们呢？一种方法是视每种失效机制独立于其他机制。假设某一失效机制 FM 的失效率是常数，则其失效率（记为 λ_{FM}）等于 MTTF 的倒数 [见式（2.9）]，即 $\lambda_{FM} = \mathrm{MTTF}_{FM}^{-1}$。本章后面将更详细地描述，这个假设遵循独立失效机制的总失效率模型（独立失效机制的总失效率为单个失效机制的失效率之和），即 $\lambda_{total} = \sum_{FM} \lambda_{FM}$。然后，我们可以估计器件的 MTTF 为 $\mathrm{MTTF}_{device} \approx \lambda_{total}^{-1}$。我们也可以用 $R_{device}(t) \approx \exp(-\lambda_{total} \cdot t)$ 近似地表示器件在一段时间 t 内的可靠度。

关于这个方法，必须指出三个要点。首先，失效机制并不一定是独立的，把它们当作独立的并把单个失效率直接相加，可能会影响估算的准确性。为此，有人建议分别计算各失效机制的 MTTF，并取它们的最小值。此外，当一种失效机制占主导地位时，我们可以简单地忽略其他机制。

其次，这些表达式的隐含条件是假定器件处于恒定不变的环境。例如，上面各种公式中的温度依赖关系假定温度恒定。我们可以通过以下近似方法在不断变化的环境中使用它们：将时间轴划分为小段，将每个时间段上的运行条件视为恒定的，分别在各段上应用可靠度计算公式，然后将结果拼接在一起。

> **示例** 我们假设可靠度是一个关于温度的函数。假设有一个器件的失效率定义为 $\lambda_{device}(T)$，其中 T 为绝对温度。失效率是根据一个假定温度恒定的物理模型计算出来的。已知温度关于时间的函数 $T(t)$，要求在区间 $[0, t]$ 内估算器件的可靠度。
>
> 将时间轴分成短时间间隔 Δ，一个区间 $I_j = [j\Delta, (j+1)\Delta], j = 0, 1, \cdots$。假设区间 I_j 上的温度恒为 T_j。器件在 I_j 上不发生失效的概率（假设器件在该区间的开始是可用的）为 $\pi(j) = \exp(-\lambda_{device} T_j \Delta)$。因此，器件在 I_j 结束之前不发生失效的概率是 $\prod_{k=0}^{j} \pi(k)$。需要注意的是，这是一个近似值，而且假设每个区间的失效过程是随机独立的。

最后，可靠度公式中的变量，比如温度或占空比很难得到精确的估计。如果我们一定得到非常近似的估计，可以通过基于电路模拟等的方法。

2.4 共模失效

只有在冗余单元不会产生完全相同的错误输出时，检测或屏蔽失效的冗余机制才会起作用。然而有时会遇到共模失效，从而大大降低系统的可靠性。我们将在第 5 章中讨论共模软件故障，在这里，我们只讨论硬件。

共模失效可能发生在设计和实现阶段，也可能发生在运行阶段。如果多个电路在设计过程中犯了相同的错误或是引入了相同的漏洞，则它们可能在遇到同样的输入时会发生相同的失效。在运行阶段，由于多个电路在同一环境中工作，相同的环境干扰（如大剂量的辐射或电磁干扰）可能会引入相同的错误输出。如果多个电路由一个统一的电源供电，那么电源中的电涌或其他异常可能会引发所有电路产生类似的反应。

设计相异性可用于在设计阶段预防共模故障。例如，用不同的方法实现加法器电路（如超前进位，进位选择等方法），也可以强制一个电路使用与非门来实现，而其冗余电路使用或非门来实现。我们可以对栅极扇入或不同电路中的其他电路参数施加不同的约束，并通过计算机辅助的设计软件工具在设计上产生一些差异。

减少运行时产生的共模故障需要故障隔离设计。例如，由独立的电源为不同的电路供电，或者将一些电路放在能够很好地屏蔽辐射或电磁干扰的区域。

我们可以引入一个指标来量化两个电路之间的相异性。设 $d_{i,j}$ 为电路 1 中的故障 f_i 和电路 2 中的故障 f_j 不会造成相同的错误输出的概率。如果 $P(f_i,f_j)$ 为此类故障发生的概率，则将这些电路之间的相异性量化为 $D = \sum_{f_i,f_j} P(f_i,f_j) d_{i,j}$。然而这个度量在实践中并不容易计算。关于这方面更多的内容，请参阅延伸阅读部分。

2.5　典型容错结构

简单地介绍一些重要的物理硬件失效机制之后，我们现在回到一个更高的层次，讨论一些经典的容错结构，并用它们构造更为复杂的结构。我们从基本的串联和并联结构开始，然后介绍非串联/并联结构，再介绍一些包含冗余组件（在下文称为模块）的容错结构。

2.5.1　串联与并联系统

最基本的结构是图 2-2 所示的串联和并联系统。对于 N 个连接在一起的模块的集合，若是任何一个模块的失效都会导致整个系统的失效，则将该系统定义为串联系统。值得注意的是，图 2-2A 中的图是可靠性框图，它并不一定代表电路图，第一模块的输出不一定与第二模块的输入存在物理连接。例如，图中的四个模块可以表示微处理器中的指令解码单元、执行单元、数据缓存和指令缓存。尽管它们的连接方式不像一个串联系统，但必须四个单元都是无故障的时，才能保障微处理器功能正常。

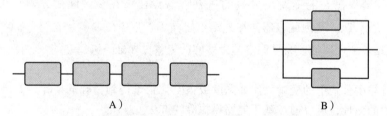

图 2-2　串联和并联系统。A）串联系统。B）并联系统

假设图 2-2A 中的模块的失效是相互独立的，则整个串联系统的可靠度是其 N 个模块可靠度的乘积。用 $R_i(t)$ 表示模块 i 的可靠度，用 $R_s(t)$ 表示整个串联系统的可靠度，则有

$$R_s(t) = \prod_{i=1}^{N} R_i(t) \tag{2.19}$$

如果模块 i 的失效率为常数，用 λ_i 表示，则根据式（2.6），$R_i(t) = e^{-\lambda_i t}$，相应地，

$$R_s(t) = e^{-\lambda_s t} \tag{2.20}$$

其中 $\lambda_s = \sum_{i=1}^{N} \lambda_i$。由式（2.20）可知，串联系统的失效率为常数 λ_s（单个模块失效率之和），因此其 MTTF 为 $\text{MTTF}_s = \frac{1}{\lambda_s}$。

对于 N 个连接在一起的模块的集合，若是需要所有模块发生失效才能使系统失效，那么将这样的系统定义为并联系统。由此可以得到并联系统的可靠度的表达式，用 $R_p(t)$ 表示：

$$R_p(t) = 1 - \prod_{i=1}^{N}(1 - R_i(t)) \tag{2.21}$$

如果模块 i 的失效率为常数 λ_i，则有

$$R_p(t) = 1 - \prod_{i=1}^{N}(1 - e^{-\lambda_i t}) \tag{2.22}$$

以失效率为 λ_1 和 λ_2 的两个模块组成的并联系统为例，其可靠性为：

$$R_p(t) = e^{-\lambda_1 t} + e^{-\lambda_2 t} - e^{-(\lambda_1 + \lambda_2)t}$$

需要注意的是，并联系统的失效率并不是不变的，其失效率随着模块的每次失效而变化。当并联系统的各模块具有相同的失效率 λ 时，其 MTTF 为 $\mathrm{MTTF}_p = \sum_{k=1}^{N}\dfrac{1}{k\lambda}$。

2.5.2　非串联/并联系统

　　并不是所有的系统的可靠性框图都符合串联/并联结构。如图 2-3 所示，这是一个非串联/并联系统，其可靠度不能用式（2.19）或式（2.21）计算。图 2-3 中的每条路径都代表允许系统成功运行的一种配置。例如，路径 ADF 表示 A、D、F 三个模块均无故障，系统正常运行。这样的可靠性框图中的路径只有在所有模块和连线都从左到右贯穿的情况下才有效，因此图 2-3 中的路径 $BCDF$ 是无效的，任何可能导致违背此规则的图形变换都是不允许的。

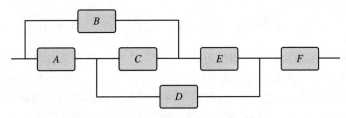

图 2-3　非串联/并联系统

　　在下面的分析中，为了简化符号，省略了可靠度对时间 t 的依赖关系，这里的隐含条件是所有的可靠度都是 t 的函数。

　　通过展开单个模块 i 来计算图 2-3 中非串联/并联系统的可靠性，即以模块 i 是否功能正常为条件，利用总概率公式

$$R_{\mathrm{system}} = R_i \cdot \mathrm{Prob}\{\text{系统正常} \mid i\ \text{无故障}\} + (1 - R_i) \cdot \mathrm{Prob}\{\text{系统正常} \mid i\ \text{故障}\} \tag{2.23}$$

进行计算。上式中，R_i 表示模块 i 的可靠度（$i = A$、B、C、D、E、F）。现在我们可以重新画两个新的可靠性框图。在第一种情况下，假定模块 i 可以正常工作，而在第二种情况下，假定模块 i 是故障的。选择模块 i 时要使两个新的可靠性框图尽可能接近简单的串联/并联结构，这样我们就可以使用式（2.19）和式（2.21）。这里我们选择图 2-3 中的 C 模块，得到图 2-4 中的两个图。然后重复展开的过程，直到生成的图是串联/并联类型。

　　图 2-4A 已经转化为串联/并联结构，图 2-4B 还需要对模块 E 进行进一步展开。注意图 2-4B 不能看作先将 A、B 并联，再与 D、E 的并联结构串联起来，这样的图将会出现路径 $BCDF$，但在图 2-3 中这并不是一个有效的路径。根据图 2-4，利用式（2.23）可以得到：

$$R_{\mathrm{system}} = R_C \cdot \mathrm{Prob}\{\text{系统正常} \mid C\ \text{无故障}\} + (1 - R_C) \cdot R_F[1 - (1 - R_A R_D)(1 - R_B R_E)]$$

$$\tag{2.24}$$

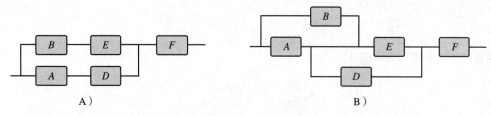

A）　　　　　　　　　　　　　B）

图 2-4　图 2-3 对 C 展开的图。A）C 发生故障。B）C 没有故障

将图 2-4B 中的模块 E 展开，则有

$$\text{Prob}\{\text{系统正常}\mid C\text{ 无故障}\}=R_E R_F[1-(1-R_A)(1-R_B)]+(1-R_E)R_A R_D R_F$$

将最后的表达式代入式（2.24）得到

$$R_{\text{system}}=R_C[R_E R_F(R_A+R_B-R_A R_B)+(1-R_E)R_A R_D R_F]+$$
$$(1-R_C)[R_F(R_A R_D+R_B R_E-R_A R_D R_B R_E)] \tag{2.25}$$

如果 $R_A=R_B=R_C=R_D=R_E=R_F=R$，则有

$$R_{\text{system}}=R^3(R^3-3R^2+R+2) \tag{2.26}$$

如果非串联/并联结构的图太过复杂，则不一定要按照上面的过程来计算 R_{system}，可以转而计算其上界和下界。

上界可由如下公式计算：

$$R_{\text{system}}\leqslant 1-\prod(1-R_{\text{path }i}) \tag{2.27}$$

其中 $R_{\text{path }i}$ 是沿路径 i 的模块串联连接的可靠度。式（2.27）假设所有路径都是并联的，并且是独立的。实际上，其中两条路径可能有一个共同的模块，该模块的失效将导致两条路径都发生故障。这就是为什么式（2.27）只提供了一个上界，而不是一个精确的值。以图 2-3 为例，来计算 R_{system} 的上界。所有路径包括 ADF、BEF 和 $ACEF$，那么计算得到

$$R_{\text{system}}\leqslant 1-(1-R_A R_D R_F)(1-R_B R_E R_F)(1-R_A R_C R_E R_F) \tag{2.28}$$

如果 $R_A=R_B=R_C=R_D=R_E=R_F=R$，那么 $R_{\text{system}}\leqslant R^3(R^7-2R^4-R^3+R+2)$，式（2.26）的计算结果比这个结果更加精确。通过执行式（2.28）[一般情况下为式（2.27）]的乘法运算，并用 R_i 替换所有 R_i^k，可以使用上界来推导精确的可靠度。每个模块只使用一次，因此其可靠度的指数不应该大于 1。请读者根据这一规则计算可靠度的上界，通过式（2.28）与式（2.25）计算得到的可靠度应该是相同的。

可以根据系统可靠性框图的最小割集计算可靠度的下界。若一个集合中的所有模块全部发生失效将会导致整个正常的系统失效，那这种集合的最小者就是最小割集。下界可用如下公式计算：

$$R_{\text{system}}\geqslant\prod(1-Q_{\text{cut }i}) \tag{2.29}$$

其中 $Q_{\text{cut }i}$ 是最小割集 i 发生故障的概率。在图 2-3 中，最小割集为 F、AB、AE、DE 和 BCD。因此，

$$R_{\text{system}}\geqslant R_F[1-(1-R_A)(1-R_B)][1-(1-R_A)(1-R_E)][1-(1-R_D)(1-R_E)]\cdot$$
$$[1-(1-R_B)(1-R_C)(1-R_D)] \tag{2.30}$$

如果 $R_A = R_B = R_C = R_D = R_E = R_F = R$，那么 $R_{\text{system}} \geqslant R^5(24-60R+62R^2-33R^3+9R^4-R^5)$。图 2-5 在六个模块具有相同的可靠度 R 的情况下，比较系统可靠度上、下界的估计值与准确值。可以注意到，似乎随着 R 值升高，下界更接近于系统可靠度的准确值。

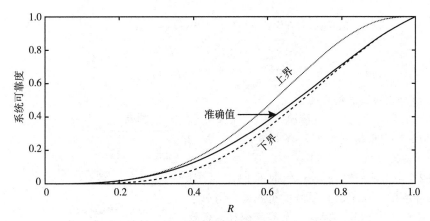

图 2-5   比较图 2-3 中非串联/并联系统的可靠度的准确值与上、下界

2.5.3 *M*-of-*N* 系统

M-of-*N* 系统是由 *N* 个模块组成的冗余系统，至少需要其中 *M* 个模块是正常的，才能保障系统的正常运行。因此，当系统的正常模块数小于 *M* 时，系统就会发生失效。其中最著名的是三模冗余（TMR）系统，它由三个相同的模块组成，其输出由一个表决机制决定。这是一个 2-of-3（通常称为三中取二）系统：只要大多数（2 或 3 个）模块产生正确的结果，系统就会正常运行。

下面计算 *M*-of-*N* 系统的可靠度。和前面一样，我们假设不同模块的失效在统计上是独立的，并且不存在失效模块的恢复。如果 $R(t)$ 为单个模块的可靠度（即模块在 t 时刻仍在运行的概率），则 *M*-of-*N* 系统的可靠度是在 t 时刻 M 个或更多模块仍能正常运行的概率。因此，系统可靠度为

$$R_{M\_of\_N}(t) = \sum_{i=M}^{N} \binom{N}{i} R^i(t) \left[1-R(t)\right]^{N-i} \tag{2.31}$$

其中 $\binom{N}{i} = \dfrac{N!}{(N-i)!\, i!}$。模块失效相互独立的假设是 *M*-of-*N* 系统取得高可靠度的关键，即使是很小程度的正相关（即共模）失效也会大大降低其可靠度。例如，假设 q_{cor} 是整个系统遭受共模失效的概率，那么系统的可靠度此时变为

$$R_{M\_of\_N}^{\text{cor}}(t) = (1-q_{\text{cor}}) \sum_{i=M}^{N} \binom{N}{i} R^i(t)(1-R(t))^{N-i} \tag{2.32}$$

如果系统设计不够细致，这种相关的失效因子将会主导整个系统的失效概率。

实际上相关失效率是非常难以估计的。在式（2.32）中，我们假设存在一种失效模式，其中整个集群（*N* 个模块）存在一种共模的失效行为。然而，也有其他的模态，在这些模态中，*N* 个模块的任何子集都可能发生相关失效。由于存在（$2^N - N - 1$）个包含两个或多个模块的子集，因此即使 *N* 只是取一个并不过分的适中的数值，通过实验也无法很快获得每个子集的相关失效概率。

TMR 系统如图 2-6 所示。在该系统中，$M=2$、$N=3$，每个模块进行相同的计算，由一个表决器选择占多数的输出。如果使用单个表决器，则该表决器将成为系统发生失效的一个关键因素，TMR 系统的可靠度为

$$R_{\text{TMR}}(t) = R_{\text{voter}}(t) \sum_{i=2}^{3} \binom{3}{i} R^i(t) (1-R(t))^{3-i}$$
$$= R_{\text{voter}}(t) (3R^2(t) [1-R(t)] + R^3(t))$$
$$= R_{\text{voter}}(t) (3R^2(t) - 2R^3(t)) \tag{2.33}$$

其中 $R_{\text{voter}}(t)$ 是表决器的可靠度。

可以将 TMR 推广到一般情况，称为 N 模冗余（NMR）系统，它也是一个 $M\text{-of-}N$ 系统，其中 N 为奇数，$M=\lceil N/2 \rceil$。

在图 2-7 中，我们绘制了 $N=5$ 时的 NMR 系统、TMR 系统和单模（simplex）系统的可靠度。当单个模块的可靠度 $R(t)$ 值较高时，冗余程度越高，系统可靠度越高。随着 $R(t)$ 的减小，冗余的优势变得不那么明显，直到 $R(t)<0.5$，冗余反而变成了一种劣势，此时单模系统比其他所有的冗余系统都更可靠。

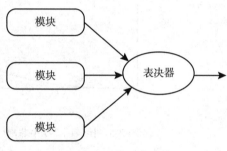

图 2-6　三模冗余系统

这也在 MTTF_{TMR} 的值上有所体现，当 $R_{\text{voter}}(t)=1$、$R(t)=e^{-\lambda t}$ 时，可以由式（2.8）计算得到

$$\text{MTTF}_{\text{TMR}} = \int_0^\infty (3R^2(t) - 2R^3(t)) \, dt = \int_0^\infty (3e^{-2\lambda t} - 2e^{-3\lambda t}) \, dt = \frac{5}{6\lambda} <$$
$$\frac{1}{\lambda} = \text{MTTF}_{\text{simplex}}$$

然而，在大多数应用中，对于实际的任务时间 t 来说，$R(t) \gg 0.5$。并且系统早在 $R(t)<0.5$ 之前就恢复或被更换了，所以 TMR 系统可以显著提高系统可靠性。

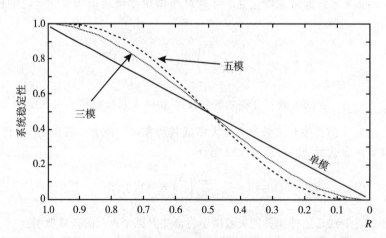

图 2-7　比较 NMR（$N=3$、5）与单模系统的可靠度，将它们作为单模系统可靠度 R 的函数（表决器的失效率可以忽略不计）

式（2.33）是在一个保守的假设下推导出来的，这个假设是表决器的每一次失效都会导致系统的输出错误，两个模块发生的任何失效都是致命的。然而在实际应用中未必如此。例

如，如果一个模块在其某一根输出线上有一个永久的逻辑 1，另一个模块在其相应的输出线上有一个永久的逻辑 0，那么 TMR（或 NMR）仍将正常工作。显然，类似的情况也可能出现在表决电路中存在某些故障时，这些故障可以称为补偿故障。还有一种故障类型，通常称为非重叠故障，同样对系统是无害的。例如，一个模块可能有一个故障的加法器，另一个模块可能有一个故障的乘法器。如果加法器和乘法器电路是分开的，则两个故障模块不太可能同时产生错误的输出。考虑所有的补偿故障和非重叠故障，得到的可靠度将高于公式（2.33）所预测的可靠度。

2.5.4 表决器

表决器从 M-of-N 系统中接收输入 $x_1, x_2, \cdots, x_N$，并产生一个具有代表性的输出。最简单的表决器是对输出进行逐位比较，并检查 N 个输入中的大多数是否相同。如果相同，则输出这个大多数相同的值。这种方法只有在我们保证每个功能正常的模块生成的输出与其他每个功能正常模块的输出能够逐位完全匹配的情况下才有效。只有各模块采用同样的处理器，使用相同的输入和相同的软件，并且具有相互同步的时钟，才会出现这种情况。

但是，如果不同模块采用不同的处理器，或者在解决相同的问题时运行不同的软件，那么两个正确的输出可能在较低的有效位上有细微的差异。此时，对于某些特定的 δ，如果 $|x-y| < \delta$，我们可以认为两个输出 x 和 y 实际上相同。（注意，这种"实际上相同"关系是不能传递的。A 和 B 实际上相同，B 和 C 实际上相同，这并不一定意味着 A 和 C 实际上相同。）

对于这种近似的约定，我们可以采用一种简单多数表决机制。一个 k 多数表决器旨在寻找至少 k 个实际上相同的输出（这是一个集合，其中每个元素与所有其他元素实际上相同），并选择其中任意一个（或中位数）作为表决器输出。例如，如果我们设置 $\delta = 0.1$，五个输出分别为 1.10、1.11、1.32、1.49、3.00，那么一个 2 多数表决器将选择子集 $\{1.10, 1.11\}$。

在我们到目前为止的讨论中，我们隐含地假设每个输出都具有相等的故障机会。在某些情况下，可能并非如此。产生一种输出的硬件（或软件）可能与产生另一种输出的硬件（或软件）具有不同的失效率。在这种情况下，可以为每个输出都分配一个权重，这个权重与其对应输出可能正确的概率有关。然后表决器进行加权表决，并产生一个占所有权重之和的一半以上的输出。

2.5.5 NMR 的变体

部件级冗余

除了在整个系统级上应用冗余和表决机制之外，也可以在更小的子系统级上应用同样的方法。图 2-8 显示了一个由四个单元组成的系统，在单元级别上应用了 TMR 的设计。在这种方案中，表决器不再像在 NMR 中那样是系统可靠性的瓶颈。一个有故障的表决器不会比一个有故障的单元危害更严重，而且其中任何一个表决器的故障的影响都不会传播到下一级的单元。显然，冗余和表决机制所应用的层次可以进一步降低，代价是增加更多的表决器，从而造成整个系统的大小和延迟的增加。

图 2-9 中所示的三模处理器/内存系统特别有趣，其中三模处理器和三模内存之间的所有通信（在任何方向上）都通过表决器。这种结构要比只采用单个表决器的三模处理器/内存系统更加可靠。

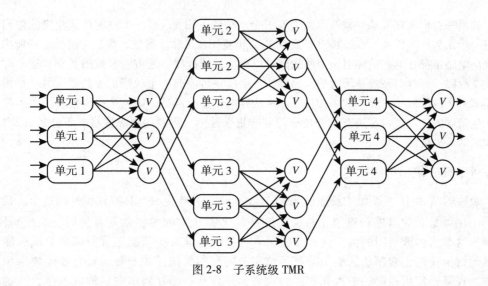

图 2-8   子系统级 TMR

动态冗余

上述 NMR 的变体使用了相当多的硬件对系统运行过程中可能发生的错误实现实时屏蔽。然而，在许多应用中，暂时出现错误的结果是可以接受的，只要系统能够检测到错误，并能够用一个无故障的备用模块来替换故障模块以实现系统的重构。图 2-10 是一个动态（或活动）冗余方案的例子，系统由一个活动模块、N 个备用模块以及一个故障检测与重构单元构成。这里假定故障检测与重构单元能够检测活动模块产生的任何错误输出，并能够断开故障的活动模块，转而连接一个无故障的备用模块（如果备用模块存在）。

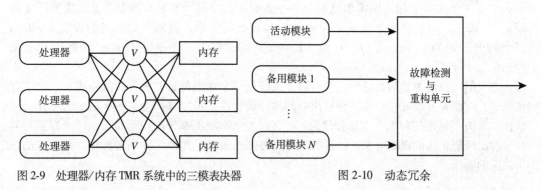

图 2-9   处理器/内存 TMR 系统中的三模表决器   图 2-10   动态冗余

需要注意的是，如果所有的备用模块都是活动的（已上电），我们希望它们与单个活动模块具有相同的失效率。因此，这种动态冗余结构类似于图 2-2 中的基本并联系统，其可靠度为

$$R_{\text{dynamic}}(t) = R_{\text{dru}}(t)\left(1 - (1 - R(t))^{N+1}\right) \tag{2.34}$$

其中 $R(t)$ 为各模块的可靠度，$R_{\text{dru}}(t)$ 为检测与重构单元的可靠度。但是，如果备用模块没有上电（以节能），则备用模块在不运行时的失效率可以忽略不计。这里，定义 c 为覆盖率因子，表示发生故障的活动模块能够被正确诊断和断开，并且能够成功连接备用模块的概率。我们可以通过如下论证推导出 N 非常大时的系统可靠度：

活动模块的失效率为 λ，失效无法恢复的概率为 $(1-c)$，因此不可恢复的失效发生率为 $(1-c)\lambda$。从而，活动处理器在一段时间内未发生不可恢复失效的概率为 $e^{-(1-c)\lambda t}$，重构

单元的可靠性为 $R_{\mathrm{dru}}(t)$。因此，我们有

$$R_{\mathrm{dynamic}}(t)=R_{\mathrm{dru}}(t)\,\mathrm{e}^{-(1-c)\lambda t} \tag{2.35}$$

混合冗余

NMR 系统能够屏蔽永久故障和间歇性故障，但正如我们所看到的，如果故障模块不恢复

或未被更换，则在任务执行比较长的
时间后，NMR 系统的可靠度会下降得
低于单模系统的可靠度。混合冗余方
案的目的是通过增加备用模块来解决
这一问题，一旦活动模块出现故障，
备用模块将被用来替换活动模块。如
图 2-11 所示，这是一个包含由 N 个处
理器组成的 NMR 系统和 K 个备用模块
的混合冗余系统。比较单元对活动的
主模块的输出与表决器的输出进行比
较，以诊断有故障的主模块（如果存
在），然后产生相应的分歧信号，这将
导致重构单元断开发生故障的主模块，
并连接一个备用模块来代替故障的主
模块。

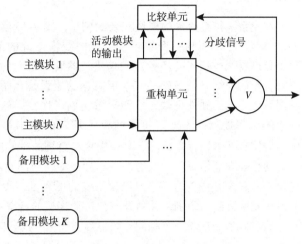

图 2-11　混合冗余系统

一个由 TMR 和 K 个备用模块组成的混合冗余系统的可靠度为

$$R_{\mathrm{hybrid}}(t)=R_{\mathrm{voter}}(t)R_{\mathrm{rec}}(t)\big(1-mR(t)\,(1-R(t))^{m-1}-(1-R(t))^{m}\big) \tag{2.36}$$

式中 $m=K+3$ 为模块的总数，$R_{\mathrm{voter}}(t)$ 和 $R_{\mathrm{rec}}(t)$ 分别为表决器和比较/重构单元的可靠度。公
式（2.36）假设表决器或比较/重构单元中的任何一个发生故障都会引起系统的失效。实际
上这些电路中的故障并非都是致命的，混合冗余系统的可靠度将高于公式（2.36）的预测
值。通过对表决器和比较/重构电路，以及它们可能发生故障的不同方式进行详细分析，可以
得到更精确的 $R_{\mathrm{hybrid}}(t)$ 值。

筛除冗余

与 NMR 系统一样，筛选冗余系统
（如图 2-12 所示）中的全部 N 个模块
都是活动模块，只要系统中至少还有
两个无故障的模块，系统就可以正常
运行。与 NMR 系统不同的是，该系统
使用了比较器、检测器和收集器电路，
而不是仅有多数表决器。比较器对所
有成对模块的输出进行比较，如果模
块 i 和 j 的输出不匹配，则 $E_{ij}=1$。检测
器根据这些信号判断发生故障的模块，
并生成逻辑输出 $F_1, F_2, \cdots, F_N$，其中当

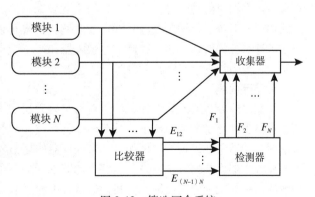

图 2-12　筛选冗余系统

模块 i 发生故障时，$F_i=1$，否则为 0。最后由收集器产生系统输出，即对所有无故障模块的
输出进行或操作。通过这种方式，输出与其他模块不一致的模块将被清除，不再对系统输出

起作用。该方案的实现比混合冗余方案简单。

然而,必须注意的是,在筛除故障模块的过程中不能过于激进。绝大多数的故障都是瞬时的,过一段时间会自行消失。因此,最好是当一个模块在一段时间内持续产生不正确的输出时,再将该模块清除。

2.5.6 双模系统

双模系统是最简单的模块冗余的例子。图 2-13 给出了一个由两个处理器和一个比较器组成的双模系统的例子。两个处理器执行相同的任务,如果比较器发现它们的输出一致,则认为结果是正确的。这里隐含的假设是,两个处理器发生相同的硬件失效,从而导致它们产生相同的错误结果的概率极低。另外,如果两个处理器的输出结果不同,说明有处理器存在故障,必须由更高级别的软件决定处理方案。

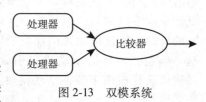

图 2-13 双模系统

两个处理器结果不一致这件事本身并不能帮助我们识别有故障的处理器。我们将在后文讨论一些解决方法。为了得到双模系统的可靠度,我们用 c 表示覆盖率因子,即故障处理器能够被正确诊断、识别,并断开与比较器连接的概率。

假设两个处理器完全相同,可靠度均为 $R(t)$,则双模系统的可靠度为

$$R_{\text{duplex}}(t) = R_{\text{comp}}(t)\left(R^2(t) + 2cR(t)(1 - R(t))\right) \tag{2.37}$$

其中 R_{comp} 为比较器的可靠度。假设每个处理器的失效率固定为 λ 而且比较器是理想的 $(R_{\text{comp}}(t) = 1)$,则双模系统的 MTTF 为

$$\text{MTTF}_{\text{duplex}} = \frac{1}{2\lambda} + \frac{c}{\lambda}$$

双模系统和 TMR 系统之间的主要区别是,在双模系统中必须识别出发生故障的处理器,下面我们将讨论各种实现方法。

在上面的讨论中,我们假设双模系统中的两个模块都是功能完备的处理器。实际中未必如此设计,双模可以出现在任何级别。比如,Razor 触发器包含一个时钟负边沿触发的影子锁存器,与之相对的是时钟正边沿触发的主触发器,两者取自同一个数据源。因此,影子锁存器的抽样延迟等于时钟里高电平的持续时间,也就是说,输入数据在影子锁存器上的稳定时间多了这么长的时间。如果存储在主触发器和影子锁存器中的数据不同,则会标记发生了一个错误,因为数据只有在正时钟边沿才会改变。

可接受性测试

识别故障处理器的第一种方法是对每个处理器的输出进行一种检查,称之为可接受性测试。可接受性测试的一个例子是范围测试,检查输出是否在预期范围内。这是一个基本而简单的测试,通常效果很好。例如,如果处理器的输出表示一个容器(储存气体或液体)中预测的压强,那么我们首先应该知道容器能够承受的压强范围,任何超出这个范围的输出都会导致输出被标记为错误。因此,我们通常可以通过被执行任务的语义信息来预测能指示错误的输出值。

现在的问题在于如何确定可接受输出值的范围。这个范围越窄,错误输出被识别为错误的概率就越大,正确输出被判定为错误的概率也越大。我们将测试的灵敏度定义为把实际上错误的输出检测为错误的条件概率,将测试的误报率定义为把原本正确的输出检测为错误的

条件概率。可接受范围设置得越窄，可接受性测试的灵敏度越高，误报率也会越高。这意味着测试不希望错过任何一个错误的输出，但与此同时，我们可能会得到许多假阳性结果（输出结果正确，但被测试为错误）。

当我们将可接受范围设置得很宽时，就会发生相反的情况：误报率会很低，灵敏度也会很低。我们在第 5 章将再次考虑这个问题。

范围测试是最简单的，但并不是唯一的可接受性测试机制。我们可以使用任何其他能够合理、准确地区分正确和不正确输出的测试。例如，假设我们想要检查一个平方根操作的正确性，那么根据 $(\sqrt{x})^2 = x$，我们可以计算输出结果的平方，并检查计算结果是否与输入相同（或者足够接近，这取决于计算所采用的精度）。

硬件测试

第二种识别故障处理器的方法是同时对两个处理器采用一些硬件/逻辑测试例程。这种诊断测试通常用于验证处理器电路的功能是不是正常的，但只有在处理器出现永久性故障时，运行这些测试才能识别出发生输出错误的处理器。由于大多数硬件故障都是瞬时的，所以硬件测试能够识别出发生输出错误的处理器的概率很低。

即使硬件故障是永久性的，运行硬件测试也不能保证一定能检测到故障。实际上硬件测试并不是百分之百准确的，是有可能将有故障的处理器视为完好的处理器并通过测试的。测试灵敏度，或识别出故障处理器的测试概率，在硬件测试中通常称为测试覆盖率。

前向恢复

第三种识别双模系统中的故障处理器的方法是使用第三个处理器来重复双模系统所进行的计算。如果三个处理器（双模系统的两个处理器加上这个新处理器）中只有一个有故障，那么与其他两个处理器不一致的第三个处理器就是有故障的处理器。

也可以组合使用以上测试方法。可接受性测试是运行速度最快的测试方法，但往往是灵敏度最低的。可以将可接受性测试的结果作为故障处理器的一个阶段性的测试结果，再在其他两种方法中选择任意一种进行测试结果确认。

双模备用

目前还有一些更复杂的、使用双模系统作为组件的容错结构。我们要介绍的第一个这样的系统是双模备用（pair-and-spare）系统（如图 2-14 所示），其中模块成对进行分组，每一对都有一个用于检查两个输出是否相等（或足够接近）的比较器。如果一对活动的主模块的输出不匹配，则表示至少其中一个模块有故障，但无法得出发生故障的模块。运行诊断测试将导致服务上的中断。为了避免这种中断，

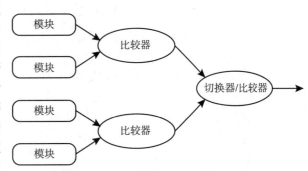

图 2-14　包含两个双模系统的双模备用系统

此时先将这一对模块断开连接，并将计算转移到备用对模块上进行。然后离线测试切换出的一对模块，以确定故障是瞬时故障还是永久故障。在只是发生了瞬时故障的情况下，可以将切换出的这对模块标记为完好的备用模块对。

三重双模系统

另一种基于双模结构的系统是三重双模系统。先将一对处理器组合成双模结构，然后这

些双模结构形成一个三重双模系统。当双模结构中的处理器的输出不一致时,这一对处理器都将被切换出系统。三重双模系统的设计在用于屏蔽故障的表决过程中,同时完成了对故障处理器的识别。此外,由于双模结构的比较操作可以检测故障,因此即使只有一个双模结构能够工作,三重双模系统也可以继续工作。推导三重双模系统的可靠度的过程非常简单,这里留给读者作为练习。

2.6 其他可靠性评估技术

到目前为止,我们介绍的大多数结构都足够简单,可以使用直观且相对简单的组合模型进行可靠性推导。分析更复杂的容错结构需要更先进的可靠性评估技术,下面将介绍其中一些技术。

2.6.1 泊松过程

考虑某种类型的不确定性事件,随着时间的推移,该事件的发生遵照以下概率行为:

对于一个很短的时间间隔 Δt,

(1) 在 Δt 内发生一个该事件的概率是 $\lambda \Delta t$ 加上高阶项 Δt^2,λ 为常数。

(2) 在 Δt 内发生多个该事件的概率是可以忽略的(对应的阶为 Δt^2)。

(3) 在不相连的时间间隔内事件的发生是相互独立的。例如,对于任何 $\Delta > 0$,在 $[0, t]$ 区间内发生的事件数量与在 $[t, t+\Delta]$ 区间内发生的事件数量没有关系。

设 $N(t)$ 为一个长度为 t 的时间区间内所发生事件的数量,设 $P_k(t) = \text{Prob}\{N(t) = k\}$ 表示在一个长度为 t 的时间区间内恰好发生 k 个事件的概率,其中 $k = 0, 1, 2, \cdots$。根据上面关于概率行为的假设(1~3),我们有

$$P_k(t+\Delta t) \approx P_{k-1}(t)\lambda \Delta t + P_k(t)(1-\lambda \Delta t) \quad (k = 1, 2, \cdots)$$

与

$$P_0(t+\Delta t) \approx P_0(t)(1-\lambda \Delta t)$$

当 $\Delta t \to 0$ 时,这些近似变得更精确,并有微分方程

$$\frac{dP_k(t)}{dt} = \lambda P_{k-1}(t) - \lambda P_k(t) \quad (k = 1, 2, \cdots)$$

与

$$\frac{dP_0(t)}{dt} = -\lambda P_0(t)$$

利用初始条件 $P_0(0) = 1$,这组微分方程的解为

$$P_k(t) = \text{Prob}\{N(t) = k\} = e^{-\lambda t}\frac{(\lambda t)^k}{k!} \quad (k = 0, 1, 2, \cdots)$$

具有这种概率分布的过程 $N(t)$ 服从强度为 λ 的泊松过程。强度为 λ 的泊松过程具有以下性质:

(1) 在一个长度为 t 的区间内发生的事件数量的期望值是 λt。

(2) 连续事件间的时间是服从参数为 λ,均值为 $1/\lambda$ 的指数分布的随机变量。

（3）在不相连的时间间隔内发生的事件的数量是相互独立的。

（4）两个独立且参数分别为 λ_1 与 λ_2 的泊松过程的和是一个参数为 $\lambda_1+\lambda_2$ 的泊松过程。

我们考虑一个双模容错系统，作为使用泊松过程进行可靠性评估的例子，假设该系统由两个相同的主处理器和无限数量的备用处理器组成。两台主处理器的失效率均为常数 λ。我们假定备用处理器总是能够正常工作（备用处理器不处于活动状态时，失效率可以忽略不计）。

当活动的主处理器失效时，我们必须把它检测出来，并在双模系统中引入一个新的备用处理器来替换它。我们将覆盖率因子 c 定义为故障检测和备用模块切换成功的概率。简单起见，我们假设比较器的失效率可以忽略不计，并且新处理器的切换过程是瞬时完成的。

下面我们计算这个双模系统在时间间隔 $[0,t]$ 上的可靠度。我们首先关注两个主处理器中有一个发生失效的过程。当主处理器由于永久故障而失效时，该处理器将被诊断出来并立即被替换。由于失效率 λ 不变，因此同一处理器连续两次发生的失效之间的间隔符合参数为 λ 的指数分布。这意味着，这个处理器在时间间隔 $[0,t]$ 内发生失效的次数 $N(t)$，是一个强度为 λ 的泊松过程。

由于双模系统有两个活动的主处理器，因此该系统中发生的失效数是两个处理器发生的失效数之和。故而，双模系统的失效过程是一个强度为 2λ 的泊松过程（记为 $M(t)$）。在时长为 t 的时间间隔内，双模系统恰好发生 k 次失效的概率为

$$\text{Prob}\{双模系统中发生 k 次失效\} = \text{Prob}\{M(t)=k\} = \mathrm{e}^{-2\lambda t}\frac{(2\lambda t)^k}{k!} \tag{2.38}$$

为了使整个双模系统不发生失效，必须检测到每一次处理器的失效，并能够成功地替换故障处理器。针对每次失效，成功检测并替换故障处理器的概率是覆盖率因子 c，因此系统经历 k 次失效后仍正常运行的概率是 c^k。可以得出，在时间间隔 $[0,t]$ 内这个双模系统的可靠度为

$$R_{\text{duplex}}(t)=\sum_{k=0}^{\infty}\text{Prob}\{双模系统中发生 k 次失效\}\cdot c^k=\sum_{k=0}^{\infty}\mathrm{e}^{-2\lambda t}\frac{(2\lambda t)^k c^k}{k!}$$
$$=\mathrm{e}^{-2\lambda t}\sum_{k=0}^{\infty}\frac{(2\lambda t c)^k}{k!}=\mathrm{e}^{-2\lambda t}\mathrm{e}^{2\lambda t c}$$
$$=\mathrm{e}^{-2\lambda(1-c)t} \tag{2.39}$$

在推导过程中，我们利用了

$$\mathrm{e}^x=1+x+\frac{x^2}{2!}+\cdots=\sum_{k=0}^{\infty}\frac{x^k}{k!}$$

利用我们在混合冗余系统的可靠度分析过程中所采用的推导方法，可以更直接地得到式（2.39）中的表达式。步骤如下：

（1）每个处理器的失效率为 λ，因此双模系统中处理器失效率为 2λ。

（2）每个处理器的失效被成功处理的概率为 c，由于检测和切换造成双模系统失效的概率为 $1-c$。

（3）因此，双模系统的失效率为 $2\lambda(1-c)$。

（4）系统的可靠度是 $\mathrm{e}^{-2\lambda(1-c)t}$。

对于 M-of-N 系统也可以进行类似的推导，在 M-of-N 系统中，识别出故障处理器后，同样可以用无限数量的备用模块将其替换。这留给读者作为练习。将推导扩展到只有有限的备用

模块的情况很简单：可靠度表达式中的总和趋于备用模块的数量，而不是趋于无穷。

2.6.2 马尔可夫模型

在假定失效率为常数的复杂系统中，组合模型不足以分析系统的可靠度，我们可以使用马尔可夫模型来推导系统的可靠度表达式。此外，马尔可夫模型提供了一种结构化的方法来推导系统的可靠度，这里面包括覆盖率因子和恢复过程。

马尔可夫链是一类特殊的随机过程。一般来说，一个随机过程 $X(t)$ 包含以时间 t 为索引的无限个随机变量。下面讨论一个随机过程 $X(t)$，它必须从一个离散量（比如整数 $0, 1,$ $2, \cdots$）的集合（称为状态空间）中取值。当

$$\text{Prob}\{X(t_n) = j \mid X(t_0) = i_0, X(t_1) = i_1, \cdots, X(t_{n-1}) = i_{n-1}\}$$
$$= \text{Prob}\{X(t_n) = j \mid X(t_{n-1}) = i_{n-1}\} \ (t_0 < t_1 < \cdots < t_{n-1} < t_n)$$

时，过程 $X(t)$ 称为马尔可夫链。如果对于某个 t 和 i，有 $X(t) = i$，我们就说链在 t 时刻处于 i 状态。我们只考虑连续时间、离散状态的马尔可夫链，也就是说它的时间 t 是连续的（$0 \leqslant t < \infty$），但状态 $X(t)$ 是离散的整数值。方便起见，我们将使用整数 $0, 1, 2, \cdots$ 作为状态。要预测马尔可夫链的未来轨迹，只需要知道它的当前状态，这被称为马尔可夫属性。这种不需要存储全部历史过程的特性在实际应用中是非常重要的，使分析马尔可夫随机过程的问题在许多情况下变得易于处理。

马尔可夫链的概率行为可以描述为一旦链进入某个状态 i，它将在该状态停留一段时间，停留时间服从参数为 λ_i 的指数分布。这意味着离开状态 i 的概率为常数 λ_i。马尔可夫链离开状态 i 移动到状态 $j(j \neq i)$ 的概率记为 p_{ij}（$\sum_{j \neq i} p_{ij} = 1$）。因此，从状态 i 到状态 j 的转移概率为 $\lambda_{ij} = p_{ij} \lambda_i$（$\sum_{j \neq i} \lambda_{ij} = \lambda_i$）。

我们用 $P_i(t)$ 表示过程在 t 时刻处于 i 状态的概率，假设它在 0 时刻（开始时）处于某个初始状态 i_0。由此，我们可以推导出一组关于 $P_i(t)$（其中 $i = 0, 1, 2, \cdots$）的微分方程。

对于给定的时刻 t，给定的状态 i，以及一个非常小的时间间隔 Δt，马尔可夫链在以下任一情况下都可以在时刻（$t + \Delta t$）处于状态 i：

（1）链在时刻 t 处于状态 i，并且在时间间隔 Δt 内没有移动。该事件的概率为 $P_i(t)(1 - \lambda_i \Delta t)$，加上高阶项 Δt^2。

（2）链在 t 时刻处于另一个状态 j，其中 $j \neq i$，并在 Δt 内从 j 移动到 i。该事件的概率为 $P_j(t) \lambda_{ji} \Delta t$，加上高阶项 Δt^2。

如果 Δt 足够小，则在 Δt 内发生多次状态转换的概率是可以忽略的（阶为 Δt^2）。因此对于很小的 Δt 来说，

$$P_i(t + \Delta t) \approx P_i(t)(1 - \lambda_i \Delta t) + \sum_{j \neq i} P_j(t) \lambda_{ji} \Delta t$$

同样，当 $\Delta t \to 0$ 时，这种近似变得更加准确，并且得到

$$\frac{\mathrm{d}P_i(t)}{\mathrm{d}t} = -\lambda_i P_i(t) + \sum_{j \neq i} \lambda_{ji} P_j(t)$$

另外，因为 $\lambda_i = \sum_{j \neq i} \lambda_{ij}$，有

$$\frac{\mathrm{d}P_i(t)}{\mathrm{d}t} = -\sum_{j \neq i} \lambda_{ij} P_i(t) + \sum_{j \neq i} \lambda_{ji} P_j(t)$$

可以通过初始条件$P_{i_0}(0)=1$与$P_j(0)=0$（由于i_0是初始状态）求解这组微分方程（$i=0,1,2,\cdots,j\neq i_0$）。

举个例子来说明一下马尔可夫链模型的使用。例如，对于有一个活动的主处理器和一个备用处理器的双模系统，只有在检测到活动处理器发生故障时才会连接备用处理器。设一个处理器在处于活动状态时的失效率为常数λ，覆盖率因子为c。对应的马尔可夫链模型如图2-15所示。

由于分配给不同状态的整数是任意的，因此我们可以用有意义的方式来分配这些整数，从而方便记忆。在本例中，状态表示完好处理器的数量（0、1或2，初始状态为2个完好的处理器）。描述该马尔可夫链的微分方程为：

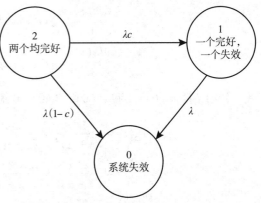

图2-15　含有一个非活动备用处理器的双模系统的马尔可夫链模型（状态i有i个完好的处理器）

$$\frac{\mathrm{d}P_2(t)}{\mathrm{d}t}=-\lambda P_2(t),$$

$$\frac{\mathrm{d}P_1(t)}{\mathrm{d}t}=\lambda cP_2(t)-\lambda P_1(t),$$

$$\frac{\mathrm{d}P_0(t)}{\mathrm{d}t}=\lambda(1-c)P_2(t)+\lambda P_1(t) \tag{2.40}$$

通过初始条件$P_2(0)=1$，$P_1(0)=P_0(0)=0$求解式（2.40），得到

$$P_2(t)=\mathrm{e}^{-\lambda t};P_1(t)=c\lambda t\mathrm{e}^{-\lambda t};P_0(t)=1-P_1(t)-P_2(t)$$

并且结果为

$$R_{\text{system}}(t)=1-P_0(t)=P_2(t)+P_1(t)=\mathrm{e}^{-\lambda t}+c\lambda t\mathrm{e}^{-\lambda t} \tag{2.41}$$

这个表达式也可以基于组合模型的方法推导出来。推导过程留给读者作为练习。

下面是另一个双模系统的例子，同样可以使用马尔可夫模型进行分析。这是一个有两个活动的主处理器的双模系统，每个活动处理器的失效率为常数λ，恢复率为常数μ。也就是说，失效事件的发生服从泊松过程，其强度为λ。恢复时间服从指数分布，其参数为μ，均值为$1/\mu$。该系统的马尔可夫模型如图2-16所示。

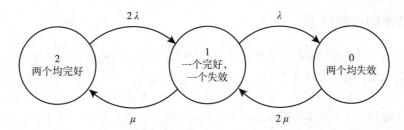

图2-16　含有恢复过程的双模系统的马尔可夫模型。状态变量是完好的处理器的数量

与前面的例子一样，状态是完好的处理器的数量。描述该马尔可夫链的微分方程为：

$$\frac{\mathrm{d}P_2(t)}{\mathrm{d}t} = -2\lambda P_2(t) + \mu P_1(t),$$

$$\frac{\mathrm{d}P_1(t)}{\mathrm{d}t} = 2\lambda P_2(t) + 2\mu P_0(t) - (\lambda + \mu)P_1(t),$$

$$\frac{\mathrm{d}P_0(t)}{\mathrm{d}t} = \lambda P_1(t) - 2\mu P_0(t) \tag{2.42}$$

代入初始条件 $P_2(0) = 1$ 和 $P_1(0) = P_0(0) = 0$ 求解式 (2.42)，得到

$$P_2(t) = \frac{\mu^2}{(\lambda + \mu)^2} + \frac{2\lambda\mu}{(\lambda + \mu)^2}\mathrm{e}^{-(\lambda + \mu)t} + \frac{\lambda^2}{(\lambda + \mu)^2}\mathrm{e}^{-2(\lambda + \mu)t},$$

$$P_1(t) = \frac{2\lambda\mu}{(\lambda + \mu)^2} + \frac{2\lambda(\lambda - \mu)}{(\lambda + \mu)^2}\mathrm{e}^{-(\lambda + \mu)t} - \frac{2\lambda^2}{(\lambda + \mu)^2}\mathrm{e}^{-2(\lambda + \mu)t},$$

$$P_0(t) = 1 - P_1(t) - P_2(t) \tag{2.43}$$

需要注意的是，我们只求解 $P_1(t)$ 和 $P_2(t)$，再利用概率之和为 1 的边界条件即可得到 $P_0(t)$，这样就将要求解的微分方程数量减少了 1。

另外，这个系统并不会完全失效，当状态为 0 时，它是不能正常运行的，但随后成功恢复后可以重新运行。对于一个支持恢复的系统，计算其可用度要比计算可靠度更有意义。该系统的（瞬时）可用度，或者说在 t 时刻能够正常运行的概率为

$$A(t) = P_1(t) + P_2(t)$$

可靠度 $R(t)$ 是系统在时间区间 $[0, t]$ 内从未进入状态 0 的概率，不能通过上述表达式计算。为了得到可靠度 $R(t)$，我们必须略微修改马尔可夫链，去掉状态 0 的转出，使状态 0 变成一个吸收态。这样，在区间 $[0, t]$ 内进入状态 0 的概率就简化为在 t 时刻处于状态 0 的概率。可靠度可以通过写出这个新的马尔可夫链的微分方程，求解并计算得到，即 $R(t) = 1 - P_0(t)$。

由于在大多数应用中，处理器在出现故障后都会恢复，因此系统的长期可用度 A 比系统的可靠度更有意义。为此，我们需要计算长期概率 $P_2(\infty)$、$P_1(\infty)$ 和 $P_0(\infty)$。这些可以通过让式 (2.43) 中的 t 趋近 ∞ 得到，也可以通过将式 (2.42) 中所有导数 $\frac{\mathrm{d}P_i(t)}{\mathrm{d}t}(i = 0, 1, 2)$ 设为 0，利用 $P_2(\infty) + P_1(\infty) + P_0(\infty) = 1$ 得到。系统长期可用度 A 为

$$A = P_2(\infty) + P_1(\infty) = \frac{\mu^2}{(\lambda + \mu)^2} + \frac{2\lambda\mu}{(\lambda + \mu)^2} = \frac{\mu(\mu + 2\lambda)}{(\lambda + \mu)^2} = 1 - \left(\frac{\lambda}{\lambda + \mu}\right)^2$$

2.7　处理器级容错技术

到目前为止，我们所描述的容错架构可以广泛地应用于多种模块：小到简单的组合逻辑模块，大到最复杂的微处理器甚至完整的处理器板。尽管如此，为非关键应用加倍完整的处理器来实现冗余会带来非常大的开销，这是不合理的。对于这种情况，一些开销较低的、更简单的容错技术更为适用。这类技术的依据是，处理器执行预先存储的程序，当程序出现错误时，只要满足两个条件，程序（或部分程序）就可以重新执行。这两个条件是错误可以被检测到；导致错误发生的原因是一个短暂的瞬时故障，这类故障很可能在程序重新执行之前消失。

按照这种技术思想，最简单的做法就是将每个程序运行两次，当两次运行的结果相同时，

才使用该结果。这种时间冗余（time redundancy）方法显然会将计算机的性能降低50%之多。

上面的技术不需要任何错误检测方法。如果能够提供一个机制（和相应的电路）来检测指令执行过程中的错误，那么在一定的延迟之后，瞬时故障自行消失，该指令就可以得到重新执行。这种指令重取（instruction retry）的性能开销要比简单地重新执行整个程序的开销低得多。

还有一种不需要时间冗余的低开销错误检测技术，通过使用小而简单的处理器来监测主处理器的行为，并发地进行错误检测。这种监测处理器被称为看门狗处理器（watchdog processor）。

2.7.1　看门狗处理器

如图2-17所示，看门狗处理器通过监测处理器和内存之间的系统总线来检测并发的系统级错误。这种监测主要检查控制流，验证主处理器是否按照正确的顺序执行正确的代码块。这种监测可以检测到导致执行错误指令或采取错误程序路径的硬件故障或者软件故障。

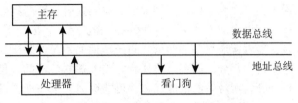

图2-17　基于看门狗处理器的故障检测

为了完成对控制流的监测，看门狗处理器必须获得有关被检查程序的信息。这些信息用于验证主处理器实时执行的程序的正确性。看门狗处理器获得的信息来自于控制流图（control flow graph，CFG），它表示将由主处理器执行的程序的控制流。以图2-18A所示的五节点CFG为例，该图中的节点代表无分支指令块，即不允许有分支出入该块。图中的边代表合法的控制流，通常对应于一个分支指令。标签，也称为签名（signature），被分配给CFG中的节点，并被存储在看门狗处理器中。在程序的执行过程中，当前执行块将会生成一个运行时签名，并与存储在看门狗处理器中的参考签名相比较。如果发现二者之间有差异，则生成一个错误信号。

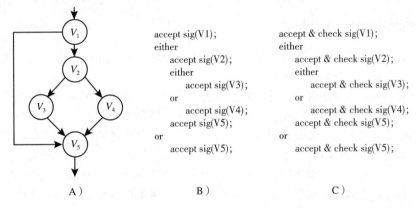

图2-18　CFG与针对所分配签名的看门狗检查程序（图B）和针对计算所得签名的看门狗检查程序（图C）。A）CFG。B）检查控制流。C）检查节点和控制流

CFG中节点的签名可以是分配或计算得到的。分配的签名可以是简单的连续整数，并和CFG一同存储在看门狗处理器中。在执行过程中，当前执行的节点的签名被主处理器转发给看门狗处理器。然后，看门狗处理器可以验证程序的执行路径是否与给定的CFG的有效路径相一致。对于图2-18A，看门狗处理器执行的检查程序如图2-18B所示。其中sig(Vi)是分配给节点 V_i 的签名。这个检查程序会检测出一个无效的程序路径，如{V_1, V_4}。然而需要注意

的是，这种方案不能检测出一个节点内部的一条或多条指令的故障。

为了提高看门狗处理器的错误检测能力，使之能够检测出单个指令中的错误，我们可以使用计算出的签名代替分配的签名。对于一个给定的节点，可以通过模 2 加法将该节点中所有的指令相加，或使用校验和（详见第 3 章）等其他类似的方法，从节点包含的指令中计算出一个签名。和之前的方法一样，该签名被存储在看门狗处理器中，主处理器执行指令时计算出的签名将和看门狗处理器中存储的签名进行比较。对拥有计算出的签名的图 2-18A 中 CFG，看门狗处理器执行的程序如图 2-18C 所示。

需要注意的是，大多数的数据错误都是看门狗处理器无法检测的，因为大多数的数据错误不会导致程序执行路径改变。原则上讲，看门狗处理器的功能可以通过在看门狗处理器执行的程序中加入断言（assertion）来扩展，以覆盖更大范围的数据错误。断言是一种合理性检查，能够验证程序中变量之间的预期关系。这些断言是应用开发者准备的，可以视为应用程序中的一部分，而不是委托看门狗处理器生成的。但是，由看门狗处理器而不是主处理器来检查断言所带来的性能优势，可能会因为主处理器需要频繁地向看门狗处理器转发相关的变量值被抵消。此外，看门狗处理器的设计也会变得更加复杂，因为它需要能够执行本来不需要的算术和逻辑运算。如果不使用断言，看门狗处理器需要辅以其他的故障检测技术（如第 3 章中描述的奇偶校验码）来检测数据错误。

使用看门狗处理器进行错误检测的一个优点是检测电路和被检电路是相互独立的，这避免了出现共模或相关错误。在双模容错架构中，这也可以通过使用设计上的相异性来实现。例如，使用互补逻辑实现其中一个处理器，或者简单地使用来自不同制造商的处理器。在目前的高端微处理器中，看门狗处理器和主处理器之间的隔离越来越难实现，在这种情况下，对处理器–内存总线的简单监测不足以确定哪些指令最终会被执行，哪些指令由于推测会被执行而被取出最终却中止执行。此外，目前对同步多线程的支持也大大增加了看门狗处理器的复杂度。接下来，我们将介绍一种技术，用于检测支持同步多线程的处理器上的并发错误。

2.7.2 面向容错的同步多线程

本节我们首先简要介绍一下同步多线程的概念。读者也可查阅计算机体系结构的相关书籍来进一步了解这一概念。

现代的高端处理器利用流水和并行来提高速度。并行是通过使用多个功能单元，尽可能多地重叠执行指令来实现的。然而，由于数据相关和控制相关的存在，大多数程序在每个执行线程中实际能发掘的并行性是有限的。事实上，根据一些对基准程序的研究，发现平均每个程序只有 1.5 条指令是可以重叠执行的。因此，在大多数时候，大部分功能单元都是闲置的。为了改善这一状况，同步多线程（simultaneous multithreading，SMT）的方法应运而生。

SMT 的核心思想如下：如果数据相关和控制相关限制了单线程中的指令并行性，那么处理器将允许同时执行多个线程。请注意，我们此处所讨论的并非是通过快速上下文切换来交换进程，而是在同一个时钟周期内同时执行多个线程的指令。为了支持这一功能，我们需要对系统架构进行适当的增强。系统同时执行的每个线程都需要一个独立的程序计数器寄存器。如果指令集属于 k 寄存器架构，而我们试图同时执行 n 个线程，那么至少需要 nk 个物理寄存器，才能够满足这 n 个线程中的每一个都有 k 个寄存器的条件。这些只是外部可见的寄存器：大多数高端架构都有大量的内部寄存器，这些寄存器对指令集来说是"不可见"的，从而便于使用寄存器重命名技术来提高性能。与指令级架构的寄存器不同，内部的重命名寄存器是由所有同时执行的线程共享的，它们也共享一个指令发射队列。所以，我们必须要有一个合适的策略来进行指令的获取和发射，并为其分配内部寄存器和其他资源，防止某个线程被"饿死"。

这与一个由 n 个传统处理器组成的多处理器架构有什么不同呢？答案是资源的分配方式存在不同。在传统的多处理器架构中，每个处理器分别运行一个单独的线程，该线程只能访问与该处理器相关的功能单元与重命名寄存器。在 SMT 中，有一组线程，这组线程可以共享一组功能单元和重命名寄存器。如何使用这些部件取决于每个线程内目前可实现的并行性。随着程序的执行，同时执行的每一个线程的资源需求和固有的并行性水平都会发生变化，部件的使用方式也会改变。

为了利用多线程技术进行故障检测，我们需要为应用程序想要运行的每一个线程创建两个独立的线程。这两个线程执行相同的代码，并且拥有完全相同的输入。如果一切正常，则这两个线程肯定会产生相同的输出。一旦两者的输出有差异，则说明发生了故障，必须采取适当的措施来恢复。与传统的独立运行两份程序的方法相比，这种方法能够提供几乎相同的避免瞬时故障的能力。

为了减少程序重复执行所带来的性能损失，程序第二个副本的执行将总是晚于第一个。这两次执行分别称为程序的前导副本和后端副本。这样做的好处是，一些执行信息可以从前导副本传递给后端副本，使得后端副本可以运行得更快，并消耗更多的计算资源。例如，前导副本可以告诉后端副本条件分支的结果，这样后端副本就不会做出错误的分支猜测，前导副本也可以使后端副本的访存速度加快。

为了支持两个相互独立的相同线程，有些硬件组件需要配置两套。例如，必须使用两套指令架构寄存器，以便一个线程所使用寄存器的故障不会对另一个线程的执行产生影响。随着现代计算机体系结构的发展，计算机可以越来越多地提供这些资源。例如通用图形处理单元（GPGPU），它一个芯片上有多个计算单元（也称为流式多处理器），每个单元由大量的处理器内核（通常为 64 ~ 128 个）组成。

这引出了复制范围（sphere of replication）的概念。两个线程中被复制的项目在这个范围之内，未被复制的项目在这个范围之外，数据可以穿过这个范围的边界流动，如图 2-19 所示。被复制的项目在复制范围内，其自身的冗余可以作为容错手段，对未被复制的项目则必须使用其他手段（如第 3 章中介绍的纠错码）来预防故障。我们可以根据复制这些项目所带来的成本或开销，以及使用其他容错技术对其进行保护的有效性来决定哪些项目应被划入复制范围，而哪些项目保留在复制范围之外。例如，如果提供两份指令和数据缓存过于昂贵，则我们可以依靠纠错码来提供保护。

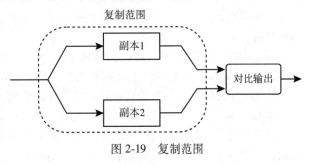

图 2-19　复制范围

需要注意的是，由于在离开复制范围的时候我们需要对冗余的结果进行比较，所以也需要对冗余线程进行同步。这可能会导致性能损失，因为前导线程将不得不等待落后的线程。

2.8　时序故障的容错

随着技术的发展，半导体器件变得越来越小，越来越密集，时序变化也越来越大。电路中的实际延迟可能与它们的标称值相差甚远，它们在同一芯片上的不同器件之间以及在不同芯片之间都可能有很大的差异（片内和片间差异）。造成这种情况的主要原因有以下几个。

- **工艺上的差异在非常小的特征尺寸下会有越来越明显的体现。**也就是说，构成每个晶体管的各种部件存在一些物理差异。即使对于同一芯片上的晶体管而言，这种差异也是相当大的。器件的物理特性则会显著影响其中通过的信号时延。

- **电路延迟和供电电压有很大的关系，一般会随着电压的下降而增加**。有时为了调整功耗，会牺牲计算速度主动调整供电电压（功耗随电压上升呈指数增长）。此外，即使供电电压是恒定的，当出现较大的瞬时电流时，电压也会下降。
- **温度也会影响电路延迟**。器件消耗的能量会以热量的形式散失。随着芯片上每单位面积器件数量的增加，器件越来越紧密地挤在一起，这会导致温度的变化。处理器内核中不同部分的温度也可能有很大的差异。例如，整数寄存器通常是内核中最热的部分，而高速缓存的温度通常较低。此外，由于功耗是动态变化的，所以温度同样是动态变化的。这里还存在一个不稳定的正反馈效应：温度升高往往会增加泄漏电流，泄露电流又会反过来增加温度。电路的延迟往往会随着温度的升高而增加。
- **器件的老化会增加延迟**。各种会导致器件老化的因素，如电迁移、时间依赖的电介质击穿、热载流子注入和负/正偏压温度不稳定性，都会导致电路延迟的增加。芯片中不同器件潜在地以不同的速度老化，使芯片具有了空间相关的时序变化多样性。

示例 近期的一项模拟实验对 65 nm 的反相器单元进行了 SPICE 模拟，研究了它的延迟变化。在实验中，最快反相器的延迟为 22.2ps，实验条件是 1 V 电压和-40℃的环境温度；最慢反相器的延迟为 42.8ps，实验条件是 0.9 V 电压和-40℃的环境温度。

当时钟周期太短，导致信号没有足够的时间通过指定路径时，时钟系统中就会出现时序故障。这可能导致触发器保存已经过时的值。一个显而易见的解决方案是延长时钟周期，即放慢时钟的速度，这样即使电路的时延有所上升，信号也能够有足够的时间到达，从而"赶上"下一个时钟转换。这种方法很容易实现，不过代价也很明显，会对性能造成极大的损害。

时序故障与我们前面讲过的其他故障类型有所不同，它并不是指产生了错误的结果，而是正确的结果到达的时间比预期的要长。如果不通过放慢时钟速度来防止时序故障，我们就需要加快电路速度，例如通过加大供电电压至某个可以接受的最大值来加快。但这会显著地增加功耗。

纠正由时序故障引起的错误包括两个步骤：a）检测因过长的延迟而出现错误的时刻；b）通过等待足够长的时间使正确的值到达，即等待结果被加载到总线上以纠正错误。

检测时序故障产生的时刻可以通过对信号进行两次抽样来完成。第一次在正常的时钟转换时进行，第二次则在一定的延迟之后进行。如果两者一致，那么信号在正常的时钟转换之前就已经稳定，此时不存在时序故障。如果两者不一致，那么应该使用延迟抽样的信号，此处我们假设这个延迟足够让我们获得稳定的输出。

这实际上就是剃刀锁存器（razor latch）的原理，这种锁存器由主触发器和影子锁存器组成，其中主触发器由标称时钟驱动，影子锁存器由一个有延迟的时钟驱动，如图 2-20 所示。在比较影子锁存器和主触发器的结果之后，如果两者的结果不一致，就会产生一个时序错误的指示。

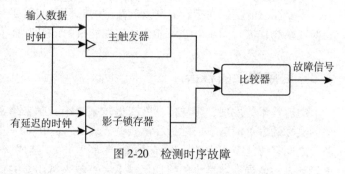

图 2-20　检测时序故障

我们可以用多种方法纠正此类错误，在此我们以处理器流水线$^{\ominus}$为背景描述一种方法，该方法被称为逆流流水线（counterflow pipelining）。考虑一个 n 段简单线性流水线，每个流水段由组合逻辑电路（末端是用来存储的触发器）组成。依据上述原理，通过在主触发器之外设置影子锁存器，这种存储结构将能够检测时序故障。主触发器用于将输入传递给流水线的下一段。

假设在流水段 k 中检测到了时序故障，这意味着 $k+1$ 段的组合逻辑电路收到的是错误的输入，流水段 k 的输出应当被置 0（这可以通过在当前的时钟周期向段 $k+1$ 插入一个气泡来实现）。然后，正确的值将由流水段 k 的影子锁存器提供给段 $k+1$，允许段 $k+1$ 在一个时钟周期的延迟之后再继续工作。同时，段 k 将发送一个信号给在其之前的所有流水段，即段 $k-1$，$k-2$，…，告知这些流水段清空它们的内容。这样就将段 k 及其之前的所有流水段全部排空。在这之后，流水线重新取指，（再次）获取导致时序故障的指令的下一条（逻辑上）指令。

2.9 拜占庭故障的容错

到目前为止，我们都是根据故障的时间行为来对故障进行分类的，即故障是永久性的还是在一段时间后可以自行消失的。现在我们将基于故障单元的行为方式，介绍另一种重要的分类方法。

我们通常认为当一个单元发生故障时，这个单元就报废了。这在大多数人的脑海里仿佛一个灯泡，当它烧坏之后自然也就报废了。如果所有的设备在发生故障的时候都像这样报废的话，那处理故障相对还比较简单。然而，通用设备，尤其是处理器，会发生恶意故障（malicious failure），即它们会产生任意的输出结果。这种故障又被称为拜占庭故障（Byzantine failure），我们将在下文重点介绍这种故障。这种故障在基于表决机制的 $M\text{-}of\text{-}N$ 系统中不会造成问题，因为表决器作为一个中心化的实体，能够掩盖有故障的输出。然而，当以一种去中心化的完全分布式架构来使用处理器时，拜占庭故障会引发一些微妙的问题。

为了描述这种现象，我们首先看下面这个例子。如图 2-21 所示，一个传感器通过与另外两个处理器的点对点连接向它们发送温度信息。如果传感器中发生了拜占庭故障，使得它传递给处理器 P_1 的温度是 25℃，而传递给处理器 P_2 的温度是 45℃。P_1 和 P_2 能够识别出传感器的错误吗？它们能做的最多是交换自己从传感器获取的信息：P_1 告知 P_2 它收到的是 25℃，P_2 告知 P_1 它收到的是 45℃。此时，两个处理器都能够知道系统中发生了故障，但是谁也

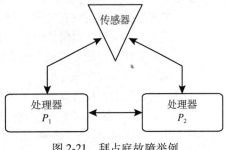

图 2-21　拜占庭故障举例

不知道是哪个单元出现了故障。对于 P_1 而言，它接收的来自传感器的输入和来自 P_2 的输入是矛盾的，然而它不知道是传感器发生了故障还是 P_2 发生了故障。这对 P_2 来说也是一样。P_1 和 P_2 之间进行再多的通信也不能解决这个问题。

这就是著名的拜占庭将军（Byzantine general）问题，这个名字来源于一篇早期论文，该论文将一位将军通过信使向他手下的军官传达攻击计划作为模型。如果将军叛变了，那么作为指挥官，他可以向他的军官们发送相互矛盾的命令，或者如果一个或多个军官是不忠诚的，那么他们会歪曲指挥官的命令，导致一部分部队进攻而另一部分部队撤退。我们的目标是让

$\ominus$　此处需要读者了解流水线的基本知识。

所有忠诚的军官们能够对将军的命令达成一致。如果将军没有叛变，那么忠诚的军官们所执行的命令就是将军下达的命令，叛变的军官会歪曲他所收到的命令。

这个问题的解决方法是拜占庭将军算法，也称交互一致性（interactive consistency）算法。算法的模型是单个实体（如传感器或处理器）将一些变量的值传递给一组接收者。接收者之间可以进行通信，以交换他们从原始数据源收到的数值信息。如果一个节点是正常的，那么它的所有信息都是真实可信的，而如果一个节点是故障的，那么它可能会做出任意的行为。"任意的行为"包括发出相互矛盾的信息等。假设所有的通信都是有时间限制的，也就是说，消息的缺失可以通过超时机制检测出来。该算法的目标是满足交互一致性的以下两个条件。

条件 1   所有正常运行的节点（非故障节点）必须对原始数据源节点发出的值达成一致。

条件 2   如果数据源节点的功能正常，那么所有正常节点所达成一致的值必须是数据源节点发送的值。

现在解决拜占庭将军问题的算法有很多，这里我们仅介绍最简单的原始算法。读者可以在 2.10 节了解更多更新的算法。

该算法是一种递归算法。假设总共有 N 个节点（一个数据源节点和 $N-1$ 个接收节点），其中至多有 m 个节点发生故障。可以证明只有当 $N \geqslant 3m+1$ 的时候才能满足交互一致性，如果 $N \leqslant 3m$ 则无法构建满足交互一致性的算法。

算法 Byz (N, m) 由以下三个步骤组成。

步骤 1   数据源节点向其他 $N-1$ 个接收节点分发消息。

步骤 2   如果 $m>0$，则 $N-1$ 个接收者中的每一个都将作为新的源节点来分发它在上一步中收到的值。为了实现这一点，每个接收者都会运行 Byz$(N-1,m-1)$ 算法，并将其收到的值发送给其他 $N-2$ 个接收者。如果一个节点没有收到另一个节点的消息，那么那么它会假设收到了一个预定的默认消息，并将默认消息保存。如果 $m=0$，则跳过这一步。

步骤 3   在上一步结束时，每一个接收者都存储了一个向量。该向量包含两部分：a）从最初数据源节点收到的值；b）从其他所有接收者处收到的值（如果 $m>0$）。当 $m>0$ 时，所有接收者对向量中的数据进行表决，表决的结果被视为源节点所发送的数值。如果无法得到表决结果，那么将使用预先确定的默认值。如果 $m=0$，则接收者会直接使用源节点发送的值。

注意，此处我们假设所有的单元都有一个计时器和一个超时机制来检测消息的缺失（或丢失）。否则，整个系统会因一直未察觉一个故障节点而无限期地被挂起。

现在我们考虑这个算法的一些实例，会使用下面这些符号。

- 记 A 和 B 是不同的节点，$A.B(n)$ 表示 A 向 B 发送了消息 n。
- 记 U 为 $A_1, A_2, \cdots, A_m$ 组成的节点串，B 表示一个节点，$U.B(n)$ 表示 B 收到了 A_m 发送的消息 n，A_m 的消息又是 A_{m-1} 发送的，以此类推。
- 未被发送的消息记为 φ。例如，$A.B(\varphi)$ 表示 A 本应该向 B 发送，却没有发送的消息。

例如，$A.B.C(n)$ 表示 B 告知 C，它从 A 收到的消息是 n。$A.B.C.D(n)$ 表示 D 从 C 处收到了消息 n，C 的消息是从 B 处得来，B 的消息又是从 A 处得来。这个节点串表示的是消息 n 的传播路径。又例如，Black.White.Green（341）表示 Green 从 White 处获得了消息 "341"，这个消息又是 White 从 Black 处获得的。

示例   请考虑该算法的简化情形，即 $m=0$ 时，此时算法不提供任何容错能力。在这种情况下，步骤 2 被跳过，交互一致性向量只含有一个值，即从最初源节点接收到的数据。

示例　现在考虑 $m=1$ 的情况。该算法需要至少 $3m+1=4$ 个单元。本例的模型包含一个传感器 S 和三个接收者 R_1、R_2 和 R_3。假设传感器发生了故障，并且给这三个接收者发送的信息是不一致的，分别是 $S.R_1(1)$、$S.R_2(1)$ 和 $S.R_3(0)$。所有的接收者都是正常的，默认值设置为1。

在算法的步骤2中，R_1、R_2 和 R_3 分别作为消息的数据源，将它们从传感器接收到的值转发出去，这个过程如下：

$$S.R_1.R_2(1)\ S.R_1.R_3(1)$$
$$S.R_2.R_1(1)\ S.R_2.R_3(1)$$
$$S.R_3.R_1(0)\ S.R_3.R_2(0)$$

我们为接收者 R_i 定义它的交互一致性向量（interactive consistency vector, ICV），记为 $(x_1^i, x_2^i, \cdots, x_{N-1}^i)$，其中

$$x_j^i = \begin{cases} 经由 R_j 转发给 R_i 的值 & 如果 i \neq j \\ 从数据源节点直接接收到的值 & 如果 i = j \end{cases}$$

在这一步的末尾，每个接收者的ICV都是 $(1, 1, 0)$。对此做多数表决的结果是1，这就是每个接收者将使用的数值。

示例　令 $N=7$，$m=2$，并且假设接收者 R_1 和 R_6 出现了故障，其他节点（S、R_2、R_3、R_4、R_5）都是正常的。首轮 S 发送的消息是一致的：$S.R_1(1)$、$S.R_2(1)$、$S.R_3(1)$、$S.R_4(1)$、$S.R_5(1)$ 和 $S.R_6(1)$。现在在每个接收者执行算法 Byz(7,2) 的步骤2，即 Byz(6,1)。

首先我们考虑接收者 R_1。这个节点发生了故障，会随机发送任何值，或什么都不发送。假设 R_1 在 Byz(6,1) 算法的步骤1中，向其他接收者发送的信息为

$$S.R_1.R_2(1)\ S.R_1.R_3(2)\ S.R_1.R_4(3)\ S.R_1.R_5(4)\ S.R_1.R_6(0)$$

在该 Byz(6,1) 算法的步骤2中，其他的接收者（R_2、R_3、R_4、R_5、R_6）将执行 Byz(5,0) 算法来分发它们从 R_1 处接收到的值，消息如下：

$$S.R_1.R_2.R_3(1)\quad S.R_1.R_2.R_4(1)\quad S.R_1.R_2.R_5(1)\quad S.R_1.R_2.R_6(1)$$
$$S.R_1.R_3.R_2(2)\quad S.R_1.R_3.R_4(2)\quad S.R_1.R_3.R_5(2)\quad S.R_1.R_3.R_6(2)$$
$$S.R_1.R_4.R_2(3)\quad S.R_1.R_4.R_3(3)\quad S.R_1.R_4.R_5(3)\quad S.R_1.R_4.R_6(3)$$
$$S.R_1.R_5.R_2(4)\quad S.R_1.R_5.R_3(4)\quad S.R_1.R_5.R_4(4)\quad S.R_1.R_5.R_6(4)$$
$$S.R_1.R_6.R_2(1)\quad S.R_1.R_6.R_3(8)\quad S.R_1.R_6.R_4(0)\quad S.R_1.R_6.R_5(\varphi)$$

注意，R_6 存在恶意故障，它也会随机发送消息。

此时，保存在和 $S.R_1(1)$ 消息相关的每个接收者中的ICV为：

$$ICV_{S.R_1}(R_2) = (1,2,3,4,1)$$
$$ICV_{S.R_1}(R_3) = (1,2,3,4,8)$$
$$ICV_{S.R_1}(R_4) = (1,2,3,4,0)$$
$$ICV_{S.R_1}(R_5) = (1,2,3,4,0)$$

由于 R_6 是故障单元，所以 $\text{ICV}_{S.R_1}(R_6)$ 不需要再考虑。并且，我们注意到 R_5 没有从 R_6 处收到任何信息，这个值将被置为默认值 0。

当 R_2、R_3、R_4、R_5 检查它们自己的 ICV 时，无法发现占绝对多数的数值，因此它们假设 $S.R_1$ 的值是默认值。这个默认值是 0，所以所有的接收者会一致地记录 S 发送给 R_1 的值是 0。

类似地，对于数据源 S 发给其他节点的值也可以达成一致，根据最初的 Byz（7，2）算法可以写出每个节点的 ICV。该过程请由读者自行完成。

现在证明 Byz 算法在 $N \geq 3m+1$ 时满足交互一致性的条件 1 和条件 2。此处我们采用数学归纳法（对 m 归纳）证明，归纳假设是对某个 $M \geq 0$，当 $m \leq M$ 时命题成立。现在我们分两种情况分析。

情况 1：数据源 S 无故障。

现在我们用归纳法证明，只要数据源 S 没有发生故障，系统中至少存在 $2k+m$ 个节点，并且至多有 k 个节点发生故障，算法 $\text{Byz}(N,m)$ 就始终满足条件 2。证明的过程是对 m 使用数学归纳法，假设 $m \leq M$ 时上述命题成立，现在考虑 $m=M+1$ 的情况。

在步骤 1 中，数据源向其他处理器发送消息，因为数据源没有发生故障，因此所有的处理器都会收到相同的消息。

在步骤 2 中，每个处理器执行 $\text{Byz}(N-1,m-1)$，将它从数据源接收到的消息转发出去。因为 $N>2k+m$，于是我们有 $N-1>2k+m-1$。因此，根据归纳假设，执行 $\text{Byz}(N-1,m-1)$ 足以保证所有正常处理器分发它们接收到的数据。

现在令 $k=m$。因为系统中最多有 m 个故障的处理器，因此超过一半的多数处理器都是正常工作的。所以，表决器会让所有正确处理器对每一个无故障处理器发出的数据达成一致。

情况 2：数据源发生了故障。

如果数据源发生了故障，那么其他的处理器中至多有 $m-1$ 个发生了故障。

在步骤 1 中，数据源向其他处理器发送随机消息，其他处理器的总数满足 $N-1 \geq 3(m-1)+1$。因此，当其他 $N-1$ 个处理器中的处理器执行 $\text{Byz}(N-1,m-1)$ 的时候，根据归纳假设，每个处理器的 ICV 中都包含一致性数据。在 ICV 中唯一可能不同的就是与数据源相关的数据，因此当对 ICV 进行表决时，最终的结果是一致的。证毕。

我们已经证明了 $N \geq 3m+1$ 是满足拜占庭协议的充分条件，因为我们构造了一个在这一条件下能够满足一致性的算法。同时，我们也可以证明这个条件是必要的。也就是说，在双方采用基于消息的通信和允许任意故障出现的情况下，当 $N<3m$ 时不可能存在满足条件 1 和条件 2 的算法。

2.9.1 基于消息签名的拜占庭协议

解决拜占庭将军问题是非常困难的，因为出现故障的处理器会撒有关于所收消息的谎，我们可以通过要求处理器对消息进行签名来消除这种可能性。也就是说，每个处理器都要在它的消息后面附加一个不可伪造的签名。在转发消息之前，处理器在它接收到的消息后面附加自己的签名。接收方可以检查每个签名的真实性。这种情况下，如果一个处理器收到了一个先后通过处理器 A 和 B 的消息，则它可以检查 A 和 B 有没有将签名附加到这条消息上，或者它们的签名是不是有效的。这里我们同样假设所有的处理器都包含计时器，这样当某个（可能发生故障的）处理器保持静默时可以执行超时机制进行检测。

在这种情况下，保持交互一致性将会变得十分简单，下面的算法 $\text{AByz}(N,m)$ 就是一个例子。

步骤 A1　数据源对消息 Ψ 签名，并将其发送给所有其他的处理器。

步骤 A2　每个处理器 i 都会接收到一个签名消息 Ψ：A 并检查 A 中的签名数量，此处 A 是附加到消息 Ψ 的签名集合。如果签名的数量少于 $m+1$，那么它将发送 Ψ：$A \cup \{i\}$（该消息实际上就是它接收到的消息加上它自己的签名）给其他不在集合 A 中的处理器。同时该处理器也会将消息 Ψ 添加到自己接收到的消息的列表中。

步骤 A3　当某个处理器收到其他所有处理器的签名（或者处理器已经超时）之后，它将通过特定的决策函数，从收到的消息中进行选择。

现在我们证明这个算法对任意数量的处理器都能够遵守拜占庭协议。显然，当 $N \leqslant m+2$ 时，这个问题是非常简单的。

和前面一样，这里我们考虑两种情况。

情况 1：数据源没有发生故障。这种情况下，一条拥有相同签名的消息 μ 由数据源发送给系统中的所有处理器。由于其他处理器无法伪造数据源的签名，因此在步骤 A2 中，所有的处理器都不会再接收除了 μ 之外的任何消息。最终，系统会正确地选择 μ 作为数据源发送的消息。

情况 2：数据源发生了故障。这种情况下，发送给不同处理器的消息可能是不同的，但是它们的签名都是数据源的正确签名。现在证明每个非故障处理器收到的消息（不含签名）集合都是相同的。

我们用反证法证明这一问题。假设该命题为假，不妨假设两个非故障的处理器 i 和 j 的消息集合 Ψ_i 和 Ψ_j 是不同的，设 Ψ_l 是 Ψ_i 中有但 Ψ_j 中没有的消息。

因为处理器 i 没有将消息 Ψ_l 转发给处理器 j，因此 Ψ_l 中至少含有 $m+1$ 个签名。设 ℓ 是这 $m+1$ 个签名中的一个。当处理器 ℓ 接收消息 Ψ_l 之后，处理器 j 的签名没有附加到 Ψ_l 上，于是它的签名列表中签名的数量少于 $m+1$。因此处理器 ℓ 应该已经将数据转发给了处理器 j，即 $\Psi_l \in \Psi_j$，这与假设矛盾。

2.10　延伸阅读

文献［43］详细地介绍了硬件容错技术的一些基础知识。文献［4］介绍了一些基本定义。文献［48］描述了硬件失效率模型。关于硬件和逻辑电路测试的相关知识在文献［1］和文献［11］中都有相关的介绍。近年的一篇博士学位论文［37］中的附录提供了一个表格，对容错技术做出了总结。

文献［2］中基于最常见的一些硬件失效机制，讨论了相关的可靠性评估技术。针对这一问题，文献［27］详细地介绍了每个机制的细节。一些可靠性手册，如文献［21，40，44］等，记录了实际应用中的宝贵真实数据。

读者可以在文献［14］中找到更多关于时间依赖的电介质击穿的介绍。文献［15，19，38，49，50，52］详细地介绍了 NBTI，并且在文献［9］中介绍了相关模型。文献［33］中给出了各种失效机制中活化能的综合分析表。

文献［57］中提出了一种观点：将各种失效过程视为独立事件来计算总体的 MTTF，会导致估计过于保守。

如何在同时考虑 NBTI、HCI 和 TDDB 的情况下优化电路是许多研究，如文献［12，13，32］的重点。文献［20］介绍了如何将器件模型的结果迁移到系统层次。

文献［51］介绍了关于内存故障的信息，文献［34］讨论了多线程技术对瞬时故障的保护。

关于共模故障的研究可以参考文献［3，28，29，46，56］。

概率论基础略显薄弱的读者可能难以理解我们推导可靠度的过程。文献［47］有助于更好地理解概率计算相关的数学背景。文献［8］是一本经典的教材，内含很多关于可靠性模型的细节和深入介绍的相关知识。文献［17］除了包含对统计方法的指导之外，还包含了对可靠性模型的描述。

故障树是用来表示整个系统的可靠性与个别模块的健康状况之间关系的一种方法，详见文献［7, 54］。

也有很多文献讨论表决技术。文献［24］是这方面的一篇综述，文献［5, 10, 35］描述了近年的研究成果。文献［42］介绍了 NMR 结构中的补偿性故障，对具有补偿性故障的混合冗余机制的分析可以参考文献［22］。筛除冗余技术可参考文献［45］。

现有多篇文献描述了基于看门狗的容错技术。文献［26］对相关技术做出了完善的综述，并列出了大量的参考文献。在文献［31］中，看门狗处理器的容错能力得到了扩展，包括对内存访问的检查。其他用于检查程序控制流的签名生成方案（基于对 M-of-N 码的应用），可参考文献［53］。多线程技术在容错计算方面的应用可以参考文献［30, 39, 41, 55］。

关于拜占庭将军算法的文献有很多，如文献［16, 18, 23, 25, 36］。文献［6］对这一领域给出了完善的综述。

2.11　练习题

1. 假设一个处理器的寿命（单位：年）服从指数分布，均值寿命为 2 年，假设其在区间［4, 8］年内会出现故障，求解处理器在第 5 年以前出现故障的条件概率。

2. 假设处理器的寿命（单位：年）服从 $\lambda = 0.5$ 和 $\beta = 0.6$ 的韦布尔分布，

   a）求解该处理器在第一年出现故障的概率。

   b）假设 $t = 6$ 年后处理器依然正常工作，求解在接下来的一年处理器出现故障的条件概率。

   c）对 $\beta = 2$，重新求解 a）和 b）。

   d）对 $\beta = 1$，重新求解 a）和 b）。

3. 为了对服从韦布尔分布的失效率有一个直观的认识，请根据下列参数绘制出失效率关于时间 t 的曲线，

   a）固定 $\lambda = 1$，依次绘制 $\beta = 0.5$、1.0、1.5 时的失效率曲线。

   b）固定 $\beta = 1.5$，依次绘制 $\lambda = 1$、2、5 时的失效率曲线。

4. 见图 2-22，假设图中 5 个模块的可靠度均为 $R(t)$，请写出这个串联/并联系统的可靠度 $R_{\text{system}}(t)$ 的表达式。

5. 见图 2-23，假设图中 7 个模块的寿命均服从参数为 λ 的指数分布。求解系统的可靠度 $R_{\text{system}}(t)$ 的表达式，并绘制 $\lambda = 0.02$、$t \in [0, 100]$ 时的可靠度曲线。

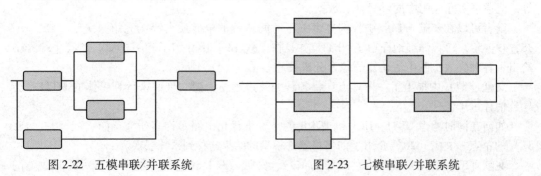

图 2-22　五模串联/并联系统　　　　图 2-23　七模串联/并联系统

6. 考虑这样的一个三模系统，其输出只有 1 位。可能发生的故障模型为固定 0 或固定 1，对应的失效率

均为常数，分别为 λ_0 和 λ_1。表决器不会发生故障。假设在 t 时刻，系统执行了一次计算任务，正确的输出结果应该是 0。请求解该三模系统产生错误输出结果的概率。（假设处理器出现的故障只包含固定型故障，且为永久故障，即一旦处理器输出固定为某个逻辑值，它将永远固定为这个值。）

7. 请写出 5MR 系统的可靠度，并且计算它的 MTTF。此处假设每个节点的失效率服从参数为 λ 的泊松过程，故障类型是永久故障，且故障之间相互独立，表决器不会发生故障。

8. 考虑一个产生 8 位输出的 NMR 系统，m 和 N 的关系为 $N=2m+1$。处理器的失效率为常数 λ，且故障类型为永久故障。出现故障的处理器将以同样的概率随机输出 2^8 种可能的值。系统最终的输出由多数表决器决定，且表决器不会发生故障。请求解在 t 时刻，大多数处理器在执行完同样的程序之后，产生相同的错误输出的概率。

9. 假设输入数据的宽度为 1 位，请分别设计一个两输入和三输入的多数表决器的逻辑电路（门级）。

10. 根据第 9 题你所设计的表决器，推导下面这种情况的可靠度：假设在 t 时刻，每个逻辑门的输出出现固定 0 故障和固定 1 故障的概率分别是 P_0 和 P_1（即无故障的概率为 $1-P_0-P_1$）。假设 3 个输入均无故障，其取值范围为 000~111，求解你所设计的表决器发生固定 0（固定 1）故障的概率。

11. 假设每个模块发生永久故障的失效率为 λ，请证明：包含 N 个模块的并联系统的 MTTF 为 $\mathrm{MTTF}_p = \sum_{k=1}^{N} \dfrac{1}{k\lambda}$。

12. 一个系统由两个子系统组成，两个子系统串联。为了提高系统的可靠性，可以将子系统 i 设计为并联系统，其包含 k_i 个组件（$i=1,2$）。假设每个组件发生永久故障的失效率为常数 λ。

 a）请推导该系统的可靠度的表达式。

 b）给定参数 $k_1=2$ 和 $k_2=3$，请求解系统的 MTTF 的表达式。

13. 根据图 2-9 所示的处理器/内存 TMR 系统，列出可能会导致系统发生故障的条件，并和一般的简单 TMR 系统（包含 3 个单元，其中每个单元包含 1 个处理器和 1 个内存）进行比较。请分别用 R_p、R_m 和 R_v 表示处理器、内存和表决器的可靠度，并求解这两个 TMR 系统的可靠度。

14. 见图 2-24，请写出该非串联/并联系统可靠度的上界和下界。此处假设 D 是一个双向单元，模块 i 的可靠度用 $R_i(t)$ 表示。

15. 如图 2-25 所示，该系统的核心是一个 TMR 系统，模块 a 只能作为模块 1 的备份。假设模块 1 和模块 a 都处于活动的工作状态，当二者中的任何一个发生故障时，比较器 C 可以检测出相应的失效模块，并将正常工作模块的输出提供给表决器。比较器 C 是完美的，不会发生故障。

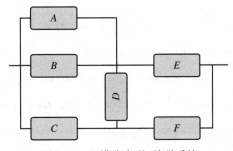

图 2-24　六模非串联/并联系统

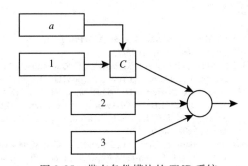

图 2-25　带有备份模块的 TMR 系统

 a）假设表决器不发生故障，则关于系统可靠度的描述，下列哪个选项是正确的（其中，每个模块的可靠性为 R，且相互独立）？

 （1）$R_{\mathrm{system}} = R^4 + 4R^3(1-R) + 3R^2(1-R)^2$

 （2）$R_{\mathrm{system}} = R^4 + 4R^3(1-R) + 4R^2(1-R)^2$

 （3）$R_{\mathrm{system}} = R^4 + 4R^3(1-R) + 5R^2(1-R)^2$

 （4）$R_{\mathrm{system}} = R^4 + 4R^3(1-R) + 6R^2(1-R)^2$

b) 如果比较器是不完美的，其覆盖率因子为 c，请求解系统的可靠度。（此处 c 表示能够检测到失效行为，并能正确识别出发生故障的模块，以及能够将正常模块的输出提供给表决器的概率）。

16. 一个双模系统包含两个活动单元和一个比较器。假设每个单元的失效率为 λ，恢复率为 μ。会对两个活动单元的输出进行比较，当两个输出不匹配时，系统将启动故障单元定位程序。设故障单元的失效行为被正确识别，且未发生故障的单元（和系统）继续正常工作的概率为 c，即覆盖率因子。当不能成功覆盖故障时，整个系统会瘫痪，两个活动单元都会进入恢复阶段，恢复率为 μ。当其中一个单元恢复完成之后，系统就可以继续正常运行，同时继续恢复第二个单元，直到系统回到初始状态。

a) 请写出这个双模系统的马尔可夫模型。

b) 假设 $\mu = 2\lambda$，请推导该系统的稳态可用度。

17. a) 你所在的可靠性与质量管理部的主管推导出了一个系统的可靠度表达式，并交由你进行验证。她给出的可靠度表达式为：

$$R_{\text{system}} = R_C\left[1-(1-R_A)(1-R_B)\right]\left[1-(1-R_D)(1-R_E)\right] + (1-R_C)\left[1-(1-R_AR_D)(1-R_BR_E)\right]$$

但是，她弄丢了系统可靠性框图，你能否根据上面的表达式，重新画出系统框图？

b) 请求解该系统可靠度的上界和下界，并计算当 $R_A = R_B = R_C = R_D = R_E = R = 0.9$ 时系统的可靠度。

18. 一个双模系统，包含一个交换电路单元和两个计算单元。两个计算单元中一个处于工作状态，失效率为 λ_1，另一个处于备份状态一直空闲，在备份状态下的失效率为 $\lambda_2 < \lambda_1$。交换单元会频繁地检查当前工作单元的状态，一旦检测到故障，就会切出当前故障单元，并将备份单元切入系统。切入的单元正常工作，工作时的失效率为 λ_1。在系统发生失效时，能够检测出故障，并让无故障的备份单元成功接管计算工作的概率为 c（覆盖率因子）。注意当不能成功覆盖故障时，系统将瘫痪。

a) 写出该双模系统的马尔可夫模型（提示：仅需 3 个状态）。

b) 写出该马尔可夫模型的微分方程组并推导系统的可靠度。

19. 假设有一个处理器，其中只会发生瞬时故障，每秒的失效率为 λ。瞬时故障的时长（单位：秒）服从参数为 μ 的指数分布。处理器上采用的容错机制是每个任务执行两次，其中第二次执行比第一次执行晚 τ 秒开始。每次执行需要 s 秒，且 $\tau > s$。假设处理器在第一次执行时正常工作，请求解第一次执行时输出正确，但第二次执行时输出错误的概率。

参考文献

[1] M. Abramovici, M.A. Breuer, A.D. Friedman, Digital Systems Testing and Testable Design (revised printing), IEEE Computer Society Press, 1995.

[2] R. Aitken, G. Fey, Z.T. Kalbarczyk, F. Reichenbach, M.S. Reorda, Reliability analysis reloaded: how will we survive?, in: Design, Automation and Test in Europe (DATE), 2013, pp. 358–367.

[3] S. Alcaide, C. Hernandez, A. Roca, J. Abella, DIMP: a low-cost diversity metric based on circuit path analysis, in: ACM/EDAC/IEEE Design Automation Conference (DAC), 2017, pp. 1–6.

[4] A. Avizienis, J.-C. Laprie, B. Randell, Dependability and its threats – a taxonomy, in: IFIP Congress Topical Sessions, August 2004, pp. 91–120.

[5] D.E. Bakken, Z. Zhan, C.C. Jones, D.A. Karr, Middleware support for voting and data fusion, in: International Conference on Dependable Systems and Networks, June 2001, pp. 453–462.

[6] M. Barborak, M. Malek, A. Dahbura, The consensus problem in fault-tolerant computing, ACM Computing Surveys 25 (June 1993) 171–220.

[7] R.E. Barlow, Reliability and Fault Tree Analysis, Society for Industrial and Applied Mathematics, 1982.

[8] R.E. Barlow, F. Proschan, Mathematical Theory of Reliability, Society of Industrial and Applied Mathematics, 1996.

[9] S. Bhardwaj, W. Wang, R. Vattikonda, Y. Cao, S. Vrudhula, Predictive modeling of the NBTI effect for reliable design, in: IEEE 2006 Custom Integrated Circuits Conference, 2006, pp. 9-3-1–9-3-4.

[10] D.M. Blough, G.F. Sullivan, Voting using predispositions, IEEE Transactions on Reliability 43 (December 1994) 604–616.

[11] M.L. Bushnell, V.D. Agrawal, Essentials of Electronic Testing for Digital, Memory, and Mixed-Signal VLSI Circuits, Kluwer Academic Publishers, 2000.

[12] F. Cacho, A. Gupta, A. Aggarwal, G. Madan, N. Bansal, M. Rizvi, V. Huard, P. Garg, C. Arnaud, R. Delater, C. Roma, A.

Ripp, I/O Design Optimization Flow for Reliability in Advanced CMOS Nodes, paper 2D.1, 2014.

[13] J. Chen, S. Wang, M. Tehranipoor, Critical-reliability path identification and delay analysis, ACM Journal on Emerging Technologies in Computing Systems 10 (2) (February 2014) 12.

[14] M. Choudhury, V. Chandra, K. Mohanram, R. Aitken, Analytical model for TDDB based performance degradation in combinational logic, in: Design, Automation and Test in Europe (DATE), 2010, pp. 423–428.

[15] S. Corbetta, W. Fornaciari, Performance/reliability trade-off in superscalar processors for aggressive NBTI restoration of functional units, in: Great Lakes Symposium on VLSI, 2013, pp. 221–226.

[16] D. Dolev, The byzantine generals strike again, Journal of Algorithms 3 (1982) 14–30.

[17] C.E. Ebeling, An Introduction to Reliability and Maintainability Engineering, McGraw-Hill, 1997.

[18] M.J. Fischer, N.A. Lynch, A lower bound for the time to assure interactive consistency, Information Processing Letters 14 (June 1982) 183–186.

[19] H. Hong, J. Lim, H. Lim, S. Kang, Lifetime reliability enhancement of microprocessors: mitigating the impact of negative bias temperature instability, ACM Computing Surveys 48 (1) (September 2015) 9.

[20] V. Huard, N. Ruiz, F. Cacho, E. Pion, A bottom-up approach for system-on-chip reliability, Microelectronics and Reliability 51 (2011) 1425–1439.

[21] JEDEC Solid State Technology Association, Failure Mechanisms and Models for Semiconductor Devices, 2006.

[22] I. Koren, E. Shalev, Reliability analysis of hybrid redundancy systems, IEE Proceedings. Computers and Digital Techniques 131 (January 1984) 31–36.

[23] L. Lamport, R. Shostak, M. Pease, The byzantine generals algorithm, ACM Transactions on Programming Languages and Systems 4 (July 1982) 382–401.

[24] P.R. Lorczak, A.K. Caglayan, D.E. Eckhardt, A theoretical investigation of generalized voters for redundant systems, in: Nineteenth Fault Tolerant Computing Symposium, 1989, pp. 444–451.

[25] N.A. Lynch, M.J. Fischer, R.J. Fowler, A simple and efficient byzantine generals algorithm, in: 2nd Symposium on Reliability in Distributed Software and Database Systems, July 1982, pp. 46–52.

[26] A. Mahmood, E.J. McCluskey, Concurrent error detection using watchdog processors – a survey, IEEE Transactions on Computers 37 (February 1988) 160–174.

[27] J.W. McPherson, Reliability Physics and Engineering, Springer, 2010.

[28] S. Mitra, N.R. Saxena, E.J. McCluskey, Common-mode failures in redundant VLSI systems: a survey, IEEE Transactions on Reliability 49 (3) (September 2000) 285–295.

[29] S. Mitra, N.R. Saxena, E.J. McCluskey, Efficient design diversity estimation for combinatorial circuits, IEEE Transactions on Computers 53 (11) (November 2004) 1483–1492.

[30] S.S. Mukherjee, M. Kontz, S.K. Reinhardt, Detailed design and evaluation of redundant multithreading alternatives, in: International Symposium on Computer Architecture, 2002, pp. 99–110.

[31] M. Namjoo, E.J. McCluskey, Watchdog processors and capability checking, in: 12th International Symposium on Fault Tolerant Computing, 1982, pp. 245–248.

[32] F. Oboril, M.B. Tahoori, MTTF-balanced pipeline design, in: Design and Test in Europe (DATE), 2013, pp. 270–275.

[33] ON Semiconductor, Quality and Reliability Handbook, 2019.

[34] I. Oz, S. Arslan, A survey on multithreaded alternatives for soft error fault tolerance, ACM Computing Surveys 52 (2) (2019) 27.

[35] B. Parhami, Voting algorithms, IEEE Transactions on Reliability 43 (December 1994) 617–629.

[36] M. Pease, R. Shostak, L. Lamport, Reaching agreement in the presence of faults, Journal of the ACM 27 (April 1980) 228–234.

[37] G. Psychou, Stochastic Approaches for Speeding-Up the Analysis of the Propagation of Hardware-Induced Errors and Characterization of System-Level Mitigation Schemes, PhD Dissertation, Rheinisch-Westfalische Technische Hochschule Aachen, 2017.

[38] Z. Qi, M.R. Stan, NBTI resilient circuits using adaptive body biasing, in: Great Lakes Symposium on VLSI, 2008, pp. 285–290.

[39] S.K. Reinhardt, S.S. Mukherjee, Transient fault detection via simultaneous multithreading, in: International Symposium on Computer Architecture, 2000, pp. 25–36.

[40] Renesas Electronics, Semiconductor Reliability Handbook, 2017.

[41] E. Rotenberg, AR-SMT: a microarchitectural approach to fault tolerance in microprocessors, in: Fault-Tolerant Computing Systems Symposium, 1999, pp. 84–91.

[42] D.P. Siewiorek, Reliability modeling of compensating module failures in majority voting redundancy, IEEE Transactions on Computers C-24 (May 1975) 525–533.

[43] D.P. Siewiorek, R.S. Swarz, Reliable Computer Systems: Design and Evaluation, A.K. Peters, 1998.

[44] SONY, Seminconductors Quality and Reliability Handbook, 3rd edition, Chapter 4, available at https://www.sony-semicon.co.jp/products_en/quality/pdf/Handbook_e_201811.pdf, 2018.

[45] P.T. de Sousa, F.P. Mathur, Sift-out modular redundancy, IEEE Transactions on Computers C-27 (July 1978) 624–627.

[46] Z. Tang, J.B. Dugan, An integrated method for incorporating common cause failures in system analysis, in: Reliability and Maintainability Symposium (RAMS), 2004, pp. 610–614.

[47] K.S. Trivedi, Probability and Statistics with Reliability, Queuing, and Computer Science Applications, John Wiley, 2002.

[48] U. S. Department of Defense, Military Standardization Handbook: Reliability Prediction of Electronic Equipment, MIL-HDBK-217E, 1986.

[49] T. Siddiqua, A Multi-Level Approach to NBTI Mitigation in Processors, Ph.D. Dissertation, University of Virginia, 2012.

[50] T. Siddiqua, S. Gurumurthi, A multi-level approach to reduce the impact of NBTI on processor functional units, in: Great Lakes Symposium on VLSI, 2010, pp. 67–72.

[51] V. Sridharan, N. DeBardeleben, S. Blanchard, K.B. Ferreira, J. Stearley, J. Shalf, S. Gurumurthi, Memory errors in modern systems, in: ACM International Conference on Architectural Support for Programming Languages and Operating Systems (ASPLOS), 2015, pp. 297–310.

[52] J.H. Stathis, S. Zafar, The negative bias temperature instability in MOS devices: a review, Microelectronics-Review 46 (2006) 270–286.

[53] S. Upadhyaya, B. Ramamurthy, Concurrent process monitoring with no reference signatures, IEEE Transactions on Computers 43 (April 1994) 475–480.

[54] W.E. Vesely, Fault Tree Handbook, Nuclear Regulatory Commission, 1987.

[55] T.N. Vijaykumar, I. Pomeranz, K. Cheng, Transient-fault recovery using simultaneous multithreading, in: International Symposium on Computer Architecture, 2002, pp. 87–98.

[56] C. Wang, L. Xing, G. Levitin, Explicit and implicit methods for probabilistic common-cause failure analysis, Reliability Engineering & Systems Safety 131 (November 2014) 175–184.

[57] K.-C. Wu, M.-C. Lee, D. Marculescu, S.-C. Chang, Mitigating lifetime underestimation: a system-level approach considering temperature variations and correlations between failure mechanisms, in: Design and Test in Europe (DATE), 2012, pp. 1269–1274.

信息冗余

数据在单元与单元之间、系统与系统之间的传输过程中有可能产生错误，甚至在往内存单元存储的时候也会发生错误。为了实现这种类型的容错，我们向数据中加入冗余，这就是所说的信息冗余（information redundancy）。信息冗余最常见的形式是编码（coding）。编码技术通过在数据中添加校验位，可以让用户在使用数据之前，验证数据的正确性。在某些情况下，编码技术也能够纠正错误的数据位。在 3.1 节，我们会介绍几种常用的检错码和纠错码。

通过编码来实现信息冗余并不局限于独立的数据"字"这一层面。编码可以被扩展到更大的数据结构中，为它们提供容错能力。这其中最著名的例子是独立磁盘冗余阵列（redundant array of independent disks，RAID）存储系统。我们会在 3.2 节介绍多种不同的 RAID 结构，并分析这种技术给系统在可靠性和可用性方面带来的提升。

在分布式系统中，相同的数据通常会被存储在不同的节点上。在这种情况下，数据副本技术可以提高数据的可访问性。将数据的副本保存在同一个节点上可能会导致这个节点同时成为系统性能和数据可靠性的瓶颈。一个可选的方案是，将数据的多个副本保存在多个节点上。在 3.3 节，我们会介绍几种存储数据副本的方案。

在 3.4 节，我们会讲解基于算法的容错。对于需要处理大型数据阵列的应用而言，这是一种高效的信息冗余技术。

3.1　编码

编码在学术界和工业界都有成熟的研究成果，尤其在通信领域中，围绕编码这一主题已经存在很多的教材（详见延伸阅读一节）。在此，我们仅简要介绍最常用的编码。

在编码过程中，一个 d 位的数据字会被编码为一个 c 位的码字。和原始数据相比，码字通常会包含更多的位，即 $c>d$。这种编码过程引入了信息冗余，也就是说，我们所使用的位比实际上需要的更多。这种信息冗余的一个后果是，并非 c 位组成的所有 2^c 个二进制数都是有效码字。因此，当我们试图对一个 c 位码字进行解码来提取原始的 d 位数据时，可能会发现这个码字是无效的。这就意味着数据中出现了错误。对于一些特定的编码方案，某些类型的错误不仅可以被检测出来，而且可以被纠正。

一个编码被定义为所有有效码字的集合。编码的关键性能指标是它可以检测出的发生错误的位数量，以及可以纠正的错误位数量。编码所引入的开销则可以量化为所需的额外位数量和编解码的时间。

在码字空间，一个重要的度量是海明距离。两个码字之间的海明距离是这两个码字中不同位的数量。图 3-1 中有 8 个 3 位二进制数。图中由一条边相连的两个数的海明距离为 1。101 和 011 有两个位是不同的，因此它们之间的海明距离为 2，在图 3-1 中从 101 到达 011 需要经过两条边。假设两个有效码字，它们仅最低位不同，例如 101 和 100 在

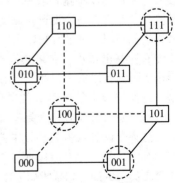

图 3-1　3 位码字空间的海明距离

这种情况下，如果其中一个码字的最低位发生了错误，那么这个错误无法被检测出来，因为发生错误之后，这个码字会变成另一个有效的码字。然而，一对海明距离大于或等于 2 的码字能够保证当发生 1 位错误的时候，一个码字不会因为这个错误而变为另一个有效码字。

编码距离是任意两个有效码字间的最小海明距离。如图 3-1 中的圆圈标记所示，一套包含 4 个码字的编码{001,010,100,111}的编码距离为 2，因此能够检测任意的 1 位错误。仅包含码字{000,111}的编码，其海明距离为 3，因此能够检测任意 1 位或 2 位错误。如果 2 位错误发生的可能性很低，那么这种编码可以用于纠正任意的 1 位错误。总而言之，为了检测至多 k 位错误，编码距离至少应为 $k+1$。为了纠正至多 k 位错误，编码距离至少应为 $2k+1$。编码{000,111}可以用于编码 1 位数据，例如将 0 编码为 000，将 1 编码为 111。这一编码类似于第 2 章所讨论的三模冗余技术。从原则上来讲，许多冗余技术都可以看作某种编码方案。例如双模冗余可以看作有效码字由两个相同的数据字组成的编码。对于单个数据位，码字分别是 00 和 11。

编码的码率是非冗余部分所占的比例，也就是说，将 d 位数据编码为 n 位码字，其码率为 d/n。

编码的另外一个重要的性质是可分离性。可分码具有单独的数据位和校验位字段。因此可分码的解码过程只需把数据位选择出来，对校验位将独立地进行处理以验证数据的正确性。然而，非可分码的数据位和校验位混合在一起，从码字中提取数据需要一个处理过程，因此会引入额外的延迟。这两种编码类型在本章中都会介绍。

3.1.1　奇偶校验码

最简单的一种编码是奇偶校验码。在其基本形式中，一个奇偶校验码的码字包含 d 个数据位和 1 个额外的校验位（用于存储奇偶性）。在偶（奇）校验中，这个额外的校验位会使得整个 $d+1$ 位的码字（包含奇偶校验位）中为 1 的位数是偶数（奇数）。奇偶校验码的编码码率为 $d-1/d$。

奇偶校验码的海明距离是 2，能够确保检测所有的 1 位错误。如果一个位从 0 翻转为 1（反之亦然），则总体的奇偶性也将改变，因此这个错误可以被检测到。然而，这种简单的奇偶校验不能纠错。

因为奇偶校验码是一种可分码，因此它的编解码电路设计也比较简单。图 3-2 展示了 5 位数据的编解码电路。编码器是一个含 5 个输入的模 2 加法器（异或门），当输入中 1 的个数是偶数时输出 0，这个输出是用于偶校验的奇偶校验位。解码器根据接收到的数据位生成奇偶校验位，并将其与接收到的奇偶校验位相比较。如果它们相同，则最右侧异或门的输出为 0，说明没有检测出错误。如果它们不同，则这一输出为 1，表示数据中发生了错误。需要注意的是，奇偶校验不能检测 2 位错误，而所有的 3 位（或任意奇数位）错误是可以被检测到的。

选择奇校验或偶校验，主要取决于哪种类型的单向故障（全 0 故障或全 1 故障）的发生比例更高。例如，如果我们选择偶校验，则全 0 数据生成的奇偶校验位是 0。在这种情况下，全

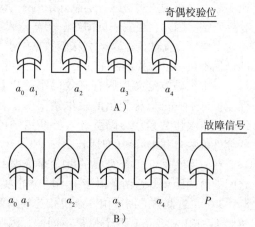

图 3-2　偶校验的编码和解码电路。A）编码器。B）解码器

0 故障不会被检测出来，因为它是一个有效码字。选择奇校验可以检测出这种全 0 故障。另外，如果全 1 故障发生的可能性比发生全 0 故障的可能性更高，则我们需要保证全 1 的码字（包括数据位和奇偶校验位）是无效的。在这一情况下，如果总的数据位数（包括奇偶校验位）是偶数，我们就应该选择奇校验，反之亦然。

目前基于最基本的奇偶校验码，人们已经提出并且实现了多种衍生编码方法。其中之一是按字节划分的奇偶校验技术。与整个数据字只包含一个奇偶校验位不同的是，我们为每个字节（或着其他大小的一组位）分配了单独的奇偶校验位。这会将开销比例从 $1/d$ 提高至 m/d，其中 m 表示字节的数量（或其他位组的数量）。只要故障发生在不同的字节中，这种方法就最多可以检测 m 个故障。如果全 0 故障和全 1 故障都可能发生，则我们可以在一个字节上使用奇校验，而在另一个字节上使用偶校验。

上述方法的一个变体是字节交织奇偶校验码。举例来讲，我们假设 $d=64$，并且将数据位记为 a_{63}，a_{62}，$\cdots$，a_0。这里我们使用 8 个奇偶校验位，第一个奇偶校验位保存 a_{63}，a_{55}，a_{47}，a_{39}，a_{31}，a_{23}，a_{15} 和 a_7，即所有 8 个字节的最高位。同样地，我们分配其他 7 个奇偶校验位，使得各组内相应的位交错排列。当常见的故障模式是相邻位故障的时候，这种方案非常有效。此外，当在不同组之间交替使用奇校验和偶校验时，单向故障（包括全 0 故障和全 1 故障）也可以被检测到。

通过扩展奇偶校验的概念，我们也可以给编码提供纠错能力。最简单的方案是将数据组织为二维数组，如图 3-3 所示。奇偶校验位以粗体显示。行末的位用于表示这一行的奇偶性，最后一行的位保存其对应列的奇偶性。行列均为偶校验的奇偶校验方案如图 3-3 所示。在出现 1 位错误的时候，矩阵中其所在行和所在列的校验位会发出数据错误的信号。因为给定一对行和列可以定位一个唯一的位置，所以这种方法可以识别并纠正出现故障的位。

```
0 0 0 1 1 1 1
1 0 1 0 1 1 0
1 1 0 0 0 0 0
0 0 0 1 1 1 1
1 1 1 1 1 1 0
1 0 0 1 0 0 0
```

图 3-3　重叠奇偶校验的示例

上述方案是一个重叠奇偶校验的例子。在这个例子中，每个位都被超过 1 个的奇偶校验位"覆盖"。接下来我们介绍一下与重叠奇偶校验相关的一般性理论。我们的目标是使得奇偶校验方案能够识别每一个出现错误的位。假设一共有 d 个数据位，我们应当使用多少个奇偶校验位？每个奇偶校验位应该覆盖哪些位？

我们将奇偶位（校验位）的个数记为 r，这些校验位将被加入长度为 d 的数据位当中，形成 $d+r$ 位的码字。因此，一共存在 $d+r$ 种故障状态，状态 i 表示码字中第 i 位是故障位（请记住我们只考虑 1 位故障情况，这种方法不能检测 2 位故障）。此外，还存在一种不包含任何故障的状态，因此一共存在 $d+r+1$ 种互不相同的状态。

我们通过执行 r 次奇偶校验来检测故障，即对于每个奇偶校验位，我们检查这个奇偶校验位和其覆盖的数据位的奇偶性是否一致。r 个奇偶校验位可以产生至多 2^r 种不同的校验结果输出。因此，所需的最小奇偶校验位数量为能够满足以下不等式的 r 的最小值：

$$2^r \geq d+r+1 \tag{3.1}$$

那么，我们应该如何决定哪一些数据位被哪个奇偶校验位覆盖呢？我们会把 $d+r+1$ 种状态中的每一种状态，分配给 r 个奇偶校验位所产生的 2^r 种可能的结果。接下来一个例子来很好地说明这一点。

示例　假设我们有一个 $d=4$ 位的数据：$a_3a_2a_1a_0$。由公式（3.1）可得，所需奇偶校验位的最小数量为 $r=3$，我们将奇偶校验位记为 $p_2p_1p_0$。那么，在码字中总计可能存在 4+3+1=8

种不同的状态。完整的 7 位码字为 $a_3a_2a_1a_0p_2p_1p_0$，即最低有效位——第 0、1、2 位是奇偶校验位，其他位是数据位。表 3-1 和图 3-4 列出了一种可行的将奇偶校验结果输出（即校验子）分配给状态的方案。显然，校验子全 0 的情况会被分配给"无错误"状态。接下来的 3 种状态分别对应校验子中仅有一个"1"（只有 1 个奇偶校验位错误）的情况。校验子的其余 4 种结果到最后 4 种状态（对应某一个数据位发生了错误）的分配，共有 4! 种方案。表 3-1 和图 3-4 列出了其中一种。例如，如果有且只有 p_0 和 p_2 两个奇偶校验无法通过，就说明在第 4 位上出现了错误，即 a_1。

表 3-1　奇偶值和状态的分配

状态	发生错误的奇偶校验位	校验子	状态	发生错误的奇偶校验位	校验子
无错误	无	000	a_0 位错误	p_0,p_1	011
p_0 位错误	p_0	001	a_1 位错误	p_0,p_2	101
p_1 位错误	p_1	010	a_2 位错误	p_1,p_2	110
p_2 位错误	p_2	100	a_3 位错误	p_0,p_1,p_2	111

对于一个奇偶校验位，发生在它所覆盖的范围里面的错误，都由它来负责检测。因此 p_0 覆盖位置 p_0、a_0、a_1 和 a_3（如图 3-4 所示），即 $p_0 = a_0 \oplus a_1 \oplus a_3$。相似地，有 $p_1 = a_0 \oplus a_2 \oplus a_3$ 和 $p_2 = a_1 \oplus a_2 \oplus a_3$。例如，对于数据位 $a_3a_2a_1a_0 = 1100$，其生成的奇偶校验位是 $p_2p_1p_0 = 001$。假设现在这个完整的码字 1100001 中出现了 1 位错误，变为 1000001。我们重新计算这 3 位奇偶校验位，得到 $p_2p_1p_0 = 111$。通过逐位异或运算生成的新值和旧值之间的差是 110。这个差值能够指出哪个位在奇偶校验过程中被检测出了错误，我们称之为校验子。参照表 3-1，校验子 110 说明 a_2 位出现了错误，所以正确的数据应为 $a_3a_2a_1a_0 =$ 1100。我们称这种编码为 (7,4) 海明单位纠错码（SEC 码）。

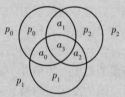

图 3-4　表 3-1 中奇偶校验位的分配方式

校验子（即奇偶校验的检测结果）可从 $a_3a_2a_1a_0\ p_2p_1p_0$ 中经一步计算直接得出。下面的矩阵清楚地展示了这一过程，矩阵中所有的操作均为模 2 运算。下面这一矩阵被称作奇偶校验矩阵。

$$
\begin{matrix} a_3a_2a_1a_0p_2p_1p_0 \end{matrix}
$$

$$
\begin{bmatrix} 1 & 1 & 1 & 0 & 1 & 0 & 0 \\ 1 & 1 & 0 & 1 & 0 & 1 & 0 \\ 1 & 0 & 1 & 1 & 0 & 0 & 1 \end{bmatrix}
\begin{bmatrix} a_3 \\ a_2 \\ a_1 \\ a_0 \\ p_2 \\ p_1 \\ p_0 \end{bmatrix}
=
\begin{bmatrix} s_2 s_1 s_0 \end{bmatrix}
$$

对于按这种方法生成的校验子（参考表 3-1），除了 011 和 100 之外，我们都可以通过将计算得到的校验子减 1，来获得出错位的索引。我们也可以修改奇偶校验输出和不同错误位之间的对应关系，使得计算出的校验子可以在减 1 之后提供所有情况下出错位的索引（显然，这不包含无错误的情况）。例如，顺序 $a_3a_2a_1p_2a_0p_1p_0$ 可以提供所需的校验子。更进一步，如果我们修改位的索引使之从 1 开始，就可以省略在计算之后额外减 1 的操作，依据这种想法，我们能够得到下面这个奇偶校验矩阵。

$$\begin{bmatrix} 1 & 1 & 1 & 1 & 0 & 0 & 0 \\ 1 & 1 & 0 & 0 & 1 & 1 & 0 \\ 1 & 0 & 1 & 0 & 1 & 0 & 1 \end{bmatrix}$$

$$\begin{matrix} 7 & 6 & 5 & 4 & 3 & 2 & 1 \\ a_3 & a_2 & a_1 & p_2 & a_0 & p_1 & p_0 \end{matrix}$$

注意，现在所有奇偶校验位的索引都是 2 的幂次（即 1、2 和 4），这些索引的二进制表示构成了奇偶校验矩阵。

如果编码能够满足 $2^r>d+r+1$，则我们需要从 2^r 种二进制组合中选择 $d+r+1$ 种作为校验子。在这种情况下，我们最好避免使用包含较多 "1" 的组合。这是因为包含更少 "1" 的奇偶校验矩阵会使得负责编码和解码操作的电路更简单。例如，对于 $d=3$，我们设定 $r=3$，但是在 8 种 3 位的二进制组合中我们只需要 7 种。图 3-5 列出了两种可行的奇偶校验矩阵：图 3-5A 使用了组合 111，而图 3-5B 没有。因此，对于图 3-5A 中的矩阵，编码电路需要一个异或门生成 p_1 和 p_2，需要两个异或门生成 p_0。相对地，对于图 3-5B 中的矩阵，编码电路生成每个奇偶校验位都只需要一个异或门。

$$\begin{matrix} a_2a_1a_0p_2p_1p_0 \\ \begin{bmatrix} 1 & 0 & 1 & 1 & 0 & 0 \\ 1 & 1 & 0 & 0 & 1 & 0 \\ 1 & 1 & 1 & 0 & 0 & 1 \end{bmatrix} \\ A) \end{matrix} \qquad \begin{matrix} a_2a_1a_0p_2p_1p_0 \\ \begin{bmatrix} 0 & 1 & 1 & 1 & 0 & 0 \\ 1 & 0 & 1 & 0 & 1 & 0 \\ 1 & 1 & 0 & 0 & 0 & 1 \end{bmatrix} \\ B) \end{matrix}$$

图 3-5　$d=3$ 时两种可行的奇偶校验矩阵

表 3-1 中的编码能够纠正 1 位错误，但是不能检测 2 位错误。例如，如果在字 1100001 中出现了 2 位错误，变成了 1010001（a_2 和 a_1 是故障位），校验子是 011，结果就是校验子错误地显示了 a_0 是需要纠正的位。一种提升数据错误检测能力的方法是增加一个额外的校验位作为其他数据位和校验位的奇偶校验位。这样得到的编码称作（8，4）纠一检二（SEC/DED）海明码。这种编码的校验子生成过程如下所示。

$$\begin{matrix} a_3a_2a_1a_0p_3p_2p_1p_0 \\ \begin{bmatrix} 1 & 1 & 1 & 1 & 1 & 1 & 1 & 1 \\ 1 & 1 & 1 & 0 & 0 & 1 & 0 & 0 \\ 1 & 1 & 0 & 1 & 0 & 0 & 1 & 0 \\ 1 & 0 & 1 & 1 & 0 & 0 & 0 & 1 \end{bmatrix} \end{matrix} \begin{bmatrix} a_3 \\ a_2 \\ a_1 \\ a_0 \\ p_3 \\ p_2 \\ p_1 \\ p_0 \end{bmatrix} = \begin{bmatrix} s_3s_2s_1s_0 \end{bmatrix}$$

当校验子的第 1 位，即 s_3 为 1 的时候，和之前一样，校验子的最后 3 位表示需要纠正的出错位。由于 p_3 是所有其他数据位和校验位的奇偶校验位，因此一个 1 位错误会改变整体的奇偶性，并必然会导致 s_3 变为 1。如果 s_3 是 0，而校验子中的其他位存在非零位，则检测出发生了 2 位或更多位的错误。例如，如果发生了 1 位错误，使得 11001001 变为 10001001，则计算得到的校验为 1110，和之前一样，这说明 a_2 中出现了错误。如果发生了 2 位错误，导致数据变为了 10101001，则计算得到的校验为 0011，说明数据中发生了一个无法纠正的错误。总而言之，在偶数个数据位上发生的错误是可检测的，而大于 1 的奇数个数据位的错误和 1 位错误是无法区分的，这会导致错误地 "纠正" 了一个本应正确的位。

大多数（非全部）支持 SEC/DED 的存储器电路都使用（39，32）或（72，64）海明码。由于在两个或更多个物理相邻的存储器单元中出错的可能性较大，所以通常将单个数据字中的位分配到非相邻的存储器单元中，以此减少同一个数据字中出现不可纠正的 2 位错误的概率。

上述 SEC/DED 海明码的缺点是，添加的这个额外的校验位需要计算得到，它是其他所有校验位和数据位的奇偶校验位，这会减慢整个编码和解码过程。一种能够减少这种惩罚并且仍能够检测 2 位错误的方法是，只给数据位和校验位分配含有奇数个 1 的校验子（这里需要说明的是，在 SEC 海明码中，校验位对应的校验子都只有一个 1）。通过限制只能对任意 1 位故障使用含有奇数个 1 的校验子，当发生 2 位错误时，会产生一个含有偶数个 1 的校验子，表示这个错误不能被纠正。对于这种(8,4)SEC/DED 海明码的一种可行的奇偶校验矩阵如下所示。

$$
\begin{array}{cccccccc}
a_3 & a_2 & a_1 & a_0 & p_3 & p_2 & p_1 & p_0 \\
\begin{bmatrix}
0 & 1 & 1 & 1 & 1 & 0 & 0 & 0 \\
1 & 0 & 1 & 1 & 0 & 1 & 0 & 0 \\
1 & 1 & 0 & 1 & 0 & 0 & 1 & 0 \\
1 & 1 & 1 & 0 & 0 & 0 & 0 & 1
\end{bmatrix}
\end{array}
$$

如果限制我们只能使用含有奇数个 "1" 的校验子，会使得我们只能够使用 2^r 个校验子组合中的 2^{r-1} 个，这相当于我们相比 SEC 海明码所需的最少校验位而言，还需要一个额外的校验位，使得校验位的总数和一开始的 SEC/DEC 海明码相同。

在奇偶校验码的使用中，如果数据位的数量特别大，那么发生 SEC 编码无法纠正的错误的概率也会提高。为了降低这种可能性，我们会把 D 个数据位分为 D/d 个相同的片段（每个片段包含 d 位），并且对每个片段独立地使用合适的 $(d+r,d)$ SEC 海明码进行编码。然而这种做法会将 SEC 编码的开销比例提高到 r/d。因此我们需要在发生不可纠正的错误的概率和编码开销比例之间权衡。如果 f 是一个位出现错误的概率，且不同的位发生错误的情况是相互独立的，则在 $d+r$ 个位中发生超过 1 位错误的概率可以表示为：

$$
\begin{aligned}
\Phi(d,r) &= 1-(1-f)^{d+r}-(d+r)f(1-f)^{d+r-1} \\
&\approx \frac{(d+r)(d+r-1)}{2}f^2 \quad （如果 f \ll 1）
\end{aligned} \tag{3.2}
$$

在 D/d 个片段中，任何一个片段发生不可纠正的错误的概率为：

$$
\begin{aligned}
\Psi(D,d,r) &= 1-(1-\Phi(d,r))^{D/d} \\
&\approx (D/d)\Phi(d,r) \quad （如果 \Phi(d,r) \ll 1）
\end{aligned} \tag{3.3}
$$

表 3-2 中提供了一些关于权衡开销的数值结果。

表 3-2　在数据位总数 D=1024，发生 1 位错误的概率 $f=10^{-11}$ 的情况下，
重叠奇偶校验码的开销和发生不可纠正错误的概率之间的权衡

d	r	开销比例 r/d	$\Psi(D,d,r)$
2	3	1.5000	0.5120E-16
4	3	0.7500	0.5376E-16
8	4	0.5000	0.8448E-16
16	5	0.3125	0.1344E-15
32	6	0.1875	0.2250E-15
64	7	0.1094	0.3976E-15
128	8	0.0625	0.7344E-15
256	9	0.0352	0.1399E-14
512	10	0.0195	0.2720E-14
1024	11	0.0107	0.5351E-14

3.1.2　校验和

校验和主要用于检测数据在通信信道内传输时发生的错误。其基本思想是将正在传输的数据块相加，并且将相加后的和也传输出去。然后，接收方将收到的数据相加，并将计算的和与收到的校验和进行比较。如果两个不一致，则说明传输过程中出现了错误。

校验和有几种变体。假设数据字的长度为 d 位。在单精度版本中，校验和是一种模 2^d 加法。在双精度版本中，校验和是一种模 2^{2d} 加法。图 3-6 显示了这两种版本的例子。总体而言，单精度校验和相比双精度校验和能够检测的错误更少，因为我们仅保存了校验和里面最右侧的 d 个位。留数校验和将第 d 位的进位作为一个循环进位计入总数（即进位会被加到校验和的最低位上），因此可靠性可能更高一些。Honeywell 校验和通过将字连成对进行校验和计算（执行模 2^{2d} 运算），可防止错误发生在同一个位置。例如图 3-7 中所示的情况，因为传输 a_3 的信道发生了固定 0 故障，所以接收方会发现在单精度校验下，通过传输获得的校验和与它自己计算的校验和是匹配的，然而使用 Honeywell 校验和时，会与接收到的校验和有区别，错误也将被检测出来。所有的检验和方案都只能检测错误，无法获知错误发生的位置。当检测到错误时，整个数据块都必须要重新传输。

```
0000          0000          0000
0101          0101          0101
1111          1111          1111        00000101
0010          0010          0010        11110010
┌────┐     ┌────────┐    ┌────┐     ┌────────┐
│0110│     │00010110│    │0111│     │11110111│
└────┘     └────────┘    └────┘     └────────┘
 A）          B）           C）          D）
```

图 3-6　不同的校验和编码（框中的数字是计算得到的校验和）。A）单精度校验和。B）双精度校验和。C）留数校验和。D）Honeywell 校验和

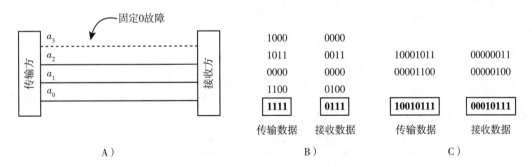

图 3-7　Honeywell 校验和与单精度校验和的对比（框中的数字是计算得到的校验和）。A）电路图。B）单精度校验和。C）Honeywell 校验和

3.1.3　*M*-of-*N* 编码

M-of-*N* 编码是检单向错误的编码的一个例子。顾名思义，在单向错误中，所有的错误都是同一方向的，要么从 0 到 1，要么从 1 到 0。两个方向的错误不会同时发生。

在 *M*-of-*N* 编码中，每个 N 位的码字中有固定 M 个位是 1，构成 $\binom{N}{M}$ 码字。任意一个 1 位

错误都会将 1 的数量变为 $M+1$ 或 $M-1$，然后被检测出来。多位单向错误也是可以检测到的。一个简单的 M-of-N 编码的例子是 2-of-5 编码，如表 3-3 所示。一共存在 10! 种不同的方法将 10 个码字分配给十进制数码。表中的分配方式遵循二进制大小顺序。M-of-N 编码的主要优点是具有概念上的简洁性，但是它的编码和解码操作会变得相对困难，因为这种编码通常是不可分码，这一点同奇偶校验码和校验和编码不同。

表 3-3　一种针对十进制数的 2-of-5 编码

十进制数	码字	十进制数	码字
0	00011	5	01100
1	00101	6	10001
2	00110	7	10010
3	01001	8	10100
4	01010	9	11000

但是，也可以构造可分的 M-of-N 编码。例如，可以通过在给定的 M 个数据位基础上增加 M 个校验位来构造一个 M-of-$2M$ 编码，使得所生成的 $2M$ 位的码字中有且只有 M 个 1。这种码的编解码过程非常容易，但是它的开销相比不可分编码而言非常巨大（100% 甚至更大）。例如，为了编码 10 个十进制数，我们从每个十进制数对应 4 个二进制位开始，构造 8 中取 4 编码。这种做法的冗余度比 2-of-5 编码高很多。

3.1.4　伯格码

检测单向错误的 M-of-$2M$ 编码是一种可分码，但是它的信息冗余度非常高。另一种可分的、低开销的检单向错误的编码是伯格码（Berger code）。其编码过程为：统计数据中 1 的个数，并表示为二进制形式，取其补码附加到数据中。例如，假设我们需要对 11101 进行编码。数据中共有 4 个 1，4 的二进制表示为 100，其补码为 011。编码后的码字即为 11101011。

伯格码的开销计算方式是，假设存在 d 个数据位，则其中最多可能包含 d 个 1，即需要 $\lceil \log_2(d+1) \rceil$ 个位用来计数，因此每个位的开销比例为：

$$\frac{\lceil \log_2(d+1) \rceil}{d}$$

表 3-4 中列出了一些开销比例的数值。如果对于整数 k，有 $d=2^k-1$，且校验位的数量 $r=k$，则形成的编码称为最大长度伯格码。对于给定的单向错误检测能力，伯格码所需的校验位数是所有目前已知的可分码中最少的。

表 3-4　伯格码的开销比例

d	r	开销比例	d	r	开销比例
8	4	0.5000	64	7	0.1094
15	4	0.2667	127	7	0.0551
16	5	0.3125	128	8	0.0625
31	5	0.1613	255	8	0.0314
32	6	0.1875	256	9	0.0352
63	6	0.0952			

3.1.5　循环码

在循环码中，数据的编码过程是对数据字和一个常数进行模 2 乘法，码字是所得的积。

解码通过除以相同的常数完成。如果余数非 0，说明数据发生了错误。这种编码被称为循环码，因为对于每个码字 $a_{n-1},a_{n-2},\cdots,a_0$，它的循环移位结果 $a_0,a_{n-1},a_{n-2},\cdots,a_1$ 也是一个有效码字。例如，一组包含 $\{00000,00011,00110,01100,11000,10001,00101,01010,10100,01001,$ $10010,01111,11110,11101,11011,10111\}$ 的 5 位编码是循环码。

学术界现在关于循环码已经有了诸多研究成果，并且循环码在数据存储和通信领域都已经被广泛应用。此处我们只讲解循环码相关工作中的一小部分。循环码的理论主要建立在高等代数的基础上，这超出了本书的范围。感兴趣的读者可以查阅编码相关的文献（见延伸阅读一节）。

假设 k 是我们将要编码数据的长度，编码后长度为 n 的码字是将 k 个数据位和一个 $n-k+1$ 位的数相乘得到的。

在循环码理论中，乘数表示为一个多项式，称作生成多项式。长度为 $n-k+1$ 位的乘数中的 1 和 0 被视为一个 $n-k$ 阶多项式的系数。例如，如果一个 5 位的乘数为 11001，则其生成多项式为 $G(x)=1\cdot x^4+1\cdot x^3+0\cdot x^2+0\cdot x^1+1\cdot x^0=x^4+x^3+1$。使用 $n-k$ 次生成多项式生成的、编码后长度为 n 的码称为 (n,k) 循环码。(n,k) 循环码能够检测所有的 1 位错误以及所有的长度小于 $n-k$ 位的相连位错误。因此这种编码在诸如无线通信等应用中非常有用，这类应用中信道通常包含很多噪声，使得数据传输受到干扰并出现相连的多位出错的情况。作为一个 (n,k) 循环码的生成多项式，这个 $n-k$ 次的多项式必须为 x^n-1 的一个因式。多项式 x^4+x^3+1 是 $x^{15}-1$ 的一个因式，可以被视为一个（15，11）循环码的生成多项式。$x^{15}-1$ 的另一个因式是 x^4+x+1，可以生成另一个（15，11）循环码。多项式 $x^{15}-1$ 共有 5 个质因式，分别是：

$$x^{15}-1=(x+1)(x^2+x+1)(x^4+x+1)(x^4+x^3+1)(x^4+x^3+x^2+x+1)$$

这 5 个因式中的任意一个，或者任意两个（或更多）的积都可以被视为一种循环码的生成多项式。例如，前两个因式的积 $(x+1)(x^2+x+1)=x^3+1$ 可以生成一个（15，12）循环码。需要注意的是将 $(x+1)$ 和 (x^2+x+1) 相乘的时候，所有的加法都为模 2 运算。还要注意，在模 2 运算中减法也将被识别为加法。因此，$x^{15}-1$ 会被识别为 $x^{15}+1$。

本章开头提到的 5 位循环码，其生成多项式为 $x+1$，满足 $x^5-1=(x+1)(x^4+x^3+x^2+x+1)$，是一个（5，4）循环码。我们可以通过将所有 4 位数据（0000 到 1111）乘以 $x+1$ 或二进制的 11 来验证 $x+1$ 是上述（5，4）循环码的生成多项式。例如，像我们现在所做的这样，数据字 0110 对应的码字是 01010，数据字 0110 可以被表示为 x^2+x，当乘以 $x+1$ 时，结果为 $x^3+x^2+x^2+x=x^3+x$，这表示 5 位码字 01010。生成多项式的乘法也可以直接表示为二进制运算，而不仅用多项式表示。例如，数据字 1110 对应的码字可以通过将 1110 和 11 在模 2 运算下相乘得到，如图 3-8 所示。注意，循环码不是可分码，在码字 10010 中数据位和校验位不是彼此分离的。

```
     1110
  ×    11
  ------
     1110
    1110
  ------
   10010
```

图 3-8　数据字 1110 的编码过程

循环码被广泛使用的一个最主要的原因是，生成多项式的乘法和除法可以在硬件中通过简单的移位寄存器和异或门实现。这种简单的实现允许快速进行编码和解码。我们从一个例子开始说明：考虑一个生成多项式 x^4+x^3+1（对应乘数 11001）。在图 3-9 所示的电路中，方形框表示延迟元件，可以将输入保持一个时钟周期。读者可以发现这个电路的作用确实是将串行输入（模 2）乘以 11001。为了观察其原理，考虑图 3-10 中所示的乘法。观察框内的列，它显示了积的第 5 位是乘数移位 0 次、3 次和 4 次之后对应位的模 2 和。如果将乘数串行输入，则我们将乘数按图中所示移位后的结果相加，就能够得到乘积。电路中的延迟元件正是为了完成这种移位操作。表 3-5 说明了编码电路的操作，其中 i_3 是延迟元件 O_3 的输入。

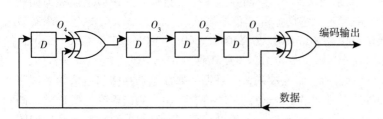

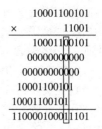

图 3-9　生成多项式为 x^4+x^3+1 的（15,11）循环码的编码电路　　图 3-10　编码 11 位输入 10001100101 的模 2 乘法的例子

表 3-5　图 3-9 中编码电路在图 3-10 中例子下的操作

移位时钟	输入数据	O_4	i_3	$O_3 O_2 O_1$	编码输出
1	1	0	1	000	1
2	0	1	1	100	0
3	1	0	1	110	1
4	0	1	1	111	1
5	0	0	0	111	1
6	1	0	1	011	0
7	1	1	0	101	0
8	0	1	1	010	0
9	0	0	0	101	1
10	0	0	0	010	0
11	1	0	1	001	0
12	0	1	1	100	0
13	1	0	0	110	0
14	0	0	0	011	1
15	0	0	0	001	1

现在我们考虑解码过程。解码过程通过生成多项式的除法完成。我们首先以除以常数 11001 的过程来说明。如图 3-11A 所示。最终的余数为 0，说明没有检测到任何错误。如果发生了 1 位错误，使我们接收到 110000100**1**11101（粗体的 1 表示发生错误的位），则这次除法将产生一个非 0 的余数，如图 3-11B 所示。为了说明每个 1 位错误都可以被检测到，我们将在位置 i 上发生的错误表示为 x^i，则接收到的含错误数据位的码字可以表示为 $D(x)G(x)+x^i$，其中 $D(x)$ 是初始的数据字，$G(x)$ 是生成多项式。如果 $G(x)$ 中有至少两项，则它不可能除尽 x^i，结果是 $D(x)G(x)+x^i$ 除以 $G(x)$ 将生成一个非 0 的余数。

```
110000100011101 : 11001 = 10001100101        110000100111101 : 11001 = 10001100110
11001                                         11001
 10100                                         10100
 11001                                         11001
  11010                                         11011
  11001                                         11001
   11111                                         10111
   11001                                         11001
    11001                                         11100
    11001                                         11001
    00000                                         01011
```

A）　　　　　　　　　　　　　　　　　　　B）

图 3-11　通过除法进行解码。A）无故障。B）有 1 位故障（用粗体表示）

可见上述（15，11）循环码的海明距离为 3，因此可以检测任意位置上发生的 2 位错误。当发生 3 位错误时情况有所不同。首先，假设 3 位错误发生在不相连的位上，例如应该是 11000 01000 11101，却成了 11000 01110 10101。对该码字重复执行上述除法，其商和余数如图 3-12A 所示。最终的余数是 0，说明这个 3 位错误实际上并没有被检测到。然而，如果 3 位错误是相连的，例如变成了 11000 00110 11101，则其商和余数如图 3-12B 所示，计算得到的余数是非 0 的，表示成功检测出了数据中的错误。

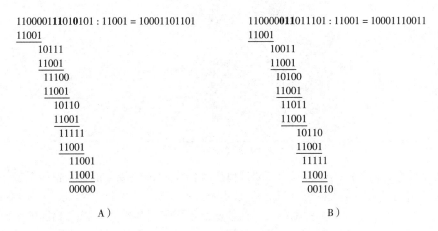

```
11000011010101 : 11001 = 10001101101          110000011011101 : 11001 = 10001110011
11001                                          11001
   10111                                           10011
   11001                                           11001
   11100                                           10100
   11001                                           11001
   10110                                           11011
   11001                                           11001
   11111                                           10110
   11001                                           11001
      11001                                           11111
      11001                                           11001
      00000                                           00110
```

A）　　　　　　　　　　　　　　　　　　　　B）

图 3-12　带有 3 位错误的除法解码。A）不相连的 3 位错误（粗体表示）。B）相连的 3 位错误（粗体表示）

除法电路可以通过存在反馈环路的乘法电路来实现，我们通过如下例子来说明。

示例　记通过多项式得到的码字为 $E(x)$，并且仍使用前面定义的记号 $G(x)$ 和 $D(x)$ 分别表示生成多项式和原始的数据字。如果不存在错误，我们将接收到 $E(x)$ 并且通过 $D(x) = \dfrac{E(x)}{G(x)}$ 计算得到 $D(x)$，余数为 0。在这种情况下，我们可以将除法重写为：

$$E(x) = D(x) \cdot G(x) = D(x)\{x^4 + x^3 + 1\}$$
$$= D(x)\{x^4 + x^3\} + D(x)$$
因此 $D(x) = E(x) - D(x)\{x^4 + x^3\}$
$$= E(x) + D(x)\{x^4 + x^3\}（因为在模 2 运算下加法 = 减法）$$

结合最后的表达式，我们可以为除法建立一个反馈电路（见图 3-13）。我们将所有的延迟元件初始化为 0，电路首先生成 7 个商位作为数据位，然后生成 4 个余数位。如果余数位是非 0 的，我们即可知道数据中发生了一个错误。表 3-6 说明了解码操作，其中 i_3 是延迟元件 O_3 的输入。读者可以验证接收数据 $E(x)$ 中出现的任何错误都会产生一个非 0 的余数。

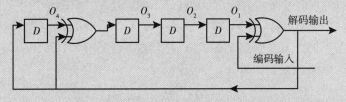

图 3-13　生成多项式为 $x^4 + x^3 + 1$ 的（15,11）循环码的解码电路

表 3-6 图 3-13 中输入为 110000100011101 情况下的解码操作

移位时钟	编码输入	i_4	O_4	i_3	$O_3O_2O_1$	解码输出
1	1	1	0	1	000	1
2	0	0	1	1	100	0
3	1	1	0	1	110	1
4	1	0	1	1	111	0
5	1	0	0	0	111	0
6	0	1	0	1	011	1
7	0	1	1	0	101	1
8	0	0	1	1	010	0
9	1	0	0	0	101	0
10	0	0	0	0	010	0
11	0	1	0	1	001	1
12	0	0	1	1	100	0
13	0	0	0	0	110	0
14	1	0	0	0	011	0
15	1	0	0	0	001	0

在许多数据传输类应用中，我们需要确保所有长度为 16 位以下的突发错误都能够被检测到，因此使用 $(16+k, k)$ 类型的循环码。应使用的生成多项式为 16 次多项式，以使数据位的最大数量足够大，并且允许对多种不同大小的数据块使用相同的编码（以及相同的编码电路和解码电路）。为此，比较常用的 16 次生成多项式有两个。它们是 CRC-16 多项式（CRC 表示循环冗余校验）

$$G(x) = (x+1)(x^{15}+x+1) = x^{16}+x^{15}+x^2+1$$

和 CRC-CCITT 多项式

$$G(x) = (x+1)(x^{15}+x^{14}+x^{13}+x^{12}+x^4+x^3+x^2+x+1) = x^{16}+x^{12}+x^5+1$$

这两个 16 次多项式都是 x^n-1 的因子（其中 $n=2^{15}-1$，对于所有更小的 n 都不成立），因此可以用于最长为 $2^{15}-1 = 32\,767$ 位的数据块。注意更短的数据块也可以使用相同的循环码，这种块中前面填充了足够的 0 使得可以被视为一个大小为 32 767 位的块，这些 0 可以在编码或解码操作中被忽略。此外，注意两个 CRC 生成多项式只有 4 个非 0 的系数，大大简化了编解码电路的设计。

如下所示的 CRC-32 编码被广泛用于互联网中的数据传输：

$$G(x) = x^{32}+x^{26}+x^{23}+x^{22}+x^{16}+x^{12}+x^{11}+x^{10}+x^8+x^7+x^5+x^4+x^2+x+1$$

这种编码能够纠正最大长度为 $n=2^{32}-1$ 位的数据块中发生的最多 32 位突发故障。

对于长数据块的数据传输过程，采用可分编码是比较有效的。这允许接收到的数据被直接使用，而不需要等到码字的所有位都接收完之后再进行解码。可分循环码使得故障检测工作能够独立于数据处理的过程去运行。幸运的是，确实存在一个简单的方法生成可分的 (n, k) 循环码。与通过将给出的数据字 $D(x) = d_{k-1}x^{k-1}+d_{k-2}x^{k-2}+\cdots+d_0$ 和 $n-k$ 次生成多项式 $G(x)$ 相乘完成编码的过程不同，该方法首先在 $D(x)$ 中附加 $(n-k)$ 个 0，得到 $\bar{D}(x) = d_{k-1}x^{n-1}+d_{k-2}x^{n-2}+\cdots+d_0x^{n-k}$。然后将 $\bar{D}(x)$ 除以 $G(x)$，得到

$$\bar{D}(x) = Q(x)G(x)+R(x)$$

其中 $R(x)$ 是一个次数小于 $n-k$ 的多项式。最终形成码字 $C(x) = \bar{D}(x)-R(x)$ 并传输。$G(x)$ 是

这个 n 位码字的一个因式，因此如果我们将 $C(x)$ 除以 $G(x)$ 得到非零的余数，就说明发生了错误。在这一编码过程中，$\overline{D}(x)$ 和 $R(x)$ 没有相同的项，因此 $C(x)=\overline{D}(x)-R(x)=\overline{D}(x)+R(x)$ 的前 k 位是原始的数据位，其余 $n-k$ 位是校验位，使得这一编码是可分的。

示例 我们通过（5，4）循环码描述上述过程，这一编码和前述相同使用 $x+1$ 作为其生成多项式。对于数据字 0110，得到 $\overline{D}(x)=x^3+x^2$。将 $\overline{D}(x)$ 除以 $x+1$ 得到 $Q(x)=x^2$ 和 $R(x)=0$。因此对应的码字是 x^3+x^2，其二进制表示为 01100。前 4 个位是数据位，最后 1 位是校验位。

类似地，对于数据 1110，可以得到：

$$\overline{D}(x)=x^4+x^3+x^2=(x^3+x+1)(x+1)+1$$

并获得码字 11101。读者可以验证这生成了和之前一样的 16 个码字 ｛00000，00011，00110，01100，11000，10001，00101，01010，10100，01001，10010，01111，11110，11101，11011，10111｝，但是数据和码字间的对应关系和之前不相同。

3.1.6 算术编码

算术编码针对一个算术运算集构造检错编码，允许检测所定义集内的算术运算在运行时可能发生的任何错误。这种并发（与运算本身并发）的错误检测，可以简单地通过复制算术单元实现，但是实现这种复制的开销很大。

对于一个算数运算 $\star$ 的任意两个操作数 X 和 Y，使用某种算术编码得到它们对应的编码值为 X' 和 Y'，如果存在针对这两个编码值的算术运算 $\circledast$ 满足：

$$X'\circledast Y'=(X\star Y)' \tag{3.4}$$

那么，我们称这种编码可满足算术运算 $\star$。这意味着，对编码后的操作数 X' 和 Y' 进行 $\circledast$ 运算得到的结果与对 $X\star Y$ 运算结果编码得到的值相同。因此，算术运算的结果和操作数可以使用同一种编码。

理论上讲算术编码能够检测所有的 1 位错误。但需要注意的是，在操作数或中间结果中出现的 1 位错误可能会导致最终的结果中出现多位错误。例如，当两个二进制数相加时，如果加法器的第 i 级出现了错误，则所有剩余的 $(n-i)$ 个更高位的数字都会出现错误。

算术编码可以分为两类：可分码和不可分码。最简单的不可分算术编码是 AN 码，通过将操作数乘常数 A 构造而得。换言之，公式（3.4）中的 X' 在这种编码下是 $A\cdot X$，算术运算 $\star$ 和 $\circledast$ 对于加法和减法而言是相同的。例如，假设 $A=3$，我们将每个操作数分别乘 3（可视为 $2X+X$），然后检查加法或减法的结果是否是 3 的整数倍。不过，所有为 A 的倍数的误差都是无法检测到的。因此，A 不能取 2 的幂为值，因为 2 是计算机系统的基数。A 取奇数时能够检测所有的 1 位错误，因为这种 1 位错导致的结果误差是 2^i（或正或负），从而结果不能是 A（奇数）的整数倍。设置 $A=3$ 可以生成开销最低的 AN 码，能够检测所有的 1 位错误。

例如，数 $0110_2=6_{10}$ 在 A 为 3 的 AN 码下的表示为：$010010_2=18_{10}$。第 2^3 位发生的错误会生成错误数字 $011010_2=26_{10}$。这个错误是很容易检测的，因为 26 不是 3 的倍数。

最简单的可分码是剩余码和反剩余码。对于这两种编码我们引入一个独立的校验符号 $C(X)$。对于剩余码，$C(X)=X \bmod A=|X|_A$，A 称为校验模，即 $C(X)$ 是 X 除以 A 产生的余数，又称剩余。对于反剩余码，$C(X)=A-(X \bmod A)$。对于这两种可分码，公式（3.4）可以写为：

$$C(X) \circledast C(Y) = C(X \star Y) \tag{3.5}$$

显然，因为下面两个公式成立，所以公式（3.5）适用于加法和乘法：

$$|X+Y|_A = ||X|_A + |Y|_A|_A,$$
$$|X \cdot Y|_A = ||X|_A \cdot |Y|_A|_A \tag{3.6}$$

> **示例** 假设 $A=3$、$X=7$、$Y=5$，对应的剩余是 $|X|_A=1$、$|Y|_A=2$。当这两个操作数相加时，可得 $|7+5|_3 = 0 = ||7|_3 + |5|_3|_3 = |1+2|_3 = 0$。当这两个操作数相乘时，可得 $|7 \cdot 5|_3 = 2 = ||7|_3 \cdot |5|_3|_3 = |1 \cdot 2|_3 = 2$。

对于除法而言，公式 $X-S = Q \cdot D$ 成立，其中 X 是被除数，D 是除数，Q 是商，S 是余数。对应的剩余码校验为：

$$||X|_A - |S|_A|_A = ||Q|_A \cdot |D|_A|_A$$

> **示例** 假设 $A=3$、$X=7$、$D=5$，则结果为 $Q=1$ 和 $S=2$。对应的剩余码校验为：$||7|_3 - |2|_3|_3 = ||5|_3 \cdot |1|_3|_3 = 2$。左边项的减法是通过添加补数到模 3 中来完成的，即 $|1-2|_3 = |1+|3-2|_3|_3 = |1+1|_3 = 2$。

以 A 为校验模的剩余码和相应的 AN 码具有相同的不可检测的错误类型。例如，当 $A=3$ 时，无法检测 3 的倍数导致的错误，因此 1 位错误均可检测到。此外，AN 码和剩余码的校验算法是相同的，我们都需要计算结果的模 A 余数。即使字长的增加，对于这两种编码而言也是相同的，都是 $\lceil \log_2 A \rceil$。两者最主要的不同点在于可分性。剩余码的校验单元和运算单元是完全分离的，而 AN 码中只存在一个单元，这个单元的复杂度更高。带有剩余校验的加法器如图 3-14 所示。图中所示的错误检测模块能够计算 $X+Y$ 的模 A 剩余，并且将其同模 A 加法器的输出相比较。如果两者不匹配，则说明出现了错误。

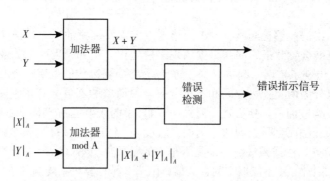

图 3-14　支持可分剩余码校验的加法器

$A=3$ 时的 AN 码和剩余码是算术可分码和不可分码的最简单的例子，这些码使用形如 $A = 2^a - 1$ 的值 A，其中 a 为整数。这种形式可以简化模 A 余数的计算（校验算法通常需要用到这种计算），这是这种编码被称作低开销算术编码的原因。计算模 $2^a - 1$ 的余数的过程比较简单，因为公式（3.7）允许我们对构成数字的大小为 a 位的（多个）组执行模 $2^a - 1$ 加法，其中每个组的数值为 $0 \leqslant z_i \leqslant 2^a - 1$。

$$|z_i r^i|_{r-1} = |z_i|_{r-1}, \quad r = 2^a \tag{3.7}$$

示例 当计算 $X = 11110101011$ 除以 $A = 7 = 2^3 - 1$ 的余数时，我们将 X 从最低有效位开始每 3 位分成一个组，得到 $X = |z_3, z_2, z_1, z_0| = |11, 110, 101, 011|$。我们在对这些组进行模 7 加法，即逢 7 舍出，并在必要时添加循环进位。因为 $|8|_7 = 1$，所以一个进位溢出的权重为 8，当发生进位溢出时，我们必须额外累加一个循环进位，如下所示：

$$
\begin{array}{rl}
11 & z_3 \\
+\ 110 & z_2 \\
\hline
1\ 001 & \\
+\quad 1 & \text{循环进位} \\
\hline
010 & \\
+\ 101 & z_1 \\
\hline
111 & \\
+\ 011 & z_0 \\
\hline
1\ 010 & \\
\quad\ 1 & \text{循环进位} \\
\hline
+\ 011 & \\
\end{array}
$$

计算得 X 的模 7 余数为 3，这和 $X = 1963_{10}$ 除以 7 的余数一致。

对无符号操作数执行算术运算时，可分码和不可分码都是可构造的。当扩展到有符号操作数时，我们需要编码与 R 是互补的，其中 R 可以为 2^n 或 $2^n - 1$，n 是编码后操作数的位数。对 R 的选择将会决定使用二进制补码（当 $R = 2^n$ 时）还是二进制反码（当 $R = 2^n - 1$ 时）。对于 AN 码，必须保证 $R - AX$ 可以被 A 整除，即 A 是 R 的一个因数。如果我们额外要求 A 是奇数，则与 $R = 2^n$ 相矛盾，因此只能使用反码。

示例 对于 $n = 4$，当使用反码时 R 等于 $2^n - 1 = 15$，在 AN 码中可以被 $A = 3$ 整除。操作数 $X = 0110$ 可表示为 $3X = 010010$，它的反码为 $101101 = 45_{10}$，可以被 3 整除。然而，$3X$ 的补码为 $101110 = 46_{10}$，不可以被 3 整除。当 $n = 5$ 时，如果使用反码则 R 为 31，无法被 A 整除。$X = 00110$ 会被表示为 $3X = 0010010$，反码为 $1101101 = 109_{10}$，无法被 3 整除。

校验模为 A 的剩余码必须满足等式 $A - |X|_A = |R - X|_A$。这意味着 R 必须是 A 的整数倍，并且只能使用反码。然而，我们可以通过修改编码过程为公式（3.8），使得补码（$R = 2^n$）也可以使用：

$$|2^n - X|_A = |2^n - 1 - X + 1|_A = |2^n - 1 - X|_A + |1|_A \tag{3.8}$$

因此在剩余码中使用补码的时候，我们需要增加一个纠正项 $|1|_A$。注意 A 必须为 $2^n - 1$ 的因数。

示例 对于 $A = 7$、$n = 6$ 的剩余码，在使用补码时 $R = 2^6 = 64$，并且 $R - 1 = 63$ 可以被 7 整除。$001010_2 = 10_{10}$ 模 7 的余数为 3。001010 的补码为 110110。$|3|_7$ 的补为 $|4|_7$，再加上纠正项 $|1|_7$ 得到 5。这与 $110110 = 54_{10}$ 模 7 的余数相同。

当我们使用补码表示的操作数执行加法时，也需要进行类似的纠正，并且在主加法器中生成一个进位信号（权重为 2^n）。根据补码运算的规则，这种进位信号会被丢弃。因此为了补偿这一点，我们需要在剩余码校验中减去 $|2^n|_A$。因为 A 是（$2^n - 1$）的一个因子，所以 $|2^n|_A$

等于 $|1|_A$。

> **示例** 当对两个补码操作数 $X = 110110$ 和 $Y = 001101$ 执行加法时，会产生一个被丢弃的进位信号。在校验模 $A = 7$ 的情况下，我们必须在剩余校验中减去 $|2^6|_7 = |1|_7$，得到：
>
> $$
> \begin{array}{ll}
> \quad 110110 = X & \quad 101 = |X|_7 \\
> + \ 001101 = Y & + \ 110 = |Y|_7 \\
> \hline
> 1 \ \ 000011 & 1 \ \ 011 \\
> & \quad 1 \ \text{循环进位} \\
> & \hline
> & \quad 100 \\
> & - \ 1 \ \text{纠正项} \\
> & \hline
> & \quad 011
> \end{array}
> $$
>
> 其中 3 显然和 000011 模 7 的余数一致。

上述修改导致主算术单元和用于计算余数的校验单元间产生了相互依赖。这种依赖性可能会导致主算术单元中出现的错误传播到校验单元中，进而导致错误没有被检测到。但是已经得到证明的是，1 位错误是必定可以检测到的。

错误也可以通过使用两个或更多个剩余码校验来纠正。最简单的例子是双剩余码。双剩余码中包含两个余数校验 A_1 和 A_2。记操作数的长度为 n，取 a 和 b 使得 n 是 a 和 b 的最小公倍数。如果 $A_1 = 2^a - 1$ 和 $A_2 = 2^b - 1$ 分别为模，则构建的低成本双剩余码可以纠正所有的 1 位错误。

3.1.7 局部软判决与硬判决

3.1.1 节中介绍的海明码的码率为 d/n，其中 $n = d + r$。n 主要随着 d 的增长而增长，因为校验位数量 $r \approx \log_2(n+1)$ 增长的速度比较慢。编码的存储效率会随着 d 的增长而提高，编解码操作的复杂度也会随之增加，因为每个奇偶校验方程中会包含越来越长的码字。一种比较直接的简化编解码操作的方式是限制参与奇偶校验方程的码字位数。只是，仅限制这一点是不够的。如果一个码字位参与了大量的奇偶校验方程，当需要确定这个位的值时，就需要验证所有的奇偶校验方程以保证所有的方程都是成立的。从对应的奇偶校验矩阵的角度讲，这不仅需要限制矩阵内部每一行中 1 的个数，还需要限制每一列中 1 的个数。这促成了一种稀疏奇偶校验矩阵的诞生，对应的编码称为低密度奇偶校验码（low-density parity code，LDPC）。LDPC 可以分为规则 LDPC 和非规则 LDPC 两种，这里我们讨论几种规则 LDPC。规则 LDPC 的每一行和每一列中 1 的个数都是相同的。记奇偶校验矩阵的行数和列数分别为 n_r 和 n_c，每一行和每一列中包含的 1 的个数为 w_r 和 w_c，则一定有 $n_r \cdot w_r = n_c \cdot w_c$，因为等式的左右两侧都等于矩阵中包含的 1 的总数。

显然，这种低密度的奇偶校验码需要更多的校验位，其码率也会有所降低。例如，对于 $n_r = 512$、$n_c = 4608$、$w_r = 54$ 和 $w_c = 6$ 的 LDPC，其码率为 $R_{\text{LDPC}} = (n_c - n_r)/n_c = 1 - \dfrac{n_r}{n_c} = 1 - \dfrac{w_c}{w_r} = 0.889$，而 $d = 4096$ 的海明码只需要 $r = 13$ 个奇偶校验位，其码率为 $R_{\text{Hamming}} = 4096/4109 = 0.997$。另外，只包含少量码字位的奇偶校验方程甚至允许我们穷举地考虑所有可能的错误。这允许我们即使在数据很长的时候，也能够只通过少量的位做出简单的局部判决。

目前的局部判决算法主要有两种：硬判决和软判决。为了简化对这两种方法的描述，判决过程通常使用奇偶校验矩阵的二部图表示。对于 LDPC 而言，这种图通常也被称作 Tanner 图。我们使用表 3-1 中定义的（7，4）海明码来说明这种图表示法。图 3-15 展示了对应的图，其中圆形表示码字的二进制位，方形表示校验位。一个连接校验位节点 c_i 和数据位节点 b_j 的边表示数据位 b_j 参与了 c_i 的奇偶校验。硬判决过程描述如下：

- 每个数据位节点 b_i 将它的值（0 或 1）发送至它所连接的每个校验位节点。

- 每个校验位节点 c_j 运行如下操作：对于 c_j 所连接的每个 b_k，计算使 c_j 对应的奇偶校验方程成立的 b_k 取值，此处假设 c_j 从其他数据位节点收到的值都是正确的，并将计算得到的信息发送至 b_k。

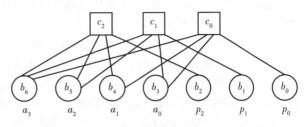

图 3-15　（7,4）海明码的二部图（Tanner 图）表示

- 每个数据位节点 b_i 根据其所有收到的值和自己本身的值进行一次多数表决。如果多数表决的结果和自己之前的值不同，则 b_i 将其存储的值翻转。也因为这一点，硬判决过程有时也称为位翻转算法。

- 重复上述过程至达到最大迭代次数限制，或至算法收敛，即不再有位翻转发生，校验子为 0。

尽管（7，4）海明码不是 LDPC，传统的海明编码仍然可以用这种硬判决算法纠正出现错误的位（即上述例子中的 1 位错误）。图 3-16 和图 3-17 中描述的情况是：码字 $(b_6, b_5, b_4, b_3, b_2, b_1, b_0) = (a_3, a_2, a_1, a_0, p_2, p_1, p_0) = (1, 1, 0, 0, 0, 0, 1)$ 中发生了 1 位错误，变成了 $(1, \mathbf{0}, 0, 0, 0, 0, 1)$。第一步，各个数据位节点会将它们的值发送给校验位节点，如图 3-16 所示，发生故障的位标记为灰色的圆形，无法通过奇偶校验的校验位节点标记为灰色的方形。第二步，各个校验位节点向所有与之相连的数据位节点发送正确值，使得自身的奇偶校验能够正确通过，如图 3-17 所示。注意，例如此时校验位节点 c_2 发送给 b_6, b_5, b_4, b_2 的值与接收自这 4 个节点的

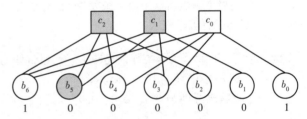

图 3-16　（7,4）海明码硬判决过程的第一步

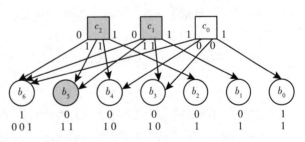

图 3-17　（7,4）海明码硬判决过程的第二步

值相反，因为 c_2 不能判断错误具体出现在这 4 个位中的哪一位上。

图 3-17 中也标明了所有数据位节点除了自身的值之外，从相连的每个校验位节点中收到的值。在这 7 个节点里，节点 b_5 收到的和自身值不同的值最多，因此该节点会把自身的值从 0 翻转为 1。修改后，b_5 的值会被再次发送给校验位节点，这一次所有的奇偶校验方程都成立，纠错过程也就结束了。对于位数较多的海明码而言，它所对应的奇偶校验矩阵是稠密的，硬判决过程经历大量的迭代才会收敛。相比之下，LDPC 的奇偶校验矩阵是非常稀疏的，因此它的硬判决过程所需的迭代次数也会更少。

虽然相比于海明码，LDPC 的硬判决收敛速度更快，但是当码字很长的时候，LDPC 也需要一定次数的迭代才能完成硬判决过程。一种更有效的、迭代次数更少的方法是软判决算法。

软判决方法是基于置信度传播的理念设计的。软判决算法同样用到了硬判决过程中数据位节点和校验位节点发送数据的方法。最主要的不同点是：硬判决算法发送的是二进制值（即"0"或者"1"），而软判决算法中传递的是数据位是 0 或者 1 的概率。这种概率估计会在估计码字中其他位的时候被逐渐完善。

为了展开说明这一过程，我们在此添加一些记号。记 $\mathbb{C}(b_i)$ 为数据位节点 b_i 所连接的校验位节点集合，$\mathbb{B}(c_j)$ 为校验位节点 c_j 所连接的数据位节点集合。

首先，每个数据位节点 b_i 会把它存储"1"的概率 π_i 发送给与它相连的所有校验位节点，即 $\mathbb{C}(b_i)$ 中的所有节点。这是软判决过程的初始化阶段。

接下来是算法的迭代过程。这一迭代过程将持续到指定的停止条件被满足，关于停止条件我们会在后面进一步解释。这里我们首先给出一个迭代过程的简要描述。在实际计算中，我们使用的并不是类似 $\pi_i = \text{Prob}\{b_i = 1\}$ 的概率值，而是形如 $\dfrac{\text{Prob}\{b_i = 0\}}{\text{Prob}\{b_i = 1\}}$ 这一比例的对数值。关于使用对数值，而非直接使用概率值的原因超出了本章的讨论范围，感兴趣的读者请移步 3.5 节。

每一次迭代主要包含以下两步。

步骤 1   每个校验位节点 c_j 都会收到 $\mathbb{B}(c_j)$ 中所有成员发送给它的概率值。然后，对每一个 $b_i \in \mathbb{B}(c_j)$，c_j 都会根据与它相连接的其他节点（除 b_i 之外），计算 b_i 的正确值是 1 的概率。然后这个值将被发送给节点 b_i。我们通过接下来的例子说明这个概率值具体的计算过程。

示例   给定一个奇偶校验矩阵，它的第一行包含如下元素：$0 \cdots 0 0 1 0 0 1 0 0 0 1 0$。校验位节点 c_1 和 b_1、b_5、b_8 相连，即 $\mathbb{B}(c_1) = \{b_8, b_5, b_1\}$。假设 b_8、b_5、b_1 估计的它们自己的逻辑值为 1 的概率分别为 0.1、0.8、0.9，那么 c_1 从这三个节点收到的值应当分别为 0.1、0.8、0.9。

假设我们使用的奇偶校验方法是偶校验，那么如果码字中没有错误，则 $b_8 \oplus b_5 \oplus b_1$ 的结果应该是 0。根据这一点，c_1 将计算并更新 b_8、b_5、b_1 的概率值。为了满足偶校验的条件，字符串 $b_8 b_5 b_1$ 只能是以下几种情况：000、011、101、110。如果 b_1 为 1，$b_8 b_5$ 就只能是 01 或者 10。因此，通过下面的公式，c_1 就可以计算出 $b_1 = 1$ 的概率：

$$(1 - \pi_5)\pi_8 + \pi_5(1 - \pi_8) = 0.2 \times 0.1 + 0.8 \times 0.9 = 0.74$$

上述算式的运算结果会被发送回节点 b_1。类似地，节点 b_5 和 b_8 的概率值也会由 c_1 进行更新。这一步结束之后，每个数据位节点都会从与之相连的校验位节点处收到类似的概率估计值。

软判决过程这一步的中心思想是每个校验位节点 c_j 会根据 $\mathbb{B}(c_j)$ 中其他成员的概率，为每个与之相连的数据位节点更新概率。假设编码中采取的是偶校验，当 $b_i = 1$ 时，$\mathbb{B}(c_j)$ 的其他成员中值为 1 的数量必须为奇数，才能通过偶校验。因此，$b_i = 1$ 的概率可以被估计为集合 $\mathbb{B}(c_j) - \{b_i\}$ 中有奇数个成员的值为 1 的概率。这也是校验位节点 c_j 反馈给数据位节点 b_i 的信息。校验位节点 c_j 也会按照类似的原则反馈 $\mathbb{B}(c_j)$ 中的其他节点。

步骤 2   在校验位节点完成反馈之后，每个数据位节点会对这一反馈信息进行处理。特别地，对于每个 $c_j \in \mathbb{C}(b_i)$，节点 b_i 会计算如下三个因子的归一化乘积，并返回给 c_j：a）该节点自身的值；b）它从集合 $\mathbb{C}(b_i) - \{c_j\}$ 中的每个校验位节点处收到的估计值；c）归一化常数。需要注意的是，b_i 给和它相连的每个校验位节点所发送的值通常是不同的。我们仍旧通过一个例子来更好地说明这个过程。

> **示例**　假设数据位节点 b_1 与校验位节点 c_1、c_3、c_9 相连，即 $\mathbb{C}(b_1) = \{c_9, c_3, c_1\}$，并且 b_1 从 c_9、c_3 和 c_1 处收到的反馈值分别为 0.79、0.80、0.74。这三个值是校验位节点在上一步依据其他位的值估计的 b_1 的值为 1 的概率，并且在第一步时，b_1 对它自己估计的概率为 0.9。
>
> 下面是节点 b_1 发送给 $\mathbb{C}(b_1)$ 中每个校验位节点的值。
>
> 发送给 c_1：
>
> $$K_1 \times 0.90 \times 0.80 \times 0.79 = 0.5688 K_1$$
>
> 其中 $K_1 = \dfrac{1}{0.9 \times 0.8 \times 0.79 + (1 - 0.9) \times (1 - 0.8) \times (1 - 0.79)} = 1.7452$。
>
> 发送给 c_3：
>
> $$K_3 \times 0.74 \times 0.90 \times 0.79 = 0.5261 K_3$$
>
> 其中 $K_3 = \dfrac{1}{0.74 \times 0.9 \times 0.79 + (1 - 0.74) \times (1 - 0.9) \times (1 - 0.79)} = 1.8811$。
>
> 发送给 c_9：
>
> $$K_9 \times 0.74 \times 0.80 \times 0.9 = 0.5328 K_9$$
>
> 其中 $K_9 = \dfrac{1}{0.74 \times 0.8 \times 0.9 + (1 - 0.74) \times (1 - 0.8) \times (1 - 0.9)} = 1.8587$。
>
> 归一化常数 K_j 的作用是确保所有概率之和为 1。现在考虑上面的归一化常数 K_1，b_1 的值为 1 的概率估计值是 K_1 和所有估计值的乘积，即 $K_1 \times 0.9 \times 0.8 \times 0.79 = 0.5688 K_1$。与之相反的就是 b_1 的值为 0 的概率估计值，即 $K_1 \times (1 - 0.9) \times (1 - 0.8) \times (1 - 0.79) = 0.0042 K_1$。因为 b_1 的值只有 0 和 1 这两种情况，所以这两个概率值相加一定等于 1，即 $(0.5688 + 0.0042) K_1 = 1$，解之可得 K_1 的值。
>
> 节点 b_1 发送给 c_1、c_3、c_9 的值分别为 0.993、0.989、0.990。

上述迭代过程会一直持续到停止条件被满足时。一般来讲，当满足下述两个条件之一时，迭代过程即可停止：a）概率值足够接近 1 或者 0；b）迭代过程达到了预先设置的迭代次数上限。

需要注意的是，在迭代过程中，我们将概率值相乘的做法，暗含它们代表随机独立事件的假设。这并不是严格正确的。但是，当二部图没有短循环时，这个假设也是足够合理的。从经验上来讲，在确保所有循环的长度都大于 6 的情况下，就可以正常使用这个假设。

软判决算法非常适合处理某些码字位的值可能存在模糊的情况，换言之，我们只能估计这些值等于 0 或等于 1。例如，在 NAND 闪存中存储的码字，闪存单元中存储逻辑值 1 的时候，闪存的电压并非总是精确地对应与该逻辑值相关的标称电压 V_1。实际上，它的电压服从某些概率分布，通常建模为以 V_1 为中心，并具有给定标准差的正态分布。当存储逻辑值 0 的时候也是如此。这两者的概率分布是有一定重叠的。

示例 假设与逻辑值 0 和 1 相关的电压值分别服从中心为 V_0 和 V_1 的正态分布,二者的标准差均为 σ。图 3-18 显示的是电压和这两个正态分布概率密度之间的关系。

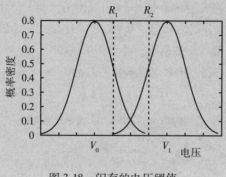

图 3-18   闪存的电压阈值

闪存单元的工作原理是,预先给字线设定一个电压阈值,然后判断单元的输出电压是高于还是低于这个阈值。通过重复地读取一个单元的电压,获得多个电压阈值之后,我们可以判断闪存单元的输出电压落在哪一个范围内。这可以和典型的电压阈值密度函数结合使用,获得闪存单元存储某个逻辑值的概率。

示例 在图 3-18 中,我们画出了两个电压阈值:R_1 和 R_2。通过读取这两个阈值,我们可以确定闪存单元的电压属于以下 3 个区间的哪一个:$(-\infty, R_1)$、$[R_1, R_2)$、$[R_2, \infty)$。基于我们对设备特征的先验知识(即它的概率密度函数),我们可以得到这个单元中的逻辑值是 0 或 1 的概率。阈值的数量和位置是由设计者事前设计的,具体的细节因为已经超出了讨论的范围,暂时不做表述。闪存中一个复杂的因素是,一个单元用于区分逻辑值的电压概率密度函数是会随着设备的老化而改变的,同时也会受到相邻单元的影响。

在这个例子中,我们默认假设的是每个单元只存储一位。然而,实际中是存在多级单元的,这类单元可以同时存储多个位。例如,在 2 位单元中,一共存在 $2^2 = 4$ 个电压阈值,即 V_0、V_1、V_2、V_3,用于表示 4 种不同的逻辑值组合。

最后,我们讨论一下如何生成 LDPC 的奇偶校验矩阵。目前存在的奇偶校验矩阵的生成方法有很多种,这里我们介绍一种最简单的方法。

我们关注的是规则的奇偶校验矩阵,即每一行都包含 w_r 个 "1",每一列都包含 w_c 个 "1"。本章所讲的 LDPC 奇偶校验矩阵的生成方法是由 LDPC 编码创始人 Robert Gallager 提出的。这个方法首先填充矩阵中的前 $\eta = n_r/w_c$ 行。对第一行,从第一列开始,写入 w_r 个 "1",在该行剩余的位写入 "0"。对第二行,从第 $w_r + 1$ 列开始,同样写入 w_r 个 "1",在其他位写入 "0"。以此类推。在这一过程结束之后,我们将获得一个包含 n_r/w_c 行和 n_c 列的矩阵,称为矩阵的第一个条带。

接下来,通过随机重排第一个条带中各个列的顺序,可以构造接下来的 η 行,这是矩阵中的第二个条带。

以此类推,矩阵中的每一个条带都是随机重排上一个条带中所有列的结果。

示例　假设 $w_r = 4$、$w_c = 3$，校验矩阵大小为 9×12。那么矩阵的第一个条带包含 9/3 = 3 行：

$$111100000000$$
$$000011110000$$
$$000000001111$$

在构造第二个条带时，我们对第一个条带中的列进行随机重排。假设我们重排的顺序是 6→3→11→7→8→5→1→2→4→9→10→12，即第二个条带的第一列是第一个条带的第六列。那么第二个条带应为：

$$010000111000$$
$$100101001000$$
$$001000000111$$

第三个条带，也是最后一个条带，同样按照这种随机重排的方式得出。假设重排的顺序是 10→4→5→2→9→7→3→11→6→12→1→8，则第三个条带应为：

$$010100100010$$
$$001001001001$$
$$100010010100$$

最后生成的矩阵为：

$$
\begin{pmatrix}
111100000000 \\
000011110000 \\
000000001111 \\
010000111000 \\
100101001000 \\
001000000111 \\
010100100010 \\
001001001001 \\
100010010100
\end{pmatrix}
$$

也存在通过适当调整奇偶校验矩阵的转换方法加速编码的技术，但这一部分已经超出了本章的讨论范围，感兴趣的读者可以查看 3.5 节。

当二部图中包含短循环的时候，LDPC 往往不能取得很好的效果。为了防止这种情况的发生，我们可以在构造奇偶校验矩阵的时候，检查矩阵中是否存在短循环。如果确实存在短循环，那么我们可以选择一个不同的随机重排方式，重新生成校验矩阵。

LDPC 在 1960 年被提出，但是因为它的计算负担较大，其实际应用意义在近年才开始受到重视。对其性能的形式化建模也是当前领域内的研究问题之一。

3.2　冗余磁盘系统

不仅可以在单个数据字层面构建编码，也可以在更高的层次上构造编码来实现信息冗余，一个最典型的例子就是 RAID 系统。接下来，我们将介绍五种 RAID 结构。

3.2.1　RAID 1

RAID 1 由一组镜像磁盘组成。每块磁盘都有另外一块磁盘作为它的副本,二者存储相同的数据。当其中一块磁盘出现故障的时候,另外一块磁盘可以继续服务访问请求。当两块磁盘都正常工作时,RAID 1 也可以通过将读取访问分为两部分,由两块磁盘同时进行服务,达到加速读取数据的目的。但是,RAID 1 中的写操作速度会变慢,这是因为每一个写操作都需要完成对两块磁盘的更新。

我们假设每一块磁盘发生故障的事件都是独立的,且失效率是一个常数 λ。修复一块磁盘所需的时间服从均值为 $1/\mu$ 的指数分布。我们现在计算一下 RAID 1 系统的可靠度和可用度。

我们用一个三状态马尔可夫链模型来计算 RAID 1 系统的可靠度,模型如图 3-19 所示(对马尔可夫链的描述请参考本书第 2 章)。系统的状态表示为当前可正常工作的磁盘数目,取值范围为从 0(两块磁盘均发生故障,系统失效)到 2(两块磁盘都正常工作)。RAID 1 系统在时刻 t 的不可靠度可表示为在时刻 t,系统处于失效态的概率 $p_0(t)$。求解这个马尔可夫过程的微分方程组如下:

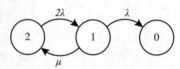

图 3-19　用于 RAID 1 系统可靠度计算的马尔可夫链模型

$$\frac{\mathrm{d}p_2(t)}{\mathrm{d}t} = -2\lambda p_2(t) + \mu p_1(t);$$

$$\frac{\mathrm{d}p_1(t)}{\mathrm{d}t} = -(\lambda+\mu)p_1(t) + 2\lambda p_2(t);$$

$$p_0(t) = 1 - p_1(t) + p_2(t)$$

求解上述微分方程组所用的初始条件为 $p_2(0)=1$ 和 $p_0(0)=p_1(0)=0$,我们可以算出 RAID 1 系统在时刻 t 之前失效的概率。状态概率的表达方式相当复杂,难以明显说明这个问题。这里我们基于磁盘恢复率远大于失效率($\mu \gg \lambda$)的事实,使用一种有类似含义的推导方法,即计算平均数据丢失时间(mean time to data loss,MTTDL)。

MTTDL 的计算过程如下:系统只有先转移到状态 1,才有可能进一步转移到状态 0。在 0 时刻,系统在状态 2 启动,由状态 2 转移到状态 1 所需的平均时间为 $1/(2\lambda)$,恢复故障磁盘时,系统将停留在状态 1,停留的平均时间为 $1/(\lambda+\mu)$。在此基础上,系统可能以 $q=\mu/(\lambda+\mu)$ 的概率成功恢复磁盘并转移到状态 2,也有可能以 $p=\lambda/(\lambda+\mu)$ 的概率转移到状态 0。显然,在系统转移到状态 0 之前,转移到状态 1 的次数为 n 的概率为 $q^{n-1}p$,这是因为在发生状态 1 到 0 的转换之前,一定会发生 $n-1$ 次状态 1 到 2 的转换。在这种情况下,系统转移到状态 0 所需的平均时间为:

$$T_{2\to0}(n) = n\left(\frac{1}{2\lambda} + \frac{1}{\lambda+\mu}\right) = n\frac{3\lambda+\mu}{2\lambda(\lambda+\mu)}$$

因此,

$$\begin{aligned}
\mathrm{MTTDL} &= \sum_{n=1}^{\infty} q^{n-1}p\,T_{2\to0}(n) \\
&= \sum_{n=1}^{\infty} nq^{n-1}p\,T_{2\to0}(1) \\
&= T_{2\to0}(1)/p
\end{aligned}$$

$$= \frac{3\lambda + \mu}{2\lambda^2}$$

由于 $\mu \gg \lambda$，我们可以将状态 1 和状态 2 看作同一个状态，这样一来，系统转移到状态 0 的概率可以看作 1/MTTDL。因此，RAID 1 系统的可靠度可以近似为：

$$R(t) \approx e^{-t/\text{MTTDL}} \tag{3.9}$$

图 3-20 描述的是对于不同的磁盘寿命和平均故障恢复时间，系统发生数据丢失的概率随时间的变化关系。值得注意的是，平均故障恢复时间对数据丢失的概率有很大的影响。

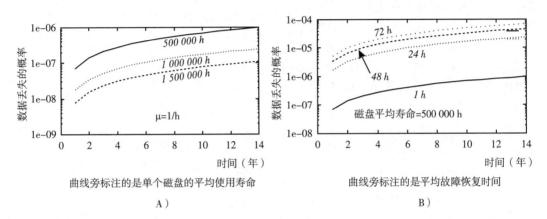

曲线旁标注的是单个磁盘的平均使用寿命　　　　　　曲线旁标注的是平均故障恢复时间

A）　　　　　　　　　　　　　　　　　B）

图 3-20　RAID 1 系统的不可靠度（数据丢失概率）。A）磁盘寿命的影响。B）磁盘平均故障恢复时间的影响

RAID 1 磁盘系统的稳态可用度可以通过图 2-16 中的马尔可夫链计算得到，为：

$$A = \frac{\mu(\mu + 2\lambda)}{(\lambda + \mu)^2}$$

3.2.2　RAID 2

RAID 2 由一组数据磁盘和一组应用了海明编码的磁盘组织组成。假设有 d 个数据磁盘和 r 个奇偶校验磁盘，那么我们可以将每个磁盘的第 i 位一起看作一个长度为（$d+r$）位的字。基于海明码理论，我们知道 d 和 r 必须满足 $2^r \geqslant d+r+1$ 才能使得对每个字可以纠正 1 位错误。

这里我们不准备深入地讲解 RAID 2，因为它的开销要比其他 RAID 系统大得多。

3.2.3　RAID 3

RAID 3 是 RAID 2 经过修改之后得到的。它的设计出发点是，每块磁盘每个扇区都拥有自己的纠错编码，也就是说，我们只需要在磁盘自检出存在错误扇区时，能够帮助该磁盘恢复数据即可。RAID 3 由一组数据磁盘和一块奇偶校验磁盘组成。数据在所有数据磁盘上呈位交错存储，奇偶校验磁盘上第 i 位存储的是由每块数据磁盘的第 i 位组成的数据字的奇偶校验值。图 3-21 是一个五磁盘 RAID 3 系统的例子。

从纠检错的角度来看，我们可以将所有磁盘的第 i 位看作一个（$d+1$）位的字，里面包含 d 个数据位和 1 个奇偶校验位。假设一个这样的字在第 j 位上出现了错误，那么第 j 个磁盘会检测到这个扇区上的错误，我们可以使用剩余的其他位来恢复这个出错的位。

例如，对 01101 这个字来说，0110 是数据位，1 是校验位。由于我们使用的是偶校验，所以我们可以知道这个字里面有 1 位错误。此时如果第 4 个磁盘（即图中的磁盘 3）报告了一个扇区错误，而其他的磁盘均没有类似的错误，那么我们可以知道这个字应该是 01111，也就可以做出适当的纠正。

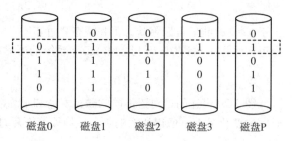

图 3-21　由 4 块数据磁盘和 1 块偶校验磁盘组成的 RAID 3 系统

　　用于计算 RAID 3 可靠度和可用度的马尔可夫链和 RAID 1 的几乎是相同的。在 RAID 1 中，每个组有 2 块磁盘，在 RAID 3 里有 $d+1$ 块，而且这两个 RAID 系统都是在 2 块以上的磁盘同时发生错误时才会失效。因此，计算 RAID 3 可靠度的马尔可夫链如图 3-22 所示。对它的分析和 RAID 1 类似。RAID 3 的 MTTDL 为：

$$\text{MTTDL} = \frac{(2d+1)\lambda + \mu}{d(d+1)\lambda^2} \quad (3.10)$$

它的可靠度可近似为：

$$R(t) \approx e^{-t/\text{MTTDL}} \quad (3.11)$$

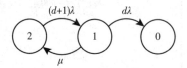

图 3-22　用于计算 RAID 3 系统可靠度的马尔可夫链模型

　　图 3-23 描述的是数据磁盘数量 d 取不同值时的一些数值结果。$d=1$ 时和 RAID 1 系统相同。与理论分析的结果类似，当 d 增大时，系统整体的可靠度降低。

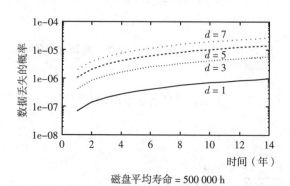

磁盘平均寿命 = 500 000 h

图 3-23　RAID 3 系统的不可靠度（数据丢失概率）

3.2.4　RAID 4

　　和 RAID 3 相比，RAID 4 唯一的不同点是，在磁盘之间交错存储的单元不是位，而是任意大小的数据块，称作条带。图 3-24 是一个由 4 块数据磁盘和 1 块奇偶校验磁盘组成的 RAID 4 系统的例子。RAID 4 相比 RAID 3 的优势是，一个较小的读操作可能仅涉及单独一块数据磁盘，而不是像 RAID 3 一样会涉及所有磁盘。这样一来，较小的读操作在 RAID 4 中比在 RAID 3 中更快。对于较小的写操作，RAID 4 也有类似的优势。在较小的写操作中，只有存储相关数据的磁盘和奇偶校验磁盘需要更新。更新奇偶校验磁盘的过程也是非常简单的，当数据磁盘中覆写的数据和之前存储的数据不一样时，翻转奇偶校验磁盘的对应位，反之则不需要翻转。

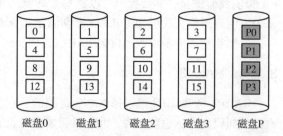

图 3-24　一个由 4 块数据磁盘和 1 块奇偶校验磁盘组成的 RAID 4 系统（图中的每个矩形表示一个数据块，即条带）

　　RAID 4 系统的可靠度模型和 RAID 3 相同。

3.2.5 RAID 5

RAID 5 系统是对 RAID 4 的改进，旨在解决奇偶校验磁盘可能会成为存储系统的性能瓶颈这一问题。之所以会成为瓶颈，是因为在 RAID 4 中，在每次写操作中都需要访问奇偶校验磁盘。为了缓解这一问题，我们可以将奇偶校验块交错存储到各个磁盘中。换句话讲，我们不再设置一块特定的磁盘用于存储所有的奇偶校验数据，而是每一块磁盘都会包含一些数据块和奇偶校验块。图 3-25 所示的是一个由 5 块磁盘组成的 RAID 5 系统。

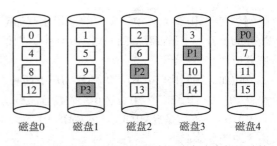

图 3-25　五磁盘 RAID 5 系统中的分布式奇偶校验块

显然，RAID 5 的可靠度模型和 RAID 4 之间，只在性能模型上有差异。

RAID 5 的一种扩展是 RAID 6，扩展是为了在不丢失数据的情况下，容忍两块磁盘同时发生失效。RAID 6 通过增加额外的编码块来完成这一点。

3.2.6 层次化 RAID 系统

RAID 系统也可以分层次地进行设计。在进一步解释这一概念之前，我们先介绍一种没有冗余机制的 RAID 系统：RAID 0。

RAID 0 是一种将数据在两块磁盘之间交错存储的方法。在 RAID 0 中没有奇偶校验，或者其他形式的冗余机制，而仅提高了并行度。事实上，单从这一点来看，这种方法不应该被命名为 RAID。这种存储系统能够提高磁盘的数据吞吐量，提供对磁盘的并行访问。

现在我们开始考虑分层设计。多层次 RAID 系统通常被命名为 RAID ij、RAID i/j 或者 RAID $i+j$，表示这个 RAID 系统包含由多个 RAID i 单元一同形成的 RAID j 系统。

示例　如图 3-26 所示，RAID 50 系统包含由两个 RAID 5 单元组成的 RAID 0 系统。我们给存储系统中的文件分段，并编号为 0,1,2,3,…，那么我们可以将 0,2,4,… 这些段存储在第一组磁盘中，将编号为 1,3,5,… 的段存储在另一组磁盘中。这两组磁盘都被组织成 RAID 5 系统。

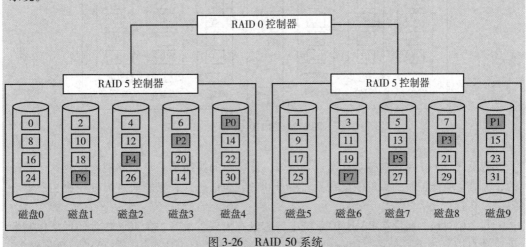

图 3-26　RAID 50 系统

类似地，RAID 31 系统包含由多个 RAID 3 单元组成的 RAID 1 系统。RAID 1 系统是镜像的，因此 RAID 31 系统包含了两组镜像的 RAID 3 系统。每一种不同的组织方法都有其独特性。

示例   在 RAID 型系统中，文件的条带化存储对外是"不可见"的。例如，如果一个文件被分成了若干个条带存储到一组 RAID 中，则外部无法单独访问单个条带。这造成了数据恢复速度上的差异。

比如，我们比较 RAID 10 和 RAID 01 两种存储系统。假设两种系统都包含 6 块磁盘。在 RAID 10（图 3-27）中，这 6 块磁盘会被分为 3 个组，每个组都含一对镜像磁盘（低层是 RAID 0，高层是 RAID 1）。在 RAID 01（图 3-28）中，高层的两个组互为镜像，每个组由 3 块磁盘形成。

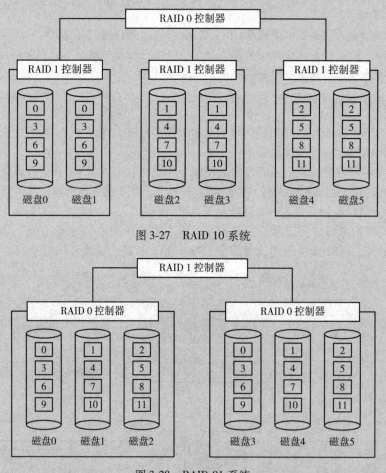

图 3-27   RAID 10 系统

图 3-28   RAID 01 系统

假设 RAID 01 系统的磁盘 0 出现了故障，低层级的控制器是不能够独自恢复这个故障的，因为它所能控制的磁盘中没有关于磁盘 0 的冗余信息，它只能通过另外一个控制器获得磁盘 0 的冗余信息。

与之相对地，假设在 RAID 10 系统中，磁盘 0 出现了故障，负责该磁盘的低层控制器可以独自恢复这个故障：当用一块新磁盘更换故障磁盘时，这个控制器可以独自将磁盘 1

的数据复制到这块新磁盘中，而无须向其他控制器请求数据。因此，RAID 10 中复制数据的总量会比 RAID 01 中少得多，这也意味着 RAID 10 的故障恢复速度更快。这对整个存储系统是有益的，因为一旦在系统恢复某块故障磁盘的期间，又有一块磁盘发生了故障，那么整个系统就会失效。随着磁盘数量和故障恢复时间的增加，这种差别将会更加明显。

3.2.7 相关故障模型

在前面的讨论中，我们始终假设不同磁盘发生故障是独立事件。在这一小节中，我们将考虑相关故障的影响。

相关故障的发生，是由于在磁盘系统中，供电和控制部分经常是多个磁盘之间共享的。磁盘系统通常由多个"列"（string）组成。每个列内部的磁盘通常被放置在同一个机柜中，共享供电、线缆、冷却系统和控制器。如果这些部件发生了故障，那么整列磁盘都有可能随之发生故障。

记 λ_{str} 为一列磁盘的支持部件（供电、线缆、冷却系统、控制器等）的失效率。如果一个 RAID 系统仅包含一个列，那么这个 RAID 系统的总失效率为：

$$\lambda_{total} = \lambda_{indep} + \lambda_{str} \tag{3.12}$$

其中，λ_{indep} 近似是 MTTDL 的倒数，可以看作独立磁盘的失效率。如果磁盘恢复率远大于磁盘的失效率，那么由于独立磁盘失效造成的数据丢失可以被拟合为一个泊松过程。因为两个泊松过程的和依然是一个泊松过程，因此我们可以将总体的系统失效率看作一个系数为 λ_{total} 的泊松过程，其可靠度表示为：

$$R_{total}(t) = e^{-\lambda_{total}t} \tag{3.13}$$

图 3-29 给出了这种列发生故障对 RAID 1 系统的影响，对 RAID 3 及以上的 RAID 系统的影响也呈现类似的规律。根据从大量文献中引用的数据，存储系统的磁盘列平均寿命大约为 150 000 h，而依据制造商给出的数据，单个磁盘的平均寿命可以达到 1 000 000 h。因此，只使用一个列构造 RAID 会将系统的不稳定性提高几个数量级。

为了解决这一难题，我们可以正交地规划列和 RAID 组的布局，如图 3-30 所示。这样，在每个 RAID 组中，一个列发生的故障只会影响一块磁盘。因为 RAID 组可以容忍一块磁盘上发生的故障，所以列故障所产生的影响就被减弱了。

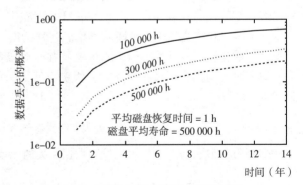

曲线旁的标记表示磁盘列平均寿命

图 3-29　列失效率对 RAID 1 系统的影响

因为列和单独一个磁盘发生故障的概率都是非常低的，所以我们可以对因为独立磁盘故障而造成的系统失效，以及因为列故障造成的系统失效分别进行建模。这里我们分别推导两种情况的系统失效率，并将两者相加，近似地得到整体的失效率，用于计算系统的 MTTDL 和某一时刻发生数据丢失的概率。

现在，我们构建一个用于计算系统 MTTDL 以及 t 时刻系统可靠度的近似模型，这个模型可以和任意一个恢复时间服从的分布相容。

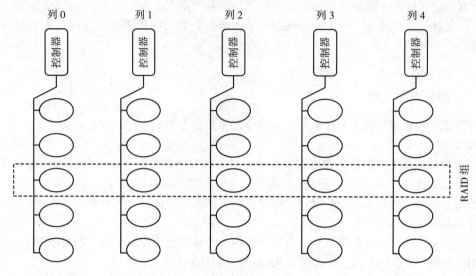

图 3-30　　"列"和 RAID 组的正交分布（$d=4$）

假设磁盘阵列中一共有 g 个 RAID 组，每个 RAID 组中包含 $d+1$ 块磁盘，这些磁盘都呈正交分布，那么一共会形成 $d+1$ 个列。磁盘阵列中磁盘的总数即为 $(d+1)g$。和之前的推导不同，这里我们不再假设磁盘恢复时间服从指数分布，我们仅假设恢复时间的分布是已知的，并且记磁盘恢复时间的概率密度函数为 $f_{\text{disk}}(t)$。

由独立的磁盘故障引发数据丢失的概率可以近似地表示为 $\lambda_{\text{disk}} \pi_{\text{indiv}}$，其中 λ_{disk} 是单个磁盘的失效率，π_{indiv} 是一个给定的磁盘发生故障引发系统发生数据丢失的概率。回顾前面的内容可知，π_{indiv} 可以这样计算，在 RAID 系统中一块磁盘发生故障之后，在这块磁盘恢复之前又有另一块磁盘发生了故障的概率。这种情况发生的概率需要表示为 $d(\lambda_{\text{disk}}+\lambda_{\text{str}})$，因为第二块磁盘发生故障的原因，既可能是独立磁盘故障，也有可能是列故障。记 τ 为（任意）磁盘恢复时间，那么在恢复第一块磁盘所需时间为 τ 的条件下，系统发生数据丢失的概率为：

$$\text{Prob}\{\text{数据丢失}\,|\,\text{恢复时间}\,\tau\} = 1 - e^{-d(\lambda_{\text{disk}}+\lambda_{\text{str}})\tau}$$

τ 的概率密度函数为 $f_{\text{disk}}(\cdot)$，因此发生数据丢失的无条件概率为：

$$
\begin{aligned}
\pi_{\text{indiv}} &= \int_0^\infty \text{Prob}\{\text{数据丢失}\,|\,\text{恢复时间}\,\tau\} \cdot f_{\text{disk}}(\tau)\,\mathrm{d}\tau \\
&= \int_0^\infty (1 - e^{-d(\lambda_{\text{disk}}+\lambda_{\text{str}})\tau}) f_{\text{disk}}(\tau)\,\mathrm{d}\tau \\
&= \int_0^\infty f_{\text{disk}}(\tau)\,\mathrm{d}\tau - \int_0^\infty e^{-d(\lambda_{\text{disk}}+\lambda_{\text{str}})\tau} f_{\text{disk}}(\tau)\,\mathrm{d}\tau \\
&= 1 - F_{\text{disk}}^*(d[\lambda_{\text{disk}}+\lambda_{\text{str}}])
\end{aligned}
\tag{3.14}
$$

其中 $F_{\text{disk}}^*(\cdot)$ 是 $f_{\text{disk}}(\cdot)$ 的拉普拉斯变换。因为系统中一共有 $(d+1)g$ 块磁盘，因此由独立磁盘故障引发系统数据丢失的概率可以近似为：

$$\Lambda_{\text{indiv}} \approx (d+1) g \lambda_{\text{disk}} \{ 1 - F_{\text{disk}}^* (d [\lambda_{\text{disk}} + \lambda_{\text{str}}]) \} \tag{3.15}$$

那么，为什么这个概率值是近似的，而不是精确的呢？这是因为我们假设 $(d+1) g \lambda_{\text{disk}}$ 是在无故障系统中一块磁盘的失效率。RAID 系统的规模通常不会特别大，而且磁盘恢复时间相比连续两次发生磁盘故障的时间间隔而言非常小，使得系统在大多数时间都是处于无故障状态下的，这也就说明了这种近似的合理性。这种近似也带来了一个优点：我们不需要事先对磁盘恢复时间的概率分布做任何的假设。

现在我们开始计算由于列故障引起数据丢失率 Λ_{str}。假设系统所有列都是正常的，此时一个列的失效率为 $(d+1) \lambda_{\text{str}}$。当出现一个列故障时，我们需要恢复这个列本身，并对因本次列故障而受到影响的磁盘进行一些必要的恢复。此处，我们做一个相对悲观的近似：在所有的 RAID 组完全恢复之前，出现在任何一个组或任何一个磁盘上的故障都会导致系统失效。之所以说这种近似是"悲观"的，是因为事实上这种情况并非一定会导致系统发生数据丢失。例如，两次列故障可能会发生在同一个列上，也就是在第一次故障尚未完全恢复时，发生了第二次故障，这并不一定总会造成数据丢失，但在这个悲观假设下，也被我们算作会引发数据丢失的情况。我们也可以做一个相对乐观的假设，即在发生列故障之后，这个故障列中的所有磁盘在本次故障完全恢复之前，对后续发生的故障是免疫的。通过接下来的计算可以看出，基于这两种假设预测得到的故障概率之间的差异很小，这也意味着我们所做的悲观假设是很难发生的。

记 τ 为恢复列故障和因为本次故障而受影响的所有磁盘所需的总时间，其概率密度函数为 $f_{\text{str}}(\cdot)$。然后，在悲观假设下，发生第二次故障的失效率为 $\lambda_{\text{pess}} = (d+1) \lambda_{\text{str}} + (d+1) g \lambda_{\text{disk}}$。在乐观假设下，发生第二次故障的失效率为 $\lambda_{\text{opt}} = d \lambda_{\text{str}} + dg \lambda_{\text{disk}}$。

接下来，在悲观假设模型下，发生数据丢失的条件概率为 $p_{\text{pess}} = 1 - e^{-\lambda_{\text{pess}} \tau}$；在乐观假设模型下这一概率为 $p_{\text{opt}} = 1 - e^{-\lambda_{\text{opt}} \tau}$。对 τ 积分，分别可以得到无条件的悲观和乐观概率估计，即 $\pi_{\text{pess}} = 1 - F_{\text{str}}^* (\lambda_{\text{pess}})$ 和 $\pi_{\text{opt}} = 1 - F_{\text{str}}^* (\lambda_{\text{opt}})$，其中 $F_{\text{str}}^* (\cdot)$ 是 $f_{\text{str}}(\cdot)$ 的拉普拉斯变换。由此，由一次列故障引发数据丢失的概率的悲观和乐观估计分别为：

$$\Lambda_{\text{str\_pess}} = (d+1) \lambda_{\text{str}} \pi_{\text{pess}}$$
$$\Lambda_{\text{str\_opt}} = (d+1) \lambda_{\text{str}} \pi_{\text{opt}} \tag{3.16}$$

综上，系统中出现数据丢失的概率可以近似为：

$$\Lambda_{\text{data\_loss}} \approx \begin{cases} \Lambda_{\text{indiv}} + \Lambda_{\text{str\_pess}} & \text{在悲观假设下} \\ \Lambda_{\text{indiv}} + \Lambda_{\text{str\_opt}} & \text{在乐观假设下} \end{cases} \tag{3.17}$$

因此我们对系统 MTTDL 和可靠度的估计如下：

$$\text{MTTDL} \approx \frac{1}{\Lambda_{\text{data\_loss}}}$$
$$R(t) \approx e^{-\Lambda_{\text{data\_loss}} t} \tag{3.18}$$

3.2.8　基于固态硬盘的 RAID 技术

闪存通常具有较为明显的故障特征，即写操作会造成闪存单元的加速老化。这里我们将分析这一问题，并说明应该如何针对性地调整 RAID 方案。我们假设采用主动更换磁盘的策略。磁盘的写操作会受到监测和计数，并且每个磁盘会有一个预先设置的寿命，表示为可以接受的写操作总数。当对某一块磁盘的写操作数量达到这个总数时，这块磁盘会被更换为一块新磁盘。

我们主要关注 RAID 4 和 RAID 5，针对二者的基本方法大致相同，但他们之间最关键的不同点是，RAID 4 中奇偶校验块集中在同一块磁盘上，而在 RAID 5 中奇偶校验块分布在不同的磁盘上。如果将奇偶校验块在磁盘间的分布看作一个衡量尺度，则可以将 RAID 4 和 RAID 5 看作这个衡量尺度上的两个极端：奇偶校验块的分布从 RAID 4 中的完全集中分布，到 RAID 5 中的完全均匀分布。其他的 RAID 系统可以看作这两个极端之间的各种情况。

我们记每块磁盘中保存的奇偶校验块数目占校验块总数的百分比为 Φ_i。向量 $\boldsymbol{\Phi} = (\Phi_1, \Phi_2, \cdots, \Phi_n)$ 可以用来表示某个 RAID 系统在奇偶校验块分布这一尺度上的位置。比如，当 $n = 5$ 时，$\Phi_a = (100, 0, 0, 0, 0)$ 就表示 RAID 4，这种情况下 Φ_a 是完全不对称的；$\Phi_b = (20, 20, 20, 20, 20)$ 是完全对称的，表示 RAID 5；$\Phi_c = (40, 15, 15, 15, 15)$ 也是一种 RAID 系统，它的对称性介于 Φ_a 和 Φ_b 之间。

我们可以看到，奇偶校验块是最常发生写操作的地方，所以一块存储着大量奇偶校验块的固态硬盘通常老化得更快。例如，在 Φ_c 所表示的 RAID 系统中，第一块磁盘的老化速度要比其他磁盘的速度更快。我们可以近似地将磁盘老化程度和磁盘上存储的奇偶校验块数量视为存在正比例关系，那么我们就可以给出两块磁盘之间的老化速度比。对分别保存了总数的 $\phi_i(\%)$ 和 $\phi_j(\%)$ 个奇偶校验块的两块磁盘而言，在磁盘总数为 n 的系统中，两块磁盘的老化速度比为（具体的推导过程留给读者作为练习）：

$$\rho_{i,j} = \frac{(n-1)\phi_i + 100 - \phi_i}{(n-1)\phi_j + 100 - \phi_j}$$

因此在 RAID 4 中，奇偶校验磁盘的老化速度大约为其他磁盘的 n 倍。

在 RAID 5 中，磁盘老化的速度大致相同，所有的磁盘大约会在相同的时间达到写操作的次数上限，并需要进行更换，而在 RAID 4 中，奇偶校验磁盘老化得更快，因此它也会比其他磁盘更快地被更换。

从 RAID 1 到 RAID 5 这五种策略都能够容忍一块磁盘的故障，在第一块磁盘恢复之前，一旦第二块磁盘发生故障，系统就将发生数据丢失。基于这一点，我们可以确定地说，不均匀的磁盘老化速度可以加强存储系统的可靠性。具体而言，我们通常倾向于让其中一块的老化速度比其他的磁盘更快，而不是同步老化。在这种情况下，当一块磁盘发生故障并被更换的时候，发生第二块磁盘故障的概率会更低。奇偶校验块会以更高的频率被更新，使得保存了更多奇偶校验块的磁盘会比其他磁盘老化得更快。因此，一种名为差分 RAID（differential RAID）的方案被提出。在任一时刻，这种方案都允许一块磁盘相比于其他磁盘拥有更多的奇偶校验块。随着系统的运行，以轮询的方式切换保存更多奇偶校验块的磁盘。换言之，假设从一开始，磁盘 A 中保存了更多的奇偶校验块，那么它老化的速度也会比其他磁盘更快；当下一次切换时，系统会让磁盘 B 中保存更多的奇偶校验块，这样磁盘 B 的老化速度会变快；再当下一次切换时，保存更多奇偶校验块的任务将交给下一块磁盘。以此类推。越来越多的实验结果表明，这种方法在增强系统可靠性上展现出了一定的优势。

3.3 数据复制

在分布式系统中，数据复制是另一个通过在系统层面应用信息冗余来提高容错能力的方法。数据复制是指在分布式系统中的两个或两个以上的节点中，存储完全相同的数据副本。在 RAID 系统中，通过合理地安排数据副本的存储方式，可以在提供容错能力的同时，提高系统性能，因为用户可以从邻近的副本中读取数据等。然而，保证数据的一致性是非常重要的，即使在系统中出现故障的时候。

考虑如下的例子。现在每个数据都有 5 份副本，分别存储在分布式系统中的 5 个节点当中，分布式系统的拓扑结构如图 3-31A 所示。假设读请求和写请求都能够访问这个图上的任意一个节点，当 5 份副本保持一致的时候，读操作可以访问任意一个节点。然而，假设图中有 2 处连接发生了故障，如图 3-31B 所示，那么节点 A 和节点 B、C 将无法连接。此时如果有一个写操作更新了节点 A 中的数据，则这次写操作无法传递到其他节点，进而造成节点 A 和其他节点上的备份不再一致，此时再读取其他节点上的数据，得到的将会是过期的数据。

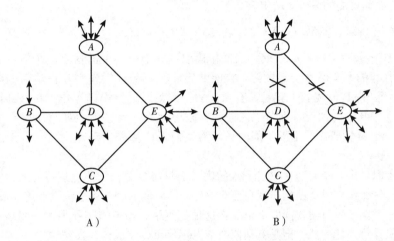

图 3.31　连接断开会影响正常的数据副本操作。A）正常网络。B）断开的网络

接下来，我们将介绍两种通过为每个备份分配权重（投票数）来管理数据副本的方法：层次化方法和非层次化方法。通过投票能够让我们选择更可靠的、互相连接更通畅的节点上的副本。这里我们假设所有的故障节点都是可识别的，其中不会有恶意行为发生。

3.3.1　表决的非层次化方法

我们首先介绍表决方法，用来处理数据副本问题。为了避免混淆，在这里强调一下，我们并不是对多个数据副本进行表决。假设我们用编码技术在存储或者传输数据时检测或纠正错误，如果我们读取了某个数据的 r 个副本，那么会选择时间戳最新的那个副本。这里所说的表决并非用于这个目的，而是为了确定执行一个写操作所需要更新的最小的节点集合，或者说确定一个读操作需要访问的最小的节点集合。

我们讨论最简单的表决机制，令 S 表示所有保存了当前数据副本的节点集合，记 v_i 为分配给副本 i 的选票。定义 v 为选票数的总和，有 $v = \sum_{i \in S} v_i$。定义满足如下条件的整数 r 和 w：

$$r + w > v;$$
$$w > v/2$$

记 $V(X)$ 为节点集合 X 中所有节点上的数据副本所获得的票数总和。以下策略能够保证所有读到的数据都是最新的数据。

一次读操作必须读取集合 R 中的所有节点，其中 $R \subset S$ 且 $V(R) \geqslant r$。类似地，一次写操作必须找到一个集合 W 满足 $W \subset S$ 且 $V(W) \geqslant w$，并且对 W 中的每一个副本都执行相同的写操作。

这种策略是有效的，因为对任意满足 $V(R) \geqslant r$ 和 $V(W) \geqslant w$ 的集合 R 和 W，由 $r+w>v$ 可知 $R \cap W \neq \varnothing$。因此，所有的读操作都保证能够读到至少一个被最新一次写操作更新过的副本。此外，对任意满足 $V(W_1),V(W_2) \geqslant w$ 的两个集合 W_1 和 W_2，一定有 $W_1 \cap W_2 \neq \varnothing$。这一方面确保不会对同一数据同时进行不同的写操作，另一方面确保至少有一个节点能够被所有的写操作逐个更新。

一个满足 $V(R) \geqslant r$ 的集合 R 被称作读候选（read quorum），一个满足 $V(W) \geqslant w$ 的集合 W 被称作写候选（write quorum）。

那么，对于图 3-31 中所示的例子，这种策略是如何工作的呢？假设我们给每个节点都投 1 票，那么票数的总数就是 $v=5$。因此我们必须设置 $w>5/2$，于是有 $w \in \{3,4,5\}$。由 $r+w>v$ 可知 $r>v-w$。故而可能的 r 和 w 的组合如下：

$$(r,w) \in \{(1,5),(2,5),(3,5),(4,5),(5,5),(2,4),(3,4),(4,4),(5,4),(3,3)\}$$

首先考虑 $(r,w)=(1,5)$ 的情况。读操作读取这 5 个副本中的任意一个即可完成，但写操作必须将所有的 5 个副本全部更新。这能够确保所有的读操作都获得最新的数据。如果我们选择 $w=5$，那么设置 $r>1$ 就是没有意义的，因为这会拖慢读操作。在这种情况下，即使发生了图 3-31B 中的情况，即节点之间因为故障而无法连接，也能够从所有节点处读取数据。但是，更新全部数据是不可能的，因为我们无论从哪个节点出发，也无法到达全部 5 个副本。

我们再考虑 $(r,w)=(3,3)$。这种配置的优点是只需要对三个节点进行写入，就能够完成一次对数据的写操作。但是读操作现在会花费更长的时间，因为每个读操作需要读 3 个副本，而不是像上一个例子中只需要读取 1 个。在这种配置下，当节点拓扑中发生网络中断时，节点 A 的读写操作都不能完成，但是其他四个节点仍然可以完成读写操作。

选择不同的 r 和 w 会对系统性能造成一定的影响。比如，如果系统中读操作的个数多于写操作，那么我们应该设置一个较小的 r 来加速写操作。但是，如果设置 $r=1$，则必须有 $w=5$，意味着如果有一个节点失去连接，写操作将无法进行。如果设置 $r=2$，则 w 可以设置为 4，此时只需 5 个节点中有 4 个保持连接，写操作就可以正常进行。因此在这里我们要有一个对性能和可靠性的权衡。

通过给节点分配选票来使得系统的可用性最大度是一个相当困难的问题（此处的可用度可以理解为系统中的读候选集和写候选集都未失效的概率）。因此我们提出两种能够产生较好结果的启发式方法，尽管启发式方法获得的结果不一定总是最优的。这些启发式方法能够让我们建立一个包含节点故障和连接故障的通用模型。已知每个节点 i 的可用度 $a_n(i)$ 和每个连接的可用度 $a_l(j)$，记 $L(i)$ 为节点 i 上的所有连接的集合。

启发式方法 1 给节点 i 分配一个选票数 $v(i)=a_n(i) \sum_{j \in L(i)} a_l(j)$，按照四舍五入取最近的整数值。如果分配给所有节点的选票数之和是偶数，那么给其中选票数最多的节点中的某一个额外加一票。

启发式方法 2 记 $k(i,j)$ 是由节点 i 经过连接 j 相连的节点。给节点 i 分配一个选票数 $v(i)=a_n(i)+\sum_{j \in L(i)} a_l(j) a_n(k(i,j))$，按照四舍五入取最近的整数值。和启发式方法 1 一样，如果分配给所有节点的选票数之和是偶数，那么给其中票数最多的节点之一额外加一票。

考虑图 3-32 所示的系统。由启发式方法 1 得到的初始票数分配为：

$$v(A) = \text{round}(0.7 \times 0.7) = 0;$$
$$v(B) = \text{round}(0.8 \times 1.8) = 1;$$
$$v(C) = \text{round}(0.9 \times 1.6) = 1;$$
$$v(D) = \text{round}(0.7 \times 0.9) = 1$$

此处可以注意到，启发式方法 1 给节点 A 分配了 0 票。这意味着节点 A 和它的连接与其他的节点相比非常不可靠，我们完全可以不使用它。系统中票数总和为 3，因此读候选和写候选必须满足以下条件：

$$r+w > 3;$$
$$w > 3/2$$

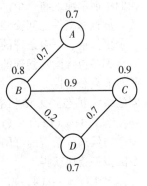

图 3-32　选票分配实例
（数字代表可用度）

结果是，$w \in \{2,3\}$。如果设置 $w=2$，那么最小的读候选的规模为 $r=2$，满足条件的读候选集即为 $\{BC, CD, BD\}$，这个集合同样可以作为写候选集。

如果设置 $w=3$，那么最小的读候选规模为 $r=1$，满足条件的读候选集为 $\{B, C, D\}$，而写候选只有一个：BCD。

由启发式方法 2 可以得到下面的票数分配：

$$v(A) = \text{round}(0.7+0.7 \times 0.8) = 1;$$
$$v(B) = \text{round}(0.8+0.7 \times 0.7+0.9 \times 0.9+0.2 \times 0.7) = 2;$$
$$v(C) = \text{round}(0.9+0.9 \times 0.8+0.7 \times 0.7) = 2;$$
$$v(D) = \text{round}(0.7+0.2 \times 0.8+0.7 \times 0.9) = 1$$

由于总票数为偶数，因此我们额外给节点 B 加一票，最后的票数分配即为 $v(A)=1$、$v(B)=3$、$v(C)=2$ 和 $v(D)=1$。总票数为 7，因此读候选和写候选必须满足：

$$r+w > 7;$$
$$w > 7/2$$

结果是，$w \in \{4,5,6,7\}$。表 3-7 列出了满足 $r+w=8$ 的读候选集和写候选集。请读者自行列出给定 (r,w) 对应的可用度，即系统在出现节点故障或者连接故障的时候，仍然有至少一个读候选和一个写候选可访问的概率。

表 3-7　启发式方法 2 生成的读候选集和写候选集

r	w	读候选集	写候选集
4	4	$\{AB, BC, BD, ACD\}$	$\{AB, BC, BD, ACD\}$
3	5	$\{B, AC, CD\}$	$\{BC, ABD\}$
2	6	$\{B, C, AD\}$	$\{ABC, BCD\}$
1	7	$\{A, B, C, D\}$	$\{ABCD\}$

这里，我们以解决 $(r,w)=(4,4)$ 的问题为例，说明整个过程。这种情况的可用度是四个候选 AB、BC、BD、ACD 中至少有一个可用的概率。我们首先计算每个候选的可用度。当节点 A、B 和它们之间的连接可用的时候，候选 AB 是可用的，这种情况的概率为：

$$\text{Prob}\{AB \text{ 可用}\} = a_n(A)a_n(B)a_l(l_{AB}) = 0.7 \times 0.8 \times 0.7 = 0.392$$

其中 $a_l(l_{AB})$ 是连接两个节点 A 和 B 间的连接 l_{AB} 的可用度。类似地，当节点 B、C 和它们之间的至少一条连接可用的时候，候选 BC 是可用的，这种情况的概率为：

$$\text{Prob}\{BC \text{ 可用}\} = a_n(B)a_n(C)\left[a_l(l_{BC}) + a_l(l_{BD})a_n(D)a_l(l_{DC})(1 - a_l(l_{BC}))\right]$$
$$= 0.8 \times 0.9[0.9 + 0.2 \times 0.7 \times 0.7 \times 0.1] = 0.655$$

类似地，我们可以计算候选 BD 和 ACD 的可用度。然而，为了计算系统的总体可用度，我们不能单纯地将每个读或写候选的可用度相加，因为"候选 i 是可用的"并不是互斥事件。要计算这些事件之间交集的可能性，并代入容斥原理的公式中，这是一项单调乏味的工作。一个更简单、更有条理的系统可用度计算方法是，列出所有的系统组成元素状态的组合，然后将那些包含读写候选的组合的概率相加。在我们的例子中，系统包含 8 个组成元素（包括所有节点和连接），每个组成元素有"可用"和"不可用"两个状态，一共有 $2^8 = 256$ 种不同的系统状态。每种状态的概率是 8 个因子的乘积，每个因子都是如下几种形式之一：$a_n(i)$、$(1 - a_n(i))$、$a_l(j)$、$(1 - a_l(j))$。对每个状态，我们可以确定是否存在一个读候选和一个写候选。系统的可用度可以通过把同时包含至少一个读候选和一个写候选的所有状态发生的概率相加获得。

对于 $(r, w) = (4, 4)$，读候选集和写候选集是完全一样的。对其他的 (r, w) 组合，这两者通常是不同的。因此在计算系统可用度的时候，我们务必要考虑读操作和写操作之间的相对频率，并且分别将它们和存在一个读候选与存在一个写候选的概率相乘。

写候选必须包含总票数的半数以上，但是如果系统不能简单或快速地从故障中恢复，系统中就可能不再会存在能够包含半数以上的选票且互相连接的子集。在这种情况下，即使系统的大部分节点仍然能够正常工作，系统中也无法进行数据更新。

这个问题可以通过动态选票分配的方法来解决。与静态的读候选集和写候选集不同，我们可以依据系统当前的运行状态来改变读写候选集。在接下来的讨论中，我们限定每个节点都只有 1 票，想要打破这个限制条件也并不困难。

对每个数据而言，这个算法会为每个节点 i 上的每一个数据副本维护一个版本号 VN_i。每次有节点更新数据的时候，其对应的版本号会增加。假设一次更新到达了某个节点，只有该节点上有一个写候选时，这个更新才会执行。节点 i 上的更新结点基数（update site cardinality），即参与这个数据的第 VN_i 次更新的节点总数，记为 SC_i。当系统开始执行操作的时候，SC_i 会被初始化为系统中节点的总数。图 3-33 描述了这种动态选票分配机制是如何运作的。

---

1. 如果一个更新请求到达节点 i，节点 i 将计算以下量：
   - $M = \max\{VN_j, j \in S_i\}$，其中 S_i 是节点 i 可以与之进行通信的节点集合，包括节点 i 自己。这实际上是 i 能够访问的所有节点的所有副本中拥有的最大版本号。
   - $I = \{j \mid VN_j = M, j \in S_i\}$，版本号为最大值的所有节点的集合。
   - $N = \max\{SC_j, j \in I\}$，这是集合 I 内所有节点上更新基数的最大值。

2. 如果 $\|I\| > N/2$，那么节点 i 可以提出一个写候选，并获准对 I 中所有的节点进行更新，否则不得进行更新。在更新完成之后，I 内数据的所有副本的版本号都会加 1，即对每个 $i \in I$，它们的版本号 VN_i 会相应地加 1。另外，对于每个 $i \in I$，令 $SC_i = \|I\|$。这个步骤是一个原子操作，即要么 I 内的所有节点完成全部操作，要么一个操作也不执行。

图 3-33　动态选票分配算法

接下来的这个例子将会详细说明这个算法。假设系统中有 7 个节点，每个节点都有同一个数据的副本。在时刻 t_0，系统的状态如下：

	A	B	C	D	E	F	G
VN	5	5	5	5	5	5	5
SC	7	7	7	7	7	7	7

现在假设系统在时刻 t_0 发生了故障，将系统拆分成了两个连通的子集：$\{A,B,C,D\}$ 和 $\{E,F,G\}$。其中一个子集的任何一个节点都不能与另外一个子集中的节点通信。假设节点 E 在时刻 $t_1>t_0$ 收到了一个更新请求，那么 $SC_E=7$，E 需要找到多于 7/2 个的节点（即 4 个或者更多节点，包括它自己）来完成此次更新。然而，E 只能和其他两个节点（即 F 和 G）通信，因此这次更新请求会被拒绝。

在时刻 $t_2>t_1$，A 收到了一个更新请求。因为 A 和其他 3 个节点相连，所以这个请求会被执行。这次更新将会在节点 A、B、C、D 上执行，新的状态将会是：

	A	B	C	D	E	F	G
VN	6	6	6	6	5	5	5
SC	4	4	4	4	7	7	7

在时刻 $t_3>t_2$，系统又发生了一个故障，系统中的连通分支变成了 $\{A,B,C\}$、$\{D\}$ 和 $\{E,F,G\}$。在时刻 $t_4>t_3$，节点 C 收到了一个更新请求，现在和节点 C 相连的写候选只有三个节点了，虽然是大于 $SC_C/2$ 的最小值，但本次更新依然可以在节点 A、B 和 C 上顺利完成，完成后的状态变为：

	A	B	C	D	E	F	G
VN	7	7	7	6	5	5	5
SC	3	3	3	4	7	7	7

如果在故障恢复后允许已经拆分的节点重新聚合在一起，需要遵循怎样的协议呢？读者可尝试自行进行设计。

3.3.2　表决的层次化方法

现在出现的一个很明显的问题是，是否有一种方法能够管理数据的副本，但是不要求 $r+w>v$ 呢？如果 v 很大（比如一份数据同时有很多份副本），那么对数据的操作会花费很长的时间。有一种解决办法是下面描述的层次化的表决机制。

该方法通过以下步骤建立一个 m 层的树。首先将所有保存数据副本的节点放置在第 $m-1$ 层作为叶子节点。然后我们在叶子节点上面的层添加一些虚拟节点，直到根节点（第 0 层）。所有新添加的这些节点都只是真实节点的虚拟分组。第 i 层的每个节点都有同样数量的孩子节点，记为 l_{i+1}。例如，在图 3-34 所示的树中，$l_1=l_2=3$。

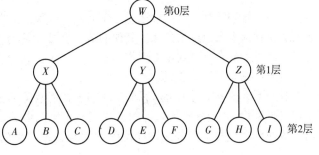

图 3-34　层次化候选集的生成树（$m=3$）

现在我们给树中的每个节点分配一票，并分别定义第 i 层的读候选和写候选大小 r_i 和 w_i 为如下：

$$r_i + w_i > l_i;$$

$$w_i > l_i/2$$

下面这个算法的作用是以递归的方式从叶节点处得到一个读候选和写候选。首先，对第 0 层的根节点做读取标记（read-mark）。然后，在第一层，对 r_1 个节点做读取标记。当从第 i 层到第 $i+1$ 层的时候，对每个在第 i 层被做了读取标记的节点，选出它的 r_{i+1} 个孩子节点并做读取标记。如果某个节点的无故障孩子节点数目不超过 r_{i+1} 个，那么不能对这个节点做读取标记。如果在标记过程中发现了这种情况，则需要立刻返回并取消这个节点的标记。以此类推，直到第 $i=m-1$ 层。被做了读取标记的叶子节点即构成一个读候选。写候选的构造方法与之类似。

对于图 3-34 中的树，设置 $w_i = 2$ 和 $r_i = l_i - w_i + 1 = 2$，其中 $i=1$、2。从根节点开始，它的两个孩子节点会被标记为可读取节点，记作 X 和 Y。现在，对 X 和 Y 的孩子节点做标记，X 的孩子节点记作 A 和 B，Y 的孩子节点记作 D 和 E。读候选是具有可读取标记的叶子节点，即 A、B、D 和 E。

假设节点 D 出现了故障，那么节点 D 就不能够被标记为可读取节点了，所以我们只能选 Y 的另一个子节点 F 加入读候选中。如果 Y 有两个孩子节点都发生了故障，那么节点 Y 不能被标记为可读取节点，我们就只能回溯，并尝试将节点 Z 标记为可读取节点来代替 Y。

作为一个练习，我们建议读者列出基于其他 r_i 和 w_i 的组合生成的读候选集。例如，尝试一下基于 $r_1 = 1$、$w_1 = 3$、$r_2 = 2$、$w_2 = 2$。

注意，读候选里面只包含 4 个副本。与之相似，我们也可以生成一个有 4 个副本的写候选。如果我们尝试用每个节点一票的非层次化方法，那么读候选和写候选要满足 $r + w > 9$ 与 $w > 9/2$，即写候选的大小要大于或等于 5，而在这种基于树的方法中，写候选的大小为 4。

给定每个读候选和写候选、网络的拓扑结构，以及节点与连接发生故障的概率之后，我们可以对每组指定的 r_i 和 w_i，列出读候选集和写候选集在任意给定系统中存在的概率。

那么，如何证明这个方法在实际场景中是可行的呢？我们可以通过证明每个可能的读候选和每个可能的写候选都有交集。这个证明并不难，我们留给读者作为练习。

3.3.3　主备方法

另一个管理数据副本的方法是主备方法。这种方法中，其中一个节点会被指定为主节点，所有的访存都需要经过主节点。其他的节点会被设置为备份节点。在通常的操作中，所有对主节点的写入都会复制到正常工作的备份节点中。如果主节点发生了故障，系统将会选择一个备份节点成为新的主节点。

看一下这种方案的细节。我们首先描述在无故障的情况下这个方案是如何运作的。所有用户（即客户端-服务器场景下的客户端）发来的请求都会发送给主节点。主节点会将这一请求传递给所有的备份节点，等待收到所有备份节点的确认之后，主节点最终完成用户的请求。

所有客户端的请求必须经过主节点，主节点会连续接收请求并决定处理请求的顺序。所有来自主节点的消息都进行了编号，所以备份节点能够按照发送顺序处理这些消息。这一点是非常重要的，因为更改请求的处理顺序会导致系统进入不正确的状态。

示例　主节点收到了一个请求 R_d，其内容是向 Smith 先生的银行账户中汇款 1000 美元。接下来的一个请求是 R_t，内容是再从他的账户中转出 500 美元。他的银行账户中一开始有 300 美元。

假设主节点先收到 R_d 然后收到 R_t。它将依次把这两个消息转发给备份节点。假设备份节点 B_1 首先收到了 R_d，然后是 R_t。那么 B_1 可以按相同的顺序处理这两个请求，最后 Smith 先生的账户中的余额为 800 美元。现在，假设节点 B_2 首先收到的是 R_t，然后才是 R_d。那么将无法执行 R_t，因为 Smith 先生的账户余额不足。因此，B_2 节点会拒绝用户请求，这将会导致 B_1 和 B_2 不再保持一致。

遵循这一方案，我们可以发现在系统中不出现故障的时候，所有的副本是完全一致的。现在我们要考虑系统出现故障的情况。这里我们仅限于讨论 "fail-stop" 型的故障，即故障会直接导致节点保持静默。拜占庭故障（节点能够发送虚假消息并且能够对数据副本进行任意操作）则不在讨论的范围内。

首先我们考虑网络故障。如果系统因为故障使得网络不再是连通的，那么只有仍和主节点间有路径的节点才能够参与这个算法，其他的所有节点都需要在网络恢复后重新进行初始化。

其次，我们考虑网络中的消息丢失。这一点可以使用合适的通信算法来解决，比如重复发送消息，直到收到对方的确认消息为止。因此，我们假设，一旦发送了一个信息，那么这条信息一定可以被成功接收，除非节点发生了故障。

再次，我们考虑节点故障。假设有一个备份节点发生了故障，并且不再回复确认消息。因为主节点需要等待收到其他所有节点的确认才能继续工作，所以有一个备份节点发生了故障，会导致主节点可能永远等待下去。这个问题是很容易解决的，通过引入一个超时机制，一旦主节点在指定的时间内没有收到某个备份节点的响应，就认为这个备份节点发生了故障，并且将这个节点从备份组中移除。显然，超时机制的设置需要依据组内互联网络的延迟和节点的处理速度来制定。

最后，我们考虑主节点发生故障的情况，看看将会怎样影响对某个请求 R 的处理。解决这个问题的复杂程度主要取决于主节点在何时发生故障。如果主节点在给备份节点转发消息之前发生了故障，那么系统中不会出现一致性问题，我们只需要将其中一个备份节点指定为新的主节点即可。这可以通过给主节点和所有备份节点赋予永久编号来实现，系统可以始终选择编号最小的那个节点作为主节点。

如果主节点在给所有备份节点都转发过当前消息之后发生了故障，那么系统依然不会出现一致性问题，因为所有的备份节点都收到了同样的请求 R。我们只需要指定一个备份节点作为新的主节点即可。

另外一种情况是最复杂的，即主节点发生故障的时候，已经把信息转发给了一部分备份节点，但还未转发给其余备份节点。显然，这种情况下，我们需要对系统进行纠正来维持所有副本之间的一致性。这种情况略微有些复杂，我们需要引入分组视图（group view）的概念。在一开始，主节点和所有备份节点都正常运转且保持一致性的时候，分组视图中包含所有的副本。组内的每个成员都能够获知这个分组视图。换言之，每个备份节点都知道会收到主节点转发的请求的其他所有备份。我们称这个初始分组视图为 G_0。在任意一个时间点，系统中都会维护一个当前分组视图，随着节点不断故障和恢复而不断对其进行修改，接下来我们会详细描述这个过程。

备份节点接收的消息将被分类为稳定的（stable）和不稳定的（unstable）。一个稳定的消息是指被当前分组视图中的所有备份节点确认过的消息。在收到确认消息之前，默认消息都是不稳定的。

假设备份节点 B_i 检测到主节点发生了故障（我们会在后面分析这种故障是如何被检测到的），那么节点 B_i 会给当前分组视图内的其他节点发送消息，告知它发现了这一故障。接下来，系统将会把当前主节点排除在外，建立一个新的分组视图，并指定一个新的主节点。

在每个节点加入新的分组视图之前，它会把自身缓冲区内所有的不稳定消息发送给旧分组视图中的其他成员。接着发送一个结束（end-of-stream）消息，示意自身的所有不稳定消息都已经发送完毕。当收到新的分组视图中每个节点对这些消息的确认后，它才能够假设新的分组视图已经建立完成。

如果在这个过程中，又有一个节点发生了故障，情况会如何呢？这会导致某些节点始终等待某个永远不能收到的确认消息。可以通过超时机制解决这个问题，将超时仍未收到其确认消息的节点判断为故障节点，并且重复建立一个新的分组视图。

上述过程给我们留下了一个问题，就是主节点故障是如何被发现的？实际上，可以通过很多方法发现。例如，我们可以让每个节点都诊断其他节点，我们也可以要求主节点至少每隔 T 秒就广播一条消息（"我还活着"）。如果主节点没有按时发送广播消息，就可以认为主节点发生了故障。

我们需要注意的是这个过程是允许节点恢复的。发生故障的节点需要将它的数据恢复得和当前分组视图中的节点完全一致，然后发送消息通知当前分组视图，告知自身已经准备就绪。然后，组内所有的节点将进行分组视图变换，形成新的当前分组视图，重新接纳这个回归的节点。

最后，我们简要分析一下拜占庭故障。拜占庭故障处理起来要比 "fail-stop" 型故障复杂得多。一种处理客户端/服务器框架下的拜占庭故障的方法是 Castro-Liskov 算法。这里我们简要介绍一下这个算法。如果读者想了解这个算法的细节，以及其有效性的证明，可以在 3.5 节中获得一些参考资料。

在 Castro-Liskov 算法中，假设有一个初始的主服务器节点和额外的一些副本节点，每个节点都模型化为一个有限状态机。只要每个副本节点都按照同样的顺序完成同样的操作，它们的状态就是一致的。这必须在面对多达 m 个恶意故障节点的情况下进行，而且这些故障节点可以发送虚假的信息。

客户端会向所有的副本节点发送请求，主服务器节点需要给请求进行编号，以确保所有的副本节点按照相同的顺序处理这些请求。这里使用签名和消息摘要来防止恶意事件的破坏。一个被签名的消息能够确保这条消息的发送者确实是真实的发送者，而不是一个欺骗者。消息摘要是消息 r 的一个映射 $D(r)$。如果想找到另一个消息 r'，使得 $D(r) = D(r')$，则这在计算上是不可行的。这就使得消息的接收者能够检查消息（如客户端的请求）是否在传输过程中被篡改了。

副本节点按照编号的顺序处理请求。在提交任何状态更新（如一个请求的完成操作）之前，系统内会进行多轮通信，以确保即使有 m 个恶意节点发出虚假的信息，非故障节点也会是一致且正确的。与之前类似，如果一个节点发现主节点沉默的时间过长，或者怀疑主节点已经发生了故障，那么它将发起新的一轮信息交换，任命另一个节点作为主节点。同样地，这一轮信息交换也是为了防止由恶意节点造成的主节点更改。

检查点（checkpoint）技术有时也用于保存系统状态，设置检查点后会进行垃圾收集，可以避免检查点对存储空间的过度消耗，详见第 6 章。

3.4 基于算法的容错

基于算法的容错（algorithm-based fault tolerance，ABFT）是一种通过数据冗余提供故障检测和诊断的方法。在这种方法中，数据冗余不是在硬件层面或者操作系统层面实现的，而是在应用软件层实现的，因此它的具体实现方式在各种应用类型之间往往并不相同。在大规模的数据阵列上应用数据冗余要比在许多独立的标量上应用冗余更为高效。因此，ABFT 技术面向的对象主要是基于矩阵的算法和信号处理类的应用，如矩阵乘法、矩阵求逆、LU 分解，快速傅里叶变换等。我们将通过 ABFT 在基础矩阵操作上的应用来详解这种方法。

矩阵运算中的数据冗余通过一个校验和编码来实现，给定一个 $n \times m$ 的矩阵 A，我们可以定义它的列校验和矩阵（column checksum matrix）A_C 如下：

$$A_C = \begin{bmatrix} A \\ eA \end{bmatrix}$$

其中 $e = [11 \cdots 1]$ 是一个包含 n 个 1 的行向量。换句话讲，A_C 最后一行元素是矩阵 A 对应列的校验和。与之类似，我们可以定义行校验和矩阵（row checksum matrix）A_R 为：

$$A_R = \begin{bmatrix} A & Af \end{bmatrix}$$

其中 $f = [11 \cdots 1]^T$ 是包含 m 个 1 的列向量。最后，一个 $(n+1) \times (m+1)$ 的完全校验和矩阵（full checksum matrix）A_F 可以定义为：

$$A_F = \begin{bmatrix} A & Af \\ eA & eAf \end{bmatrix}$$

基于 3.1 节的讨论，我们可以很明显地看出列校验和矩阵与行校验和矩阵分别可以用来检测矩阵 A 在任意一列或任意一行里发生的故障，而完全校验和矩阵可以用来定位矩阵 A 中出错的单个元素。如果事前计算的校验和是精确的（没有发生数据溢出），那么在确定发生故障的元素位置之后，我们也可以纠正这个故障。

上述列、行与完全校验和矩阵可以用来检测并纠正多种矩阵运算中的错误。例如，我们可以将矩阵加法 $A + B = C$ 替换为 $A_C + B_C = C_C$，或者 $A_R + B_R = C_R$，再或者 $A_F + B_F = C_F$。类似地，我们也可以将乘法 $AB = C$ 替换为 $AB_R = C_R$，或者 $A_C B = C_C$，再或者 $A_C B_R = C_F$。

在仅使用列校验和矩阵或者行校验和矩阵，而没有使用完全校验和矩阵的前提下，可以通过在每个列或者行引入第二个校验和来定位并纠正错误。得到的矩阵如下所示，分别称为列、行和全加权矩阵：

$$A_C = \begin{bmatrix} A \\ eA \\ e_w A \end{bmatrix} \quad A_R = \begin{bmatrix} A & Af & Af_w \end{bmatrix} \text{ 和 } A_F = \begin{bmatrix} A & Af & Af_w \\ eA & eAf & eAf_w \\ e_w A & e_w Af & e_w Af_w \end{bmatrix},$$

其中 $e_w = [12 \cdots 2^{n-1}]$，$f_w = [12 \cdots 2^{m-1}]^T$。

这种加权校验和编码（weighted-checksum code，WCC）可以在只对原矩阵添加两行或者两列的前提下，纠正单个错误。例如，假设我们使用的是 A_C，并且在第 j 列检测到了一个故障，用 WCS1 和 WCS2 分别表示第 j 列中未加权的校验和 eA 与加权校验和 $e_w A$。我们可以计算未加权校验和 $S_1 = \sum_{i=1}^{n} a_{i,j} - \text{WCS1}$ 与加权校验和 $S_2 = \sum_{i=1}^{n} 2^{i-1} a_{i,j} - \text{WCS2}$ 中的误差。如果两

个校验子 S_1 和 S_2 中只有一个是非零的，那么是对应的校验和是错误的；如果两个校验子 S_1 和 S_2 都是非零的，那么 $S_2/S_1 = 2^{k-1}$ 表示元素 $a_{k,j}$ 是错误的，可以通过计算 $a'_{k,j} = a_{k,j} - S_1$ 来纠正。

也可以进一步地扩展加权校验和编码来增强故障检测和纠正的能力，通过利用形如 $e_{w_d} = [1^{d-1}2^{d-1}\cdots(2^{n-1})^{d-1}]$ 和 $f_{w_d} = [1^{d-1}2^{d-1}\cdots(2^{m-1})^{d-1}]^T$ 的向量产生额外的行或列。注意，当 $d=1$ 和 $d=2$ 时，得到的就是上述的非加权与加权校验和。如果同时应用所有权重（$d=1$，$2,\cdots,v$），得到的校验码的海明距离是 $v+1$，能够检测最多 v 个错误，同时纠正 $\lfloor v/2 \rfloor$ 个错误。此处我们仅关注 $v=2$ 的情况。

对于较大的 n 和 m，非加权校验和与加权校验和都会变得很大而导致溢出。对于非加权校验和，我们可以通过二进制补码运算并丢弃数据溢出来实现单精度校验和。丢弃数据溢出实际上是对计算的结果模 2^l 取余，其中 l 是字长。如果矩阵 A 中只有一个元素出错，则它的误差不会超过 2^l-1，所以模 2^l 取余下的单精度校验和仍然可以计算出正确的校验子 S_1。

使用权重为 $[12\cdots2^{m-1}]$ 的加权校验和一般需要比 l 更多的位。我们可以使用更小的权重值来取代原来的权重，使最终加权校验和的最大值变小。例如，我们可以使用 $[12\cdots n]$ 来代替 $[12\cdots2^{n-1}]$。对于这组权重来说，如果校验子 S_1 和 S_2 都是非零的，那么 $S_2/S_1 = k$ 表示元素 $a_{k,j}$ 是错误的，也同样可以通过计算 $a'_{k,j} = a_{k,j} - S_1$ 来纠正。

如果在矩阵操作中使用的是浮点数运算，情况会更为复杂。浮点数操作中可能会存在舍入误差，导致即使矩阵运算中没有出现任何错误，但是校验子 S_1 还是非零的。因此，我们需要设置一个误差界 δ，并将 $S_1 < \delta$ 看作无故障的情况。δ 的合理取值主要取决于数据的类型、计算的类型和矩阵的大小。过小的 δ 会使得舍入误差被错误地判断为故障，并引发错误的报警，但过大的 δ 可能会降低故障检测的准确率。一种解决这个问题的方法是将矩阵分解为几个子矩阵，并对每个子矩阵分别进行校验。因为子矩阵的规模更小，所以选取 δ 的过程也会简单得多，让我们能够更容易地在错误报警率和故障检测准确率之间做出权衡。将矩阵分解为子矩阵会略微增加计算的复杂度，但是也能够提供检测多个故障的能力，即使我们仅使用了非加权校验和与加权校验和两种校验方法。

3.5　延伸阅读

在编码理论领域有许多教材可以参考，比如文献［10-14，25，27，30，40，42，44，46，51-53，60，64，65，67］。关于循环码的一些细节可以参考文献［10，12，14，27，40，42，44，46，51-53，56，60，64，65］。一些网站上也有对多种不同的编码及其一些软件实现的讲解，如文献［36，47，68］。算术编码可以参考文献［3，4，35，55］。单向错检测码可以查阅文献［15，56］。资料［59，61］中介绍了剩余码的一些细节。

低密度奇偶校验码（LDPC）由 Gallager 在文献［21］中提出。在一开始，这种编码庞大的计算开销使其没有受到重视。但是现在，随着处理器的计算速度越来越快，这种编码也开始进入产业化应用，尤其是在闪存中。［66］等文献也着重介绍了闪存中的软判决方法。文献［58］研究了非正则 LDPC，不过这种编码在本书中并没有提及。文献［45］是一篇很好的指导性学习材料。在本书的介绍中，我们省略了关于编码方法的一些讨论，否则在编码这一章我们将会浪费大量的篇幅。如果读者想要了解编码技术的细节，请查阅文献［45］。文献［45］中还包含了对 Turbo 码的介绍，这种编码我们在本书中也没有提及。

计算机系统结构方面的很多教材都介绍了 RAID 技术，读者也可以参考文献［17，28，50］等文献。文献［7，39］中介绍了面向固态硬盘的 RAID 技术和差分 RAID 方法。对于层次化 RAID 技术的深入讲解可以参考文献 [5, 38]。

　　文献 [33] 是关于表决算法的一个很好的参考资料。在文献 [23] 和文献 [63] 中可以查阅这一领域内的一些早期成果。一些更深入的关键研究成果可以参考文献 [9, 22]。文献 [37] 中描述了层次化表决机制。文献 [54] 中深入地讨论了消息冗余和数据可用性之间的权衡，文献 [26, 31, 32] 描述了动态表决机制，文献 [1, 43] 主要讨论了当服务器陷入拜占庭故障时的候选集机制。文献 [49] 中分析了候选集方法的开销和其可用性之间的矛盾。文献 [6] 讨论了一种部分候选集机制。文献 [20, 24, 33, 48, 62] 中研究了数据副本管理中的主备方法。这些参考文献也提及了另外一种方法，这种方法并非只将一个节点设置为主节点，而是每个备份节点都可以处理客户的请求，这种方法称为主动备份（active replication）或者状态机方法（state-machine approach）。

　　文献 [29] 中首次发表了基于算法的容错方法，并在文献 [8, 16, 18, 19, 34] 中进行了一些深入的研究。文献 [2, 41] 中提出了校验和编码的权值可调整技术，文献 [57, 69] 把这种方法推广到了浮点数运算中。文献 [35] 涉及了一些关于浮点数操作中舍入误差的讨论。

3.6　练习题

1. 证明：存在至多 28 个 8 位二进制数，其中任意两个数之间的海明距离至少为 3。

2. 对于一个 n 位数和一位奇偶校验位（共 $n+1$ 位），如果在这 $n+1$ 位数中添加第二个奇偶校验位，故障检测能力将会发生怎样的变化？

3. 证明：M-of-N 编码的海明距离是 2。

4. 考虑以下两种数据位长度为 64 的奇偶校验编码：（1）(72,64) 海明码；（2）每个字节添加一位奇偶校验位。这两种编码都需要 8 位校验位。请比较它们的检错与纠错能力和预期的开销，并且列出这两种编码能够检测出的多位错误类型。

5. 请设计一种编码，使其能够检测所有的单向错误，当且仅当它的任意两个码字之间不是有序的。（对两个 N 位数 X 和 Y，如果对任意 $i \in \{1, 2, \cdots, N\}$，都有 $x_i \geq y_i$ 或者 $x_i \leq y_i$，则我们称它们是有序的。）

6. 现在有一个通信信道，其有 10^{-3} 的概率会传输一个错误的位。信道的数据传输速率为 12 000 bps。每个数据包有 240 位的信息，32 位用于错误检测的 CRC，以及 0 位、8 位或 16 位的 ECC。假设添加 8 位的 ECC 可以检测所有的 1 位错误，添加 16 位的 ECC 可以检测所有的 2 位错误，那么：

   a) 假设系统能够检测出发生错误的数据包，并采用重传的方案（即不进行纠错），求该信道的吞吐率，用每秒钟传输的信息位数表示。

   b) 求出使用 8 位 ECC 纠正 1 位错误，并对无法纠正错误的数据包进行重传时，该信道的吞吐率。

   c) 求出使用 16 位 ECC 纠正 2 位错误，并对无法纠正错误的数据包进行重传时，该信道的吞吐率。你是否建议将 ECC 的数量从 8 位提高到 16 位？

7. 推导所有基于多项式 $X+1$ 可以生成的 5 位可分循环码的码字，并且将它们和不可分编码的码字相比较。

8. a) 证明：若循环码的生成多项式 $G(X)$ 包含多项，那么所有 1 位错误都可以被检测到。

   b) 证明：若 $G(X)$ 的其中一个因式有三项，那么所有的 2 位错误都可以被检测到。

   c) 证明：若 $G(X)$ 的其中一个因式为 $X+1$，那么所有的奇数位错误都可以被检测到，即如果 $E(X)$ 中包含奇数个项（或错误），那么 $E(X)$ 的因式中一定不包含 $X+1$。同时证明 CRC-16 和 CRC-CCITT 都含有因子 $X+1$。说明这些循环码的检错能力。

9. 已知 $X^7 - 1 = (X+1) g_1(X) g_2(X)$，其中 $g_1(X) = X^3 + X + 1$。

   a) 计算 $g_2(X)$。

   b) 找出所有由 $X^7 - 1$ 生成的 $(7, k)$ 循环码，这种类型的循环码总计有多少？

   c) 找出由 $g_1(X)$ 生成的所有码字，以及它们对应的数据字。

10. 已知一个数 X 和它模 3 的余数 $C(X) = |X|_3$，当 X 左移一位的时候，如果被移出的位是 0，X 的余数会怎样变化？如果被移出的位是 1 呢？请将 $X = 01101$ 左移五次并验证你的想法。

11. 请考虑和软决策相关的一种情形：每个位是 1 或者是 0 的概率是确定的。基于此，证明对 B_1、B_2 两个位，有如下公式：

$$2\mathrm{Prob}(B_1 \oplus B_2 = 0) - 1 = (2\mathrm{Prob}(B_1 = 1) - 1)(2\mathrm{Prob}(B_2 = 1) - 1)$$

并证明上述公式可以扩展为：

$$2\mathrm{Prob}(B_1 \oplus B_2 \oplus \cdots \oplus B_m = 0) = \prod_{l=1}^{m}(2\mathrm{Prob}(B_l = 1) - 1)$$

12. 证明：通过模数 $A = 2^a - 1$ 生成的剩余码能够检测所有 $a-1$ 位以内的相连错误。这种错误通常被称为长度为 $a-1$（或更短）的突发错误（burst error），常见于将操作数左移或右移若干位的时候。

13. 现在有一个 RAID 1 系统，系统中每块磁盘发生故障的失效率为常数 λ。磁盘的恢复时间服从参数为恢复率 μ 的指数分布。假设该系统处于地震带，发生能够摧毁建筑的地震的事件服从强度为 λ_e 的泊松过程。当整栋建筑被摧毁时，整个 RAID 系统也会毁坏。请对这样一个系统建立一个数据丢失概率关于时间的函数。假设地震平均 50 年发生一次，参数分别为 $1/\lambda = 500\,000$ h，$1/\mu = 1$ h。

14. 对于一个有 d 块数据盘，1 块校验盘的 RAID 3 系统，当 d 增加时，系统的额外开销会相对减少，但是可靠性也会降低。请提供一个度量成本和有效性的方法，并求出最大化该度量的 d。

15. 给定一个 RAID 5 系统，其由 $d+1$ 个磁盘列和 8 个 RAID 组正交构成，请对 d 从 4 到 10 的不同取值，计算系统的 MTTDL。假设单个磁盘的恢复时间和一个磁盘列的恢复时间分别服从参数为 μ_1 和 μ_2 的指数分布（恢复率 μ_1 和 μ_2 分别为 1/h 和 3/h），单个磁盘的失效率和一个磁盘列的失效率分别为 10^{-6}/h 和 $5 \cdot 10^{-6}$/h。

16. 请推导图 3-31A 所示网络的可靠度和可用度的表达式，其中 $(r,w) = (3,3)$，所有节点构成一个非层次化组织，并且给每个节点都分配一票。在这种情况下，只要 5 个节点中有 3 个节点正常工作，读操作和写操作就都可以正常进行。假设每个节点发生故障的概率服从强度为 λ 的泊松过程，而节点之间的连接不会发生故障。当一个节点发生故障时，它会恢复并加载最新的数据，恢复时间是一个随机变量，服从均值为 $1/\mu$ 的指数分布。请使用马尔可夫链模型（详见第 2 章）分别推导图 3-35A 和图 3-35B 中系统的可靠度和可用度，图中的数字是发生故障的节点数量。

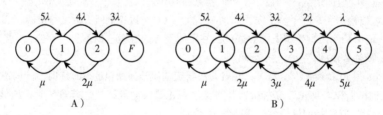

图 3-35   第 16 题的两个马尔可夫链，$(r,w) = (3,3)$。A）可靠度。B）可用度

17. 在图 3-35 所示的马尔可夫链里面，节点恢复的时间服从指数分布。如果恢复时间是一个固定的、确定的值，这个模型将会有怎样的变化？

18. 对第 16 题中的模型，假设 $\lambda = 10^{-3}$，$\mu = 1$。计算针对下列参数组合的可靠度和可用度：$(r,w) = (3,3)$，$(2,4)$，$(1,5)$。

19. 对图 3-36 所示的例子，图中四个节点的可用度为 1，而连接的可用度如图所示。请使用启发式方法 2 为这四个节点分配票数；写出 w 的所有可能取值以及对应 r 的最小值，并计算出所有可能的 (r,w) 组合的可用度。本题假设读操作出现的频率是

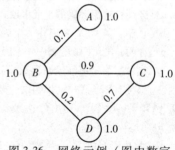

图 3-36   网络示例（图中数字表示可用度）

写操作的 2 倍。

20. 证明：在 3.3.2 节所介绍的启发式候选集生成方法中，每个可能的读候选和每个可能的写候选的交集至少包含一个节点。

21. 考虑图 3-34 中的树，如果叶子节点发生故障的概率是 p，请推导系统中存在读候选集和写候选集的概率。本题假设 $r_1 = r_2 = w_1 = w_2 = 2$，并且第 0 层和第 1 层的节点不会发生故障。

22. 请说明在下面这个矩阵数乘的例子中，矩阵的校验和是怎样检测并纠正故障的。假设有一个 3×3 的矩阵：

$$A = \begin{bmatrix} 1 & 2 & 3 \\ 4 & 5 & 6 \\ 7 & 8 & 9 \end{bmatrix}$$

请给出它的列加权校验和矩阵 A_C，假设在 A_C 和 2 的相乘过程中出现了一个错误导致有了如下的输出：

$$2A = \begin{bmatrix} 2 & 4 & 6 \\ 8 & 10 & 12 \\ 14 & 17 & 18 \end{bmatrix}$$

参考文献

[1] L. Alvisi, D. Malkhi, E. Pierce, M.K. Reiter, R.N. Wright, Dynamic byzantine quorum systems, in: International Conference on Dependable Systems and Networks (DSN '00), 2000, pp. 283–292.

[2] C.J. Anfinson, F.T. Luk, A linear algebraic model of algorithm-based fault tolerance, IEEE Transactions on Computers C-37 (December 1988) 1599–1604.

[3] A. Avizienis, Arithmetic error codes: cost and effectiveness studies for application in digital system design, IEEE Transactions on Computers C-20 (November 1971) 1322–1331.

[4] A. Avizienis, Arithmetic algorithms for error-coded operands, IEEE Transactions on Computers C-22 (June 1973) 567–572.

[5] S.H. Baek, B.W. Kim, E.J. Joung, C.W. Park, Reliability and performance of hierarchical RAID with multiple controllers, in: ACM Symposium on Principles of Distributed Computing, 2001, pp. 246–254.

[6] P. Bailis, S. Venkataraman, M.J. Franklin, J.M. Hellerstein, I. Stoica, Probabilistically bounded staleness for practical partial quorums, Proceedings of the VLDB Endowment 5 (8) (2012) 776–787.

[7] M. Balakrishnan, A. Kadav, V. Prabhakaran, D. Malkhi, Differential RAID: rethinking raid for SSD reliability, ACM Transactions on Storage 6 (2) (2010) 4.

[8] P. Banerjee, J.A. Abraham, Bounds on algorithm-based fault tolerance in multiple processor systems, IEEE Transactions on Computers C-35 (April 1986) 296–306.

[9] D. Barbara, H. Garcia-Molina, The reliability of voting mechanisms, IEEE Transactions on Computers C-36 (October 1987) 1197–1208.

[10] J. Baylis, Error-Correcting Codes, Chapman and Hall, 1998.

[11] E. Berlekamp (Ed.), Key Papers in the Development of Coding Theory, IEEE Press, 1974.

[12] E. Berlekamp, Algebraic Coding Theory, 2nd edition, Aegean Park Press, 1984.

[13] R. Blahut, Theory and Practice of Error Control Codes, Addison-Wesley, Reading, 1983.

[14] R. Blahut, Algebraic Codes for Data Transmission, Cambridge University Press, 2003.

[15] B. Bose, D.J. Lin, Systematic unidirectional error-detecting codes, IEEE Transactions on Computers C-34 (November 1985) 1026–1032.

[16] G. Bosilca, R. Delmas, J. Dongarra, J. Langou, Algorithm-based fault tolerance applied to high performance computing, Journal of Parallel and Distributed Computing 69 (4) (2009) 410–416.

[17] P.M. Chen, E.K. Lee, G.A. Gibson, R.H. Katz, D.A. Patterson, RAID: high-performance, reliable secondary storage, ACM Computing Surveys 26 (1994) 145–185.

[18] Z. Chen, J. Dongarra, Algorithm-based fault tolerance for fail-stop failures, IEEE Transactions on Parallel and Distributed Systems 19 (12) (2008) 1628–1641.

[19] Z. Chen, Online-ABFT: an online algorithm based fault tolerance scheme for soft error detection in iterative methods, ACM SIGPLAN Notices 48 (8) (2013) 167–176.

[20] A. Cherif, T. Katayama, Replica management for fault-tolerant systems, IEEE MICRO 18 (1998) 54–65.

[21] R. Gallager, Low-density parity-check codes, I.R.E. Transactions on Information Theory 8 (1) (1962) 21–28.

[22] H. Garcia-Molina, D. Barbara, How to assign votes in a distributed system, Journal of the ACM 32 (October 1985) 841–860.

[23] D.K. Gifford, Weighted voting for replicated data, in: Seventh ACM Symposium on Operating Systems, 1979, pp. 150–162.

[24] R. Guerraoui, A. Schiper, Software-based replication for fault tolerance, IEEE Computer 30 (April 1997) 68–74.

[25] R. Hamming, Coding and Information Theory, Prentice-Hall, 1980.

[26] M. Herlihy, Dynamic quorum adjustment for partitioned data, ACM Transactions on Database Systems 12 (1987).

[27] R. Hill, A First Course in Coding Theory, Oxford University Press, 1986.

[28] M. Holland, G.A. Gibson, D.P. Siewiorek, Architectures and algorithms for online failure recovery in redundant disk arrays, Distributed and Parallel Databases 2 (July 1994) 295–335.

[29] K.-H. Huang, J.A. Abraham, Algorithm-based fault tolerance for matrix operations, IEEE Transactions on Computers 33 (June 1984) 518–528.

[30] C.W. Huffman, V. Pless, Fundamentals of Error-Correcting Codes, Cambridge University Press, 2003.

[31] S. Jajodia, D. Mutchler, Dynamic voting, in: ACM SIGMOD International Conference on Management of Data, 1987, pp. 227–238.

[32] S. Jajodia, D. Mutchler, Dynamic voting algorithms for maintaining the consistency of a replicated database, ACM Transactions on Database Systems 15 (June 1990) 230–280.

[33] P. Jalote, Fault Tolerance in Distributed Systems, Prentice-Hall, 1994.

[34] J.Y. Jou, J.A. Abraham, Fault tolerant matrix arithmetic and signal processing on highly concurrent computing structures, Proceedings of the IEEE 74 (May 1986) 732–741.

[35] I. Koren, Computer Arithmetic Algorithms, A. K. Peters, 2002.

[36] I. Koren, Fault tolerant computing simulator, http://www.ecs.umass.edu/ece/koren/FaultTolerantSystems/simulator/.

[37] A. Kumar, Hierarchical quorum consensus: a new algorithm for managing replicated data, IEEE Transactions on Computers 40 (September 1991) 996–1004.

[38] J. Layton, Intro to nested-RAID: RAID01 and RAID10, Linux Magazine (2011).

[39] Y. Li, P.P. Lee, J.C. Lui, Stochastic analysis on RAID reliability for solid-state drives, in: IEEE 32nd International Symposium on Reliable Distributed Systems, 2013, pp. 71–80.

[40] S. Lin, D.J. Costello, Error Control Coding: Fundamentals and Applications, Prentice-Hall, 1983.

[41] F.T. Luk, H. Park, An analysis of algorithm-based fault tolerance techniques, Journal of Parallel and Distributed Computing 5 (1988) 172–184.

[42] F. MacWilliams, N. Sloane, The Theory of Error-Correcting Codes, North-Holland, 1977.

[43] D. Malkhi, M. Reiter, Byzantine Quorum Systems, Distributed Computing 11 (1998) 203–213.

[44] R. McEliece, The Theory of Information and Coding, 2nd edition, Cambridge University Press, 2002.

[45] S.J. Johnson, Iterative Error Correction: Turbo, Low-Density Parity-Check and Repeat-Accumulate Codes, Cambridge University Press, 2009.

[46] R.H. Morelos-Zaragoza, The Art of Error Correcting Coding, Wiley & Sons, 2002.

[47] R. Morelos-Zaragoza, The error correcting codes (ECC) home page, http://www.eccpage.com/.

[48] S. Mullender (Ed.), Distributed Systems, Addison-Wesley, 1993.

[49] M. Naor, A. Wool, The load, capacity, and availability of quorum systems, SIAM Journal on Computing 27 (1998) 423–447.

[50] D.A. Patterson, G.A. Gibson, R.H. Katz, A case for redundant arrays of inexpensive disks, in: International Conference on Management of Data, 1988, pp. 109–116.

[51] W. Peterson, E. Weldon, Error-Correcting Codes, 2nd edition, MIT Press, 1972.

[52] V. Pless, Introduction to the Theory of Error-Correcting Codes, 3rd edition, Wiley, 1998.

[53] O. Pretzel, Error-Correcting Codes and Finite Fields, Oxford University Press, 1992.

[54] S. Rangarajan, S. Setia, S.K. Tripathi, A fault tolerant algorithm for replicated data management, IEEE Transactions on Parallel and Distributed Systems 6 (December 1995) 1271–1282.

[55] T.R.N. Rao, Bi-residue error-correcting codes for computer arithmetic, IEEE Transactions on Computers C-19 (May 1970) 398–402.

[56] T.R.N. Rao, E. Fujiwara, Error-Control Coding for Computer Systems, Prentice-Hall, 1989.

[57] J. Rexford, N.K. Jha, Partitioned encoding schemes for algorithm-based fault tolerance in massively parallel systems, IEEE Transactions on Parallel and Distributed Systems 5 (June 1994) 649–653.

[58] T.J. Richardson, M.A. Shokrollahi, R.L. Urbanke, Design of capacity-approaching irregular low-density parity-check codes, IEEE Transactions on Information Theory 47 (2) (2001) 619–637.

[59] M.A. Soderstrand, W.K. Jenkins, G.A. Jullien, F.J. Taylor, Residue Number System Arithmetic Modern Application in Digital Signal Processing, IEEE Press, 1986.

[60] P. Sweeney, Error Control Coding: From Theory to Practice, Wiley, 2002.

[61] N.S. Szabo, R.I. Tanaka, Residue Arithmetic and Its Application to Computer Technology, McGraw-Hill, 1967.

[62] A.S. Tanenbaum, M. van Steen, Distributed Systems: Principles and Paradigms, Prentice-Hall, 2002.

[63] R.H. Thomas, A majority consensus approach to concurrency control for multiple copy databases, ACM Transactions on Database Systems 4 (June 1979) 180–209.

[64] L. Vermani, Elements of Algebraic Coding Theory, Chapman and Hall, 1996.

[65] A. Viterbi, J. Omura, Principles of Digital Communication and Coding, McGraw Hill, 1979.

[66] J. Wang, T. Courtade, H. Shankar, R.D. Wesel, Soft information for LDPC decoding in flash: mutual-information optimized quantization, in: IEEE GLOBECOM, 2011, pp. 1–6.
[67] D. Welsh, Codes and Cryptography, Oxford University Press, 1988.
[68] R. Williams, A painless guide to CRC error detection algorithms, http://www.ross.net/crc/crcpaper.html.
[69] S. Yajnik, N.K. Jha, Graceful degradation in algorithm-based fault tolerance multiprocessor systems, IEEE Transactions on Parallel and Distributed Systems 8 (February 1997) 137–153.

容错网络

互连网络（interconnection network）在今天得到了广泛的应用。最简单的例子是共享内存多处理器系统在内存模块中进行读写操作时，使用的连接处理器和内存模块的网络。另一个例子是分布式系统中连接处理器（通常有自己的本地内存）的网络，当处理器共同执行一些应用程序时，这种网络基于消息传递机制实现处理器之间的通信。在这两种类型的互连网络中，各个组件（处理器和内存）通过一系列连接和交换开关相连，一个交换开关允许一个给定的组件与其他几个组件进行通信，而不需要与每个组件有单独的连接。

再一个类型的网络，称为广域网，用来连接独立运行的大规模处理器组（通常执行不同的、不相关的应用程序），使它们能够共享各种类型的信息。在这样的网络中，经常使用术语*数据包*来代替消息（一个消息可能由几个包组成，每个包独立地在网络中传输），这种网络中包含更复杂的交换开关，称为路由器。这种网络最著名的例子就是因特网。

网络的连接和交换开关在消息的发送者（源节点）和接收者（目的节点）之间建立了一条或多条路径。这些连接和交换开关可以是单向的，也可以是双向的。根据网络的具体组织或拓扑结构，可能给定源节点和给定目的节点之间只有单条路径，在这种情况下，沿路径的连接或交换开关的任何故障都将断开源节点-目的节点对。因此，网络中的容错主要是通过构建连接源节点和目的节点的多条路径，以及使用备用单元替换故障单元来实现的。

在许多现有的网络拓扑结构中，部分或全部的源节点和目的节点之间都存在多条路径，我们需要评估这种路径冗余所能提供的故障容忍能力（弹性），以及随着系统的运行，网络中故障的不断积累导致的网络功能的退化。

在本章，我们首先介绍了网络弹性（容错能力）的几种评测方法。然后，我们会讨论分布式和并行计算中使用的几种著名的网络拓扑结构，分析它们在故障情况下的系统弹性，并说明提高它们容错能力的方法。在本章中，我们只讨论用于并行和分布式计算机系统（包括片上网络），以及感知网的网络。网络容错领域涵盖的范围很广，我们在本章只介绍一部分。进一步阅读的指南可以在本章最后找到。

在广域网领域有大量关于自适应路由和丢失数据包恢复的文献，关于这些材料，读者可以查阅关于计算机网络的书籍。

4.1 网络弹性评测

为了量化一个网络对节点和连接故障的弹性及其退化情况，我们需要一些评测指标。本节将介绍其中的一部分。我们从经常使用的基于图论的一些评测指标出发，给出几个专门针对网络容错的评测指标。

4.1.1 基于图论的评测指标

将网络表示为一个图，将处理器和交换开关作为节点，将连接作为边，我们可以将图论中的弹性评测指标应用于容错网络中。下面给出了两种这类评测指标。

• **点和边的连通度**。对于任何网络来说，当出现故障的时候，首先要考虑的就是网络整体上是否仍然是连通的，是否有些节点被分割出网络，无法与其他节点通信。分割一个图所必须移除的点（边）的最小数目被定义为图的点（边）连通度。当一个点被移除时，其相连的所有边也被移除。显然，连通度越大，网络对故障的容忍能力（弹性）就越好。

- **直径稳定度**。将信息从源节点转发到目的节点所必须经过的最小的边数目被定义为两个节点之间的距离。一个网络的直径是网络中任意两个节点之间的最长距离。即使网络中每个源-目的节点对之间有多条路径，我们也会预期节点之间的距离随着边或节点的失效而增加。直径稳定度主要衡量的是当网络中的节点发生故障时，直径增加的速度。（注意，节点一词不仅指处理器，还包括交换开关。）这种评测指标的一个实例是持久度（persistence），它是指能够使网络直径增加的最小故障节点数目。例如，在一个环状图中，持久度为 1，仅一个节点的故障就会使一个有 n 个节点的环变成有 $n-1$ 个节点的链，网络直径从 $\lfloor n/2 \rfloor$ 变为 $n-2$。直径稳定度的概率评测可以用一个向量表示：

$$\mathrm{DS} = (p_{d+1}, p_{d+2}, \cdots)$$

其中，p_{d+i} 是按照给定的概率分布发生的故障，能够使网络直径从 d 增加到 $d+i$ 的概率。在这些术语中，p_{∞} 是指直径变成无限大的概率，即图被分割的概率。

4.1.2　计算机网络的评测指标

相对于上面给出的这些相对通用的评测指标，以下指标能够更好地表达故障对计算机网络的可靠性和性能的负面影响。

- **可靠度**。我们用 $R(t)$ 表示在时刻 t 的网络可靠度，定义为在整个时间区间 $[0,t]$ 内，所有节点都能正常运行且能够相互通信的概率。如果网络中不存在冗余，$R(t)$ 就是到时刻 t 为止没有发生故障的概率。如果网络以冗余节点或冗余路径的形式设置了备用资源，网络在时刻 t 仍然能够正常运行，则意味着所有发生故障的节点都被成功替换为了备用节点，每个源-目的节点对仍然可以通过至少一条无故障路径进行通信。

  针对一对特定的源-目的节点，我们定义了路径可靠度（有时称为终端可靠度），它是指在整个区间 $[0,t]$ 内，这个源-目的节点对存在一条能够正常通信路径的概率。

  这里需要强调的一点是，尽管大多数实际网络的管理操作都会包括维修或更换有问题的部件（不包括将故障部件切换为备件），然而网络可靠度指标（也包括上面列出的基于图论的评测指标）并不考虑这些维修行为。网络可靠度指标主要是对网络系统的弹性进行评估，对其与其他类似的网络系统进行比较，所以忽略了维修的影响。另外，在许多情况下，维修并不总是可行的或可以立即执行的，而且可能非常昂贵。如果维修是系统管理操作的一个组成部分，那么用可用度（在第 2 章中定义）评测比用可靠度更加合适。

- **带宽**。带宽的含义取决于应用场景。对于一个通信工程师来说，信道的带宽通常代表了它可以传输的频率范围。这个词也可以指消息在网络中流动的最大速率（它们显然是相关的）。例如，一个特定的链路可以被设定为每秒能够传输 10Mb。我们也可以在概率意义上使用这个术语，例如对于一个文件系统的某种访问模式，我们可以用带宽来表示每秒该系统可访问的平均字节数。

  消息在网络中流动的最大速率（理论上的带宽上限）通常会随着网络中的节点或连接发生故障而降低。在评估一个网络时，我们通常会研究这个预期的最大速率与网络失效率和恢复率之间的关系。

- **连通度**。点和边的连通度是对网络脆弱性的一个简单的评价指标，它们无法描述网络被完全分割开之前，其弹性是如何逐渐退化的。为此，定义一个更有参考价值的新连通度指标，用 $Q(t)$ 表示 t 时刻的网络连通度，指在 t 时刻一个节点发生失效的情况下，依然能够保持连接的源-目的节点对的期望数。这种测量方法特别适用于共享内存多处理器系统，其中 $Q(t)$ 表示在 t 时刻仍能保持通信的处理器-内存对的期望数。

4.2　常见网络拓扑结构及其弹性分析

我们在本节中介绍了两种类型的网络的例子。第一种类型是将一组输入节点（如处理器）与一组输出节点（如内存）通过仅由交换开关和边组成的网络连接起来。作为这种类型的例子，我们介绍多级互连网络和纵横交叉开关网络，并使用带宽和连通度作为衡量其弹性的指标。第二种类型是由计算节点组成的网络，它们通过边相互连接。这些网络中不存在单独的交换开关，这些节点既是交换机，也是处理器，它们通过转发经过它们的消息，使消息到达目的节点。在这种类型的网络中，我们会介绍网格（mesh）、超立方体以及环状网络，适用于它们的评测指标是可靠度以及路径可靠度，如果考虑维修行为，则也可以使用可用度。

4.2.1　多级互连网络和扩展多级互连网络

多级互连网络通常用来将一组输入节点与一组输出节点通过单向或双向边连接起来。这些网络通常由 2×2 的交换开关模块构建而成。这些开关各有两个输入和两个输出，可以处于以下四种情况中的任何一种配置状态（如图 4-1 所示）：

● **直连**。顶部输入线连接到顶部输出，底部输入线连接到底部输出。
● **交叉**。顶部输入线连接到底部输出，底部输入线连接到顶部输出。
● **上广播**。顶部输入线连接到两个输出线。
● **下广播**。底部输入线连接到两条输出线。

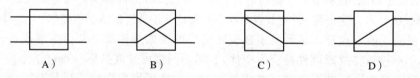

图 4-1　2×2 交换开关配置。A）直连。B）交叉。C）上广播。D）下广播

一个著名的多级互连网络被称为蝶形网络。作为一个例子，请看一个三级蝶形网络。如图 4-2 所示，它连接了八个输入和八个输出。

我们对每个开关中的每条线进行了编号，使第 i 级的开关中的线编号相隔 2^i。每级的输出线 j 会成为下一级的输入线 j，其中 $j=0$，…，2^k-1。这样的编号方案是记忆蝶形网络结构的一个简单方法。

一个 $2^k \times 2^k$ 的蝶形网络会连接 2^k 个输入和 2^k 个输出，并由 k 级（每级 2^{k-1} 个开关）组成。这些连接遵循从输入端到输出端的递归模式。例如，图 4-2 所示的 8×8 的蝶形网络是由两个 4×4 的蝶形网络，加上一个由四个 2×2 的开关组成的输入级构成的。一般来说，在一个 k 级蝶形网络（$k \geqslant 3$）的输入级中，每个开关的顶部输出线与一个 $2^{k-1} \times 2^{k-1}$ 的蝶形网络的输入线相连，每个开关的底部输出线连接到另一个 $2^{k-1} \times 2^{k-1}$ 的蝶形网络的输入线。对于两级蝶形网络的输入级（见图 4-2 中 4×4 的蝶形网络），其两个开关的顶部输出线分别连接到一个 2×2 的开关，底部输出线连接到第二个 2×2 的开关。

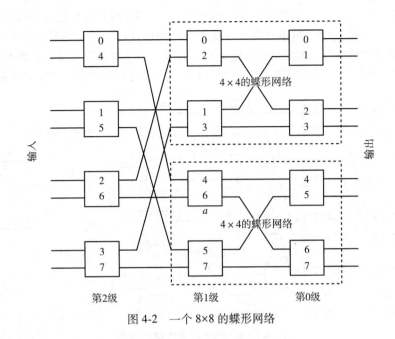

图 4-2 一个 8×8 的蝶形网络

通过实验很快就能发现，蝶形网络是不具有容错性的，因为在蝶形网络中，从任何给定的输入到任何特定的输出都只有一条路径。如果第 i 级的一个开关发生故障，就会有 2^{k-i} 个输入，它们不能再连接到 2^{i+1} 个输出中的任何一个。例如，如果图 4-2 中标有 "a" 的第 1 级开关发生故障，$2^{3-1}=4$ 个输入 0、2、4 和 6 将与 $2^{1+1}=4$ 个输出 4、5、6 和 7 断开连接。因此，蝶形网络的点连通度和边连通度均为 1。

使网络具有容错性的一种方法是引入一个扩展级，即在输入端复制一个第 0 级。此外，提供旁路多路复用器，以绕过输入和输出级的开关。如果这两级中的开关发生失效，这种复用器可以用来绕过失效开关。图 4-3 展示了一个 8×8 的扩展多级蝶形网络。在这个网络中的任何位置，如果至多有一个开关发生失效，则网络仍能保持连接。例如，假设第 0 级中标号为 2 和 3 的开关失效，它所做的任何开关切换都可以由增加的扩展级完成，失效的开关则被旁路多路复用器绕过。又如，假设第 2 级中标号为 0 和 4 的开关失效，那么可以通过设置图中扩展级中最上面一个开关，将扩展级中的输入线 0 切换到输出线 1，输入线 4 切换到输出线 5，从而绕过第 2 级中失效的开关。从形式上可以很容易地证明这个网络能容忍最多一个开关的失效，这是留给读者的一个练习。证明方法基于这样一个事实：在网络中的任何一级 i 中，开关的线号都相差 2^i。此外，除输出级和扩展级外，任何开关中的数字都具有相同的奇偶性。

我们上面所描述的网络是将一组输入节点连接到一组输出节点，然而在有些情况下，输入和输出节点可能是相同的，即节点 i 在输入端的第 i 行提供数据并从输出端的第 i 行获得数据。当输入和输出节点集合不同（例如，一组处理器与一组存储模块相连接）时，我们可以使用两个网络，一个方向一个。图 4-4 说明了这种配置。

关于蝶形网络的分析

接下来，我们将分析一个 k 级蝶形互连网络的弹性，该网络实现了连接 $N=2^k$ 个处理器与 $N=2^k$ 个内存单元的共享内存架构。我们先来推算一下这个网络在没有故障的情况下的带宽。这里的带宽被定义为从处理器到达内存模块的访问请求的期望数。我们假设每个处理器在每个周期内向一个内存模块发出访问请求的概率为 p_r，这个请求被分配给 N 个内存模块中任何一个的概率相等，为 1/N。因此，一个特定的处理器产生对一个特定的内存模块 i($i \in \{0, 1, \cdots, N-1\}$) 的访问请求的概率是 p_r/N。简单起见，假设每个处理器发出的请求是独立于它以前的请求的。即使它以前的请求没有被满足，该处理器也能够产生一个新的、独立的请求。这显然与实际场景略有不同：在实际系统中，一个处理器会重复发送访问请求，直到它被满足。

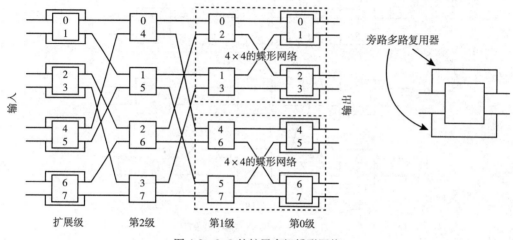

图 4-3　8×8 的扩展多级蝶形网络

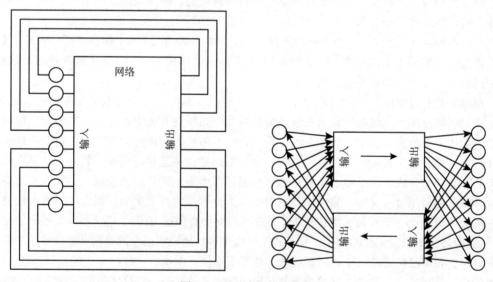

图 4-4　两种多级网络结构

由于蝶形网络的对称性和"所有 N 个处理器均匀地向所有 N 个存储器产生请求"这个假设，某一级的 N 条输出线（例如在第 i 级中）将以相同的概率执行对一个存储器的访问请求。用 $p_r^{(i)}$ 来表示这个概率，其中 $i = 0, 1, \cdots, k-1$。我们将从第 $i = k-1$ 级的输入（处理器）开始，到第 $i = 0$ 级的输出（存储器）为止，逐级计算这个概率。

从 $i = k-1$ 开始，每个处理器的访问请求（发出概率为 p_r）将被平均分配到该处理器所连接的开关的两条输出线上。也就是说，$k-1$ 级的一个开关的某条输出线被选中，用来处理处理器产生的请求的概率是 $p_r/2$。因为该输出线上的一个请求由两个处理器中的任意一个产生，因此 $p_r^{(k-1)}$ 是两个相应事件（每个事件的概率为 $p_r/2$）的联合概率。使用基本的概率定律，

我们可以写出

$$p_r^{(k-1)} = p_r/2 + p_r/2 - (p_r/2)^2 = p_r - p_r^2/4$$

当给定 $p_r^{(i)}$ 时，使用类似的论证来推导 $p_r^{(i-1)}$ 的表达式，可以得到以下递归方程：

$$p_r^{(i-1)} = p_r^{(i)} - (p_r^{(i)})^2/4$$

在这里，我们认为两条输入线上的访存请求在统计上是独立的，这是因为它们所经过的两条路线是不相交的。

网络的带宽是指能够到达内存端的预期请求数。也就是

$$BW = N p_r^{(0)} \tag{4.1}$$

这种方法也可以扩展到非对称的访问模式下，即以不同的概率访问不同的内存模块。

我们现在考虑可能存在故障边的网络，对上面的分析进行扩展。假设一个有故障的边会造成开路故障。对于任何边，假设 q_1 是它发生故障的概率，$p_1 = 1 - q_1$ 是其无故障的概率。请注意，我们省略了对时间的依赖，以简化符号。我们假设一个开关的失效率包括在它的入向边的失效率中，因此在下面的内容中，我们假设只有边会失效。第 $i-1$ 级的开关输入线上的请求传播到第 i 级的一个相应输出上的概率是 $p_1 p_r^{(i)}/2$。因此，得出的递归方程是

$$p_r^{(i-1)} = p_1 p_r^{(i)} - (p_1 p_r^{(i)})^2/4$$

设定 $p_r^{(k)} = p_r$，我们现在递归计算 $p_r^{(0)}$，并将其代入公式（4.1）。

现在我们来计算一下在一个 k 级 $2^k \times 2^k$ 的网络中，能够连接的处理器-内存对的期望数，我们称之为网络连通度。我们在这里关注的是网络本身的属性，而不是处理器和内存的健康状况。在一个 k 级网络中，输入和输出之间有 $k+1$ 条边和 k 个交换开关。我们在这里区分了开关失效和边失效，用 q_s 表示一个开关的失效率（$p_s = 1 - q_s$）。由于边和开关的失效被假定为相互独立的，因此一条输入-输出路径上的所有 $k+1$ 条边和所有 k 个开关都必须是正常的，才能使一个给定的处理器-内存对连接起来。发生这种情况的概率是 $(1-q_1)^{k+1}(1-q_s)^k = p_1^{k+1} p_s^k$。由于有 2^{2k} 个输入-输出对，所以预计连接的对的数量为

$$Q = 2^{2k} p_1^{k+1} p_s^k$$

网络连通度这个评价指标并不考虑网络中还有多少个不同的处理器和内存仍然可以访问。如果一个处理器与至少一个存储器相连，则我们定义它是可访问的，一个可访问的内存的定义与之类似。为了计算可访问处理器的数量，我们需计算一个给定的处理器能够连接到任何一个内存的概率。此处，我们再次将故障限制为边失效，并假设开关不会发生失效。我们可以从输出阶段开始，递归地计算这个概率。用 $\Phi(i)$ 表示至少存在一条从第 i 级的开关到网络输出端的无故障路径的概率。考虑一下 $\Phi(0)$，这是输出级的一个开关中至少有一条输出线有效的概率，这个概率是 $1 - q_1^2$。

现在考虑 $\Phi(i)$，其中 $i > 0$。对于第 i 级的任何一个开关，都存在连接第 $i-1$ 级的两个开关的边。考虑最上面的输出边，存在一条包括此边的能够到达网络输出端的路径，当且仅当该边有效且该边所连接的第 $i-1$ 级的开关能够连接到输出端，这个概率是 $p_1 \Phi(i-1)$。由于任何一个开关的两个输出到输出端的路径都是不相交的，所以第 i 级的开关无法连接到输出端的概率为 $(1-p_1 \Phi(i-1))^2$，与输出端的连接不被断开的概率为

$$\Phi(i) = 1 - (1 - p_1 \Phi(i-1))^2$$

因此，一个给定的处理器可以连接到输出端的概率是 $p_1\Phi(k)$。因为有 2^k 个处理器，所以能够连接到至少一个内存的可访问处理器的期望数 A_c 为：

$$A_c = 2^k p_1 \Phi(k)$$

蝶形网络是对称的，因此这个表达式也是预期的可访问内存数量的表达式。

在上面的分析中，我们把重点放在边失效上，而忽略了开关失效。作为一个练习，我们留给读者的任务是，通过考虑开关失效的可能性来扩展分析。

扩展多级网络的分析

任何开关的两个输入相互独立，这一假设实际上简化了非冗余网络的分析。在图 4-3 中的多级互连网络中加入冗余（以额外的开关的形式），使任意给定的处理器-内存对存在两条（或更多）路径，这就引入了连接之间的相关性。由于在输入和输出阶段存在旁路各路复用器，分析变得更加复杂。因此，我们不会在这里额外介绍扩展多级互连网络带宽的表达式，延伸阅读中提供了相应的资料。

然而，网络连通度 Q 的推导是相对简单的。与上一节一样，Q 表示为可连接的处理器-内存对的期望数。我们首先要得到一个概率，即处理器-内存对至少有一条无故障的路径存在的概率。扩展多级网络中的每个处理器-内存对都由两条不相交（除了两端）的路径连接，因此

$$\text{Prob}\{至少有一条无故障路径\} = \text{Prob}\{第一条路径无故障\} + \text{Prob}\{第二条路径无故障\} -$$
$$\text{Prob}\{两条路径都无故障\}$$

$$(4.2)$$

这个概率可以假定为以下两种表达方式之一（见图 4-3 中处理器 0 到内存 0 的路径，以及处理器 0 到内存 1 的路径）：

$$A = (1-q_1^2)p_1^k(1-q_1^2) + p_1^{k+2} - p_1^{2k+2}(1-q_1^2)^2$$
$$B = 2(1-q_1^2)p_1^{k+1} - p_1^{2k+2}(1-q_1^2)^2$$

其中 $(1-q_1^2)$ 是指对于带有旁路多路复用器的开关来说，原来的水平边和相应的旁路边中至少有一条工作的概率。由于有 2^{k+1} 个对，因此我们现在可以写出

$$Q = (A+B)2^{k+1}/2 = (A+B)2^k$$

4.2.2 纵横交叉开关网络

多级网络的结构限制了输入和输出之间的通信带宽。即使处理器（连接到网络的输入端）试图访问不同的内存（连接到网络的输出端），网络的限制也会使这些访问有时不能全部实现。例如在图 4-2 中，如果处理器 0 正在访问内存 0，处理器 4 就无法访问内存 1、2 或 3。图 4-5A 中所示的纵横交叉开关网络可以提供更高的带宽。从图 4-5 可以看出，如果有 N 个输入和 M 个输出，就有一个与 NM 个输入-输出对相关的交叉开关。第 i 行和第 j 列的开关负责连接第 i 行的网络输入和第 j 列的网络输出，我们称之为 (i,j) 开关。

每个开关都具有以下功能：

- 将从其左侧连接传入的消息转发到其右侧连接（即沿着行传播）。
- 将从其底部连接传入的消息转发到其顶部连接（即沿着列进行传播）。
- 将从其左侧连接传入的消息转发到其顶部连接。

假设每条连接能够承载一条消息，每个开关最多可以同时处理两条消息。例如，一

个开关可以在转发左边消息到右边连接的同时将消息从它的底部连接转发到它的顶部连接。

　　在这种情况下，路由策略显而易见。要把一条消息从输入3传到输出5，输入将首先到达开关$(3,1)$，并被转发到$(3,2)$，之后继续前进，直到到达开关$(3,5)$。这个开关将把消息转发到第5列上，使其到达开关$(2,5)$，后者再把它送到开关$(1,5)$，最后把它送到目的节点。

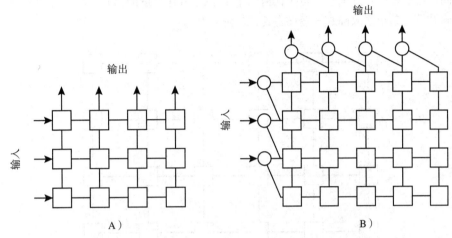

图4-5　一个3×4的纵横交叉开关。A）无容错的。B）容错的

　　很容易看出只要输出端不发生碰撞（不存在两个输入同时访问同一个输出端的情况），纵横交叉开关网络中任意的输入–输出组合就都可以实现。

　　当输入和输出都连接到高速处理器而不是相对较慢的内存时，能够产生比较理想的高带宽。然而这种更高的性能是有代价的：一个有N个输入和M个输出的$N×M$纵横交叉开关网络需要NM个开关，而一个$N×N$的多级网络（其中$N=2^k$）只需要$\dfrac{N}{2}\log_2 N$个开关。

　　图4-5A中的网络显然不是容错的，其中任何一个开关的故障都将断开某些输入–输出对的连接。我们可以引入冗余来使其中的交叉开关具有容错性，图4-5B代表了其中一种设计。我们分别增加一行和一列开关，以加强输入和输出的连接，使每个输入可以被发送到两行中的任何一行，每个输出可以接收自两列中的任何一列。任何一个开关出现故障，它所属的行和列都会被放弃，且备用的行和列投入使用。

　　可以对纵横交叉开关网络（原始网络和容错网络）的连通度进行分析，以确定它与单个组件的失效率的关系。接下来，我们使用与多级网络相同的假设和符号，计算原始纵横交叉开关网络的连通度Q。我们假设处理器连接到输入，内存与输出相连。假设q_1是一个连接出现故障的概率，$p_1=1-q_1$，而开关是无故障的。如有必要，可通过适当调整连接失效率来考虑开关的失效率。要从输入i到达输出j，我们必须经过$i+j$个连接，所有这些连接无故障的概率为p_1^{i+j}，因此可以得到：

$$Q=\sum_{i=1}^{N}\sum_{j=1}^{M}p_1^{i+j}=p_1^2\frac{1-p_1^N}{1-p_1}\frac{1-p_1^M}{1-p_1} \tag{4.3}$$

容错的纵横交叉开关网络的Q值，以及容错和非容错两种纵横交叉开关网络的带宽的计算过程，都是比较复杂的。有兴趣的读者可将其作为一项练习。

4.2.3 矩形网格网络和填隙网格网络

上面讨论的多级互连网络和纵横交叉开关网络是由开关和连接构成的网络。有一种网络，所有节点都是计算节点，而且没有单独的交换开关，二维 $N×M$ 的矩形网格就是这种拓扑结构的一个简单例子（见图 4-6）。NM 个计算节点中的大多数（边界节点除外）都与四条边相连。要向非直接邻居节点发送消息，需要确定一条从信息源到目的节点的路径，并且该路径上的所有中间节点都必须转发消息。由于任何两个节点之间有大量的路径，因此二维矩形网格网络可以容忍任何单连接故障和一定的多连接故障。

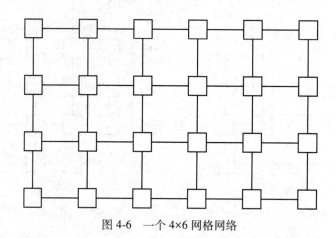

图 4-6   一个 4×6 网格网络

但反过来说，任何一个节点发生任何故障，矩形网格都会丧失其连接属性（指每个内部节点都有四个邻居）。我们可以在网络中引入冗余，对这种节点故障提供一定的容忍能力。图 4-7 给出了一种方法，修改后的网格结构包括备用节点，这些节点可以替换任何一个发生故障的邻居节点。图 4-7 所示的方案被称为(1,4)填隙冗余。在这个方案中，每个主节点有一个备用节点，而每个备用节点可以作为四个主节点的备用节点。这种冗余的开销是 25%。采用空间冗余的主要优点是备用节点与它所替代的主节点的物理距离很近，这种方式减少了因使用备用节点而产生的延迟惩罚。

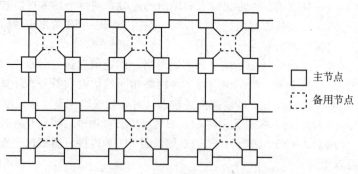

□ 主节点

⬚ 备用节点

图 4-7   带有(1,4)填隙冗余的填隙网格网络

另一个版本的填隙冗余如图 4-8 所示。这是一个(4,4)填隙冗余的例子，其中每个主节点有四个备用节点，每个备用节点可以作为四个主节点的备用节点。这个方案提供了更高的容错能力，但代价是更高的冗余开销，几乎达到 100%。

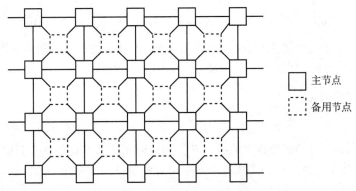

图 4-8　带有(4,4)填隙冗余的填隙网格网络

现在我们来谈谈网格的可靠性。节点本身就是参与计算的处理器，此外还参与了消息传递。在这种节点同时扮演处理器和交换开关角色的情况下，可靠度不再代表网络的一点与另一点之间的通信能力，它指的是整个网格或其子集能够保持网格结构属性的能力。

网格结构的计算机所执行的算法通常被设计得与网格结构的通信结构相匹配。例如，假设一个为网格结构设计的迭代算法用于求解微分方程（对于某个函数 $f(x, y)$ ）：

$$\frac{\partial^2 f(x, y)}{\partial x^2} + \frac{\partial^2 f(x, y)}{\partial y^2} = 0$$

这个算法要求每个节点对其邻居持有的数值进行迭代平均。因此，如果网格结构被破坏，系统将无法有效地进行这种网格结构的计算。也正是从这个角度出发，网格结构的可靠度被定义为维持网格结构的连接属性的概率。

(1,4)填隙冗余方案的可靠度可按以下方式评估。让 $R(t)$ 表示每个主节点或备用节点的可靠度，网格的大小为 $N \times M$，其中 N 和 M 都是偶数。在这种情况下，网格结构包含 $NM/4$ 个集群，每个集群包括四个主节点和一个备用节点。假设所有的连接都是无故障的，一个集群的可靠度为

$$R_{\text{cluster}}(t) = R^5(t) + 5R^4(t)(1 - R(t))$$

由此，$N \times M$ 填隙网格的可靠度为

$$R_{\text{inter\_mesh}}(t) = (R^5(t) + 5R^4(t)[1 - R(t)])^{NM/4}$$

在同样的假设下，原始 $N \times M$ 网格的可靠度为 $R_{\text{mesh}}(t) = R^{NM}(t)$。无故障连接的假设可以是合理的，比如我们可以在每个连接上添加冗余，使其失效率与计算节点的失效率相比可以忽略不计。

对于网格网络（或其变种），还可以定义其他的可靠度评测指标。例如，假设一个应用程序需要一个 $n \times m$ 的子网格来执行，其中 $n \leq N$ 和 $m \leq M$。那么在这种情况下，我们关心的是网格中存在一个 $n \times m$ 的无故障子网格的概率是多少。不幸的是，推导这个概率的封闭表达式是非常困难的，我们需要枚举一个无故障的 $n \times m$ 子网格在一个存在故障节点的 $N \times M$ 网格中的所有可能位置。然而，如果子网格的分配策略受到限制，这样的表达式是可以得到的。例如，假设分配的子网格不能相互重叠，这会将可能的分配方案数量限制在 $k = \left\lfloor \dfrac{N}{n} \right\rfloor \times \left\lfloor \dfrac{M}{m} \right\rfloor$ 以内。

这变成了一个 1-of-k 系统，我们可以得出

$$\text{Prob}\{\text{分配一个无故障的 } n \times m \text{ 子网格}\} = 1 - 1\left[1 - R^{nm}(t)\right]^{k}$$

其中 $R(t)$ 是一个节点的可靠度。如果节点可以恢复，可用度将是更合适的评测指标。我们可以构建一个马尔可夫链来评估一个节点或一个子网格的可用度。

4.2.4　超立方体网络

一个有 n 个维度的超立方体网络 H_n 由 2^n 个节点组成，其构建方法是递归的。一个零维的超立方体 H_0 仅由一个节点组成，将两个 H_{n-1} 网络的相应节点连接在一起就构建了一个 H_n 网络。所添加的用来连接 H_{n-1} 网络中两个相应节点的边被称为维度 $(n-1)$ 边。图 4-9 显示了一些超立方体的例子。

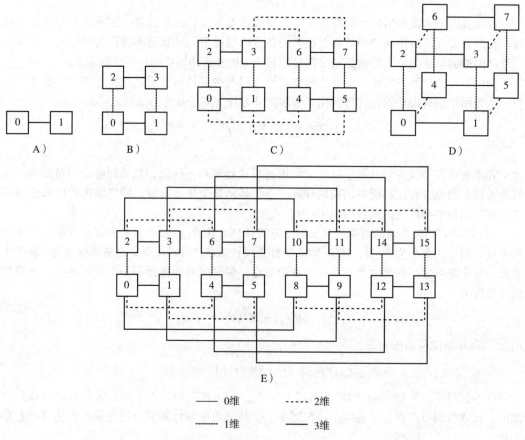

图 4-9　超立方体网络。A) H_1。B) H_2。C, D) H_3。E) H_4

在一个 n 维的超立方体中，一个节点有 n 条边与之相连。节点以下列方式命名（编号）：节点名称使用二进制表示，节点 i 和 j 由一条维度为 k 的边连接，i 的名称和 j 的名字只在第 k 位上不同。例如，节点 0000 和 0010 只在第 1 位有差异（最低位是第 0 位），它们必须通过维度为 1 的边连接。这样，将消息从一个节点发送到另一个节点将是非常简单的。

这种编号方案使路由变得简单明了。假设一个消息要从节点 14 传播到 H_4 网络中的节点 2。因为 14 的二进制是 1110，2 的二进制是 0010，所以消息将分别穿过维度 2 和 3 的边（此处这两个维度的对应值不同）。如果它首先从节点 1110 出发，在维度 3 的边上传输，它将到达节点 0110。之后在维度 2 的边上传输，信息就到达了目的节点 0010。很明显，另一个选择是先走维度 2 的边，到达 1010，然后走维度 3 的边到达 0010。

更一般地，如果 X 和 Y 是源节点和目的节点的二进制形式的节点地址，那么它们之间的距离是地址中对应位不同的位数。消息要从 X 到 Y，可以沿着它们二进制地址中不相同的位所代表的每个维度进行一次传输来完成。更确切地，让 $X = x_{n-1} \cdots x_0$，$Y = y_{n-1} \cdots y_0$。定义 $z_i = x_i \oplus y_i$，其中 $\oplus$ 是 XOR（异或）运算符。那么，消息必须在每个维度 $i(z_i = 1)$ 中穿过一条边。因此，$Z = z_{n-1} \cdots z_0$ 是一个路由向量，指出了要穿过哪些维度的边才能到达目的节点。

$H_n(n \geqslant 2)$ 显然可以容忍连接失效，因为从任何源节点出发均有多条路径到达任何一个目的节点。然而，节点失效会破坏超立方体网络的运行。有几种已经提出的向超立方体添加备用节点的方法。一种方法是把每个节点的通信端口数从 n 增加到 $n+1$，并通过额外的连接将这些额外的端口连接到一个或多个备用节点上。例如，如果使用两个备用节点，则每个节点将作为 2^{n-1} 个节点的备用节点，这些节点是一个子立方体 H_{n-1} 中的节点。这样的备用节点可能需要大量的端口，有 2^{n-1} 个。这个端口的数量可以通过使用交叉开关来减少，将交叉开关的输出连接到对应的备份节点上。备用节点的端口数量可以减少到 $n+1$，这也是所有其他节点的度。图 4-10 显示了一个有两个备用节点的 H_4 超立方体网络，对于所有的 18 个节点，只需要有 5 个端口即可。

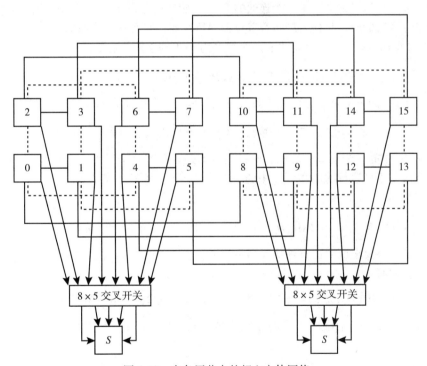

图 4-10　有备用节点的超立方体网络

将冗余节点引入超立方体的另一种方法是在几个选定的节点上复制处理器。这些额外的处理器中的每一个都可以作为备份处理器使用，它们不仅是同一节点内的处理器备份，还可以作为邻近节点的处理器备用。例如，H_4 中的节点 0、7、8 和 15（见图 4-9E）可以被修改为双模节点，这样超立方体中的每个节点都有一个距离不大于 1 的备份节点。在这个方案和之前的冗余方案中，用一个备用处理器替换一个有问题的处理器将导致额外的通信延迟，会影响与备份节点通信的任何一个节点。

我们现在讨论如何计算这个网络的可靠度。假设节点和连接的失效彼此独立,尽管可能存在连接失效,但 H_n 超立方体网络的可靠度表示为网络中 2^n 个节点的可靠度与每个节点能与其他节点通信的概率的乘积。对于足够大的 n 来讲,网络中则会有多条路径连接 H_n 中的每个源-目的节点对,准确评估每个节点能与其他所有节点通信的概率需要大量的枚举工作。

为了简化问题,我们只讨论如何获得一个良好的网络可靠度下界。我们首先假设节点是完全可靠的,这将使我们能够专注考虑连接失效。在这个假设下计算出网络可靠度,就可以通过乘以所有节点都正常的概率来引入对节点失效的考虑。

用 q_c 和 q_1 分别表示节点和连接的失效率(在时刻 t 之前,为了简化符号,后面的描述中忽略 t)。在这些条件下,用 $\mathrm{NR}(H_n, q_1, q_c)$ 表示 H_n 的网络可靠度。我们假定网络中所有单个组件的失效是相互独立的。

可靠度下界的计算分为三种情况来考虑,每种情况下网络都是连通的。这三种情况是互斥的,我们通过将这三种情况发生的概率相加计算出这个可靠度的下界。

我们的方法是利用超立方体的递归特性。可以将 H_n 看作由两个 H_{n-1} 网络,通过将相应的节点用连接相连构成。因此,我们将 H_n 分解为两个 H_{n-1} 超立方体 A 和 B。H_n 由这两个子网络以及维度为 $n-1$ 的连接组成(H_n 中连接的维度编号为 $0\sim n-1$)。然后我们考虑以下三种互斥的情况,每一种情况都会产生一个连通的 H_n。我们首先假设 $q_c=0$。此外,当我们说一个特定的网络是可运行的时,是指它的所有节点都保持有效,并且它是连通的。

情况 1:A 和 B 都可运行,并且至少有一个维度为 $n-1$ 的连接是有效的。

$$\mathrm{Prob}\{情况\ 1\} = [\mathrm{NR}(H_{n-1}, q_1, 0)]^2 (1 - q_1^{2^{n-1}})$$

情况 2:$\{A, B\}$ 中的一个是可运行的,而另一个不是。所有维度为 $n-1$ 的连接都是有效的。

$$\mathrm{Prob}\{情况\ 2\} = 2\mathrm{NR}(H_{n-1}, q_1, 0)[1 - \mathrm{NR}(H_{n-1}, q_1, 0)](1 - q_1)^{2^{n-1}}$$

情况 3:$\{A, B\}$ 中的一个是可运行的,而另一个不是。只有一个维度为 $n-1$ 的连接发生了故障。这个连接与不可运行的那个 H_{n-1} 中的一个节点相连,而这个节点至少存在一个到其他节点的有效连接。

$$\mathrm{Prob}\{情况\ 3\} = 2\mathrm{NR}(H_{n-1}, q_1, 0)[1 - \mathrm{NR}(H_{n-1}, q_1, 0)]2^{n-1} q_1 (1 - q_1)^{2^{n-2}}$$

在练习题部分,将要求证明这三种情况都会产生一个连通的 H_n,并且这些情况是互斥的。

因此,我们有

$$\mathrm{NR}(H_n, q_1, 0) = \mathrm{Prob}\{情况\ 1\} + \mathrm{Prob}\{情况\ 2\} + \mathrm{Prob}\{情况\ 3\}$$

最基础的情况是一个维度为 1 的超立方体,它由两个节点和一个连接组成,得到的结果是

$$\mathrm{NR}(H_1, q_1, 0) = 1 - q_1$$

我们也可以计算一个维度为 2 的超立方体,对于这个超立方体,有

$$\mathrm{NR}(H_2, q_1, 0) = (1 - q_1)^4 + 3q_1(1 - q_1)^3$$

最后,我们考虑 q_c 不等于 0 的情况。从网络可靠度的定义中,可以立即得出以下结论:

$$\mathrm{NR}(H_n, q_1, q_c) = (1 - q_c)^{2^n} + \mathrm{NR}(H_n, q_1, 0) \tag{4.4}$$

4.2.5　带环超立方体网络

在超立方体拓扑结构中，节点之间存在多条路径，一个有 2^n 个节点的网络具有一个较小的网络直径 n。然而，这些是以高节点度为代价实现的，一个节点必须有 n 个端口，这意味着每当网络的规模增加时，就需要进行新的节点设计。一个替代方案是带环超立方体（cube-connected cycle，CCC）网络，它使节点的度绝对不超过 3。与 H_3 超立方体（见图 4-9D）相对应的 CCC 网络如图 4-11 所示。H_3 中每个度为 3 的节点被一个由三个节点组成的环形结构取代。一般地，超立方体 H_n 中每个度为 n 的节点被一个包含 n 个节点的环取代，环中每个节点的度为 3。由此产生的 $CCC(n,n)$ 网络有 $n2^n$ 个节点。原则上，每个环可以包括 $k \geq n$ 个节点，额外的 $k-n$ 个节点的度为 2。这将产生一个 $CCC(n,k)$ 网络，有 $k2^n$ 个节点。其他度为 2 的节点对我们所讨论的属性影响非常小。因此我们仅讨论 $k=n$ 的情况。

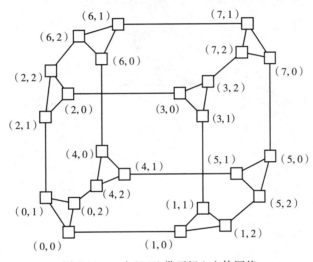

图 4-11　一个 (3,3) 带环超立方体网络

通过对超立方体网络的节点地址编码方案进行扩展，我们可以用 $(i;j)$ 表示 CCC 网络的任何一个节点，其中 i（一个 n 位二进制数）是超立方网络中对应于环的节点的标签，$j(0 \leq j \leq n-1)$ 是环中节点的位置。两个节点 $(i;j)$ 和 $(i';j')$ 在 CCC 中被一条边连接，当且仅当下列情况中的一种情况成立：

- $i=i'$，$j-j'=\pm1 \bmod n$。
- $j=j'$，且 i 与 i' 的差异恰好在第 j 位。

前者是沿着环的一个连接，后者是超立方体中维度为 j 的边。例如，H_3（见图 4-9D）中的节点 0 和 2 是通过维度为 1 的边连接的。该边对应于图 4-11 中连接节点 $(0,1)$ 和 $(2,1)$ 的边。与超立方体相比，CCC 中节点的度较低，导致直径较大。超立方体的直径大小为 n，而 $CCC(n,n)$ 的直径为

$$2n+\left\lfloor \frac{n}{2} \right\rfloor -2 \approx 2.5n$$

CCC 中的消息路由也比超立方体中更复杂（见 4.3.1 节）。然而，CCC 的容错性更好，因为 CCC 中单个节点失效的影响是与超立方体中单个故障连接的影响相似的。同时，我们尚未得出 CCC 可靠度的封闭表达式。

4.2.6   环状网络

CCC 网络中的环形拓扑结构（也称为环状网络）可以作为一种单独的互连网络结构使用，这种结构具有一些理想的网络特性，路由算法简单且节点的度非常低。然而，如果所有边都是单向的，则一个含 n 个节点的环状网络的直径为 $n-1$，这意味着从一个节点到另一个节点的信息平均要经过 $n/2$ 个中间节点的转发。此外，单向环形网络不具有容错性，即单个节点或连接的失效都将断开网络。

为了减小网络直径并提高环状网络的容错性，可以增加额外的冗余连接。这些额外的连接被称为弦，添加这些单向弦的一种方法见图 4-12。在这样的带弦环状网络中，每个节点都有一个额外的后向连接，将其与距其 s 处的一个节点连接起来，s 称为跳距。因此，节点 i（$0 \le i \le n-1$）有一个到节点 $(i+1) \bmod n$ 的前向连接和一个到节点 $(i-s) \bmod n$ 的后向连接。在这种带弦环状网络中，每个节点的度都是 4（与网络规模 n 无关）。

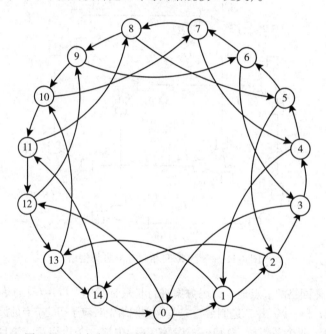

图 4-12   一个含 15 个节点的带弦环状网络（跳距为 3）

通过改变 s 的值，我们可以得到不同的拓扑结构。因此我们可以通过选择合适的 s 使网络的直径最小。为此，我们需要一个直径 D 的表达式，作为跳距 s 的函数。D 作为直径，代表一个消息从源节点 i 到目的节点 j 所必须经过的最长距离。它显然取决于使用的路由方案。假设我们使用的路由方案是，试图通过使用后向弦来减少 i 和 j 之间的路径长度（因为可以跳过中间节点）。如果我们用 b 表示正在使用的后向弦的数量，那么跳过的节点数量为 bs。当 b 达到最大值 b' 时，再使用一个后向弦将使我们回到源节点 i（甚至更远）。因此，b' 应该满足 $b's+b' \ge n$。为了计算直径 D，我们使用 b' 条后向弦，即

$$b' = \left\lfloor \frac{n}{s+1} \right\rfloor$$

对于这 b' 个连接，我们可能最多需要增加 $s-1$ 个前向连接完成路由，因此直径为

$$D=\left\lfloor \frac{n}{s+1}\right\rfloor+(s-1) \tag{4.5}$$

我们现在希望找到一个能产生最小直径 D 的 s 值。根据 n 的值，可能存在几个 s 的值使 D 最小。$s=\lfloor \sqrt{n}\rfloor$ 对于大多数 n 的值来说都是最优的，这时的直径为 $D_{opt}\approx 2\sqrt{n}-1$。例如，如果 $n=15$，则如图 4-12 所示，使直径 D 最小的最优 s 是 $s=\lfloor \sqrt{15}\rfloor=3$（图中使用的数值）。相应的直径为 $D=\left\lfloor \dfrac{15}{4}\right\rfloor+2=5$。

　　分析弦给环状网络的可靠性/容错性所带来的改善是相当复杂的。一个简化的度量是计算网络中两个最远的节点之间的路径数量。如果这个数量达到最大值，那么很可能可靠性接近于最优。我们把注意力放在长度相同，有 b' 个后向弦和 $s-1$ 条前向连接，但以不同的顺序使用后向弦和前向连接的路径上。这种路径的数量是

$$\binom{b'+s-1}{s-1}$$

如果我们寻找一个 s 值，使两个最远的节点之间的长度最小的备选路径数量最大，我们将得到 $s=\lceil \sqrt{n}\rceil$。然而，对于大多数的 n 值，$s=\lfloor \sqrt{n}\rfloor$ 也能得到相同的路径数。综上所述，我们得出结论：在大多数情况下，使直径最小的 s 值也能使备选路径的数量最大，从而提高网络的可靠性。

4.2.7　树状网络

　　在如图 4-13 所示的二叉树中，如果所有的连接都是双向的，且功能正常，则每个计算节点可以向任何其他节点发送消息。从任意一个节点 i 到另一个节点 j 都有单条路径。从 i 节点发送的消息将首先被向上路由到同时包含 i 和 j 的子树的根节点交换机，再被向下路由到 j 节点。在树状网络中，交换机表示为一个二元组 (i,j)，指树状网络第 j 层的第 i 个交换机。（叶子节点，也就是计算节点所在的层为第 0 层。）例如，节点 1 可以通过交换机 $(0,1)$、$(0,2)$ 和 $(1,1)$ 向节点 3 发送一个消息。如果节点 1 要向节点 4、5、6 或 7 发送一个数据包，则该数据包必须先被转发到交换机 $(0,3)$，然后向下到达其目的节点。

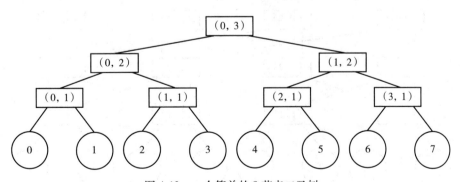

图 4-13　一个简单的 8 节点二叉树

　　显然，从源节点到目的节点只有一条路径的简单二叉树的通信带宽非常低，而且没有容错。一条连接或一个交换机的失效就会使几个节点与其他节点断开连接。提高通信带宽和网络弹性可以通过增加交换机之间的通信连接或增加冗余的交换机来实现。这些扩展的树状网

络被称为胖树。

从发展过程看，关于胖树设计的第一个提议只是将树的每一级（也称为层）的并行连接数量增加一倍，如图 4-14 所示。这些额外的（双向）连接可以使 0、1、2、3 四个节点并行地发送数据包到节点 4、5、6、7。这种方法提高了带宽，可以容忍许多连接失效，但单个交换机的失效仍然会使网络断开。

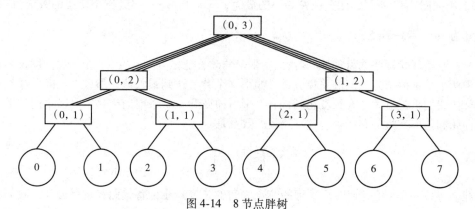

图 4-14   8 节点胖树

针对这一问题，我们也有多种方法可以增加冗余交换机，以提高树状网络的网络弹性和带宽。其中一种方法是生成一个 n 层 k 叉树，这个树分为 n 层，每一层的交换机数量（k^{n-1}）和链路数量都相同。在第 1，2，…，$n-1$ 层中，每层的每个路由器都有 k 个向上的连接和 k 个向下的连接，第 1 层的路由器连接到处理器。图 4-15 中显示了一个 3 层 2 叉树。在这个多级网络中，节点 1 可以使用两条路径将数据包发送到节点 3。不过，这个 3 层 2 叉树的路由仍然可能遇到可用路径受限的问题。比如节点 1 的信息可以通过交换机 (0,1) 和 (0,2)，或者通过交换机 (0,1) 和 (1,2)，但是一旦做了决定，就只有一条向下的路径可以到达目的节点。这种限制会降低带宽和容错能力。很明显，增加 n 和 k 会提高带宽和容错能力。另一种扩展胖树的能力并提高其可扩展性的方法是增加额外的连接，并允许在树状网络的不同层使用具有不同端口数量的交换机。一些扩展的广义胖树拓扑结构的参考资料在延伸阅读部分，供读者参考。

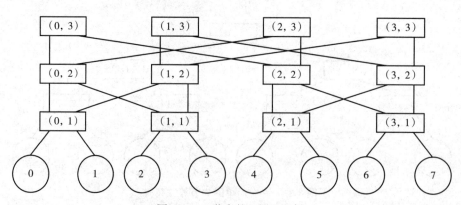

图 4-15   8 节点的 3 层 2 叉树

在胖树网络中所使用的特定路由算法，对数据包的延迟以及数据包能够成功到达目的节点（在网络中存在故障连接和交换机的情况下）的概率有很大影响。目前存在两种不同的路由算法，即源路由和分布式路由。在源路由算法中，源节点在发送数据包之前会计算到目的节点的路径并将其插入数据包头。这种方案通常被称为确定性路由。一个简单的路由策略是将数据包向上路由，直到它到达一个处于源和目的节点的最小共同层（least common level）中的交换机。然后，该数据包被向下路由到其目的节点。在一个 n 层 k 叉树中，有多条路径可以将一个数据包传送到相应的最小共同层中的一个交换机处，但这之后只有一条到目的节点的路径。

在分布式路由算法中，由源节点生成的数据包头则只表明目的节点，每个中间交换机都会计算用来转发数据包的下一个连接。这种方法也被称为自适应路由。一种动态本地路由策略可以应用到分布式/自适应路由算法中，可以让数据包在有故障的网络组件周围重建新的路由路径，重建路由的决定由与故障组件相连的网络设备做出。这种路由策略支持组件从网络故障中快速恢复。但由于重建路由决策的本地性质，所产生的路由可能不是最优的。

在数据包向最小共同层中的交换机传输的上升阶段，容忍失效是很简单的，因为在 n 层 k 叉树中有多个上升路径。在下行阶段容忍失效就比较复杂了，相对于无故障的情况下，需要为数据包重新建立一个更长的路由路径。

目前已经提出了一些容错算法，这些算法可以绕过故障连接和故障交换机，避免死锁，适用于各种广义的胖树拓扑结构，在延伸阅读中我们提供了这些算法的阅读指导。

4.2.8   AD HOC 点对点网络

到目前为止，我们所考虑的互连网络都具有规则的拓扑结构，由此产生的对称性大大简化了对其系统弹性的分析。分布式计算机系统中的计算节点往往是通过一个无规则结构的网络相互连接的。这种互连网络，也被称为点对点网络，任何两个节点之间通常有不止一条路径，因此具有内在的容错性。对于这种类型的网络，我们希望能够计算出路径可靠度，即在给定各种连接失效率后，两个特定的节点之间存在一个可连通路径的概率。

示例 图 4-16 显示了一个有 5 个有向连接和 4 个节点的网络。我们感兴趣的是计算源-目的节点对 N_1-N_4 的路径可靠度。该网络中，从 N_1 到 N_4 有三条路径，即 $\Pi_1 = \{x_{1,2}, x_{2,4}\}$、$\Pi_2 = \{x_{1,3}, x_{3,4}\}$ 和 $\Pi_3 = \{x_{1,2}, x_{2,3}, x_{3,4}\}$。让 $p_{i,j}$ 表示连接 $x_{i,j}$ 有效的概率，并定义 $q_{i,j} = 1 - p_{i,j}$。注意，这里我们也省略了对时间的依赖，以简化符号。我们假设节点是无故障的。如果节点可能发生故障，则需要把它的失效率

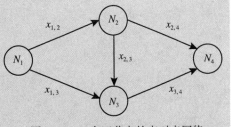

图 4-16   一个四节点的点对点网络

加进它的输出连接的失效率中。显然，如果从 N_1 到 N_4 的路径是存在的，则 Π_1、Π_2 和 Π_3 中至少一个必须是有效的。然而，我们不能简单地将三个概率 $\text{Prob}\{\Pi_i \text{ 有效}\}$ 相加，因为有些事件会被重复计算。计算路径可靠度的关键是构建一组互不相干（或互斥）的事件，然后将它们的概率相加。在这个例子中，允许 N_1 向 N_4 发送消息的互不相干的事件是 a）Π_1 有效；b）Π_2 有效，但 Π_1 无效；c）Π_3 有效，但 Π_1 和 Π_2 都无效。因此路径可靠度为

$$R_{N_1, N_4} = p_{1,2}p_{2,4} + p_{1,3}p_{3,4}[1 - p_{1,2}p_{2,4}] + p_{1,2}p_{2,3}p_{3,4}[q_{1,3}q_{2,4}]$$

对于这个简单的网络，要找出使上述互斥的路径失效事件出现所必须发生故障的连接集，是比较容易的。然而，在一般情况下，找出这些连接的过程可能非常复杂，因此有必要使用容斥概率公式，详见下文。

假设对于一个给定的源–目的节点对，例如 N_s 和 N_d，从源节点到目的节点存在 m 条路径，即 $\Pi_1, \Pi_2, \cdots, \Pi_m$。用 E_i 表示路径 Π_i 有效的事件。路径可靠度的表达式为

$$R_{N_s, N_d} = \text{Prob}\{E_1 \cup E_2 \cup \cdots \cup E_m\} \tag{4.6}$$

事件 $E_1, \cdots, E_m$ 并不是互斥的，但它们可以被分解成一组互斥的事件：

$$E_1 \cup E_2 \cup \cdots \cup E_m = E_1 \cup (E_2 \cap \overline{E_1}) \cup (E_3 \cap \overline{E_1} \cap \overline{E_2}) \cup \cdots \cup (E_m \cap \overline{E_1} \cap \overline{E_2} \cap \cdots \cap \overline{E_{m-1}})$$
$$\tag{4.7}$$

其中 $\overline{E_i}$ 表示路径 Π_i 失效的事件。公式（4.7）中右边的事件是互不相干的。因此它们的概率可以相加，以得到路径可靠度：

$$R_{N_s, N_d} = \text{Prob}\{E_1\} + \text{Prob}\{E_2 \cap \overline{E_1}\} + \cdots + \text{Prob}\{E_m \cap \overline{E_1} \cap \overline{E_2} \cap \cdots \cap \overline{E_{m-1}}\} \tag{4.8}$$

这个表达式可以用条件概率来重写：

$$R_{N_s, N_d} = \text{Prob}\{E_1\} + \text{Prob}\{E_2\}\text{Prob}\{\overline{E_1} \mid E_2\} + \cdots + \text{Prob}\{E_m\}\text{Prob}\{\overline{E_1} \cap \overline{E_2} \cap \cdots \cap \overline{E_{m-1}} \mid E_m\}$$
$$\tag{4.9}$$

概率 $\text{Prob}\{E_i\}$ 很容易计算。困难在于计算概率 $\text{Prob}\{\overline{E_1} \cap \overline{E_2} \cap \cdots \cap \overline{E_{i-1}} \mid E_i\}$。我们可以将后者改写为 $\text{Prob}\{\overline{E_{1 \mid i}} \cap \cdots \cap \overline{E_{i-1 \mid i}}\}$，其中 $\overline{E_{j \mid i}}$ 是在 Π_i 有效的情况下，Π_j 失效的事件。为了确定使事件 $\overline{E_{j \mid i}}$ 能够发生所必须发生故障的连接，我们定义条件集

$$\Pi_{j \mid i} = \Pi_j - \Pi_i = \{x_k \mid x_k \in \Pi_j \text{ 且 } x_k \notin \Pi_i\}$$

我们将通过以下例子来说明这些式子的使用方法。

示例 图 4-17 所示的网络有 6 个节点和 9 条链路，其中 6 条是单向的，3 条是双向的。我们感兴趣的是 N_1-N_6 这一节点对的路径可靠度。

从 N_1 到 N_6 的路径如下：

$\Pi_1 = \{x_{1,3}, x_{3,5}, x_{5,6}\}$；

$\Pi_2 = \{x_{1,2}, x_{2,5}, x_{5,6}\}$；

$\Pi_3 = \{x_{1,2}, x_{2,4}, x_{4,6}\}$；

$\Pi_4 = \{x_{1,3}, x_{3,5}, x_{4,5}, x_{4,6}\}$；

$\Pi_5 = \{x_{1,3}, x_{2,3}, x_{2,4}, x_{4,6}\}$；

$\Pi_6 = \{x_{1,3}, x_{2,3}, x_{2,5}, x_{5,6}\}$；

$\Pi_7 = \{x_{1,2}, x_{2,5}, x_{4,5}, x_{4,6}\}$；

$\Pi_8 = \{x_{1,2}, x_{2,3}, x_{3,5}, x_{5,6}\}$；

$\Pi_9 = \{x_{1,2}, x_{2,4}, x_{4,5}, x_{5,6}\}$；

$\Pi_{10} = \{x_{1,3}, x_{2,3}, x_{2,4}, x_{4,5}, x_{5,6}\}$；

$\Pi_{11} = \{x_{1,3}, x_{2,3}, x_{2,5}, x_{4,5}, x_{4,6}\}$；

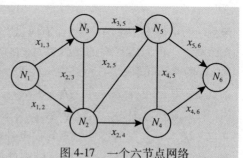

图 4-17　一个六节点网络

$\Pi_{12} = \{x_{1,3}, x_{3,5}, x_{2,5}, x_{2,4}, x_{4,6}\}$;

$\Pi_{13} = \{x_{1,2}, x_{2,3}, x_{3,5}, x_{4,5}, x_{4,6}\}$

请注意，这些路径的排序是：最短的路径在顶部，最长的路径在底部。这简化了路径可靠度的计算，在接下来会变得很明显。

条件集 $\Pi_{1|2}$ 是 $\Pi_{1|2} = \Pi_1 - \Pi_2 = \{x_{1,3}, x_{3,5}\}$。如果 Π_1 失效，而 Π_2 有效的事件发生，则 $\{x_{1,3}, x_{3,5}\}$ 这个集合一定失效。因此，公式 (4.9) 中对应于 Π_2 的第二项将是 $p_{1,2}p_{2,5}p_{5,6}(1-p_{1,3}p_{3,5})$。

为了计算公式 (4.9) 中的其他项，必须考虑几个条件集的交集。例如，对于 Π_4，条件集是 $\Pi_{1|4} = \{x_{5,6}\}$，$\Pi_{2|4} = \{x_{1,2}, x_{2,5}, x_{5,6}\}$ 和 $\Pi_{3|4} = \{x_{1,2}, x_{2,4}\}$。因为当 $\Pi_{1|4}$ 失效时，$\Pi_{2|4}$ 也会失效，所以我们可以放弃 $\Pi_{2|4}$，而把注意力放在 $\Pi_{1|4}$ 和 $\Pi_{3|4}$ 上。因此我们要求 Π_1 和 Π_3 必须失效，而 Π_4 有效。公式 (4.9) 中对应于 Π_4 的第四项将是 $p_{1,3}p_{3,5}p_{4,5}p_{4,6}(1-p_{5,6})(1-p_{1,2}p_{2,4})$。

在计算公式 (4.9) 中 Π_3 对应的第三项时，情况更为复杂。$\Pi_{1|3} = \{x_{1,3}, x_{3,5}, x_{5,6}\}$ 和 $\Pi_{2|3} = \{x_{2,5}, x_{5,6}\}$ 这两个条件集不是互斥的。如果以下互斥事件之一发生，Π_1 和 Π_2 都会失效：(1) $x_{5,6}$ 失效；(2) $x_{5,6}$ 有效，并且 $x_{1,3}$ 失效和 $x_{2,5}$ 失效，或者 $x_{1,3}$ 有效，以及 $x_{3,5}$ 失效和 $x_{2,5}$ 失效。结果表达式为 $p_{1,2}p_{2,4}p_{4,6}[q_{5,6} + p_{5,6}q_{1,3}q_{2,5} + p_{5,6}p_{1,3}q_{3,5}q_{2,5}]$。公式 (4.9) 中的其余项也是用类似的计算方法得到的，所有 13 项的总和即为所需的路径可靠度 $R_{N1,N6}$。

细心的读者会注意到，路径可靠度的计算与分布式系统中数据复制技术的读写候选集的可用度计算之间具有相似性。在这里，也有一些组件（连接），每一个都可能是有效或无效的，我们需要计算某些有效组件形成的组合的概率。在上一个例子中，有 9 个连接，我们可以列举出所有 2^9 个状态，并通过乘以 9 个 $p_{i,j}$ 或 $q_{i,j}$ 形式的因子来计算每个状态的概率。然后我们把所有从节点 N_1 到节点 N_6 的路径的状态概率加起来，得到路径可靠度 $R_{N1,N6}$。

4.3　容错路由

我们已经讲解了胖树网络中的容错路由。在本节中，我们将冗余路径的一些基本原则应用于其他结构，以使消息路由具有容错性。

容错路由策略的目标就是在网络中存在一个失效的组件子集的情况下，将消息从源节点送到目的节点。其基本思想很简单：如果由于连接或节点失效，没有最短或最方便的路径可用，则通过其他路径将消息重新路由到其目的节点。

容错的实现取决于路由算法本身的性质。在本节中，我们将重点讨论分布式计算中的单播路由。在单播中，消息从一个源节点发送到一个目的节点。多播则是指一个消息的副本被发送到若干个节点，是单播问题的一个延伸。

路由算法可以是集中式的，也可以是分布式的。集中式路由涉及网络中的一个中央控制器，它知道当前的网络状态（哪些连接或节点是有效的，哪些是失效的。哪些连接是严重拥堵的），并为每个消息制定它必须采取的路径。这方面的一个例子是让消息源作为该消息的控制器，并指定其路径。而在分布式路由中，没有中央控制器：消息从一个节点传到另一个节点，每个中间节点决定下一步将其发送给哪个节点。

路径的选择可以是唯一的，也可以是自适应的。在前一种方法中，每个源-目的节点对只可以选择一条路径。例如，在一个矩形网中，信息可以在两个维度上移动：水平和垂直维度。规则可能是，信息必须沿着水平方向移动，直到它与目标节点在同一列，然后（如果它还没有到达目的节点）转向并垂直移动以到达目的节点。在后一种方法中，路径可以响应网络条件而变化，例如如果一个特定的连接发生拥塞，那么路由策略可以避免使用它。

在集中式路由中实现容错并不困难。一个知道每个连接状态的集中式路由器可以使用图论算法来确定源-目的节点间可能存在的一条或多条路径。在这些路径中，可以用一些次要的属性（如负载平衡或跳数）来选择要使用的路径。

在本节的其余部分，我们将介绍两种拓扑结构——N 维超立方体和矩形网格的路由方法。

4.3.1　超立方体网络容错路由

尽管超立方体网络可以容忍连接失效，但我们仍然必须修改路由算法，以便在有故障的超立方体（即存在一些故障节点或连接的超立方体）中继续成功地对消息进行路由。其基本思想是列出消息必须经过的维度，然后遍历它们。随着边的遍历，它们被从列表中划掉。如果由于一个连接或节点失效，所需的连接变得不可用，那么将从列表中选择另一条边（如果有的话）用于路由。如果没有这样的边可用（消息到达某个节点时发现其列表中的所有维度都失效了），它就会回溯到前一个节点并再次尝试。

在给出算法之前，我们先介绍一些符号。让 TD 表示消息已经走过的维度列表（按照它们被遍历的顺序）。TD^R 与列表 TD 相反。$\oplus_{i=1}^{k}$ 表示按顺序进行了 k 次的 XOR 操作。比如，$\oplus_{i=1}^{3} a_1 a_2 a_3$ 表示 $(a_1 \oplus a_2) \oplus a_3$。如果 D 是目的节点，S 是源节点，让 $d = D \oplus S$，其中 $\oplus$ 是对 D 和 S 进行按位 XOR 操作。一般来说，$x \oplus y$ 被称为节点 x 相对于节点 y 的相对地址。让 SR (A) 表示按顺序遍历 A 中所列的所有维度能到达的相关地址的集合。例如，如果我们在一个四维的超立方体中沿着维度 1、3、2 前进，那么相关地址的集合就是 $\{0010, 1010, 1110\}$。用 e_n^i 表示一个 n 维向量，其第 i 个位置为 1，其他位皆为 0。例如，$e_3^1 = 010$。

假定消息包括以下内容：a) d，指从 S 到 D 必须经过的维度列表；b) 正在传输的数据（即"有效负载"）；c) TD，指到目前为止已经走过的维度的列表。

TRANSMIT(j) 表示"从当前节点沿第 j 维的连接发送消息 ($d \oplus ej$，有效负载，TD $\odot j$)"。其中，$\odot$ 表示"附加"操作（例如，TD $\odot x$ 表示"将 x 附加到列表 TD 中"）。

该算法如图 4-18 所示。当节点 V 收到一个消息时，该算法会检查 V 是否是消息的预期目的节点。如果是，它就接收该消息，消息的旅程就结束了。如果 V 不是预期的目的节点，该算法会检查该消息是否可以被转发，以便离它的目的节点更近一跳（或者说一维）。如果这可以，则沿着选定的连接转发信息。如果不可以，我们就需要绕行。为了绕行，需要知道消息从 V 出发后是否有还未经过的连接。如果有，我们就沿着这样的连接发送它（任何这样的连接都可以，旨在将信息转移到更接近目的节点的其他节点）。如果该消息已经经过了每一个这样的连接，我们就需要回溯并将消息送回最初将它发送给 V 的节点。如果 V 恰好是源节点本身，那么意味着超立方体是断开的，并不存在从源节点到目的节点的路径。

我们怎么确保这个算法一定会找到一条路径将信息送到目的节点呢（只要存在一条从源节点到目的节点的路径）？答案是，该算法实现了图的深度优先搜索策略，而如果路径存在，这种策略已经被证明是有效的。

```
if（d==0···0）
    接收消息并退出算法//消息已经到达目的节点
else
for j = 0 to (n−1) step 1 do {
if((dⱼ == 1）&& （从这个节点出发第j个维度的连接是有效的）
&& (eₙʲ ∉ SR(TDᴿ)) {//消息向目的节点前进一步
TRANSMIT（j）
退出算法
        }
    }
end if
//如果至此还未结束，则意味着不存在从这个节点向目标节点前进一步的路径，我们需要绕行
    if（如果有一条有效的连接，并且不在SR（TDᴿ）中)//还有未尝试的连接
    让h表示一条这样的连接
else{
    Define g = max{m: ⊕ᵢ₌₁ᵐ eᵀᴰᴿ⁽ⁱ⁾ == 0···0}
    if (g == SR（TD)中的元素数){
        放弃//网络是断开的,没有路径到达目的节点
        退出算法
    }
    else
    h = element (g+1) in TDᴿ// 准备回退
    end if
    TRANSMIT（h）
end
```

图 4-18   超立方体网络中的容错路由算法

示例   假设我们有一个 H_3 网络（如图4-19所示），其中节点 011 失效。假设节点 $S=000$ 想要向 $D=111$ 发送一个消息。对于节点 000，$d=111$，所以它会在维度 0 上发送消息到节点 001。在节点 001 处，$d=110$，$TD=(0)$。这个节点试图在它的维度为 1 的边上将信息发送出去。然而，由于节点 011 已经失效，它无法这样做。由于 d 的第 2 位（最高位）也是 1，并且维度 2 上连接节点 101 的边是可用的。因此消息现在被发送到 101，再从那里被转发到 111。如果 011 和 101 都失效了呢？请读者自己思考如何来解决这个问题。

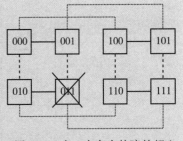

图 4-19   在一个存在故障的超立方体网络中进行路由

4.3.2   网格中基于源节点的路由策略

上述的深度优先策略的优点是预先不需要任何关于故障节点的信息：路由在到达死胡同时采用回溯法。在本节中，描述了一种不同的方法，我们假设故障区域是预先知道的。有了这些信息，就没有必要进行回溯。

我们考虑的拓扑结构是一个二维的 $N×N$ 的矩形网格，最多有 $N-1$ 个节点失效。这里介绍的方法可以扩展使用到三维或更高维的网格，以及具有超过 $N-1$ 个失效节点的网格中。假设所有的故障区域都是正方形的。如果不是正方形，则称额外的节点有伪故障，并且为了实

现路由将这些节点视为有故障，通过这样使故障区域变成正方形。图 4-20 提供了一个例子。

每个节点都知道沿每个方向（东、西、北、南）到那个方向上最近的故障区域的距离。

基于源节点的路由的过程是将一个节点定义为源节点，假定网格中有不超过 $N-1$ 个的失效节点，我们需要确保被选中的源节点所在的行与列均没有故障节点。假设我们想从节点 S 向节点 D 发送一条消息。从 S 节点到 D 节点的路径被划分为入向路径和出向路径，入向路径包括可以使消息更接近源节点的边，出向路径则包括使消息息远离源节点并最终到达目的节点的边。这里，距离是以最短路径上的跳数来衡量的。在一个退化的版本中，入向路径或出向路径可以为空。

该算法运行的关键是与目的节点 D 相关的外盒，外盒是包含源节点和目的节点的最小矩形区域。一个例子见图 4-21。

接下来，我们需要定义安全节点。如果满足以下两个条件，则一个节点 V 相对于目的节点 D 和某个故障节点集 F 来说是安全的。

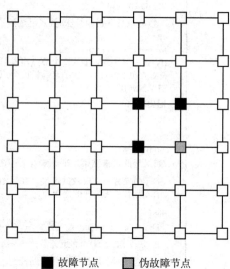

■ 故障节点　　■ 伪故障节点

图 4-20　网格中的一个故障区域：对于基于源节点的路由，故障区域必须是正方形

- 节点 V 处于 D 的外盒之中。
- 给定故障节点集 F，如果 V 和 D 都没有故障，则存在一条从 V 到 D 的无故障出向路径。

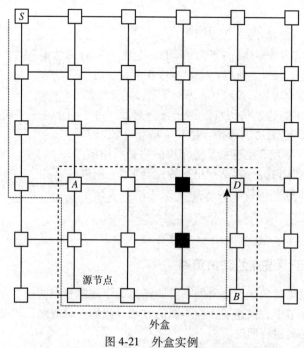

图 4-21　外盒实例

最后，我们引入对角带的概念。用(x_A, y_A)表示节点 A 的笛卡儿坐标，那么目的节点 D 的对角带是 D 的外盒中所有节点 V 的集合，这些节点需要同时满足条件 $x_V - y_V = x_D - y_D + e$，其中 $e \in \{-1, 0, 1\}$。

例如，图 4-21 中 $(x_D,y_D)=(3,2)$，$x_D-y_D=3-2=1$。因此，对于 D 的外盒中的任何节点 V，只要 $x_V-y_V\in\{0,1,2\}$，该节点就在其对角带中。

通过归纳法，可以比较容易地证明，目的节点 D 的对角带节点是相对于 D 的安全节点。也就是说，一旦我们到达一个安全节点，就存在一条从该节点到 D 的出向路径，沿着此出向路径每前进一步都会增加消息与源节点的距离，因此消息永远不可能绕圈行走。

该路由算法由三个阶段组成。

- **第 1 阶段**。在一个入向路径上路由信息，直到它到达外盒。在第 1 阶段结束时，假设消息在节点 U 中。
- **第 2 阶段**。计算从 U 到每个方向上最近的安全节点的距离，并将其与到该方向上最近的故障区域的距离进行比较。如果安全节点比故障区域更近，则路由到安全节点。否则，继续在入向路径上进行路由。
- **第 3 阶段**。一旦消息到达安全节点 U，如果该节点有一个安全的非故障邻居 V，且 V 离目的节点更近，则将信息发送给 V。如果不是这样，则 U 一定在一个故障区域的边缘。在这种情况下，沿故障区域的边缘向目的节点 D 移动消息，当消息到达故障区域正方形的角时转向对角带。

作为一个例子，回到图 4-21，考虑将一个消息从网络西北端的节点 S 路由到 D。该消息首先沿着入向路径移动，越来越接近源节点。由于在 A 的正东方向有一个故障，因此它继续沿着入向路径移动，直到到达源节点。然后它绕过故障区域的边缘，直到到达节点 B。在这一点处，它意识到紧靠北边存在安全节点，并通过这个节点将信息发送到目的节点。

对于网格中存在超过 $N-1$ 个故障节点的情况，我们请读者参阅延伸阅读部分，以获得文献的指导。

4.4　片上网络

近年来，具有大量处理器内核的芯片不断涌现。为了支持内核之间的片内通信，提出了片上网络（NOC）。早期的多核设计只有几个内核，一个简单的环形（循环）网络便可以提供足够的带宽。随着内核数量的增加，环形网络被网格网络取代。

图 4-22 是一个矩形网格的例子。在我们的讨论中，我们将假设一个矩形网格网络，每个内部节点在其东、西、北、南方向都有邻居。然而，也可以使用许多其他拓扑结构，例如，一个六边形的网格结构，每个内部节点有三个直接相连的邻居。这种网格结构的每个节点都是一个路由器，（一般使用纵横交叉开关）连接到一个处理器核心或内存模块。容错必须考虑抵抗以下几个方面的失效：

- 路由器。路由器包括一个纵横交叉开关、缓冲器、仲裁逻辑和路由器内的连接。
- 一个路由器和另一个路由器之间的连接。
- 在三维结构（涉及多层的堆叠）的芯片中，连接一个层与另一个层的硅通孔（through-silicon vias，TSVs）。

有一个由工艺变化引起的涉及交叉学科的问题。芯片制造过程不是确定的，不同芯片可能存在较大的差异，甚至在单个芯片中也存在一定差异。氧化物厚度、栅极长度和其他参数都会造成一个器件与另一个器件的差异。因此，可能会出现时序故障（由过长的信号延迟引起），其表现形式是多种多样的。例如，这些故障可能导致数据损坏、开关资源的仲裁不正确、路由错误，以及消息位丢失。以较低的频率运行来预留适当的安全阈值可以解决时序故障问题。

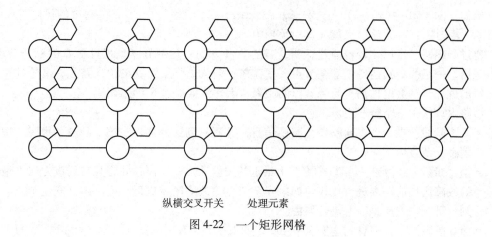

纵横交叉开关　　　处理元素

图 4-22　一个矩形网格

4.4.1　路由器容错

NOC 中常见的路由技术是虫洞路由，其中消息（数据包）被分解成称为"数据片"的子单元。这使得一个大的数据包可以同时分散在多个交换机上，从而减少每个交换机的存储需求。（缓冲器是 NOC 的一个主要的能耗来源。）与其说数据包在网络中逐交换机流动，不如说属于一个包的数据片一个跟一个地流动，就像火车车厢跟随车头前进一样。路由是在头部的数据片上完成的，其他数据片以相同的设置紧随其后，尾部数据片则用于标志到达终点。这种路由需要通过设置交换机来构建一个虚拟电路，使头部数据片从起点移动到终点，其他数据片沿着这个路线流动。当尾部数据片通过这些交换机后，虚拟电路就结束了。多个虚拟电路可以共享同一条物理电路，这样能更有效地利用资源。

当传入一个虚拟电路的数据片进入缓冲器时，如果这是头部数据片，那么控制逻辑将确定使用路由器上的哪个输出端口。然后，一个虚拟电路被分配到下游路由器（例如，路由路径上的下一跳）。不是头部数据片的其他数据片使用与前一个节点相同的虚拟电路，所以上述两个初始步骤只对头部数据片进行。采用这种方法，将会在交换开关处存在访问竞争。只有在下游缓冲器有空间的情况下，数据片才能前进。

虫洞路由中，死锁是一个比较明显的问题。已经有几个经证实有效的方案来防止死锁。对于一个矩形的二维网格，我们设立这样的一套规则：对网格的行和列进行编号，在任何时候，路由都禁止 180 度转弯（即反转方向）；在偶数列中，禁止任何路径从东向（即向东行驶）转到北向或南向；在奇数列中，禁止从北向或南向转入西向。上述规则足以防止死锁的发生。图 4-23 提供了这一方案的图示。

对这些规则能够防止死锁的证明过程如下：

- 假设这些奇偶列转向限制并不能防止死锁。
- 那么，一定有一些数据包 $\pi_1, \pi_2, \cdots, \pi_n$，是死锁的。这意味着，$\pi_2$ 阻塞了 π_1 的发送，π_3 阻塞了 π_2，$\cdots$，π_1 阻塞了 π_n。
- 由于 180 度的转弯是被禁止的，因

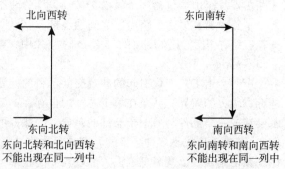

北向西转　　　　　　　东向南转

东向北转　　　　　　　南向西转
东向北转和北向西转　　东向南转和南向西转
不能出现在同一列中　　不能出现在同一列中

图 4-23　奇偶列转向规则：禁止转向组合实例

此死锁的路线一定由水平和垂直的段组成。

- 死锁的路线上一定有一个或多个垂直段，选离东边（右边）最远的一个垂直段。这个垂直段（列）的编号一定是偶数或奇数。
- 沿着这个垂直段的死锁路径涉及从南向北方向或从北向南方向的移动。在不失一般性的情况下，假设它是从南向北方向的数据包流动路径。
- 流向该段底部节点的数据包，必须来自西边（即左边）；从该段顶部节点流出的数据包必须向西回流。否则，它就不是最右边的一列。
- 按照上述要求，网格中一定存在一列，其中数据包的路由路径中包括从东向转北向（在段的底部）和从北向转西向（在顶部）。
- 然而，这样的路由不符合奇偶列转向规则：不可能在同一个列上，既有东向到北向的转弯，也有北向到西向的转弯。
- 数据包沿这一列从南向北方向流动的情况与上述类似。
- 因此，这就存在一个矛盾，不可能存在这样的列。由此可见，奇偶列转向规则保证了不可能发生死锁。

图 4-24 显示了一个路由器的主要子单元。路由器的输入来自它的每一个相邻节点。矩形网格中的内部节点有四个相邻节点。此外，还有来自主机节点的流量。缓冲器用来在传输前储存这些流量。每个出向连接的流量优先级由控制逻辑给出，这个逻辑决定了交叉开关的设置（即将哪些输入转到哪些输出）。

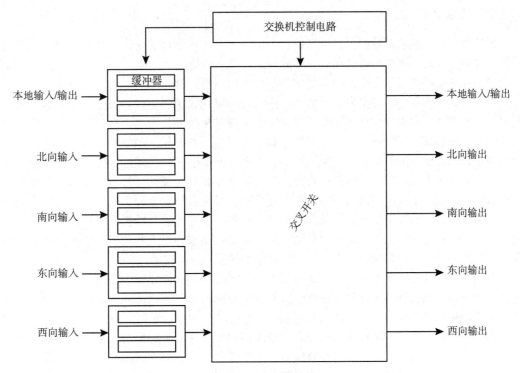

图 4-24　路由器结构

路由器的容错可以体现在不同的粒度。在最粗的粒度上，提供连接（线和多路复用器）以使节点与额外的路由器相连，通过这些冗余连接可以绕过整个路由器，而该路由器服务的节点被直接连接到一个邻近的路由器上，邻近路由器将把被绕过路由器的职责添加到自己的职责中。很明显，这将导致邻近路由器存在潜在的瓶颈。这种方法的一个变种是为网格的每一行和每一列都提供备用的路由器，并提供一些连接使它们能够替代失效的路由器。如果每一列有一个备用路由器，并配有适当的额外的节点-路由器连接，那么在每一列中最多可以替换一个失效路由器。

在较细的粒度上，有几种方法是可行的。一种方法是将交叉开关分解成两个，一个负责东西方向的输出，另一个负责南北方向的输出。输入被复制到这两个开关上。如果南北向的交叉开关发生故障，至少还有能力来路由东西方向的流量，而失效的交叉开关可以被绕过。

在更精细的粒度上，我们可以处理单个缓冲器的失效。在图 4-24 中，每一个缓冲器是与输入方向永久相关的。然而，我们可以通过一些额外的电路，将缓冲器连接起来，使它们可以动态地被分配。例如，如果几个与东向输入相关的缓冲器发生故障，而我们有大量来自这个方向的流量，那么可以重新映射与其他输入相关的缓冲器来承担这个负载。

仲裁逻辑的容错可以通过传统的冗余方法来实现。用来计算交换机的配置状态的逻辑可以复制，只占交换机总面积的一小部分，但是它对交换机的正确运行至关重要。所以采用传统的冗余设计产生的开销通常是可以接受的。用来解决交叉开关的输入和输出线之间竞争的逻辑可以共享。例如，假设对交叉开关顶部输入线的访问进行仲裁的逻辑发生故障，那么底部输入线的仲裁电路可以接替它。请注意，仲裁过程只用于头部数据片，所以这并不是一个很大的额外负担。类似的方法也适用于解决交叉开关输入之间争夺相同输出问题的逻辑。

4.4.2 连接容错

连接故障可以是瞬时性的，也可以是永久性的。瞬时故障可能是由相邻导线之间的耦合或是由噪声引起的。永久故障是由电迁移或其他缺陷造成的。

检错和纠错编码可以用于检测和纠正一定数量的错误。通常情况下，一种方法可以检测到的位错误数比可以纠正的更多。例如，一些编码可以纠正至多 1 位的错误，同时可以检测至多 2 位的错误。编码检测到但没有纠正的错误是通过重传来处理的。这种重传就要求先前的传输内容在内存中保留一段时间。例如，如果我们每一跳都做一次错误检查，那么需要一个周期的延迟传输一跳的信息，（至少）一个周期用来做错误检查，还需要一个周期通知发送节点需要重传消息。因此，消息必须在传输后保留至少三个周期。另一种方法是只在目的节点做错误检查。这样就不需要在每一跳进行检查，但是在传输过程中早期引入的错误很晚才会被发现，这意味着用于恢复的延迟将很高。此外，这种方法可能提高另一种风险，就是错误积累到超出编码方案检测能力的程度。采用端到端检查还是逐跳检查，取决于错误检测和响应所增加的延迟与传输过程中不检查所减少的开销之间的权衡。

请注意，当使用虫洞路由时，未能及时发现的头部数据片错误产生的影响是相当大的，它可能会导致整列数据片被错误地路由。出于这个原因，我们可以选择使用纠错能力更强的编码来处理头部数据片的信息（代价是增加一定数量的位和处理周期）。

连接一般实现为多条平行导线，如果一条连接的多条导线受到影响，那么可能需要进行多路复用。例如，如果组成一条连接的最多一半导线发生了故障，那么另一半可以承担故障导线的负载，但代价是时间翻倍。这显然需要额外的电路，是否值得为此在面积和功耗方面付出代价，是必须在设计时确定的因素。

4.4.3 发生失效后的路由选择

在出现失效的情况下，有许多路由的方法，我们在此介绍一种。每个节点都有一个路由表，指示通过哪条连接向每个目的节点传输信息。这个路由表是递归式建立的。在最开始时，一个节点的路由表只包含其直接邻居节点。例如，在一个矩形网格中，节点(x,y)表示它必须使用东向输出连接到达（有效的）节点$(x+1,y)$。然后，节点将这个消息传送给邻居。比如节点(x,y)告诉它的西边邻居$(x-1,y)$，它正在使用东向输出连接向$(x+1,y)$传输信息。这一信息在下一步被用来建立长度为2的路由，即节点$(x-1,y)$根据它从(x,y)收到的信息，在向$(x+1,y)$传输消息时使用其东向输出连接。在这种路由方法中，如果某个节点是失效的，路由表中就没有与它相关的条目。

请注意，这样一种建立路由表的方法很明显需要考虑设计避免死锁的规则（前面提到的奇偶列转向规则就是一个例子）。如果一个节点使用的路由信息会导致这些规则遭到破坏，那么节点不会向其邻居传送信息。比如，如果一个特定的节点(x,y)不允许左转（如从东向转到北向），那么它不会告诉西边邻居$(x-1,y)$关于通过(x,y)进入节点$(x,y+1)$的北输出连接的信息。

4.5　无线传感器网络

4.5.1　基础知识

传感器网络用来监测一些特定的环境。用于监测病人的体域网络，监测空气污染水平信息的微粒传感器网络，附着在野生动物身上研究其迁徙习惯的传感器，以及在森林中检测火灾的传感器网络都是众多例子中的一部分。

传感器网络由联网的传感器节点组成。单个传感器节点通常非常小和轻，由一个或多个传感器、一个处理器、一个用于通信的无线电模块以及一个能量存储器（电池或超级电容器）组成。一些传感器节点从环境中补充能量储存，例如使用太阳能电池补充，这被称为能量采集。传感器节点在内存、处理能力和能源方面受到高度的资源限制。

传感器节点的放置要么是确定性的，要么是随机性的。在确定性放置中，节点放置在预先确定的位置。随机性放置主要在难以到达的地方进行，比如节点可能从低空飞行的飞机上散落下来。传感器可以是固定的或移动的。移动显然会受到地形的限制，并且可能在速度和范围上非常有限。移动传感器可以用来替换故障的传感器或作为数据骡，从给定区域内的其他传感器节点上下载数据转储，然后整合并转发。提供移动性显然会增加传感器节点的成本。此外，移动传感器节点需要消耗更多的能量。而正如我们将看到的，能量是无线传感器网络的一个主要限制因素。

一旦传感器节点被放置到位，特定程序就会让节点形成一个自组织网络。节点向传输范围内的其他节点广播自己的存在，这些节点将组织成一个网络。传感器可以通过相当精确的手段，如全球定位系统（GPS）来确定其位置，或通过成本较低的方法，如感知其他节点发送的无线电信号的强度来确定其位置。在这种情况下，我们假设一个传感器节点可以确定它一跳范围内的邻居，即通过无线电传输的一跳可以到达的节点。

传感器网络通常是分层组织的。集群内的节点将它们的数据报告给本地的集群头节点，这个头节点核对数据并将数据转发给某个基站。基站作为网络和其用户之间的接口。在某些情况下，头节点会进行本地数据处理，计算原始数据的一些统计分析结果，将这些结果转发给基站。

能量是传感器网络中的一个重要制约因素。例如，一个节点可能仅由一个AA电池供电。当它耗尽时，如果没有能量收集，该节点就像消失了一样。即使节点可以从环境中获取能量，能量的输入通常也是高度可变的，有时不可精确预测，比如太阳能电池在一天中能量输出的变化。

能量在获取、处理和传输数据时被消耗。最主要的消耗来源通常是无线通信：无线电传输（和接收）通常比数据处理消耗的能量要多得多。出于这个原因，通常最好在节点本身中做尽可能多的数据精简工作。由于保持无线电的成本，无线电在大部分时间是关闭的。这些"睡眠"时间必须得到协调，以便接收节点和发射节点在同一时间打开它们的无线电。

可靠传输所需的功率取决于数据传输速率、传输范围（即发射器和接收器之间的距离）、所使用的调制方式、所处地形，以及运行环境的一些可变特性。功率通常是传输范围的一个超线性函数。为了使传输范围增加一倍，我们通常需要增加远远超过一倍的传输功率。无线电信道（链路）的质量因时间和天气条件而异。为了实现同样的数据传输速率，我们往往需要更大的传输功率。

4.5.2 传感器网络的失效

传感器节点可能因各种原因而失效，它们会受到大多数其他计算领域分支不会遇到的危险。散布在户外的传感器节点会受到天气变化无常的影响。在人口密集区，它们会受到人为破坏。在野外，地上的小型传感器节点可能会被当地的野生动物踩到，甚至吃掉。

除了硬件故障外，传感器节点在耗尽能源时也会失效（如前所述）。一个传感器节点的能量水平很低时，它可能可以感知，但不能传输数据。随着能量水平进一步下降，它甚至可能无法保持处理器的活动。即使可以进行能量采集，节点在用完了储存的能量时也需要一个恢复周期，它需要等待适合的环境条件以补充能量。

一个节点的通信需求取决于它的任务，以及它在信息传输链中的位置。通常情况下，传感器网络分布在一个广阔的区域内，外围的传感器离任何基站的直接通信范围都很远。来自这些传感器的传输内容需要通过多跳才能到达一个基站。靠近基站的节点则不仅要传输自己的数据，还要为更远的节点充当中继，这可能会导致它们的能量很快被耗尽。因此，除非这种中继活动可以分散到大量的节点上，否则必须保证这些节点有足够的能量。

另外，无线信道的质量随时间变化。在某些时间段里，信道质量可能非常糟糕，节点实际上与所有基站隔绝。这个问题可能会变得特别严重，因为这通常意味着一个关联事件：可能给定的地理区域内的所有节点都面临着恶劣的无线通信条件，在整个地区网络中变得不可见。而且，在检测节点失效时，我们必须始终考虑可能不是节点发生故障，而是来自该节点的无线电信道（暂时）处于不良状态的可能性。

所感知数据的准确性也会随着时间而改变。一个传感器可能随着时间的推移而发生漂移，以至于其输出误差高得令人无法接受。而如何处理漂移问题，我们将在第 7 章详细描述。

4.5.3 传感器网络中的容错

我们将在本节中重点讨论网络连通性问题。由于传感器老化造成的退化和传感器的可信度问题将在第 7 章中讨论。

当一个节点失效时，会产生两方面的影响。一个是在失效节点独立覆盖的区域内失去传感能力。另一个是失效节点不能进行信息转发会引起网络连通度的损失。我们在这里重点讨论第二个影响。第一个可以通过冗余放置额外节点的方式来处理，使它们的感知区域充分重叠以应对一定数量的节点失效。

节点连通度是最常用于评价传感器网络的指标。如果经证明网络连通度为 1，那么网络中会至少存在一个节点，它所产生的单个故障将使网络完全断开。用户可以分析被断开的组件的拓扑结构，以便了解是否有必要避免这种网络的断开。

　　这里我们将考虑三个问题。第一，如果传感器可以确定性地放置，而且位置相当准确，那么应该选择哪些规则的网络结构？第二，给定一个不规则的结构，我们如何处理节点失效并保持一定的连通度？第三，在网络连接不稳定的条件下，可以采取哪些措施？在我们的讨论中，我们将假定每个节点的通信范围是固定的，并且是相同的。

规则的网络结构

　　我们从规则结构的问题开始。传感器有两个关键参数：感知范围 r_s 和传输范围 r_t。我们简单假设，这两个参数都是事先知道的，且不随时间变化，所有传感器都有相同的值。这种假设显然与实际系统不完全相符。例如，工作环境的特征很可能导致不同传感器的传输范围是不同的，一个办公室里的金属文件柜中的传感器与一个无障碍走廊里的传感器很可能有不同的传输范围。当然，传输范围可以通过控制传输功率来调整。

　　在所有考虑的规则网格结构中，我们将假设节点放置在规则结构的顶点处，通过调整节点的间距以确保不存在任何节点都感知不到的"黑洞"，每个节点都能与其最近的邻居进行通信。我们的规则结构集是由 P 中的基本形状组成的网格结构，其中 $P=\{$三角形,正方形,菱形,六边形$\}$。

　　一个关键的指标是每个节点覆盖的面积 α_{node}。四种网格结构中每个节点的面积表达式如下（我们省略了证明）：

$$\alpha_{\text{node}} = \begin{cases} \dfrac{3\sqrt{3}}{2}\left(\min\left\{r_s,\dfrac{r_t}{\sqrt{3}}\right\}\right)^2 & \text{三角形} \\[2mm] \left(\min\{r_t,2r_s\cos(\theta/2)\}\right)^2\sin(\theta) & \text{菱形} \\[2mm] 2\left(\min\left\{r_s,\dfrac{r_t}{\sqrt{2}}\right\}\right)^2 & \text{正方形} \\[2mm] \dfrac{3\sqrt{3}}{4}(\min\{r_t,r_s\})^2 & \text{六边形} \end{cases} \qquad (4.10)$$

其中 θ 表示菱形的锐角（例如，当 $\theta\to\pi/2$ 时，菱形接近正方形；当 $\theta\to0$ 时，它接近于一条直线）。显然，我们希望通过选择 θ 来最大化覆盖范围 α_{node}。

　　由此，我们可以确定在这些结构中，哪种结构需要最小的节点数来覆盖给定的区域。事实证明，这种选择取决于 r_t/r_s 的值，即传输范围与感知范围的比。表 4-1 显示了在 $r_t>r_s$ 时，覆盖同样范围需要的节点数最少的结构选择方案，以及需要的节点连通度。

表 4-1　需要最少节点数的规则结构

条件	最佳选择	节点连通度
$1<r_t/r_s<3^{0.75}/2$	六边形	3
$3^{0.75}/2\leqslant r_t/r_s<\sqrt{2}$	正方形	4
$\sqrt{2}\leqslant r_t/r_s\leqslant\sqrt{3}$	菱形	4
$r_t/r_s>\sqrt{3}$	三角形	6

　　相关的证明需要相当复杂的几何论证，这里不做描述，感兴趣的读者可以查阅延伸阅读部分。对于基于三角形、正方形和六边形的网格，如果它们的中间节点（中心节点）可以被每个顶点处的节点感知，那么可以覆盖整个区域。表中的节点连通度用以衡量通信的容错性。

不规则结构

我们现在考虑不规则结构。例如，从低空飞行的无人机、气球或飞机抛掷出的传感器就会形成不规则的网络结构。在这种情况下，传感器的放置位置是非常随机的。通常我们能做的就是确保在一个给定的区域放置了一定的平均数量的节点。这个平均数量应该足够大，以使有足够高的概率达到所需的容错水平。

如果节点是移动的，还需要一些额外的设置。由于中间节点的失效而失去通信的节点可能会受到引导向彼此靠近。但请注意，这可能会导致连锁反应，因为其他未受最初失效节点影响的节点也会受到这种移动的影响，从而移动，这将引发另一层节点的移动，以此类推。

偶发性连接网络

在一些应用中，在正常的执行过程中，网络的连接性是会发生变化的，并且传感器网络并非一直连通。这可能是由于以下一个或多个原因发生的。

- 节点是移动的，会进入和离开彼此的传输范围。例如节点可能在车辆上，或者附着在迁徙的动物或鸟类上。
- 网络是非常稀疏的，并依赖于良好的无线电信道条件保持连通。当信道条件差时，一些节点就会与网络的其他部分断开连接。
- 节点可能会间歇性地失效。这可能发生在节点主要依靠能量采集，并且有一个非常小的能量储存的情况下。例如，使用太阳能电池的节点可能会在夜间快结束或经历太多阴天后相继失效。

在这样的条件下，用户必须能够容忍延迟。节点会存储消息，直到它们有机会与某些其他节点连接，这时它们才会传输消息。

解决这个问题的一个常用方法是让源节点生成其消息 m 的 L 个副本。当它进入一个还没有消息 m 副本的节点的范围内时，它就将其发送给该节点。而当这些节点中的一个进入基站的范围时，它将 m 传送到基站。副本的数量 L 和向其发送副本的节点的选择，都取决于节点的移动模型。节点的移动性可能有所不同。在许多情况下，节点被限制在某一地理区域内游走。在其他情况下，它们可能不受这种限制。

我们将介绍一种典型的算法，称为二分 spray 和 wait 算法。这个算法针对一个随机走动模型。也就是说，一个节点可以在单位时间内向任何方向移动一定的距离并没有限制其在某个特定的区域中。缓冲区和能量限制不予考虑，我们隐含地假设其执行不受这种限制。在这样的条件下，这个简单的算法效果出奇得好，以下是对它的表述。

- spray 阶段。最初的发送节点在开始时有消息 m 的 L 份副本。拥有 $n>1$ 份（$n=1,2,\cdots,L$）副本的节点进入另一个没有消息 m 副本的节点的范围内时，它发送自己的 $\lfloor n/2 \rfloor$ 份副本，其余的暂时保留。当一个节点将消息发送给目标节点时（在这种情况下，显然不会再参与这个算法了），或者它只剩下一份副本时，它在这个阶段的参与就结束了。在后一种情况下它会转入对消息 m 的 wait 阶段。
- wait 阶段。只有一份消息副本的节点持续等待，直到它在 m 的目的节点的范围内。这时它就会传送消息副本。

显然，当我们说一节点发送多个信息副本时，可以通过发送一个物理副本加上它所代表的副本数量来实现。这将浪费能量和带宽，因为实际上是在发送多份信息。

4.6 延伸阅读

关于网络的一个很好的一般性介绍可以在文献[19, 20]中找到，也可以参考文献[33, 51]。

　　图论中连通度的概念在图论的许多教科书中都有描述，例如文献[13，26]。一篇硕士论文[72]提供了更多关于在网络可靠性研究中使用连通度的内容。网络稳定性的概念是在文献[12]中引入的。

　　关于连通度测量的几个变体已经被提出。条件连通度在文献[28]中定义为如下：相对于任何网络属性 P，节点（连接）的条件连通度被定义为，为了使网络断开所必须从网络中移除节点（连接）的最小数量，且留下的每个组件都符合属性 P。比如 P 为"该组件最多拥有 k 个节点"。这种连通度度量在文献[41]中有所描述。

　　另一个评价指标，称为网络弹性，是在文献[48]中引入的。网络弹性的定义和某个给定的概率阈值 p 相关。让 $P(i)$ 表示网络在第 i 个节点故障后（而不是前）发生断开的概率，并假设节点失效符合一些给定的概率分布。那么，网络弹性就是使得下式得到满足的最大的 ν：

$$\sum_{i=1}^{\nu} P(i) \leq p$$

　　再一个评价指标，称为韧度，是在文献[17]中引入的。韧度主要是指在一定数量的节点失效后，网络可以被分解成的组件的数量。一个网络，如果任意一组 k 个节点的失效，最多导致网络分解成 $\max\{1, k/t\}$ 个组件，则称其具有韧度 t。韧度越大，图分割成的组件就越少。一些相关的图论工作在文献[9，10]中可以找到。对网络的健壮性和弹性的各种测量方法的最新研究见文献[37]。

　　扩展多级网络在文献[1]中进行了描述。多级网络和扩展多级网络的可靠性分析见文献[38-40]。其他的容错多级网络描述于文献[2]中。文献[53]中分析了多级和交叉开关网络的带宽。对网格的可靠性的相关研究可以见文献[47]。网状结构的填隙冗余在文献[62]中得到了介绍。对超立方体可靠性的总结与研究见文献[63]。立方体连接的环形网络是在文献[57]中提出的，并且文献[45]中开发了一个路由算法，其中还提出了一个直径的表达式。有几个修改该网络以提高其可靠性的建议，例如文献[7，67]。环状拓扑结构已经得到广泛的研究。我们在本章中提出的分析是基于文献[60]的。一个更新的并且引用了许多过去研究成果的论文是文献[54]。路径（或终端）可靠性在文献[29]中进行了研究。

　　超立方体的容错路由在文献[11，15]中提出。这种路由依赖于深度优先搜索的策略，深度优先搜索的介绍可见任何标准的算法书籍，如文献[4，18]。基于源节点的路由方案是在文献[43]中引入的。文中处理方法更为普遍，包括网络中有 N 个或更多故障的情况。

　　胖树是在文献[42]中首次提出的。许多计算集群、并行计算机和数据中心使用胖树的某种变体（例如 InfiniBand[46]）作为其互连网络。对胖树拓扑的多种改进已经被提出，各种路由算法也被开发出来，见文献[3，24，35，55，61]。一本专注于胖树的容错路由的书 [25] 在 2013 年出版。

　　关于片上网络的讨论见文献[49]。英特尔公司的环状和网状 NOC 拓扑结构描述在文献[31，32]中。关于 NOC 容错的相关研究，请参考文献[59，68]。容错路由的相关讨论涵盖在文献[23]中，错误检查的相关讨论在文献[52]中。奇偶列转向的路由方案在文献[16]中描述。

　　硅通孔在文献[21]中讨论，而虚拟路由管理在文献[50]中讨论。路由器的容错研究在文献[36，56，58]中讨论。我们在这里的讨论仅限于传统的 CMOS 网络，关于片上光网络的发展情况见文献[8]（关于基础技术的一些背景见文献[69]），基于纳米技术的交叉开关在文献[66]中有所涉及。

　　关于传感器网络中的容错管理的研究可以在文献[71]中找到。关于容错传感器网络协议的讨论，见文献[34]。自适应无线传输功率控制在文献[44]中有所描述。传感器网络中的数据聚合在文献[5，65]中有所涉及。关于相关图的算法，见文献[22，27，30]。规则结构中的覆盖和连通度在文献[6]中进行了分析。一些关于在不规则结构中保持容错性的细节可以在文献[14]中找到。移动节点以恢复连通度的问题在文献[70]中进行了讨论。二分 spray 和 wait 算法出现在文献[64]中。

4.7　练习题

1. 图的节点（边）连通度可以表示为任何一对节点之间拥有的节点不相交（连接不相交）的路径的最小数量。请证明图的节点连通度不可能大于它的边连通度，并且节点和边的连通度都不能超过图中节点的度的最小值。（一个节点的度是其相连的边的数量。）具体而言，请证明对于一个有 l 个连接和 n 个节点的图，图中节点的度的最小值不会超过 $\lfloor 2l/n \rfloor$。

2. 在这个题目中，我们将使用模拟的方法来研究一些网络的弹性（如果你对模拟不熟悉，浏览一下第 9 章可能会有帮助）。假设节点失效的概率为 q_n，单个连接失效的概率为 q_1。失效是相互独立的，一个节点的失效会使它附带的所有连接失效。请计算 q_n 和 q_1 在 0.01 和 0.25 之间变化时，网络被断开的概率。请针对以下每个网络计算。

   a）$n \times n$ 的矩形网格，$n = 10$、20、30、40。

   b）$n \times n$ 的间隙网格，使用 $(1,4)$ 填隙冗余，$n = 10$、20、30、40。

   c）n 维超立方体，$n = 3$、4、6、8、10、12。

3. 对于上面列出的网络，找到直径稳定度向量 **DS**。

4. 考虑一个 8×8 的蝶形网络。假设每个处理器每个周期都产生一个新的请求。一个请求与它之前的请求是否被满足无关，并且以 1/2 的概率指向内存模块 0，以 1/2 的概率指向其他内存模块。也就是说，以 1/14 的概率指向内存模块 i，其中 $i \in \{1,2,\cdots,7\}$。请计算这个网络的带宽。

5. 在本章中，我们展示了在一个多级网络中，一个特定的处理器无法连接到任何存储器的概率。在我们的分析中，只考虑了连接失效。请扩大分析范围以包括概率为 q_s 的交换开关失效。假设连接和开关的失效都是相互独立的。

6. 在一个 4×4 的多级蝶形网络中，p_1 是一个连接无故障的概率。假设一个处理器产生内存请求的概率为 p_r。还假设交换开关不发生失效。请写出带宽 BW、连通度 Q 和可访问处理器的期望数目的表达式。

7. 证明扩展多级蝶形网络在至多一个交换开关发生失效的情况下，仍然能够保持从任何输入到任何输出的连接。假设交换开关是在额外阶段或输出阶段失效的，其旁路多路复用器能够正常工作。

8. 比较 $N \times M$ 间隙网络（M 和 N 都是偶数）的可靠性和普通 $N \times M$ 网格的可靠度。假设每个节点都有一个可靠度 $R(t)$，并且连接是无故障的。当 $R(t)$ 取什么值，间隙网络的可靠性会更高？

9. 推导出一个正方形 $(4,4)$ 的填隙冗余阵列的可靠度的近似表达式，该网络有 16 个主节点和 9 个备用节点。用 R 表示一个节点的可靠度，并假设连接是无故障的。

10. 对一个 3×3 的交叉开关网络进行增强设计，通过增加一个行、一个列、输入端多路输出选择器，以及输出多路复用器进行容错设计。假设一个交换开关可能以 q_s 的概率失效，当它失效时，所有的输入连接都会断开。同时我们假设所有连接都是无故障的，但多路复用器和多路输出选择器会以 q_m 的概率失效。请写出原始的 3×3 的交叉开关网络和容错交叉开关网络的可靠度。（在本问题中，容错交叉开关的可靠度是指在 4×4 系统中有一个正常的 3×3 交叉开关的概率）。另外，请分析容错交叉开关网络的可靠度是否总是高于原来的 3×3 交叉开关。

11. 证明在推导超立方体网络的可靠度时所列举的三种情况是互斥的。此外，请证明 H_n 在这些情况下都是连通的。假设 $q_c = 0$，也就是说，节点不会失效。

12. 请通过模拟得到 $n = 5$、6、7 时超立方体网络 H_n 的可靠度，假设 $q_c = 0$，并将这个结果与我们得出的可靠度下限相比较。

13. 一个 H_3 超立方体中的连接是由标号较小的节点指向标号较大的节点的。请计算源节点 0 和目的节点 7 的路径可靠度。请用 $p_{i,j}$ 表示从节点 i 到节点 j 的连接正常运行的概率，同时假设所有的节点都是无故障的。

14. 一个给定的 3×3 环形网络中的所有连接都是有方向的，如下图所示。请计算源节点 1 和目的节点 0 的路径可靠度。用 $p_{i,j}$ 表示从节点 i 到节点 j 的连接正常运行的概率，并假设所有节点都没有故障。

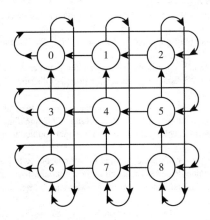

15. 请以下列方式生成随机图：图有 n 个节点，存在一个（双向）连接节点 i 和 j 的连接的概率是 p_e。p_e 在 0.2 和 0.8 之间变化，步长为 0.1。

针对每个 p_e 值回答下列问题。

a）这些网络中连通部分占多大比例？

b）在连通的网络子集中，如果连接的失效概率为 q_1，而节点不会失效，那么该图的直径稳定度向量 **DS** 是多少？其中 q_1 在 0.01 和 0.25 之间变化。

16. 推导出以下每个网格的节点连通度：三角形、矩形和六边形。

17. 在一个传感器网络中，一个节点的邻居在 τ 的时间间隔内没有收到它的消息，它们会宣布该节点有故障。简要描述一下在确定适当的 τ 值时你会考虑哪些因素。

18. 提供一个虫洞路由中死锁的例子，即其中有多个消息传递，而这些消息相互干扰，以至于它们都无法前进。

19. 考虑一个长方形的网格。假设节点 A 希望向节点 B 发送一个信息，两个节点之间在 x 和 y 方向上的跳数分别为 d_x 和 d_y。假设没有转弯规则限制，那么这条信息可以走的节点不相交（最短）路径有哪些？

20. 在给定的五节点的带弦网络中所有连接都是定向的（如图所示），而 3 条弦是双向的。

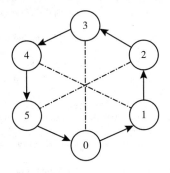

a）请问该网络的直径是多少？请指出一个距离等于该直径的源-目的节点路径。

b）用 d_1 和 d_c 分别表示一条连接和一条弦的传输延迟。假设 $d_c = 2d_1$，计算平均源-目的路径延迟。

c）用 p_1 表示一条连接正常运行的概率，用 p_c 表示一条弦正常运行的概率。并假定连接和弦的失效是独立的，所有节点都不会发生故障。计算源节点 0 和目的节点 1 的路径可靠度。

参考文献

[1] G.B. Adams III, H.J. Siegel, The extra stage cube: a fault-tolerant interconnection network for supersystems, IEEE Transactions on Computers 31 (May 1982) 443–454.

[2] G.B. Adams III, D.P. Agrawal, H.J. Siegel, Fault-tolerant multi-stage interconnection networks, IEEE Computer 28 (June 1987) 14–27.

[3] M. Adda, A. Peratikou, Routing and fault tolerance in Z-fat tree, IEEE Transactions on Parallel and Distributed Systems 28 (8) (August 2017) 2373–2386.

[4] A.V. Aho, J.E. Hopcroft, J.D. Ullman, The Design and Analysis of Computer Algorithms, Addison-Wesley, 1974.

[5] B. Ao, Y. Wang, L. Yu, R.R. Brooks, S.S. Iyengar, On precision bound of distributed fault-tolerant sensor fusion algorithms, ACM Computing Surveys 49 (1) (2016) 5.

[6] X. Bai, S. Kumar, D. Xuan, Z. Yun, T.-H. Lai, Deploying wireless sensors to achieve both coverage and connectivity, in: 7th ACM International Symposium on Mobile Ad Hoc Networking and Computing, ACM, 2006, pp. 131–142.

[7] P. Banerjee, The cubical ring connected cycles: a fault tolerant parallel computation network, IEEE Transactions on Computers 37 (May 1988) 632–636.

[8] J. Bashir, E. Peter, S.R. Sarangi, A survey of on-chip optical interconnects, ACM Computing Surveys 51 (6) (2019) 115.

[9] D. Bauer, E. Schmeichel, H.J. Veldman, Progress on tough graphs – another four years, in: Y. Alavi, A.J. Schwenk (Eds.), Graph Theory, Combinatorics, and Applications – Seventh Quadrennial International Conference on the Theory and Application of Graphs, 1995, pp. 19–34.

[10] D. Bauer, H.J. Broersma, E. Schmeichel, More Progress on Tough Graphs – the Y2K Report, Memorandum 1536, Faculty of Mathematical Sciences, University of Twente, 2000.

[11] D.M. Blough, N. Bagherzadeh, Near-optimal message routing and broadcasting in faulty hypercubes, International Journal of Parallel Programming 19 (October 1990) 405–423.

[12] F.T. Boesch, F. Harary, J.A. Kabell, Graphs as models of communication network vulnerability, Networks 11 (1981) 57–63.

[13] B. Bollobas, Modern Graph Theory, Springer-Verlag, 1998.

[14] J.L. Bredin, E.D. Demaine, M. Hajiaghayi, D. Rus, Deploying sensor networks with guaranteed capacity and fault tolerance, in: 6th ACM International Symposium on Mobile Ad Hoc Networking and Computing, ACM, 2005, pp. 309–319.

[15] M.-S. Chen, K.G. Shin, Depth-first search approach for fault-tolerant routing in hypercube multicomputers, IEEE Transactions on Parallel and Distributed Systems 1 (April 1990) 152–159.

[16] G.M. Chiu, The odd-even turn model for adaptive routing, IEEE Transactions on Parallel and Distributed Computing 11 (7) (2000) 729–738.

[17] V. Chvatal, Tough graphs and Hamiltonian circuits, Discrete Mathematics 2 (1973) 215–228.

[18] T.H. Cormen, C.E. Leiserson, R.L. Rivest, C. Stein, Introduction to Algorithms, MIT Press, 2001.

[19] W.J. Dally, B. Towles, Principles and Practices of Interconnection Networks, Morgan-Kaufman, 2004.

[20] J. Duato, S. Yalamanchili, L. Ni, Interconnection Networks: An Engineering Approach, Morgan-Kaufman, 2003.

[21] A. Eghbal, P.M. Yaghini, N. Bagherzadeh, M. Khayambashi, Analytical fault tolerance assessment and metrics for TSV-based 3d network-on-chip, IEEE Transactions on Computers 64 (12) (2015) 3591–3604.

[22] S. Even, Graph Algorithms, Cambridge University Press, 2011.

[23] D. Fick, A. DeOrio, G. Chen, V. Bertacco, D. Sylvester, D. Blaauw, A highly resilient routing algorithm for fault-tolerant NOCs, in: Conference on Design, Automation and Test in Europe, 2009, pp. 21–26.

[24] C. Gomez, M.E. Gomez, P. Lopez, J. Duato, An efficient fault-tolerant routing methodology for fat-tree interconnection networks, in: Parallel and Distributed Processing and Applications, ISPA 2007, in: LNCS, vol. 4742, Springer-Verlag, 2007, pp. 509–522.

[25] C. Gomez Requena, M.E. Gomez Requena, P. Lopez Rodriguez, Exploiting the Fat-Tree Topology for Routing and Fault-Tolerance, Scholar's Press, 2013.

[26] J.L. Gross, J. Yellen (Eds.), Handbook of Graph Theory, CRC Press, 2003.

[27] X. Han, P. Kelsen, V. Ramachandran, R. Tarjan, Computing minimal spanning subgraphs in linear time, SIAM Journal on Computing 24 (6) (1995) 1332–1358.

[28] F. Harary, Conditional connectivity, Networks 13 (1983) 346–357.

[29] S. Hariri, C.S. Raghavendra, SYREL: a symbolic reliability algorithm based on path and cutset methods, IEEE Transactions on Computers C-36 (October 1987) 1224–1232.

[30] M.R. Henzinger, S. Rao, H.N. Gabow, Computing vertex connectivity: new bounds from old techniques, Journal of Algorithms 34 (2) (2000) 222–250.

[31] Intel-64 and IA-32 architectures optimization reference manual, June 2016, available at https://www.intel.com/content/dam/www/public/us/en/documents/manuals/64-ia-32-architectures-optimization-manual.pdf.

[32] Intel Xeon processor scalable family technical overview, July 2017, available at https://software.intel.com/en-us/articles/intel-xeon-processor-scalable-family-technical-overview.

[33] P. Jalote, Fault Tolerance in Distributed Systems, Prentice-Hall, 1994.

[34] M.A. Kafi, J.B. Othman, N. Badache, A survey on reliability protocols in wireless sensor networks, ACM Computing Surveys 50 (2) (2017) 31.

[35] H. Kariniemi, J. Nurmi, Performance evaluation and implementation of two adaptive routing algorithms for XGFT networks, Computing and Informatics 23 (5–6) (2004) 415–435.

[36] J. Kim, C. Nicopoulos, D. Park, V. Narayanan, M.S. Yousif, C.R. Das, A gracefully degrading and energy-efficient modular router architecture for on-chip networks, ACM SIGARCH Computer Architecture News 34 (2) (2006) 4–15.

[37] G.W. Klau, R. Weiskircher, Robustness and resilience, in: U. Brandes, T. Erlebach (Eds.), Network Analysis: Methodological Foundations, in: Lecture Notes in Computer Science, vol. 3418, Springer-Verlag, 2005, pp. 417–437.

[38] I. Koren, Z. Koren, On the bandwidth of a multistage network in the presence of faulty components, in: Eighth International Conference on Distributed Computing Systems, June 1988, pp. 26–32.

[39] I. Koren, Z. Koren, On gracefully degrading multiprocessors with multistage interconnection networks, IEEE Transactions on Reliability 38 (Special Issue on "Reliability of Parallel and Distributed Computing Networks") (April 1989) 82–89.

[40] V.P. Kumar, A.L. Reibman, Failure dependent performance analysis of a fault-tolerant multistage interconnection network, IEEE Transactions on Computers 38 (December 1989) 1703–1713.

[41] S. Latifi, M. Hegde, M. Naraghi-Pour, Conditional connectivity measures for large multicomputer systems, IEEE Transactions on Computers 43 (February 1994) 218–222.

[42] C.E. Leiserson, Fat-trees: universal networks for hardware-efficient supercomputing, IEEE Transactions on Computers 34 (10) (October 1985) 892–901.

[43] R. Libeskind-Hadas, E. Brandt, Origin-based fault-tolerant routing in the mesh, in: IEEE Symposium on High Performance Computer Architecture, 1995, pp. 102–111.

[44] S. Lin, F. Miao, J. Zhang, G. Zhou, L. Gu, T. He, J.A. Stankovic, S. Son, G.J. Pappas, ATPC: adaptive transmission power control for wireless sensor networks, ACM Transactions on Sensor Networks 12 (1) (2016) 6.

[45] D.S. Meliksetian, C.Y.R. Chen, Optimal routing algorithm and the diameter of the cube-connected cycles, IEEE Transactions on Parallel and Distributed Systems 4 (October 1993) 1172–1178.

[46] Mellanox Technologies, Introduction to InfiniBand, available at https://www.mellanox.com/pdf/whitepapers/IB_Intro_WP_190.pdf.

[47] P. Mohapatra, C.R. Das, On dependability evaluation of mesh-connected processors, IEEE Transactions on Computers 44 (September 1995) 1073–1084.

[48] W. Najjar, J.-L. Gaudiot, Network resilience: a measure of network fault tolerance, IEEE Transactions on Computers 39 (February 1990) 174–181.

[49] C. Nicopoulos, V. Narayanan, C.R. Das, Network-on-Chip Architectures: A Holistic Design Exploration, vol. 45, Springer Science & Business Media, 2009.

[50] M. Oveis-Gharan, G.N. Khan, Efficient dynamic virtual channel organization and architecture for NOC systems, IEEE Transactions on Very Large Scale Integration (VLSI) Systems 24 (2) (2016) 465–478.

[51] K. Padmanabhan, D.H. Lawrie, Performance analysis of redundant-path networks for multiprocessor systems, ACM Transactions on Computer Systems 3 (May 1985) 117–144.

[52] D. Park, C. Nicopoulos, J. Kim, N. Vijaykrishnan, C.R. Das, Exploring fault-tolerant network-on-chip architectures, in: IEEE International Conference on Dependable Systems and Networks (DSN'06), 2006, pp. 93–104.

[53] J.H. Patel, Performance of processor-memory interconnections for multiprocessors, IEEE Transactions on Computers C-30 (October 1981) 771–780.

[54] J.M. Peha, F.A. Tobagi, Analyzing the fault tolerance of double-loop networks, IEEE/ACM Transactions on Networking 2 (August 1994) 363–373.

[55] F. Petrini, M. Vanneschi, K-ary N-trees: high performance networks for massively parallel architectures, in: Proc. 11th International Symposium on Parallel Processing (IPPS 97), 1997, pp. 87–93.

[56] P. Poluri, A. Louri, Shield: a reliable network-on-chip router architecture for chip multiprocessors, IEEE Transactions on Parallel and Distributed Systems 27 (10) (2016) 3058–3070.

[57] F.P. Preparata, J. Vuillemin, The cube-connected cycles: a versatile network for parallel computation, Communications of the ACM 24 (May 1981) 300–309.

[58] T. Putkaradze, S.P. Azad, B. Niazmand, J. Raik, G. Jervan, Fault-resilient NOC router with transparent resource allocation, in: 12th IEEE International Symposium on Reconfigurable Communication-Centric Systems-on-Chip (ReCoSoC), 2017, pp. 1–8.

[59] M. Radetzki, C. Feng, X. Zhao, A. Jantsch, Methods for fault tolerance in networks-on-chip, ACM Computing Surveys 46 (1) (2013) 8.

[60] C.S. Raghavendra, M. Gerla, A. Avizienis, Reliable loop topologies for large local computer networks, IEEE Transactions on Computers C-34 (January 1985) 46–55.

[61] F.O. Sem-Jacobsen, T. Skeie, O. Lysne, J. Duato, Dynamic fault tolerance in fat trees, IEEE Transactions on Computers 60 (4) (April 2011) 508–525.

[62] A.D. Singh, Interstitial redundancy: a new fault-tolerance scheme for large-scale VLSI processor arrays, IEEE Transactions on Computers 37 (November 1988) 1398–1410.

[63] S. Soh, S. Rai, J.L. Trahan, Improved lower bounds on the reliability of hypercube architectures, IEEE Transactions on Parallel and Distributed Systems 5 (April 1994) 364–378.

[64] T. Spyropoulos, K. Psounis, C.S. Raghavendra, Spray and wait: an efficient routing scheme for intermittently connected mobile networks, in: 2005 ACM SIGCOMM Workshop on Delay-Tolerant Networking, ACM, 2005, pp. 252–259.

[65] Y. Sun, H. Luo, S.K. Das, A trust-based framework for fault-tolerant data aggregation in wireless multimedia sensor networks, IEEE Transactions on Dependable and Secure Computing 9 (6) (2012) 785–797.

[66] O. Tunali, M. Altun, A survey of fault-tolerance algorithms for reconfigurable nano-crossbar arrays, ACM Computing Surveys 50 (6) (2017) 79.

[67] N.-F. Tzeng, P. Chuang, A pairwise substitutional fault tolerance technique for the cube-connected cycles architecture, IEEE Transactions on Parallel and Distributed Systems 5 (April 1994) 433–439.

[68] S. Werner, J. Navaridas, M. Lujan, A survey on design approaches to circumvent permanent faults in networks-on-chip, ACM Computing Surveys 48 (4) (2016) 59.

[69] S. Werner, J. Navaridas, M. Lujan, A survey on optical network-on-chip architectures, ACM Computing Surveys 50 (6) (2017) 89.

[70] M. Younis, S. Lee, A.A. Abbasi, A localized algorithm for restoring internode connectivity in networks of moveable sensors, IEEE Transactions on Computers 59 (12) (2010) 1669–1682.

[71] M. Younis, I.F. Senturk, K. Akkaya, S. Lee, F. Senel, Topology management techniques for tolerating node failures in wireless sensor networks: a survey, Computer Networks 58 (2014) 254–283.

[72] G.E. Weichenberg, High Reliability Architectures for Networks Under Stress, MS Thesis, MIT, 2003.

第5章

软件容错

已经有很多研究在讨论软件为何如此容易出现缺陷，以及设计和编写软件为何如此困难。研究人员意识到开发正确的软件存在必然性困难（essential difficulty）与偶然性困难（accidental difficulty）。必然性困难来自于理解复杂应用程序和运行环境时存在的固有挑战，以及必须构建包含大量状态和非常复杂的状态转换规则的软件架构。软件还需要经常进行修改，因为要增加新的功能以适应不断变化的应用需求。此外，随着硬件和操作系统平台的变化，软件也要进行适当的调整。最后，软件还经常用来弥补需要交互的系统组件之间的不兼容性。

生成高质量软件面临的偶然性困难来自于一个事实，即人们在执行非常简单的任务时也会犯错。即使不需要构建正确的软件设计方案那样的高级能力，只是将详细的设计转换为可以正常工作的代码，也仍然很容易出错。

为了降低现代软件的缺陷率，人们已经做了大量的工作。这些技术依赖于大量的程序来测试软件程序的正确性和完整性。但是，测试永远不可能确切地验证任意程序的正确性。因此我们可以断定，现在使用的任何一种大规模软件中都有可能存在缺陷。

在尽一切可能减少单个程序的错误率之后，我们不得不寄希望于用容错技术来减轻软件缺陷的影响。这些技术正是本章所要讨论的内容。

5.1 可接受性测试

与硬件系统一样，任何容错机制中的重要一步都是检测故障。一种常见的检测软件缺陷的方法是可接受性测试（acceptance test）。该方法用于包装器和恢复块中，这二者都是重要的软件容错机制。稍后将讨论这些问题。

在一个闷热的仲夏午后，如果温度计显示-40℃，你会怀疑是不是温度计出故障了。这就是可接受性测试的一个例子。可接受性测试本质上是一个合理性的检查。大部分可接受性测试都是以下类别中的一种。

- **时序检查**（timing check）。最容易进行检查的是时间。如果我们大致知道代码应该运行多长时间，则可以适当地设置看门狗定时器。当定时器溢出时，系统可以假定发生了故障（硬件故障或软件中某些原因导致节点"挂起"）。时序检查可以与其他可接受性测试同时使用。
- **输出验证**（verification of output）。在某些情况下，可接受性测试是由问题本身自然提出的。也就是说，问题的性质决定了尽管问题本身很难解决，检查答案是否正确却十分容易，而且检查本身也不太可能出错。打个比方，人们完成拼图游戏可能需要很长时间，但是检查拼图是否正确十分容易，只需看一眼即可。

此类的问题还包括计算平方根（对结果做乘方运算，检查是否等于原始数字），大数的因子分解（将因子相乘），方程的解（将结果带入到原始方程中）和排序问题等。当然，在排序中仅检查数字是否已排序是不够的，还必须检查输入中的所有数字是否都包含在输出中。

有时，为了节省时间，我们只进行概率性的检查。这样即使检查中没有出现错误，也不能保证所有的输出都不会存在错误。但这种方法的优点是需要的时间更少。我们以矩阵乘法为例：

假设要实现两个 $n \times n$ 整数矩阵 A 和 B 的乘法运算，得到的结果表示为 C。为了在不重复计算矩阵乘法的情况下检查结果，我们可以随机选择一个大小为 $n \times 1$ 的整数向量 R，并做运算 $M_1 = A \times (B \times R)$ 和 $M_2 = C \times R$。如果 $M_1 \neq M_2$，那么我们知道矩阵的乘法运算肯定发生了错误。即使 $M_1 = M_2$，也不能证明计算的结果 C 是正确的，但是若 $A \times B \neq C$，则很难找到一个随机的向量 R 满足 $M_1 = M_2$。为了进一步降低这个概率，可以再选择一个 $n \times 1$ 的向量重复上述检查。

- **范围检查**（range check）。有时，我们没有十分方便和明显的方法来检查输出的正确性。在这种情况下可以使用范围检查。也就是说，我们利用对应用程序的理解为输出设置可接受的边界，如果输出落在这些边界之外，则证明出错。这样的边界可以是预设的，也可以是输入的一些简单函数。如果是后者，则函数必须足够简单，以保证可接受性测试软件本身出现故障的概率足够低。

例如，考虑一颗拍摄地球热成像的遥感卫星。显然，我们可以为温度设置界限，并将任何超出这些界限的输出视为错误。此外，我们可以使用空间相关性，指寻找相邻地区之间温度的过大差异，如果差异不能用物理特征（如火山）来解释，则标记一个错误。

当在可接受性测试中设置检查范围时，我们需要平衡两个因素：灵敏度（sensitivity）和误报率（false alarm rate）。灵敏度是指可接受性测试发现错误输出的概率。更确切地说，就是在输出本身存在错误的条件下，可接受性测试报告错误的条件概率。误报率是指在被测实体实际正常的情况下，测试结果错误的条件概率。

通过缩小检查范围可以提高灵敏度。不幸的是，这将增加误报率。在一个荒谬的极端情况下，我们可以将检查范围缩小到零，此时每个输出都会被标记为错误。这种情况下，灵敏度会达到 100%，但每个正确的输出也将被标记为错误。

5.2 单版本软件容错

在本节中，我们将研究如何使软件的各个部分更加健壮。首先研究封装器（wrapper），它是用于增强软件模块健壮性的接口。然后讨论软件抗衰（software rejuvenation）。最后描述数据多样性的使用和软件实现的硬件容错。

5.2.1 封装器

顾名思义，封装器是在执行给定程序时将其封装起来的软件（如图 5-1 所示）。我们可以封装几乎任何层次的软件，包括应用软件、中间件，甚至操作系统内核。来自外部的针对被封装实体的输入将受到封装器拦截，它决定是传递这些输入，还是向系统发出一个异常信号。同样，被封装软件的输出也会经过封装器过滤。

自从人们开始将 COTS（commercial off-the-shelf）软件组件用于高可靠性应用程序，封装器就变得流行起来。COTS 组件是为通用应用程序编写的，对于这些应用程序，人们不希望它们发生错误，但发生了错误也不会产生严重后果。在将这些组件应用于需要高可靠性的

图 5-1 封装器

应用程序之前，需要将它们嵌入某些能降低错误率的环境中。此环境（封装器）可以阻止超出指定范围或已知会导致错误的输入进入应用程序。同样，封装器在给出输出之前会先对其做一个恰当的可接受性测试。如果输出没有通过测试，则封装器将这一情况发送到系统，由系统决定采取什么样的方案。

封装器的设计与特定的被封装实体以及系统相关。下面是一些使用示例：

- **处理缓冲区溢出**。C语言不对数组执行范围检查，这可能会导致意外或恶意的危险。将一个很长的字符串写入一个小的缓冲区将会导致溢出，由于不执行范围检查，因此缓冲区外的内存区域将被覆盖。例如，考虑 C 中的 strcpy() 函数，它将字符串从一个地方复制到另一个地方。如果执行中调用 strcpy(str1, str2)，其中 str1 的缓冲区长度为 5，str2 的字符串长度为 25，则将发生缓冲区溢出，覆盖 str1 缓冲区外的内存区域。黑客可以利用这种溢出来进行攻击。
利用封装器进行检查可以确保不发生此类溢出，例如，检查缓冲区大小是否大于要复制的指定字符串的大小。若否，则拒绝调用 strcpy() 函数，同时封装器返回错误或触发异常。
- **调度器的正确性检查**。考虑在一个容错的实时系统中对任务调度器进行封装。与通用操作系统不同，此类调度器通常不使用轮询调度。有一种实时调度算法是最早截止时间优先（EDF），顾名思义，系统执行的是所有准备运行的任务中绝对截止时间最早的任务。当然，这也要受制于任务优先级的约束，因为一些任务在执行某些部分时可能是不可抢占的。
对这样的调度器，可以通过让封装器验证调度算法是否得到正确执行进行封装，以便调度器总是选择具有最早截止时间的就绪任务，并且保证任何具有更早截止时间的新到达任务可以抢占正在执行的任务（假设后者是可抢占的）。为了完成任务，封装器显然需要有关哪些任务已就绪及其截止时间的信息，以及当前正在执行的任务是否是可抢占的。为了获得这些信息，可能需要让调度器软件的供应商提供一个合适的接口。
- **使用漏洞已知的软件**。假设我们使用的是一个漏洞已知的软件模块。也就是说，我们通过强化测试或者通过现场测试发现软件对于特定的输入集 S 会发生失效。进一步假设软件供应商尚未推出纠正这些漏洞的版本。那么这种情况下我们可以利用封装器来拦截软件的输入，并检查这些输入是否在集合 S 中。如果不在，则将它们转发到软件模块中执行，否则向系统返回异常。另外，封装器也可以将输入重定向到一些替代的、自定义编写的代码中。这些代码可以处理 S 中的输入。
- **使用封装器检查输出的正确性**。此类封装器会进行可接受性测试，通过该测试筛选每个输出。如果输出通过测试，则将其转发到外部，否则会引发异常，并且系统会处理可疑输出。
- **为关键变量设置多个副本**。封装器可通过自动保存关键变量的多个副本来防止内存中的瞬时故障。确定哪些变量是关键的基于的是被破坏的变量值在空间和时间上对软件的影响。空间上的影响是指最终受变量错误影响的软件模块的数量。时间上的影响是指变量的错误持续存在的时间（在变量被覆盖之前）。这两种影响都可以通过故障注入过程（参见 9.6 节）或通过对代码的详细分析来衡量。结合给定变量中的错误值经过传播导致最终输出不正确的概率，我们就可以为每个变量值的关键程度定义一个合适的相对度量。设计人员可以据此为保护这类变量的副本设置合适的数量阈值（采用三模冗余还是双模冗余）。例如，最关键的前 7% 的变量可以设置为三模冗余（这意味着封装器在写入该变量时会自动存储该变量的三个副本），而接下来 10% 的关键变量可以设置为双模冗余。实验表明，这种方法在降低失效率方面非常有效（详细请参阅延伸阅读部分）。
- **改变环境以便于重试**。当检测到失效发生时，有时可以通过更改软件执行的某些方面来提高重新执行的成功率。例如，存储空间的释放（在 C 中使用 free() 指令）可能会存在延迟，导致更多的存储空间被分配给缓冲区，被分配的存储空间会被初始化为零，消息就可能被重新排序（只要它们涉及一些互不相关的连接），进程的调度也会改变。封装器可以拦截导致这种情况的调用，并对其进行适当的调整。

这种方法背后的思想是：在软件发布前的正常测试中，软件已经变得相当可靠，因此失效通常是执行过程中一些特殊情况组合发生的结果，这些情况在软件开发过程中没有被测试到。通过改变这些情况，可以使同样的问题再次发生的可能性大大降低。

能否成功设计一个封装器主要取决于以下几个因素：

- **可接受性测试的质量**。这一点与应用程序有关，它会直接影响封装器阻止错误输出的能力（此处它本应阻止）。
- **是否可以从被封装模块获取必要信息**。通常，被封装的模块是一个"黑盒子"，并且我们所能观察到的封装器的行为都是响应给定输入而产生的输出。在这种情况下，封装器的设计将受到一定程度的限制。例如，如果没有有关等待运行的任务的截止时间的信息，我们对任务调度的封装器将无法实现。理想情况下，我们希望可以访问全部的源代码，如果由于商业或其他原因而无法做到这一点，我们希望供应商自己提供明确定义的接口，通过这些接口，封装器可以从被封装的软件中获取相关信息。
- **被封装的软件模块被测试的程度**。对软件进行尽可能全面的测试，可以使我们知道哪些输入会导致软件出错，并能够减少错误输出导致系统崩溃的概率。

5.2.2 软件抗衰

当个人计算机死机时，人们下意识的反应是重启计算机。重启就是一个软件抗衰（software rejuvenation）的例子。

有很多的软件问题，它们不会立刻导致错误，但是如果不及时处理，最终就会引发失效。例如，当一个进程执行时，它可能会不断地获得分配的内存空间和文件锁，但从不释放它们。数值错误可能因迭代次数的增加不断积累，随着这些未能得到纠正的错误的累积，数据很可能会被破坏。软件运行过程会出现大量的内存碎片，如果这种情况持续下去，进程就会出现问题并可能停止执行。为了避免这种情况，我们可以主动停止执行，清理其内部状态，然后重启软件。这就是所谓的软件抗衰技术。

在抗衰方面有两个主要问题。第一，软件抗衰应该在哪个层面进行？第二，我们如何确定何时需要进行抗衰处理？

抗衰操作的层面

可以在软件的不同层面进行抗衰操作。例如，在进程层面，我们可能会终止进程，通过垃圾回收对其进行清理，或者重新初始化其数据结构然后重启。如果一个任务由多个松散耦合的子任务组成，每个子任务都有自己的地址空间，并且其中一个子任务表现出明显的老化，则只需重启这些受影响的子任务，而不用重启全部的子任务。为了使这种机制能够正常工作，最好确保在这些重启任务中需要保存的数据（如数据库）与应用程序分开保存，这需要良好的接口设计支持。子任务之间的松散耦合确保可以在不影响其他子任务正确性的情况下重启一个子任务，并且可以在重启后轻松地将其重新集成到系统中。

在更高的层面上，可能会重启整个物理节点。这涉及重启该节点上的操作系统，可能影响在其上运行的所有任务。所有这些都将经历一次抗衰操作。

最近，虚拟化（virtualization）的概念变得流行起来。虚拟机监视器（hypervisor）是一个资源管理软件层，位于硬件之上。它允许在单个物理机上运行多个虚拟机，每个虚拟机都有自己的"客户"操作系统。注意，这些客户操作系统可能彼此不同，例如 VM1 上可能运行

Linux，而 VM2 可能运行 Windows。虚拟化是一个很古老的概念，在几十年前的 IBM System/360 机器中就已经出现。结构如图 5-2 所示。

针对虚拟机系统的抗衰操作可以在图 5-2 中的各个层面上完成。首先，我们可以简单地只是重启虚拟机监视器（换句话说，虚拟机监视器之上的虚拟机可以保存其状态，然后在虚拟机监视器程序恢复后从断点处重启）。其次，对每个单独的虚拟机（包含其上运行的所有内容）也可以执行抗衰操作。再次，我们可能只关注在一个或多个虚拟机上执行的某个应用程序。在执行抗衰操作的过程中，我们也可以选择（如果有足够的硬件资源）将虚拟机从一个硬件节点迁移到另一个硬件节点。我们选择哪个层面进行重启将取决于问题（触发抗衰操作）的根源在哪里。

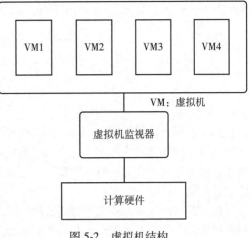

图 5-2　虚拟机结构

抗衰操作会造成性能损耗。首先，需要时间将抗衰处理的目标离线以重启。其次，如果一个或多个（内存或文件）缓存项在这个过程中失效，则重新加载缓存会导致访问时间变长——建议使用一些方法来保留缓存内容以避免发生此问题。一般来说，如果在非常有限的范围内进行抗衰处理，则性能损失较小。例如，对应用程序的单个组件执行重启的成本将低于重启整个应用程序的成本，而整个应用程序的重启成本又低于整个节点（以及该节点上运行的所有应用程序）的重启成本。

抗衰处理的时机选择

软件抗衰操作可以基于时间周期性进行，也可以基于预测确定操作时机。

基于时间的方法是指以固定的时间间隔进行抗衰操作。为了确定最优的抗衰周期，我们必须平衡收益与代价。接下来构建一个简单的数学模型来描述这个问题，使用了如下标记：

$\tilde{N}(t)$　间隔时间 t（不包含重启时间）内发生错误数的期望值；

C_e　每个错误的代价；

C_r　每次抗衰操作的代价；

P　抗衰周期。

将因执行抗衰操作和因软件执行发生错误而产生的代价相加，我们可以得到周期 P 内抗衰操作的总体期望成本，表示为 $C_{\text{rejuv}}(P)$：

$$C_{\text{rejuv}}(P) = \tilde{N}(P)C_e + C_r$$

单位时间的代价可以被表示为

$$C_{\text{rate}}(P) = \frac{C_{\text{rejuv}}(P)}{P} = \frac{\tilde{N}(P)C_e + C_r}{P} \tag{5.1}$$

为了更好地理解这个表达式，我们讨论 $\tilde{N}(P)$ 的三种情况。第一种情况，考虑如果软件在整个执行过程中具有恒定的错误率 λ，即 $\tilde{N}(P) = \lambda P$，会发生什么情况。将其代入公式（5.1）中，我们得到 $C_{\text{rate}}(P) = \lambda C_e + C_r/P$。很容易看出，为了最小化 $C_{\text{rate}}(P)$，我们需要令 $P = \infty$。这意味着，如果错误率恒定，则不应该使用抗衰的方法。抗衰操作仅适用于防止软件执行时潜在的错误率不断增加。

第二种情况，考虑 $\tilde{N}(P) = \lambda P^2$。从式（5.1）可知，$C_{\text{rate}}(P) = \lambda P C_e + C_r/P$。为使此值最

小，我们找到一个 P 使得 $\mathrm{d}C_{\mathrm{rate}}(P)/\mathrm{d}P=0$（且 $\mathrm{d}^2C_{\mathrm{rate}}(P)/\mathrm{d}P^2>0$）。通过求导找到一个抗衰周期的最优值，表示为 P^*，有 $P^*=\sqrt{\dfrac{C_{\mathrm{r}}}{\lambda C_{\mathrm{e}}}}$。

第三种情况，我们将上述两种情况一般化，即假设 $\tilde{N}(P)=\lambda P^n$，$n>1$。从式（5.1）可知，$C_{\mathrm{rate}}(P)=\lambda P^{n-1}C_{\mathrm{e}}+C_{\mathrm{r}}/P$。利用初等微积分，我们可以得到抗衰周期的最优值为

$$P^*=\left(\frac{C_{\mathrm{r}}}{(n-1)\lambda C_{\mathrm{e}}}\right)^{1/n}$$

为了设置合适的周期 P，我们需要知道参数 $C_{\mathrm{r}}/C_{\mathrm{e}}$ 和 $\tilde{N}(t)$ 的值。这些可以通过在软件上运行仿真实验获得，或者在系统开始时设定一些默认的初始值，在执行过程中自适应地调整。例如，随着时间的推移，当我们收集了足以反映软件失效特征的统计数据时，可以适当地调整软件的抗衰周期。

基于预测的方法需要监控系统运行特征（如分配的内存空间，持有的文件锁数量等），对系统何时会发生失效进行预测。例如，如果进程以一定的速率不断消耗内存，则系统可估算何时内存会被耗尽。另外，我们也可以跟踪节点处理作业的速率，以发现吞吐量的持续下降。最终，在预测系统发生崩溃之前执行抗衰操作。

实现基于预测的方法的软件必须能够访问足够多的状态信息来做出预测。如果它作为操作系统的一部分，则此类信息很容易收集。如果它只是一个运行在操作系统之上的软件包，缺乏特殊的权限，则会被限制使用操作系统提供的接口来收集状态信息。例如，Linux 系统提供了以下命令：

- vmstat。提供有关处理器利用率、内存以及页面活动信息、软件陷阱和 I/O 操作的信息。
- iostat。输出用户和系统级别的 CPU 使用率（百分比），以及每个 I/O 设备的使用情况。
- netstat。指示网络连接、路由表，以及含所有网络接口的表。
- nfsstat。提供有关网络文件服务的内核统计信息。

一旦收集了足够的状态信息，就可以确定发展趋势并通过预测这些趋势判断何时会引起错误。例如，如果我们正在跟踪一个进程的内存分配，我们可能会对最近的某个时间窗口内的内存分配做一个最小二乘法的多项式拟合。

最简单的拟合是一条直线，或一阶多项式，如 $f(t)=at+c$。更复杂的拟合可能涉及更高阶的多项式，例如 n 阶多项式。假设所选的最近的一个时间窗口包括 k 个时间点 $t_1<t_2<\cdots<t_k$，其中 t_k 是最近的一个。给出测量值 $\mu(t_1),\mu(t_2),\cdots,\mu(t_k)$，其中 $\mu(t_i)$ 是时刻 t_i 分配的内存，我们试图找到以下多项式的系数：

$$f(t)=a_nt^n+a_{n-1}t^{n-1}+\cdots+a_1t+a_0$$

使得 $\sum_{i=1}^{k}[\mu(t_i)-f(t_i)]^2$ 最小。然后使用此多项式来预测进程何时会耗尽内存。

在标准的最小二乘法拟合中，每个观测点 $\mu(t_i)$ 在拟合时具有相同的权重。这种方法的一个变体是加权最小二乘法拟合，在这个过程中，我们致力于使加权平方和最小。在我们的内存分配例子中，我们将选择权重 $w_1,w_2,\cdots,w_k$，然后确定 $f(t)$ 的系数，以便使

$$\sum_{i=1}^{k}w_i[\mu(t_i)-f(t_i)]^2$$

最小。我们可以通过增加权重来强调某些点的影响。例如，如果我们令 $w_1<w_2<\cdots<w_k$，则新产生的数据将比旧数据对拟合的影响更大。

上述的曲线拟合方法容易受到几个离群点（异常高或低的点）的影响，这些点可能会对

拟合产生不利的后果。可以通过一些其他的技术来减少这些点的影响，使拟合算法更加健壮。详细的参考请参阅延伸阅读部分。

也可以使用机器学习（即人工智能）来跟踪系统的行为。可通过历史数据将一些指标（如可用内存量、虚存的交换空间、吞吐量、文件句柄等）与性能下降和临近的失效相关联，用于训练机器学习算法。因为可以将新的信息不断集成到知识库中，以便在系统运行时更新抗衰操作的相关决策，所以这种方法可以自适应不断变化的运行环境。更多信息见延伸阅读部分。

基于阈值的方法是为一个或多个指标，例如为可用的内存、内存碎片化程度或交换空间使用情况设置阈值。当指标超过阈值时，执行抗衰操作。

上述方法可以结合起来，在预定的抗衰周期 P 到达时，或是某个指标突破阈值时，抑或是预测到即将发生失效时，都能触发抗衰操作的执行。

5.2.3　数据多样性

程序的输入空间包含了所有可能的输入，该空间可分为失效区和非失效区。当且仅当使用失效区的输入时，程序才会失效。数据的多样性使得软件可以在使用属于失效区的输入时，仍能产生可接受的结果。

失效区形态各异，大小也不同。输入空间通常都具有多个维度，我们设想一个简单的二维输入空间（实际应用中并不存在）并进行分析。图 5-3 绘制了两个任意的失效区。在这两种情况下，失效区在输入空间中的占比是相同的，但在图 5-3A 中失效区由许多个相对较小的区域组成，在图 5-3B 中失效区是单个较大的连续区域。在两种情况下，软件对于所有可能的输入出错的概率相同。两者最关键的区别在于，对图 5-3A 中的输入做微小扰动就可以将其从失效区转到非失效区。

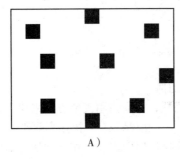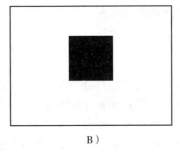

A）　　　　　　　　　　　　　B）

图 5-3　失效区。A）小，分散失效区。B）大，连续失效区

针对图 5-3A 所示的失效区，我们可以提出一种可能的容错方法：如果原始输入落在失效区，则对输入进行轻微的扰动，扰动后的输入将可能落在非失效区。这种方法一般称为*数据多样性*。它具体的实现方法取决于错误检测机制。假设任意时刻软件只有一个副本在执行，且用可接受性测试去检测错误。然后，在检测到错误时，我们可以利用扰动的输入重新执行计算，再次检查输出结果。如果使用了大量的冗余，我们可以将略有不同的输入应用于不同版本的程序，并对输出进行表决（参见 5.3 节）。

对输入数据的扰动可以显式或隐式地完成。显式扰动可以是简单地向输入的一个子集添加一个小的偏差项。隐式扰动需要收集一些适当的输入应用到程序中，我们预期这些输入会和原始输入略有不同。例如，假设我们有一个工业过程控制软件，其输入是某些化学反应堆的压力和温度。每秒测试一次参数(p_i, t_i)，并输入控制器中。从物理学的角度讲，我们假设对样本 i 和样本 $i-1$ 测量的压力值差别不大。在这种情况下，隐式扰动可以用(p_{i-1}, t_i)来替代(p_i, t_i)。如果幸运，则(p_i, t_i)处于失效区，而(p_{i-1}, t_i)不处于，从而提供了一种容错。这种方法是否可行显然取决于应用程序的动态执行情况和抽样率。通常情况下，如果我们的抽样率高于系统正常的抽样率，那么这种方法可能是可行的。

另一种容错方法是对输入重新排序。举例进行说明，假设一个程序想要对三个浮点数 a、b、c 进行求和。如果输入顺序为 a, b, c，则首先计算 $a+b$，再与 c 求和。设 $a = 2.2\mathrm{E}+20$、$b = 5$、$c = -2.2\mathrm{E}+20$。根据所使用的精度（如果浮点数的有效数字，即尾数字段的空间少于 20 个十进制位，则大约为 66 个二进制位），计算出的 $a+b$ 可能是 $2.2\mathrm{E}+20$，因此最终结果将是 $a+b+c = 0$，这是不正确的。更改输入顺序为 a, c, b 后，则有 $a+c = 0$，可使 $a+c+b = 5$。

上面的两个例子之间有一个重要的区别。虽然在这两种情况下我们都对输入进行了重新表达，但是反应堆的控制器是一个非精确重表达的例子，计算 $a+b+c$ 是一个精确重表达的例子。在第一个例子中，软件试图计算压力和温度的函数 $f(p, t)$，但对于落在失效区的输入(p, t)，软件的实际输出将不等于 $f(p, t)$，也可能存在 $f(p_i, t_i) \neq f(p_{i-1}, t_i)$。在第二个例子中，计算 $a+b+c$，理论上我们应该有 $a+b+c = a+c+b$，但浮点运算的限制导致输入序列为 a, b, c 时出现了错误。

当使用精确重表达时，相关的输出可以按原样使用（只要它通过可接受性测试或程序多个版本的表决）。如果我们使用了非精确重表达，输出将不会是要计算内容的精确值。根据应用程序和扰动量的不同，在使用输出之前，我们可以尝试（也可以不尝试）对扰动进行纠正。如果应用程序具有一定的健壮性，那么扰动后的输出可以作为理想输出的一个有点降级但仍可接受的替代方案，此时可以不需要纠正。如果不是这样，我们必须对扰动进行纠正。

纠正扰动输出的一种方法是使用泰勒展开。回想一下，对于一个变量（假设函数可微），$f(t)$ 在点 t_0 处的泰勒展开式为

$$f(t) = f(t_0) + \sum_{n=1}^{\infty} \frac{(t-t_0)^n f^{(n)}(t_0)}{n!}$$

其中 $f^{(n)}(t_0)$ 是 $t=t_0$ 时 $f(t)$ 对 t 求导的 n 阶导数的值。

在其他情况下，我们可能没有理想的解析函数，必须使用其他方法来纠正输出。

有人提出了一种与数据库容错相关的方法。假设我们有一个由一系列操作组成的事务。不难看出，在大多数情况下，我们可以重新表述操作序列以获得相同的最终结果。有趣的是，人们观察到，这种"结果等同"的重新表述是可以容忍故障的。也就是说，考虑两个不同的操作序列 S_1、S_2，它们的结果是相同的。除了重新表述操作顺序之外，S_2 与 S_1 相同。即使序列 S_1 会导致一个故障，S_2 也会成功运行。对于这样的重新表述，已经推导出了详细的规则，详见延伸阅读部分。

5.2.4 软件实现的硬件容错

数据多样性可以与时间冗余相结合，以构建软件实现的硬件容错（software implemented hardware fault tolerance，SIHFT）机制来检查硬件故障。SIHFT 技术可以为硬件或信息冗余技术提供一种廉价的替代方案，且 COTS 微处理器通常不支持错误检测，使得在使用 COTS 微处理器时这种方法特别有吸引力。

假设一个程序只有整型变量和常量，我们可以将它转换为一个新程序。在新程序中，所

有的变量和常量均乘以常数 k（称为多样性因子），其最终结果应为原始程序结果的 k 倍。当原始程序和转换后的程序在同一硬件上执行时（例如，使用时间冗余），这两个程序的结果将以不同的方式受到硬件故障的影响，具体取决于 k 的值。通过检查转换后程序的结果是否是原始程序产生的结果的 k 倍，可以检测到硬件故障。

如何选择一个合适的 k 值？所选的值应使得检测到故障的概率更高，又应足够小，以免造成上溢或下溢，从而阻碍我们正确比较两个程序的输出。此外，如果原始程序包括逻辑操作，如按位的 XOR 或 AND，则我们应该将值的形式限制为 $k=2^{l}$，其中 l 为整数，因为在这种情况下乘以 k 将成为一个简单的移位操作。

示例　考虑图 5-4 所示的 n 位总线，假设该总线的第 i 位有一个永久的固定 0 故障。如果通过总线发送的数据第 i 位等于 1，则固定型故障将导致在目的节点收到错误的数据。如果在同一硬件上执行一个 $k=2$ 的转换程序，则数据的第 i 位将使用总线的第 $i+1$ 行，并且不会受到故障的影响。这两个程序的执行将产生不同的结果，表明有故障存在。

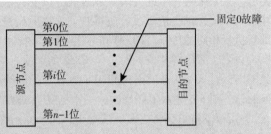

图 5-4　具有永久固定 0 故障的 n 位总线

显然，如果总线上所转发数据的第 i 位和第 $i+1$ 位都是 0，那么固定 0 故障将不会被检测到。假设 n 位总线上所有 2^{n} 个可能的值都具有这样的可能性，则这个事件发生的概率为 0.25。然而，如果程序转换使用的是 $k=-1$（意味着程序中的每个变量和常数都要经过二进制补码运算），那么原始程序中几乎所有的 0 在转换后的程序中都会变成 1，大大降低了出现未被检测到的故障的概率。

这里特别要注意的是，如果原始变量的值是可以用二进制补码表示的最大负整数（对于 32 位的整数来说是 -2^{31}），即使 $k=-1$ 也会产生溢出的风险。因此，转换后的程序应采取适当的预防措施，例如，按比例放大该变量使用的整数类型。可以进行范围分析，以确定必须按比例放大哪些变量以避免溢出。

给定 k 的值，程序的实际转换是非常简单的，而且很容易可以自动化。图 5-5 中的例子显示了 $k=2$ 时的转换。请注意，转换后的程序中乘法结果必须除以 k，以确保变量 y 的适当缩放。

```
i = 0;
x = 3;
y = 1;
while (i < 5) {
    y = y * (x + i);
    i = i + 2;
}
z = y;
```

A）

```
i = 0;
x = 6;
y = 2;
while (i < 10) {
    y = y * (x + i)/2;
    i = i + 4;
}
z = y;
```

B）

图 5-5　$k=2$ 时的程序转换示例。A）原程序。B）转换后的程序

如果程序中使用了浮点变量，那么上面考虑的一些简单的 k 的选择就不再合适了。例如，对于 $k=-1$，转换后的变量只有符号位会发生变化（假设遵循 IEEE 标准的浮点数表示法，见

延伸阅读部分）。即使选择 $k = 2^l$（l 为整数）也存在问题，因为乘以这样的 k 只会影响指数字段。有效字段将保持不变，其中的任何错误都不会被发现。因此，有效字段和指数字段要乘以两个不同的 k 值。

为了给一个给定的程序选择 k 值，使 SIHFT 技术提供更高的覆盖率（检测大部分硬件故障），我们可以向模拟的硬件中注入故障来进行实验研究，并确定使用每个候选的 k 值时的故障检测能力。

利用移位后的操作数重新计算

利用移位后的操作数重新计算（recomputing with shifted operand，RESO）的方法与 SIHFT 类似，主要区别在于此处需要修改硬件以支持故障检测。在这种方法中，执行算术或逻辑运算的每个单元都会被修改，使得它们先在原始操作数上执行操作，然后在转换后的操作数上重新执行相同的操作。RESO 技术与 SIHFT 技术需要解决同样的问题。在这里，操作数的转换也只限于简单的移位，对应于 $k = 2^l$ 的形式，其中 l 是一个整数。在执行转换后的计算时避免溢出，对 RESO 来说比对 SIHFT 更容易，因为修改了硬件单元的数据路径可以扩展一些额外的位。图 5-6 显示了经修改的一个 ALU（能够执行加法、减法和位逻辑运算的算术逻辑单元），可以支持 RESO 技术。第一步，两个原始操作数 X 和 Y 相加而不进行移位，其结果 Z 存储在寄存器中。第二步，两个操作数先移位（l 位），再相加。然后这个相加的结果往相反的方向移动相同位，并且校验电路对其与寄存器的内容进行比较。

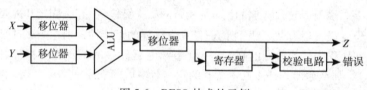

图 5-6   RESO 技术的示例

5.3　N 版本编程

在这种软件容错的方法中，N 个独立的程序员团队按照相同的规格说明开发软件。然后，这 N 个版本的软件并行运行，它们的输出会受到表决。该方法的初衷是这些程序是独立开发的，那么它们在相同的输入上同时出错的概率不大。事实上，如果假设软件缺陷在统计上是独立的，并且每个缺陷都有相同的发生概率 q，那么一个使用 N 版本编程开发的软件发生失效的概率可以用类似于 NMR 系统所使用的方式来计算，也就是说，在软件缺陷独立的假设下，N 个版本中有缺陷的版本数不超过 m 的概率为

$$p_{\text{ind}}(N, m, q) = \sum_{i=0}^{m} \binom{N}{i} q^i (1-q)^{N-i}$$

实现 N 版本编程远非易事，即使只是正确运行的版本达成一致，都是非常困难的。

5.3.1　一致性比较问题

假设某些应用程序有 N 个独立编写的软件版本 V_1，…，V_N。假设每个版本中都包括计算某一个值 x，并将其与一个常数 c 进行比较的功能。令 x_i 表示由版本 V_i 计算出的 x 的值。如果对于所有 $i = 1$，…，N，都有 $x_i \geq c$，或者 $x_i < c$，则与 c 的比较被认为是一致的。

考虑如下的代码：

```
if (f(p,t)<c)
    take action A1
else
    take action A2
end if
```

这里，被调用的 $f(p,t)$ 是参数 p、t 的函数，采取什么操作（action）取决于该函数的返回值。每个版本的输出是所采取的操作。在这种情况下，我们希望所有功能正常的版本在比较中都能保持一致。

由于这些版本是独立编写的，而且实际上可能使用不同的算法来计算函数 $f(p,t)$，因此我们预计它们各自的计算可能会产生略有不同的 $f(p,t)$ 的值。举个具体的例子，令 $c=1.0000$，$N=3$。假设 V_1、V_2 和 V_3 版本分别输出 0.9999、0.9998 和 1.0001 的值。那么，$x_1<c$，$x_2<c$，但 $x_3>c$，即比较结果不一致。结果，V_1 和 V_2 将执行操作 A_1，而 V_3 将执行操作 A_2，尽管这三个版本功能正常。

即使精度很高，不同版本输出的偏差很小，这种不一致的比较仍可能发生。换言之，这种一致性比较问题没有一个一般性的解决方案。我们可以证明这一点。首先证明，能够将任何两个相差小于 2^k 的 n 位整数映射到相同的 l 位输出（其中 $m+l \leqslant n$）的算法一定是一个将所有输入映射到一个相同值的平凡算法。假设我们有这样一个算法，并从 $k=1$ 开始证明。0 和 1 的差小于 2^k，所以算法会将它们映射到同一个数字，比如说 α。同样，1 和 2 的差异小于 2^k，所以它们也会被映射到 α。这样下去，我们可以很容易地证明，3、4、…都会被这个算法映射到 α，这意味着这一定是一个平凡算法，它把所有的整数都映射到同一个数字，即 α。

上面的讨论假设参与比较的是整数，然而，很容易证明一个类似的结果对精度有限的实数来说是成立的，即使实数彼此之间略有不同。

当各版本将一个变量与一个给定的阈值进行比较时，就会出现这个问题。鉴于软件可能涉及大量的这种比较，即使没有发生错误，只要在计算的数值中存在微小的差异，每个版本也有可能产生不同的、不相等的结果。这种差异通常无法消除，因为每个版本可能使用不同的算法，而且都是独立编程的。

为什么这个问题如此重要？如果非故障版本的输出可以不同，那么有理由认为其中任何一个版本的输出对应用程序来说都是可以接受的，系统没有办法确定输出的分歧是因为存在错误版本，还是因为一致性比较的问题。请注意，非故障的版本有可能因为这个问题而产生分歧，多个故障的版本却可能产生相同的错误输出（由于一个共模的错误）。这样，系统就很可能选择错误的输出。

理论上，我们可以完全绕过一致性比较的问题。在进行比较之前让各版本对变量的值达成一致。也就是说，在检查某个变量 $x>c$ 之前，各版本运行一个算法，对 x 值达成一致。然而，这将增加一个设计限制，即在有多个比较的情况下，执行比较的顺序是确定的。以这种方式限制版本的实现会降低版本的多样性，从而增加共模错误存在的可能性。另外，如果这种比较的数量很大，可能会出现明显的性能下降，因为会产生大量的同步点。先到达比较点的版本将不得不等待较慢的版本。

此外，可以使用置信信号。在进行 "$x>c$?" 的比较时，每个版本都应该考虑一个差值 $|x-c|$。对某个预先指定的 δ 来讲，如果 $|x-c|<\delta$，则该版本会对自己的输出给出一个较低的置信度，因为它有可能与其他版本不一致。然后，对版本输出进行表决时可以忽略低置信度

的版本，或者给它们一个较低的权重。不幸的是，如果一个正确版本的$|x-c|<\delta$，那么其他正确的版本也很有可能如此，其输出也会被表决者降低权重。这还会引起一种可能性，即一个错误结果可能会与 c 差距较大，它会在表决中以多数票击败（多个）正确结果（它们与 c 值比较接近）。

一致性比较问题出现的频率以及持续时间的长短取决于具体应用程序的特征。在那些不使用历史状态信息的应用程序中（例如，如果计算只依赖于最新的输入值，而且不是历史值的一个函数），一致性比较问题可能不经常发生，并且很快就会消失。

5.3.2 版本独立性

不同版本之间的共模错误可以使总体出错的概率增加几个数量级。例如，考虑 $N=3$ 的情况，对于任何输入，它最多可以容忍一个失效的版本。假设一个版本产生错误输出的概率是 $q=10^{-4}$，也就是说，平均每个版本每运行 10 000 次就产生一次错误的输出。如果这些版本是随机独立的，那么这个三版本系统发生错误的概率为

$$q^3+3q^2(1-q)\approx 3\times 10^{-8}$$

现在，假设随机独立性不成立，有一种缺陷模式是三个版本中的两个版本所共有的，并且平均每百万次系统运行就执行一次缺陷（也就是说，一个版本的每 100 个缺陷中大约有一个是由一个共同的错误造成的）。每当这个缺陷被执行时，系统就会失效。现在三版本系统的错误概率增加到了 10^{-6} 以上，这明显大于不相关系统的错误概率。

进一步探讨版本相关性的问题。通常，可以根据各输入导致版本失效的概率而将输入空间（包含所有可能的输入模式的空间）细分为多个区域。例如，如果在输入空间的一个给定的子集中存在一些数值不稳定性，那么该子空间的输入引发的错误率可能大于整个输入空间的平均错误率。假设版本在每个子空间都是随机独立的，也就是说，Prob$\{V_1,V_2$ 都失效|输入来自子空间 $S_i\}$=Prob$\{V_1$ 失效|输入来自 $S_i\}\times$Prob$\{V_2$ 失效|输入来自 $S_i\}$

根据全概率公式，一个独立版本的无条件失效概率为

$$\text{Prob}\{V_j\ 失效\}=\sum_i \text{Prob}\{V_j\ 失效\ |输入来自 S_i\}\times \text{Prob}\{输入来自 S_i\}(j=1,2)$$

V_1 和 V_2 都失效的无条件概率为

$$\text{Prob}\{V_1,V_2\ 都失效\}=\sum_i \text{Prob}\{V_1\ 失效\ |S_i\}\times\text{Prob}\{V_2\ 失效\ |S_i\}\times\text{Prob}\{输入来自 S_i\}$$

让我们考虑两个数值的例子。为了便于阐述，我们将假设输入空间只由两个子空间 S_1 和 S_2 组成，而且输入来自 S_1 或 S_2 的概率为 0.5。

示例 假设条件失效概率如下所示：

版本	S_1	S_2
V_1	0.010	0.001
V_2	0.020	0.003

两个版本的无条件失效概率为

$$\text{Prob}\{V_1\ 失效\}=0.01\times 0.5+0.001\times 0.5=0.0055;$$
$$\text{Prob}\{V_2\ 失效\}=0.02\times 0.5+0.003\times 0.5=0.0115$$

如果两个版本是随机独立的，那么对于相同的输入，两个版本失效的概率将是

$$\text{Prob}\{V_1\text{ 失效}\}\cdot\text{Prob}\{V_2\text{ 失效}\}=0.0055\times0.0115=6.33\times10^{-5}$$

然而，实际的联合失效概率要大一些：

$$\text{Prob}\{V_1,V_2\text{ 都失效}\}=0.01\times0.02\times0.5+0.001\times0.003\times0.5=1.02\times10^{-4}$$

原因是这两个版本的失效是正相关的：它们都是在 S_1 中比在 S_2 中更容易失效。

示例　假设失效概率如下：

版本	S_1	S_2
V_1	0.010	0.001
V_2	0.003	0.020

各个版本的无条件失效概率与上一个例子中的相同。然而，现在的联合失效概率是

$$\text{Prob}\{V_1,V_2\text{ 都失效}\}=0.01\times0.003\times0.5+0.001\times0.02\times0.5=2.5\times10^{-5}$$

这比上一个例子中的相应概率减少了约五倍，还不到随机独立版本概率的一半。

原因是，现在两个版本的失效是负相关的。V_1 在 S_1 中比 S_2 中更好，V_2 则相反。直观地说，V_1 和 V_2 互相弥补了对方的不足之处。

在理想情况下，我们希望多个版本之间是负相关的。然而现实中，大多数的相关性是正的，因为这些版本最终是要解决同一个问题。因此，在任何情况下，N 版本程序设计的重点还是使各版本尽可能随机独立，而不是使它们负相关。

版本的随机独立性可能会受到一些因素的影响：

- **相同的规格说明**。如果程序员根据相同的规格说明开发软件，这些规格说明中的错误将传播到软件中。
- **待解决问题的固有困难**。在输入空间的某一个子集上所用的算法可能比在其他子集上使用的算法更难实现。这种难度的相关性将导致多个版本都会存在被相同输入集触发的缺陷。
- **相同的算法**。即使算法的实现是正确的，算法本身也可能在输入空间的某些区域存在不稳定性。如果不同的版本使用了相同的算法，那么这些不稳定性将复制到不同的版本中。
- **文化的因素**。拥有相同文化背景，以类似方式思考的程序员很容易犯类似（或相同）的错误。此外，这种相关性会导致一些模棱两可的规格说明受到相同的错误解释。
- **相同的软硬件平台**。运行环境包括执行软件版本的处理器和操作系统。如果我们使用相同的硬件和操作系统，其中的故障/缺陷会引发共模失效。严格来说，这不是相关的应用软件的失效。但是，从用户的角度来看，仍然是发生了失效。相同的编译器也可以引起共模失效。

各个版本之间的独立性可以通过伴随多样性或强制多样性来获得。伴随多样性是强迫不同模块的开发者相互独立工作的副产品。负责不同模块的团队禁止彼此直接交流。关于规格说明中含糊不清的问题，或任何其他问题，都必须提交给某个中央机构，由该机构进行必要的修正，并向所有团队进行更新。在软件的审查过程中，必须小心协调，避免一个版本的审查人员直接或间接泄露另一个版本的信息。

　　强制多样性是一种更积极的方法，迫使每个开发团队遵循一些普遍认为能增加多样性的方法。以下是一些强制的方式。

- **使用不同的规格说明**。一些研究人员指出，大多数的软件缺陷都可以追溯到需求规格说明上。有些人甚至声称，三分之二的缺陷都可以归咎于错误的规格说明！这是使用多样化规格说明的一个重要因素，也就是说，与其使用相同的规格说明工作，不如在制定规格说明的阶段就开始多样化。规格说明可以用不同的形式来表达。我们希望规格说明中的错误不会在不同的版本中重现，每个规格说明的版本导致的错误实现都是不同的。人们开始接受这样的观点，即规格说明会影响人们对问题的思考方式：同样的问题，如果采用不同的规格说明描述，很可能会给开发人员带来不同程度的开发难度。

　　我们还可以让不同的版本具有不同的能力。例如，在一个三版本的系统中，其中一个版本可能比其他两个版本更简陋，提供一个不太准确但仍可接受的输出结果。我们使用一个比较简单的算法实现这个版本，它将不容易出错且更加健壮（具有更少的数值不稳定性）。在大多数情况下，另外两个版本将正确运行并提供良好的性能。在它们不能运行的情况下（这种情况很少出现），第三个版本可以拯救系统（或者至少可以帮助确定两个不一致的版本中哪个是正确的）。如果第三个版本非常简单，甚至可以考虑用形式化方法来证明它是正确的。在恢复块技术中经常使用类似的方法，5.4 节中会讨论这点。

- **使用多样化的编程语言**。任何有编程经验的人都知道，编程语言会大大影响所产生的软件的质量。例如，我们用汇编语言编写的程序比用高级语言编写的程序会有更多的缺陷。缺陷的性质也可能不同。用 C 语言编写的程序有可能产生内存溢出。这种错误在严格管理内存的语言中是不可能出现的。在 C 语言程序中，由于不正确使用指针而产生的错误并不少见，但在没有指针的 Fortran 语言中不会发生。

　　不同的编程语言可能使用不同的库和编译器，用户希望这些库和编译器不存在共模的缺陷（或者缺陷最好是负相关的）。

　　某些编程语言可能比其他语言更适合于解决某个特定问题。例如，同 C 或 Fortran 对比，Lisp 是一种更自然的语言，更适合实现一些人工智能（AI）算法的编码。换句话说，Lisp 的表达能力比 C 或 Fortran 的表达能力更符合一些人工智能问题的描述。在这种情况下，出现了一个有趣的问题，是否所有的版本都应该使用与问题相适应的语言？或者我们是否应该强制某些版本使用不太适合该应用的其他语言来编写？如果所有的版本都用最合适的语言编写，它们的单个错误率会更低，但不同的版本可能会出现共模的错误。如果它们用不同的语言编写，那么用"较差"的语言编写的版本的错误率可能会更大，但这些缺陷可能不会产生那么多的共模错误，此时 N 版本系统的总体错误率可能会更低。类似的结论也适用于其他方面的多样性使用，如开发环境或工具方面。如果不进行广泛的、昂贵的实验工作，这种权衡是难以解决的。

- **使用不同的开发工具和编译器**。这使得"符号多样性"成为可能，从而减少了缺陷之间的正相关程度。由于开发工具本身也可能有问题，因此对不同的版本使用不同的开发工具可能获得更高的可靠性。

　　类似的结论也适用于编译器。此外，编译器的多样性可以对硬件故障提供一些保护。也就是说，由不同的编译器（或选择了不同优化选项的同一编译器）生成的同一源代码的两个不同的编译结果——C_1 和 C_2，执行时使用硬件组件的情况可能略有不同。因此，可能有一些硬件故障是 C_1 会遇到的，而 C_2 就不会，反之亦然。

- **使用具有认知多样性的团队**。认知多样性是指人们推理和处理问题的方式的多样性。如果团队的组成能够确保不同的团队有不同的推理方式和不同的心理状态，这就有可能潜在地减少软件的共模缺陷。然而，这在实践中是很难做到的。因此，在实际软件开发中明确地采用认知多样性并不现实。

5.3.3 *N* 版本编程的其他问题

- **背对背测试**。当存在解决同一问题的多个版本时，可以对它们进行背对背测试。测试过程包括对这些版本使用相同的输入并比较它们的输出，这有助于识别非偶然性的软件缺陷。除了比较总体输出，设计者还可以选择比较中间变量。图 5-7 显示了一个理想化的例子，有三个版本 V_1、V_2、V_3。除了它们的最终输出，设计者还在执行过程中根据我们所关心中间变量的产生时机确定了两个检查的点。可以比较这些变量的值，以进行额外的背对背测试。

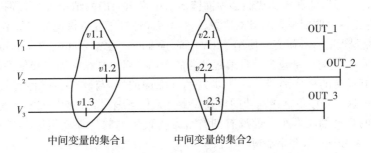

图 5-7   背对背测试中的中间变量示例

  使用中间变量可以增加程序行为的可观察性，并可能识别出在输出端不容易观察到的缺陷。然而，定义这样的变量要求开发者必须都要生成这些变量，会降低程序的多样性。
- **使用不同的硬件和操作系统**。系统的输出取决于应用软件和其运行平台之间的交互。运行平台主要包括操作系统和处理器，众所周知，二者都会包含许多故障/缺陷。因此，用硬件和操作系统的多样性来补充软件设计的多样性是一个很好的方式，即在不同的处理器类型和操作系统上运行每个版本。
- **N 版本编程的成本**。软件的开发成本很高，创建 *N* 个版本而不是 1 个，就更加昂贵。关于开发 *N* 个版本的成本，公开的信息非常少：一个案例研究参见延伸阅读部分。根据该研究，开发一个额外版本的开销是单一版本成本的 25%~134% 不等。这是一个极其宽泛的范围。

  开发 *N* 个版本成本的一阶近似估计值是开发一个版本成本的 *N* 倍。然而，开发过程的某些部分可能是相同的。例如，如果所有的版本都按照相同的规格说明工作，那么只需要开发一套需求规格说明。另外，对 *N* 版本项目的管理具有传统软件开发中没有的开销。不过，我们可以仔细识别代码中最关键的部分，并只为这些部分开发 *N* 个版本，成本还是可以得到控制的。
- **开发单个好的版本与开发多个版本**。给定一个总的时间预算，考虑两个选择：a）开发单个版本（我们把所有分配的时间都花在这上面）；b）开发 *N* 个版本。不幸的是，软件的可靠性建模还不够完备，我们无法有效地估计哪种情况会更好。
- **实验结果**。对 *N* 版本编程的有效性已经进行了一些实验研究，已发表的结果只是大学里进行的学术研究工作。我们尚不清楚，如果使用专业的、有经验的程序员，与这些学生程序员获得的实验结论会有什么不同。

  一项典型的研究是由弗吉尼亚大学和加利福尼亚大学欧文分校进行的。该研究共有 27 名学生为一个反导弹应用编写代码。这些学生有的没有工业开发经验，有的有十年以上的经验。

所有的版本都是用 Pascal 语言编写的，并在弗吉尼亚大学的 Prime 机器和加利福尼亚大学欧文分校的 DEC VAX 11/750 机器上运行。通过标准的统计学假设检验方法，总共发现了 93 个共模缺陷：如果这些版本是随机独立的，我们预计不会超过 5 个。有趣的是，在所产生的程序的质量和程序员的经验之间没有观察到相关性。由北卡罗来纳州立大学、加州大学圣巴巴拉分校、弗吉尼亚大学和伊利诺伊大学在 NASA 的支持下进行的另一项实验得出了一个类似的结论（不同的版本并非随机独立）。

另一个实验是在伦敦城市大学进行的。其目的是研究现有的商业或开源数据库管理系统（DBMS）的多样性是否足以实现有价值的容错方案。他们选择了四个 DBMS，并使用与每个 DBMS 相关的可用缺陷库。他们观察到，在 273 个存在缺陷的脚本中，只有 5 个在两个 DBMS 中引起了未能检测到的失效，没有一个缺陷在两个以上的 DBMS 中引起失效。然而，正如作者自己所强调的那样，我们必须谨慎地从中得出明确的结论（他们使用的缺陷库并不全面），这是一个非常令人鼓舞的迹象，表明多样性对于容错来说是有价值的。

最后一个例子是最近的一项研究，使用了 UVa Online Judge 网站（https：//uva. onlinejudge. org，截至本书写作时）。这是一个包含大量编程问题的网站，程序员在上面提交他们对这些问题的解决方案。他们提交的程序形成了一个丰富的（低廉的！）与软件多样性有关的数据来源。值得注意的是，这些程序不是在商业的审查和测试条件下编写的，特别是对于超可靠的软件。该网站上程序的规模都非常小，远没有拥有百万行代码的软件那么复杂。其中一个例子是 $3n+1$ 问题，其伪代码是以下非常短的一段。

```
input n;
output n;
while (n != 1) {
    if (n is ODD)
        n=3*n+1;
    else
        n=n/2;
 output n;
}
```

分析了数以千计的程序，这些程序（显然）都是使用不同的语言独立编写的，有 C、C++和 Pascal 语言。经过详细分析，发现对于给定的两个高度可靠的程序（在输入空间的极小部分上会失效），两者在同一输入上失效的概率大约比它们单独失效的概率小 100 倍。如果它们的失效是独立的，失效率就会低得多，因此各版本之间存在着正的失效相关性。在这种情况下，对于可靠性不高的两个程序（失效率大于 $5×10^{-3}$ 的程序），这两个程序的行为大致是独立的，即它们在同一输入上失效的概率大致是各自失效概率的乘积。故障经过分析后划分为若干"等价类"。编程语言确实对故障类别有影响，例如，Pascal 导致的故障类别与 C 和 C++导致的不同。Pascal 程序中的循环错误明显较少。这表明，语言的多样性在提高对失效的容忍能力方面确实起到了一定作用。我们应该重申，这些程序不是在商业条件下开发的，而且它们比典型的商业软件包要小得多，所以我们在得出结论时必须要谨慎。然而，这些结果表明，可靠的程序不一定需要彼此失效是独立的，而且使用不同的编程语言所隐含的多样性是有用的。

5.4　恢复块方法

与 N 版本编程类似，恢复块方法也需要多个版本的软件。不同的是，在后者中，任何时候只有一个版本在运行，当这个版本发生失效时，计算将被切换到一个备份版本上。

5.4.1 基本思想

图 5-8 说明了这种方法的一个简单实现。在这个例子中，有一个主版本和三个备份版本。最初只有主版本执行。当它完成执行时，输出需要经过可接受性测试，以检查输出是否合理。如果通过测试，那么输出被系统接受。如果不通过，那么系统状态会回滚到主程序开始计算时的状态，并调用备份版本 1。如果成功了（备份版本 1 的输出通过可接受性测试），计算就结束了。否则，我们将系统回滚到计算的起点，然后调用备份版本 2。我们一直进行下去，直到结果通过可接受性测试，或者我们用完所有备份版本。在后一种情况下，恢复块机制失败，系统必须采取必要的措施来应对（例如，系统可能被置于一个"安全"状态，如反应堆被关闭）。

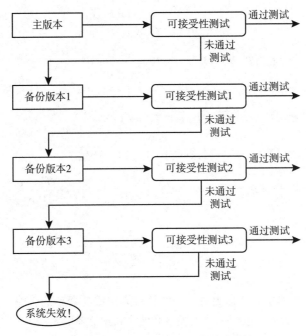

图 5-8　有 3 个备份版本的恢复块结构

恢复块方法能否成功取决于：a）主版本和备份版本面对相同输入的失效情况（共模缺陷）；b）可接受性测试的质量。这些因素显然因不同的应用而有不同。

5.4.2 成功概率的计算

为计算恢复块方法的成功概率，建立一个简单的数学模型。假设不同版本的失效是相互独立的，我们可以用这个模型来确定哪些参数对软件失效的概率影响最大。我们使用以下符号：

E　"一个版本的输出的确是错误的"事件；

T　"测试表明输出是错误的"事件；

f　一个版本的失效概率；

s　可接受性测试的灵敏度；

σ　当测试结果为输出错误时，输出的确错误的概率；

n　可用软件版本（主版本加备份版本）的数量。

根据上述定义，存在

$$f=P\{E\}\ ;\quad s=P\{T\mid E\}\ ;\quad \sigma=P\{E\mid T\}$$

如果恢复块方法能够成功，则它一定会在某个阶段 i 恢复成功（$1\leqslant i\leqslant n$）。这就意味着，可接受性测试在第 $1,\cdots,i-1$ 阶段都失败了（导致系统调用下一个软件版本），而在第 i 阶段该版本的输出是正确的，且通过了可接受性测试。这样，我们有

$$\mathrm{Prob}\{\text{阶段 } i \text{ 成功}\}=[P\{T\}]^{i-1}P\{\overline{E}\cap\overline{T}\}$$

$$\mathrm{Prob}\{\text{恢复块方法成功}\}=\sum_{i=1}^{n}[P\{T\}]^{i-1}P\{\overline{E}\cap\overline{T}\}\tag{5.2}$$

$$P\{E\cap T\}=P\{T\mid E\}P\{E\}=sf$$

$$P\{T\}=\frac{P\{E\cap T\}}{P\{E\mid T\}}=\frac{sf}{\sigma}\tag{5.3}$$

$$P\{\overline{E}\mid T\}=1-P\{E\mid T\}=1-\sigma$$

$$P\{\overline{E}\cap T\}=P\{\overline{E}\mid T\}P\{T\}=\frac{sf(1-\sigma)}{\sigma}$$

$$P\{\overline{E}\}=1-P\{E\}=1-f$$

$$P\{\overline{E}\cap\overline{T}\}=P\{\overline{E}\}-P\{\overline{E}\cap T\}=(1-f)-\frac{sf(1-\sigma)}{\sigma}\tag{5.4}$$

将公式（5.3）和公式（5.4）代入到公式（5.2），产生

$$\mathrm{Prob}\{\text{恢复块方法成功}\}=\sum_{i=1}^{n}\left[\frac{sf}{\sigma}\right]^{i-1}\left[(1-f)-\frac{sf(1-\sigma)}{\sigma}\right]$$

$$=\frac{1-\left(\dfrac{sf}{\sigma}\right)^{n}}{1-\dfrac{sf}{\sigma}}\left[(1-f)-\frac{sf(1-\sigma)}{\sigma}\right]\tag{5.5}$$

通过公式（5.5），可以确定各个参数对一个恢复块方法成功概率的影响。对于一个恢复块结构的此类分析如图 5-9 所示，包括一个主版本和两个备份版本（$n=3$）。

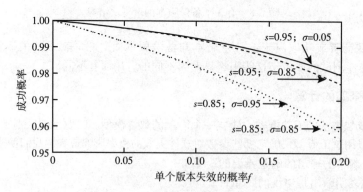

图 5-9　$n=3$ 的恢复块结构的成功概率

5.4.3　分布式恢复块

分布式恢复块的结构如图 5-10 所示，我们考虑只有一个备份版本的特殊情况。两个节点上保存了相同的主版本和备份版本。

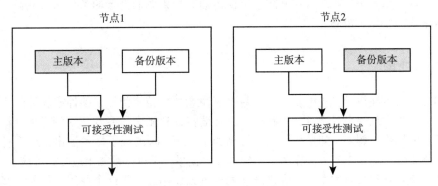

图 5-10　分布式恢复块结构

节点 1 执行主版本，同时节点 2 执行备份版本。如果节点 1 未能通过可接受性测试，则使用节点 2 的输出（只要它能通过测试）。如果存在一个看门狗定时器，并且节点 1 未能在预先规定的时间内产生输出，那么也可以使用节点 2 的输出。

一旦主版本失效，主版本和备份版本的角色就会互换。节点 2 继续执行它之前的备份版本，此时它已被视为主版本。节点 1 上之前执行的主版本被用作备份版本。这种情况一直持续到节点 2 的执行被检查出错误，此时系统会切换，使用节点 2 上执行的版本作为备份版本。

备份版本与主版本并行执行，使得我们不必等待系统回滚和备份版本的执行（备份版本的执行与主版本的执行是重叠的）。这可以节省程序执行时间，当应用程序是一个对任务时间要求非常严格的实时系统时，这种方法非常有用。

我们的例子只包括两个版本，该方案显然可以扩展到拥有任意数量版本的系统中。如果有 n 个版本（主版本加上 $n-1$ 个备份版本），我们将并行运行所有 n 个版本（每个版本需要一个处理器）。

5.5　前置条件、后置条件和断言

前置条件、后置条件和断言是可接受性测试的实现形式，在软件工程中被广泛用于提高软件可靠性。一个方法（或函数，或子例程，取决于编程语言）的前置条件是一个逻辑条件，当该方法被调用时必须为真。例如，在实数域调用一个方法来计算一个数字的平方根，一个显然的前置条件是这个数字必须是非负数。

与方法调用相关的后置条件是指方法返回时这个条件必须为真。例如，在输入 X 的情况下调用一个计算自然对数的方法，并且该方法返回 Y，我们必须有后置条件 $e^Y = X$（在所使用的精度水平的限制内）。

前置条件和后置条件通常以合约的条款的形式来解释。函数调用一个方法必须确保该方法的前置条件得到满足（如果不满足，就不能保证被调用的方法会返回正确的结果）。在返回时，该方法确保返回结果满足后置条件。

断言是前置条件和后置条件的泛化。一个断言测试会对一个条件进行测试，该条件在程序执行到断言所在位置时必须为真。例如，我们知道一个无向图总的节点度数一定是一个偶数（因为每条边恰好与两个节点相连）。因此，我们可以在计算这个量的时候设置断言，条件是它必须为偶数。如果结果不是这样，就意味着发生了错误。断言失败后通常是通知用户，或采取一些其他适当的措施。

前置条件、后置条件和断言用来防止错误传播。如果它们设置的条件未得到满足，程序员就有权采取一些纠正措施。

5.6　异常处理

抛出异常表示在执行过程中发生了一些需要注意的事情，例如，硬件或软件的失效违反了一个断言。当发现一个异常时，控制权一般会被转移到相应的异常处理例程上，该例程采取一些相应的操作。例如，如果我们在执行操作 $y = a * b$ 时出现了算术溢出，那么计算出来的结果就不正确。这个事实可以作为一个异常发出信号，系统必须做出适当的反应。

有效的异常处理可以为系统的容错设计发挥重大作用。出于这个原因，目前许多程序中的相当一部分代码都是用来进行异常处理的。在整个讨论中，我们将假设异常是由其他例程或系统外部的操作者调用某个例程触发的。

异常可以用来处理：a)域或范围错误；b)需要注意的特殊事件（非失效）；c)时序失效。
- **域和范围错误**。当使用非法输入时就会发生域错误。例如，如果 X 和 Y 被定义为实数，并试图用 $Y = -1$ 进行 $X = \sqrt{Y}$ 的操作，就会发生域错误，因为 Y 的值是非法的。但如果 X 和 Y 是复数，这个操作将是完全合法的。

当程序产生的输出或进行的操作被认为在某些方面不正确时，就会发生范围错误。例如：
- 从一个文件中读取数据，本来应该继续读取数据，但遇到了文件结束的标志。
- 产生的结果违反了程序中嵌入的可接受性测试。
- 试图打印一个过长的行。
- 产生一个算术上溢或下溢。

- **特殊事件**。异常可以用来确保对罕见但完全正常的事件进行特殊处理。例如，如果我们正在从一个文件中读取一个项目列表，而例程刚刚读取了最后一个项目，它可能会触发一个异常来通知调用者这是最后一个项目，并且没有其他项目可供进一步读取。

- **时序失效**。在实时程序中，任务都有与之相关的截止时间，错过此时间将会触发一个异常。然后由异常处理程序决定如何应对，例如，切换到一个备份例程。

5.6.1　异常处理程序的要求

一个异常处理系统应该注意什么呢？第一，它应该易于编程和使用。它应该是模块化的，以便与软件的其他部分分开。当然，它不应该与例程中的其他代码混在一起：那样会掩盖代码的目的，使其难以理解、调试和修改。

第二，异常处理不应该给系统的正常运行带来大量的开销。我们希望异常处理程序，正如这个词所暗示的，只有在特殊情况下才会被调用，大部分时间不被使用。众所周知，我们有一个基本的开发原则——经常性事件必须被快速处理。所以，在没有异常发生的正常情况下，异常处理系统不能给系统造成太大的负担。

第三，异常处理不能影响系统状态，也就是说，我们必须足够谨慎，在异常处理过程中不要使系统状态不一致。这在异常恢复方法中尤其重要，我们将在下一节讨论这个问题。

5.6.2　异常和异常处理的基础知识

当一个异常发生时，我们有多种说法，例如，异常抛出、异常产生或异常通知。一些作者区分了异常产生和异常通知，前者用在发生异常的模块内部产生异常通知时，后者用在这个异常通知传播到另一个模块时。

异常可以是内部的，也可以是外部的。内部异常是指在同一模块（发生异常的模块）中处理的异常。外部异常是指传播到其他模块的异常。例如，如果一个模块的调用方式违反了它的接口规范，就会产生一个接口异常，它必须在被调用的模块之外进行处理。

异常的传播

图 5-11 提供了一个异常传播的例子。在这里，模块 A 调用模块 B，模块 B 正常执行，直到它遇到异常 c。B 没有处理这个异常的处理程序，所以它将异常传播到调用它的模块 A 中，后者执行适当的处理程序。如果找不到处理程序，执行就会终止。

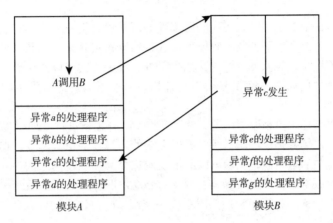

图 5-11　异常传播的例子

自动传播异常会违背信息隐藏的原则。信息隐藏涉及将一个例程（方法、函数、子程序）的接口定义与它的实际设计和实现方式相隔离。接口是公开信息，而例程的调用者不需要知道每个被调用例程的设计和实现细节。这不仅减轻了调用者的负担，还使无须将任何变化传播到例程之外，就完成对例程实现的改进成为可能。

调用者（调用例程）与被调用例程处于不同的抽象层次。在刚才的例子中，假设被调用例程中的某个变量 X 违反了其范围约束。这个变量甚至可能对调用者不可见。

为了解决这个问题，我们可以用显式传播代替自动传播，在显式传播中，将传播的信息修改为与范围约束一致。例如，如果变量 X 对调用者来说是不可见的，则它可能被告知在被调用的例程中存在范围约束的情况，而后它将充分利用这些信息。

异常终止和异常恢复

异常可以被分为异常终止（ET）和异常恢复（ER）两类。如果在执行某个模块 M 时产生了 ET，则终止对模块 M 的执行，转而执行适当的异常处理例程，并将控制权返回到调用模块 M 的程序上。然而，如果产生了一个 ER，异常处理例程会尝试修补问题，并将控制权返回给 M，M 将继续执行。

异常终止比异常恢复处理起来要简单得多。例如，假设模块 A 调用模块 B，在执行过程中，模块 B 遇到了一个异常。如果采用异常终止的方法，B 将把它的状态恢复到它被调用时的状态，发出异常信号，然后终止。因此，A 只需要处理以下两种可能情况：B 在没有遇到异常的情况下执行并返回结果；B 遇到异常并终止，其状态与被调用前没有变化。

相比之下，如果采取异常恢复的方法，B 将暂停执行，控制权被转移到适当的异常处理程序上。在处理程序完成它的任务后，它可以选择将控制权返回给 B，然后从触发异常的指令后面继续执行。它也可以把控制权送到其他地方（这取决于处理程序的语义）。因此，当 A 在调用 B 后重新获得控制权时，我们有以下三种可能性。第一种是 B 的无异常执行，这不会产生任何问题。第二种是遇到了一个异常，由异常处理程序处理，之后控制权返回给 B，B 恢复并完成了执行。第三种是，异常处理程序将控制权转移到其他地方，试图处理该异常。在完成这一切之后，控制权被交还给了 A，可能 B 处于一个不一致的状态。第三种可能性要求编写 A 的程序员知道异常处理程序的语义，但这可能是不现实的。

在处理完异常并将控制权返回到调用例程后，根据所发生的异常类型，有几个选项可供选择：

- **域错误**。我们可以选择重新调用，并对操作数进行修正。如果这是无法实现的，可能要放弃整个计算。
- **范围错误**。在有些情况下，可以用一些可接受的值来代替引发异常的错误值，然后执行异常恢复。例如，如果产生了下溢，我们可以选择用 0 来代替这个结果，然后继续。如果我们有其他的软件版本，我们可以调用其他的版本，或者我们可以重试整个操作，希望错误是由一些已经消失的瞬时故障引起的，或者是由一些不太可能再发生的并发事件组合引起的。
- **特殊事件**。这些事件须由程序员确定，并基于逐个具体案例进行处理。
- **时序失效**。如果该例程是迭代的，我们可以直接使用最新的值。例如，如果被调用的例程正在寻找某个函数的最佳值，我们可以决定使用迄今为止发现的它的最佳值。或者，我们可以换成另一个版本的软件（如果有的话），希望它不会出现同样的问题。如果我们在一个控制某些物理设备（如阀门）的实时系统中使用该软件，我们可以保持设置不变，或切换到一个安全位置。

值得注意的是，许多异常只能在执行的上下文中得到适当的处理。换言之，正是上下文决定了适当的响应应该是什么。例如，假设我们在浮点计算中遇到了一个算术溢出。在某些应用中，将结果设为 ∞ 并继续下去可能是完全可以接受的。而在另一些情况下，可能就不是这样了，需要采取更多的应对措施。

5.6.3　语言支持

旧的编程语言一般很少有内置的异常处理支持。相比之下，较新的语言如 C++ 和 Java 有广泛的异常处理支持。例如，在 Java 中，用户可以指定在某些条件（例如核反应堆的温度超过预先指定的极限）发生时抛出的异常。这样的异常必须由异常处理例程来捕获，该例程会适当地处理它们（通过发出警报或打印一些输出）。

5.7　软件可靠性模型

相比于较为成熟的硬件可靠性分析模型，错误率和软件可靠性的模型还处于发展阶段，而且存在巨大争议。领域内提出了许多模型，它们之中有时还会出现相互矛盾的结果。无法准确地预测软件的可靠性对我们而言是一个非常令人担忧的问题，因为软件往往是系统不可靠的主要原因。

在这一节，我们会简要地介绍一些软件可靠性模型。遗憾的是，现在还没有足够的证据表明哪种模型最适合哪种类型的软件。模型可以为软件质量的定义提供一些指导，但是还不能以具体数字的形式断言软件最终的可靠性。

在接下来的内容中，我们会区分缺陷（或漏洞）和错误。缺陷是在编写软件时就存在的，而错误是指程序在运行或测试时偏离了预期的需求（可以看作缺陷的执行结果）。当一个错误发生时，造成这个错误的缺陷可以被修复，但是其他的缺陷仍然存在。一个获得广泛接受的的软件可靠度的定义是计算机在特定的环境下，在指定的时间内无错误运行的概率。为了计算这个概率，我们需要引入软件错误率（software error rate）的概念。软件可靠性模型试图通过软件中缺陷的数量来预测这个错误率，模型的目标是确定软件能够发布之前的测试和修复工作所需的时间长度（直到预测出的软件错误率低于某个预定的阈值，才能够发布软件）。

请注意，错误率是两个因素——代码中的缺陷，还有会触发这些缺陷的输入占比的函数。

软件可靠性模型通常有下面的假设：软件最初含未知数量的缺陷。在一段时间的测试中，其中一些缺陷会导致错误。当错误发生之后，造成这个错误的缺陷会被修复，修复的时间可以忽略不计，而且修复过程不会引入新的缺陷，即每次修复过后，剩余的缺陷就少一个。软件可靠性模型之间的区别主要是 $\lambda(t)$（t 时刻的错误率）的模型不同，导致对软件可靠性的预测也是不同的。

5.7.1　Jelinski-Moranda 模型

这个模型假设在 0 时刻，软件中存在有限个缺陷，数量为 $N(0)$。在 t 时刻剩余的缺陷数量为 $N(t)$。错误出现的过程是一个非齐次泊松过程，即 $\lambda(t)$ 随时间变化的泊松过程。假设 t 时刻的错误率 $\lambda(t)$ 和 $N(t)$ 成正比，即

$$\lambda(t) = cN(t)（c \text{ 为常数}）$$

注意，这个模型中的 $\lambda(t)$ 是一个阶跃函数，初值为 $\lambda_0 = \lambda(0) = cN(0)$。$c$ 是常数，当发生错误时 c 会被调小，因为造成这个错误的缺陷会被修复。相邻错误，即第 i 个和第 $i+1$ 个错误之间的时间（测试时间，不包含修复时间）服从参数为 $\lambda(t_i)$ 的指数分布，其中 t_i 是发生第 i 个错误的时刻。t 时刻的可靠度，或者说在 $[0,t]$ 这段时间内不发生错误的概率即为

$$R(t) = e^{-\lambda_0 t} \tag{5.6}$$

已知在 τ 时刻出现了一个错误，基于此，未来一段时间的可靠度，或者说在接下来的 t 时间长度（$[\tau, \tau+t]$）内，不发生错误的条件概率为

$$R(t \mid \tau) = e^{-\lambda(\tau)t} \tag{5.7}$$

随着软件运行的时间越来越长，系统将会捕获并修复更多的缺陷，所以错误率会随时间下降，而可靠度会上升。

这个模型存在的主要异议是，它假设所有的缺陷引发错误的概率是相同的，这表现为比例系数 c 是一个常数。实际上，并不是所有的缺陷都是一样的。有些缺陷出现的频率要比其他的缺陷高得多。实际上，更让人头痛的往往是那些不常出现的缺陷，这些缺陷在测试过程中极难被发现。

5.7.2　Littlewood-Verrall 模型

与前面的模型类似，这个模型假设一开始存在固定数量的有限个缺陷 $N(0)$，在 t 时刻剩余的缺陷数量为 $N(t)$。二者的区别在于，这个模型考虑的是在时间区间 $[0,t]$ 内发现并修复的缺陷数量 $M(t) = N(0) - N(t)$，而不单考虑 $N(t)$。

错误的出现是一个参数为 $\lambda(t)$ 的非齐次泊松过程，但这里的 $\lambda(t)$ 不是确定的，是服从伽马密度函数的一个随机值。伽马密度函数有 α 和 ψ 两个参数，其中 ψ 是 $M(t)$ 的一个单调递增函数，

$$f_{\lambda(t)}(l) = \frac{[\psi(M(t))]^{\alpha} l^{\alpha-1} e^{-\psi(M(t))l}}{\Gamma(\alpha)} \tag{5.8}$$

其中 $\Gamma(x)=\int_0^\infty e^{-y}y^{x-1}\mathrm{d}y$ 是伽马函数。

这里选择伽马密度函数有诸多现实因素的考虑。它更适合于分析,并且它的两个参数提供了广泛的不同形状的密度函数,使得它在数学上既灵活又好用。公式(5.8)中伽马密度函数的期望值是 $\dfrac{\alpha}{\psi(M(t))}$,因此随着软件运行的时间越来越长以及越来越多的缺陷被发现,该模型预测软件的错误率会下降,可靠性会上升。

计算这些可靠性需要一些积分运算,此处我们省略了运算过程。具体分析过程请参考延伸阅读小节。通过分析可知软件可靠度的表达式:

$$R(t)=\left(1+\frac{t}{\psi(0)}\right)^{-\alpha} \tag{5.9}$$

和

$$R(t\mid\tau)=\left(1+\frac{t}{\psi(M(\tau))}\right)^{-\alpha} \tag{5.10}$$

5.7.3 Musa-Okumoto 模型

该模型假设软件中缺陷的数量非常庞大,甚至有无限多个漏洞。和前面的模型相似,该模型同样使用 $M(t)$ 表示时间区间 $[0,t]$ 内发现并修复的漏洞数量。我们使用下列符号:

λ_0 0 时刻的错误率;

c 比例常数;

$\mu(t)$ 时间区间 $[0,t]$ 内出现错误的数量期望值,即 $\mu(t)=E(M(t))$。

基于此模型,经过 t 时间的测试,错误率为:

$$\lambda(t)=\lambda_0 e^{-c\mu(t)}$$

直观上看,这种模型的基本思想是,测试刚开始的时候,"最容易"发现的缺陷很快就被捕捉到了。在这些缺陷被修复之后,剩余的缺陷更难发现,这既可能是由于这些缺陷很少发生,也可能是它们所产生的影响被后续的计算掩盖掉了。总之,随着测试的进行,尚未发现的缺陷所造成的错误率会呈现指数级的下降。

根据 $\lambda(t)$ 和 $\mu(t)$ 的定义,我们有:

$$\frac{\mathrm{d}\mu(t)}{\mathrm{d}t}=\lambda(t)=\lambda_0 e^{-c\mu(t)}$$

这个微分方程的解为:

$$\mu(t)=\frac{\ln(\lambda_0 ct+1)}{c}$$

以及

$$\lambda(t)=\frac{\lambda_0}{\lambda_0 ct+1}$$

经过计算,可靠度 $R(t)$ 为:

$$R(t)=e^{-\int_0^t \lambda(z)\mathrm{d}z}=e^{-\mu(t)}=(1+\lambda_0 ct)^{-\frac{1}{c}}$$

条件可靠度 $R(t|\tau)$ 为：

$$R(t\mid\tau)=\mathrm{e}^{-\int_{\tau}^{\tau+t}\lambda(z)\mathrm{d}z}=\mathrm{e}^{-(\mu(\tau+t)-\mu(\tau))}=\left(1+\frac{\lambda_0 ct}{1+\lambda_0 c\tau}\right)^{-\frac{1}{c}}$$

在图 5-12 中，我们展示了 Musa-Okumoto 模型的错误率随时间变化的规律。我们可以看出错误率呈现缓慢降低的趋势。如果使用这个模型，为了让软件的错误率下降得足够低，我们显然需要进行大量的测试。

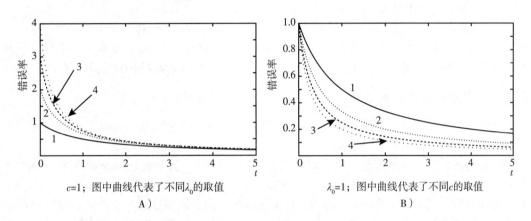

$c=1$；图中曲线代表了不同 λ_0 的取值

A）

$\lambda_0=1$；图中曲线代表了不同 c 的取值

B）

图 5-12　Musa-Okumoto 模型的错误率。A）随 λ_0 变化的趋势。B）随 c 变化的趋势

5.7.4　Ostrand-Weyuker-Bell 故障模型

OWB 模型的设计目标是预测软件系统里哪些文件可能存在最多的缺陷。这样开发团队就能够对这些文件进行更多的测试。

这个模型是 AT&T 实验室在对一些大型软件的评估中产生的。根据经验观察，他们的开发者得出的结论是，下列参数在对软件中的每个文件进行故障（缺陷）预测方面是有用的：
- 文件大小；
- 文件是新文件，还是基于旧版本的文件。如果是后者，它对上个版本是否有改动；
- 文件的存在时长；
- 如果存在旧版本，旧版本中存在的故障（缺陷）数量；
- 编程语言。

他们提出了一个用于故障估计的负二项式回归模型。在文件 F_i 中的故障被视为一个参数为 $\lambda_i=\gamma_i\,\mathrm{e}^{\beta_1 x_1+\cdots+\beta_n x_n}$ 的泊松过程的结果，其中 γ_i 是服从均值为 1 和标准差为 σ_i 的伽马分布的随机变量，$x_1,\cdots,x_n$ 是假设的会影响故障行为的变量。σ_i 和 $\beta_1,\cdots,\beta_n$ 可以通过最大似然法（详见 9.2.3 节）获得。文件中出现 k 个错误的概率为 $P_{\mathrm{faults}}(k)=\mathrm{e}^{-\lambda_i}\dfrac{\lambda_i^k}{k!}$。

注　变量 x_i 可分为两类。第一类是数值变量，第二类是类别变量（表示某个类别的成员）。例如，文件中的代码行数属于第一类变量，文件使用的编程语言是第二类变量。

处理类别变量并不困难。如果只存在两个类（假设只有两种可使用的编程语言），那么可以 0 和 1 来分别表示它们。例如，如果某个项目中只使用了两种语言——C++ 和 Java，那么可以设置类别变量 x_{language} 为 0 表示 C++，为 1 表示 Java。如果该类别有两个以

上的成员，那么类别变量可以用多个二进制虚拟变量来编码表示。例如，对于一些使用 C++、Java 和 Python 三种语言的项目，类别变量 x_{language} 可以用两个虚拟变量 $x_{\text{language},1}$ 和 $x_{\text{language},2}$ 来表示。例如，C++可以表示为 $x_{\text{language},1}=0$，$x_{\text{language},2}=0$，Java 可以表示为 $x_{\text{language},1}=0$，$x_{\text{language},2}=1$，Python 可以表示为 $x_{\text{language},1}=1$，$x_{\text{language},2}=0$。

通常来说，一个表示 n 个类别的类别变量需要被分为 $n-1$ 个二进制虚拟变量，其中每个虚拟变量是一个类别成员的标识。回到上面的三个语言的例子，当且仅当编程语言是 Pyhton 时，$x_{\text{language},1}=1$；当且仅当编程语言是 Java 时，$x_{\text{language},2}=1$。如果两个变量都不是 1，那么这个类别就是 C++。

在 OWB 模型的回归计算中，有两个变量需要在使用前做一些修改，一个是模型中使用的是文件大小的对数，而不是文件大小本身；另一个是模型中使用的是旧版本中故障数的平方根，而不是故障的数量。这一决定基于的是对这些参数对故障数量影响的经验观察。

5.7.5 模型选择和参数估计

在使用可靠性模型的时候，我们会面临两个问题。第一，在众多可用的模型中，哪一个是合适的？第二，模型的参数该如何估计？

选择合适的模型并不容易。美国航空航天学会（AIAA）推荐使用以下四种模型中的一种：Jelinski-Moranda 模型、Littlewood-Verrall 模型、Musa-Okumoto 模型和 Schneidewind 模型。在本章中我们介绍了其中的三种。然而，就像之前所说的，现在还没有全面的、可公开获取的实验数据来指导用户选择模型，这和硬件可靠性模型形成了鲜明的对比。在硬件可靠性模型中，系统数据的收集工作构成了大部分理论的基础。软件可靠性模型建立在可信度论证的基础上。业内能够提出的最好建议是将错误率作为测试过程的函数，并猜测它遵循哪种模型。例如，如果错误率在测试过程中呈现指数级的降低，那么我们可以考虑使用 Musa-Okumoto 模型。一旦选择了一个合适的模型，就可以使用最大似然法来估计参数。

5.8 远程过程调用的容错技术

远程过程调用（remote procedure call，RPC）机制是指一个进程调用执行在其他处理器上的另一个进程，常被用于分布式计算中。

下面我们介绍两种使 RPC 能够容错的方法。这两种方法都是基于副本的方法，同样存在副本数据管理相似问题。在整个过程中，我们假设进程是 fail-stop 的，即一旦发生失效立刻停止所有操作，并且所有内部状态和与之相连的易失性存储器的内容都会丢失。

5.8.1 主备容错方法

每个进程都将被部署为主进程和备份进程，分别在独立的节点上运行。RPC 会同时发送给两个进程，但通常只有主进程会执行。如果主进程出现失效，备份进程会被激活并执行。

在实际应用中使用这种方法还需要考虑 RPC 是可重试的还是不可重试的。可重试的 RPC 能够在不违反正确性的前提下多次执行，常见的例子就是读取数据库。不可重试的 RPC 只能一次完成，例如，增加一个人的银行存款就是不可重试操作。

如果系统中只运行可重试操作，则在其上部署主备方法是很简单的。但是如果系统中包含不可重试操作，就必须确保这些操作只被完成一次，尽管容错设计中可能包含了多个进程。这可以通过在备份进程上保存主进程的检查点来实现。如果主进程在执行 RPC 时失效，备份进程可以从最后一个检查点继续执行。

5.8.2　马戏团方法

马戏团（circus）方法同样包含进程的复制。每个客户端和服务器的进程都会被复制。用马戏团作为比喻，这些副本的集合被称为团（troupe）。

我们通过一个例子来描述这种方法。图 5-13 展示了一个客户端进程的 4 个副本，每个副本都对服务器的 4 个副本进行了相同的调用，每个调用都有一个与之相关的序列号，通过该号可以唯一地识别一个调用。

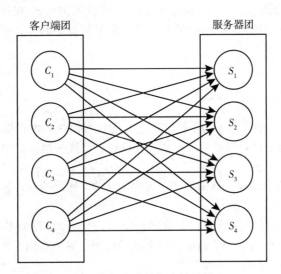

图 5-13　马戏团方法的示例

在执行 RPC 之前，服务器会等待，直到它收到来自 4 个客户端副本中每个副本的相同的调用，或者超时。然后，结果被送回每个客户端副本。这些回复也会被标记上序列号，以唯一地识别它们。

客户端也会等待，直到从每个服务器副本中收到相同的回复，才会接收输入。这里同样有超时机制，以防止它为一个失效的服务器进程永远等待下去。另外，客户端也可以选择直接接收它收到的第一个回复，而忽略其他的。

此处需要额外注意一个复杂情况：多个客户端团有可能向同一个服务器团并发发出调用。在这种情况下，为了确保运作的正确，服务器团的每个成员必须以完全相同的顺序处理这些调用。

有两种方法可以保证处理顺序，我们称之为乐观方法和悲观方法。在乐观方法中，我们不采取特殊的措施来保证顺序，让一切都自由运行，然后检查它们是否保证了正确的顺序。如果是，输出将被接收，否则我们将中止操作并重试。如果顺序经常被破坏，这种方法的表现会非常差。

悲观方法则是内建了一种机制来保证这些顺序。

现在我们介绍一个简单的乐观方案。服务器团的每个成员都从一个或者多个客户端团接收请求。当一个成员完成处理并准备提交的时候，它会向客户端团的每个成员发送消息"ready_to_commit"。然后，它将等待客户端团的每个成员都确认了这个调用，再提交。对于客户端团也有类似的程序：客户端会一直等待，直到收到来自服务器团的每个成员发出的"ready_to_commit"消息之后，才会确认这个调用。一旦服务器收到来自客户端团的全体成员的确认，服务器就会提交处理结果。

如果顺序被打乱，这种方法将通过强制死锁来保证正常运行。例如，设 C_1 和 C_2 是两个客户端团，它们并发地向一个服务器团（成员包括服务器 S_1 和 S_2）提交了 RPC 请求 ρ_1 和 ρ_2。现在假设 S_1 试图首先提交 ρ_1，然后提交 ρ_2，而 S_2 的提交顺序恰好相反。

一旦 S_1 准备提交 ρ_1，它会向 C_1 中的每个成员发出 "ready_to_commit" 消息，并等待接收它们的确认。同样地，S_2 准备提交 ρ_2 的时候会向 C_2 中的每个成员发送 "ready_to_commit" 消息。现在，客户端团的每个成员都会等待，直到从 S_1 和 S_2 都收到了 "ready_to_commit" 消息。因为 C_1 的成员无法从 S_2 获得消息，而 C_2 的成员无法从 S_1 获得消息，这就导致了死锁。分布式系统中存在检测此类死锁的算法。当检测到死锁的时候，可以在提交之前取消操作，然后重试。

5.9 延伸阅读

文献[10-11]中详细地介绍了为了让软件正常运行所面临的内在困难。文献[19]中的一些相反的观点认为，复杂性可以被封装在软件模块中，使这些模块的用户（人类或调用这些模块的软件程序）无法看到。

文献[45]是软件安全领域公认的经典。其他优秀的、通用的软件容错相关的参考文献包括[31,74]等。

文献[79]推动了对封装器研究。文献[63,65]讨论了封装器的系统设计方法。在文献[70]中，作者描述了如何封装一个内核。在文献[24]中，封装器用于防止堆溢出攻击。文献[30]描述了对 Windows NT 软件的封装。

Leeke 等人在文献[44]中提出了一种使用封装器维护关键变量的多个副本的方法。详细的结果请查阅他们的论文。实验表明他们的方法可以提高可靠性。

文献[75]提出了通过改变运行环境以便于进行重试的想法。作者列出了一系列可以通过封装器来防御的失效类型。

关于封装器在自动驾驶应用中的使用，文献[52]介绍了一个很好的案例。文献[53]突出介绍了在云计算中使用封装器。文献[23]讨论了封装器的不一致性。

软件抗衰的研究有着很长的历史。在这一技术被称为抗衰之前，人们就在计算机出现失效或挂起的时候进行重启。然而，这一技术在提高软件可靠性方面是一门新技术。软件老化的基础知识在文献[32]中有很好的描述。文献[33]概述了一些来自太空任务的经验数据。文献[18,26,35]中包含关于软件抗衰的介绍。文献[84]中有一个相关案例研究。文献[12,54,62]描述了在虚拟化系统中的抗衰。文献[16]研究了软件抗衰的应用和实现工具。文献[27]提出了一种估计软件老化率的方法，从而确定何时对软件进行抗衰操作。文献[76]讨论了软件抗衰在集群系统中的应用，包括对基于时间和基于预测这两种方法优缺点的讨论，他们用于预测的平滑方法可以参考文献[17]。对于微重启技术，涉及单个组件的重启可以参考文献[15,43]。文献[3]描述了机器学习方法。文献[1]针对不同程度的重启所带来的开销进行了实验研究。IEEE 软件老化和抗衰国际研讨会是获取该领域最先进发展报告的来源。

数据多样性在文献[2]中有详细描述，其中提供了一个雷达跟踪应用的实验结果。数据库中重新表述的使用可以参考文献[28]。文献[59]是关于 SIHFT 技术的一个很好的参考，其中也包括对相关方案的详细概述。包括文献[40]在内的许多书中都讨论了 IEEE 浮点数的表示方法和浮点运算的精度。RESO 技术的描述详见文献[61]。

文献[5]介绍了 N 版本编程。文献[72]给出了关于可信软件的更广泛的讨论。文献[4]提供了一个设计范式。需求规格说明是大多数软件缺陷的原因，这个观点在文献[8，45，78]等很多地方都有表述。关于在伦敦城市大学进行的四个版本的 DBMS 实验的描述详见文献[29]。关于提交给 UVa Online Judge 网站的程序的分析详见文献[64,77]。

文献[50]是关于软件设计多样性建模的综述。本章借鉴了文献[22]中作者的基础性工作。文献[47]描述了获得版本间强制多样性的方法。文献[9]描述了一个设计多样性的实验。确定版本之间是否随机独立的实验并非没有一些争议，文献[41]是关于这个领域的一些早期实验。文献[83]发表了一项关于规格说明的语言多样性对软件多样性的影响的研究。对不同软件检查器的结果是否相互独立的调查详见文献[55]。

组织行为学和心理学领域已经对团队认知多样性进行了探讨，成果如文献[46,56]。

创建多版本的开销还没有被系统地调研过。一个有趣的初步研究可参考文献[39]。文献[34]中设计了一个高效的 N 版本执行框架。文献[6]是软件多样性最新发展情况的综述。

对恢复块的全面描述可参考文献[66]。

对异常和异常处理的介绍可参考文献[20]。文献[13]是该领域的一个很好的综述。文献[51]讨论了异常终止和异常恢复之间的优劣。不同语言中的异常处理机制通常在它们的语言手册和工具书中有详细的记录，如文献[7]。文献[25]是对面向对象系统中的异常处理的综述，而文献[42]是对实时软件中的异常处理的综述。文献[82]是分布式系统问题的概述。一些前置条件和后置条件可参考文献[73]。

故障忽略计算（failure-oblivious computing）是近年的新概念，是指尽管系统中存在错误的输出，但系统仍然以一种可接受的程度继续执行，详见文献[21，68，69]。

学术界有大量关于软件可靠性模型（也称为软件可靠性增长模型）的文献。文献[80]是一个完善的综述。文献[67]介绍了一种贝叶斯方法。本章所讨论的模型可参考文献[38，48，49，57，58，60]。对软件可靠性建模方法的比较可参考文献[81]。文献[37]中讨论了工业界对这些模型的看法。文献[14]研究了为什么量化极其可靠的软件的失效率是不可行的。

文献[36]讨论了容错的 RPC 技术。文献[71]定义了 fail-stop 的故障模式。

5.10　练习题

1. 组织 $N-1$ 个开发人员做一个开发 N 版本项目的试验（建议 N 取 3、4 或 5）。需要写一个使用 Runge-Kutta 方法求解微分方程的程序。此类程序有很多，都可以用来检查任意版本的正确性。选择其中之一作为被比较对象，运行大量测试用例并比较每个版本的输出。指出每个版本的缺陷数目和它们的相关性。

2. 现有一个系统，该系统的正确输出 z 拥有自己的密度分布函数，此函数是一个分段指数函数（设常数 L 为正）：

$$f(z) = \begin{cases} \dfrac{\mu e^{-\mu z}}{1 - e^{-\mu L}}, & 0 \leqslant z \leqslant L \\ 0 & ，其他 \end{cases}$$

如果程序出错，程序会等概率地输出区间 $[0, L]$ 内的任意值。程序出错的概率为 q。

程序输出错误值的惩罚为 π_{bad}，程序不输出任何值的惩罚为 π_{stop}。

现在设置一个接收范围为 $[0, \alpha]$ 的可接受性测试，请计算能够使惩罚的期望值最小的 α 的取值。

3. 请设计相关方法，用于评估变量错误对软件产生的空间和时间上的影响，可提供给一个封装器来决定对某个变量采用双副本还是三副本。

4. 在这个问题中，我们将使用仿真的方法，研究在经历了最初的调试之后，一个消除缺陷的过程的性能。

假设现在有一个程序，它有 N 种可能的输入。程序中有 b 个缺陷，当输入落在集合 F_i 中的时候，缺陷 i 会被触发。注意此处并未要求 $F_i \cap F_j = \varnothing$，即触发缺陷的输入集合之间是有交集的。换言之，同一个输入可能会同时触发多个缺陷。如果 F_i 中有 k 个元素，那么 F_i 的输入是从这 k 个不同的元素中随机选取的。

又假设现在有一个测试程序，可以将输入施加到被测程序中。这些输入是从目前还没有使用过的输入中随机选取的。同时我们假设一个输入触发了一个或者多个缺陷后，这些缺陷会被直接从程序中清除。设软件中剩余的缺陷数量是可使用的输入数量的函数，在仿真中使用下列参数：

(i) $N = 10^8$，F_i 中元素的数量在集合 $\{1, 2, \cdots, n\}$ 中均匀分布。

a) 缺陷的总数量是 $b = 1000$。令 $n = 50$，并且随机选择的测试输入的数量为 10^6。

b) 令 $n = 75$，重复问题 a)。

c) 令 $n = 100$，重复问题 a)。

(ii) $N = 10^8$，F_i 中元素的数目服从以下概率质量函数：

$$\text{Prob}\{F_i \text{ 中有 } k \text{ 个元素}\} = \frac{p(1-p)^{k-1}}{1-(1-p)^n}, \text{其中 } k = 1, \cdots, n$$

使用随机选择的 10^6 个测试向量。和前面的假设相同，假设存在 $b = 1000$ 个软件缺陷。

a) $n = 50$，$p = 0.1$。

b) $n = 75$，$p = 0.1$。

c) $n = 100$，$p = 0.1$。

d) 令 $p = 0.2$，重复问题 a) 到 c)。

e) 令 $p = 0.3$，重复问题 a) 到 c)。

对仿真结果进行讨论。

5. 对于一个抗衰周期 P 内错误数量的期望值 $\tilde{N}(P) = \lambda P^2$，最佳的抗衰周期是 $P_{\text{opt}} = \sqrt{\dfrac{C_r}{\lambda C_e}}$，其中 C_r 是每次抗衰的开销，C_e 是每个错误的开销。现在在某个特定的计算机系统上，我们已经决定将抗衰的频率加倍。

a) 和最佳抗衰周期的成本相比，新的抗衰周期的成本会增加（或减少）多少？

b) 和最佳抗衰周期的单位成本相比，新的抗衰周期的单位成本会增加（或减少）多少？

6. 在若干次的测试之后，我们使用贝叶斯法则来验证软件中是否还存在缺陷。已知经过 t 秒的测试之后，仍有至少一个缺陷没有被发现的概率为 $1 - e^{-\mu t}$。假设测试开始的时候，系统中至少存在一个缺陷的概率是 q，换言之，系统中没有任何缺陷的概率是 $1 - q$。而经过 t 秒的测试之后，我们无法再找到任何缺陷。贝叶斯法则为我们提供了一种具体的方法，可以帮助我们优化对软件中是否已经没有缺陷的可能性的评估。请给出软件实际上已经不存在缺陷的概率，假定在 t 秒测试时间之后，已经完全观察不到缺陷存在。

请使用下列符号：

- 事件 A 表示软件实际上已经不存在缺陷。
- 事件 B 表示经过 t 秒的测试之后，软件中无法再发现缺陷。

a) 证明

$$\text{Prob}\{A \mid B\} = \frac{p}{p + q e^{-\mu t}}$$

b) 令 $p = 0.1$，分别在 $\mu = 0.001$、0.01、0.1（$0 \leqslant t \leqslant 10\,000$）时，绘制 $\text{Prob}\{A \mid B\}$ 对 t 的曲线。

c) 令 $\mu = 0.01$，分别在 $p = 0.1$、0.3、0.5 时绘制 $\text{Prob}\{A \mid B\}$ 对 t 的曲线。

d）从 b）和 c）的图像中可以得到什么结论？

7. 该题目与恢复块相关。请基于测试灵敏度 s 和误报率 ρ_{fa}，推导出误报所占比例的表达式（对某一个单独的阶段）。已知单个阶段输出正确值的无条件概率为 p_g。

8. 在 SIHFT 技术中，术语数据完整性是指原始程序和转换后的程序不会产生同样的错误结果的概率。证明，如果系统中唯一可能出现的故障是总线上的单位永久固定故障（见图 5-4），k 取 -1 或者 2^l，其中 l 是整数，则数据完整性为 1。请举出数据完整性小于 1 的例子。（提示：考虑 $k=-1$ 时使用脉动进位加法。）

9. 比较 AN 码和 RESO 技术。讨论它们可以检测的故障的类型，对比它们的开销。

参考文献

[1] J. Alonso, R. Matias, E. Vicente, A. Maria, K.S. Trivedi, A comparative experimental study of software rejuvenation overhead, Performance Evaluation 70 (3) (2013) 231–250.
[2] P.E. Ammann, J.C. Knight, Data diversity: an approach to software fault tolerance, IEEE Transactions on Computers 37 (April 1988) 418–425.
[3] J. Alonso, L. Belanche, D. Avresky, Predicting software anomalies using machine learning techniques, in: IEEE International Symposium on Network Computing and Applications (NCA '11), 2011, pp. 163–170.
[4] A. Avizienis, The methodology of N-version programming, in: M. Liu (Ed.), Software Fault Tolerance, Wiley, 1995, pp. 23–46.
[5] A. Avizienis, J. Kelly, Fault tolerance by design diversity: concepts and experiments, IEEE Computer 17 (August 1984) 67–80.
[6] B. Baudry, M. Monperrus, The multiple facets of software diversity: recent developments in year 2000 and beyond, ACM Computing Surveys 48 (1) (September 2015) 16.
[7] J.G.P. Barnes, Programming in ADA, Addison-Wesley, 1994.
[8] J.P. Bowen, V. Stavridou, Safety-critical systems, formal methods and standards, IEE/BCS Software Engineering Journal 8 (July 1993) 189–209.
[9] S. Brilliant, J.C. Knight, N.G. Leveson, Analysis of faults in an N-version software experiment, IEEE Transactions on Software Engineering 16 (February 1990) 238–247.
[10] F.P. Brooks Jr., No silver bullet – essence and accidents of software engineering, IEEE Computer 20 (April 1987) 10–19.
[11] F.P. Brooks Jr., The Mythical Man-Month: Essays on Software Engineering, Addison-Wesley, 1995.
[12] D. Bruneo, F. Longo, A. Puliafito, M. Scarpa, S. Distefano, Software rejuvenation in the cloud, in: ICST Conference on Simulation Tools and Techniques (SIMUTOOLS), 2012, pp. 8–16.
[13] A. Burns, A. Wellings, Real-Time Systems and Programming Languages, Addison-Wesley Longman, 1997.
[14] R.W. Butler, G.B. Finelli, The infeasibility of quantifying the reliability of life-critical software, IEEE Transactions on Software Engineering 19 (1) (January 1993) 3–12.
[15] G. Candea, S. Kawamoto, Y. Fujiki, G. Friedman, A. Fox, Microreboot – a technique for cheap recovery, in: Symposium on Operating System Design and Implementation, 2004, pp. 31–44.
[16] V. Castelli, R.E. Harper, P. Heidelberger, S.W. Hunter, K.S. Trivedi, K. Vaidyanathan, W.P. Zeggert, Proactive management of software aging, IBM Journal of Research and Development 45 (March 2001) 311–332.
[17] W.S. Cleveland, Robust locally weighted regression and smoothing scatterplots, Journal of the American Statistical Association 74 (December 1979) 829–836.
[18] D. Cotroneo, R. Natella, R. Pietrantuono, S. Russo, A survey of software aging and rejuvenation studies, ACM Journal on Emerging Technologies in Computing Systems 10 (1) (January 2014) 8.
[19] B. Cox, No silver bullet revisited, American Programmer 8 (November 1995).
[20] F. Cristian, Exception handling and tolerance of software faults, in: M. Liu (Ed.), Software Fault Tolerance, Wiley, 1995, pp. 81–107.
[21] T. Durieux, Y. Hamadi, Z. Yu, B. Baudry, M. Monperros, Exhaustive exploration of the failure-oblivious design space, in: IEEE International Conference on Software Testing, Verification, and Validation, 2018, pp. 139–149.
[22] D.E. Eckhardt, L.D. Lee, A theoretical basis for the analysis of multiversion software, IEEE Transactions on Software Engineering SE-11 (December 1985) 1511–1517.
[23] H. Femmer, D. Ganesan, M. Lindvall, D. McComas, Detecting inconsistencies in wrappers: a case study, in: Software Engineering in Practice (ICSE), 2013, pp. 1022–1031.
[24] C. Fetzer, Z. Xiao, Detecting heap smashing attacks through fault containment wrappers, in: 20th Symposium on Reliable Distributed Systems, 2001, pp. 80–89.

[25] A.F. Garcia, C.M.F. Rubira, A. Romanovsky, J. Xu, A comparative study of exception handling mechanisms for building dependable object oriented software, The Journal of Systems and Software 59 (2001) 197–222.

[26] S. Garg, Y. Huang, C. Kintala, K.S. Trivedi, Minimizing completion time of a program by checkpointing and rejuvenation, in: ACM SIGMetrics, 1996, pp. 252–261.

[27] S. Garg, A. van Moorsell, K. Vaidyanathan, K. Trivedi, A methodology for detection and elimination of software aging, in: Ninth International Symposium on Software Reliability Engineering, 1998, pp. 282–292.

[28] I. Gashi, P. Popov, Rephrasing rules for off-the-shelf SQL database servers, in: Sixth European Dependable Computing Conference, 2006, pp. 139–148.

[29] I. Gashi, P. Popov, L. Strigini, Fault tolerance via diversity for off-the-shelf products: a study with SQL database servers, IEEE Transactions on Dependable and Secure Computing 4 (4) (2007) 280–294.

[30] A.K. Ghosh, M. Schmid, F. Hill, Wrapping windows NT software for robustness, in: Fault-Tolerant Computing Symposium, FTCS-29, 1999, pp. 344–347.

[31] R. Gilreath, P. Porter, C. Nagy, Advanced Software Fault Tolerance Strategies for Mission Critical Spacecraft Applications, Task 3 Interim Report, NASA Ames Research Center, 1999.

[32] M. Grottke, R. Matias, K. Trivedi, The fundamentals of software aging, in: IEEE International Conference on Software Reliability Engineering Workshops, 2008.

[33] M. Grottke, A. Nikora, K. Trivedi, An empirical investigation of fault types in space mission system software, in: International Conference on Dependable Systems and Networks, 2010, pp. 447–456.

[34] P. Hosek, C. Cadar, Varan the unbelievable: an efficient N-version execution framework, in: International Conference on Architectural Support for Programming Languages and Operating Systems (ASPLOS), 2015, pp. 339–353.

[35] Y. Huang, C. Kintala, N. Kolettis, N.D. Fulton, Software rejuvenation: analysis, module and applications, in: Fault Tolerant Computing Symposium, FTCS-25, 1995, pp. 381–390.

[36] P. Jalote, Fault Tolerance in Distributed Systems, Prentice-Hall, 1994.

[37] S.L. Joshi, B. Deshpande, S. Punnekkat, Do software reliability prediction models meet industrial perceptions?, in: Innovations in Software Engineering Conference (ISEC), 2017, pp. 66–73.

[38] Z. Jelinski, P. Moranda, Software reliability research, in: W. Freiberger (Ed.), Statistical Computer Performance Evaluation, Academic Press, 1972, pp. 465–484.

[39] K. Kanoun, Cost of software diversity: an empirical evaluation, in: International Symposium on Software Reliability, 1999, pp. 242–247.

[40] I. Koren, Computer Arithmetic Algorithms, A. K. Peters, 2002.

[41] J.C. Knight, N.G. Leveson, A reply to the criticisms of the knight and leveson experiment, ACM SIGSoft Software Engineering Notes 15 (January 1990) 24–35.

[42] J. Lang, D.B. Stewart, A study of the applicability of existing exception-handling techniques to component-based real-time software technology, ACM Transactions on Programming Languages and Systems 20 (March 1998) 274–301.

[43] M. Le, Y. Tamir, Applying microreboot to system software, in: IEEE Conference on Software Security and Reliability, 2012, pp. 11–20.

[44] M. Leeke, A. Jhumka, An automated wrapper-based approach to the design of dependable software, in: DEPEND 2011: Fourth International Conference on Dependability, 2011.

[45] N.G. Leveson, Software safety: why, what, and how, ACM Computing Surveys 18 (February 1991) 34–46.

[46] L.L. Levesque, J.M. Wilson, D.R. Wholey, Cognitive divergence and shared mental models in software development project teams, Journal of Organizational Behavior 22 (2) (2001) 135–144.

[47] B. Littlewood, L. Strigini, A Discussion of Practices for Enhancing Diversity in Software Designs, DISPO Technical Report LS_DI_TR-04_v1_1d, November 2000.

[48] B. Littlewood, J.L. Verrall, A Bayesian reliability growth model for computer software, Applied Statistics 22 (1973) 332–346.

[49] B. Littlewood, J.L. Verrall, A Bayesian reliability model with a stochastically monotone failure rate, IEEE Transactions on Reliability R-23 (June 1974) 108–114.

[50] B. Littlewood, P. Popov, L. Strigini, Modeling software design diversity – a review, ACM Computing Surveys 33 (June 2001) 177–208.

[51] B. Liskov, A. Snyder, Exception handling in CLU, IEEE Transactions on Software Engineering SE-5 (June 1979) 546–558.

[52] C. Lu, J.-C. Fabre, M.-O. Killijan, Robustness of modular multi-layered software in the automotive domain: a wrapping-based approach, in: IEEE Conference on Emerging Technologies and Factory Automation, 2009, pp. 1–9.

[53] Q. Lu, X. Xu, L. Bass, L. Zhu, A tail-tolerant cloud API wrapper, IEEE Software 32 (1) (January/February 2015) 76–82.

[54] F. Machida, V. Nicola, K.S. Trivedi, Modeling and analysis of software rejuvenation in a server virtualized system, in: IEEE International Workshop on Software Aging and Rejuvenation, 2010.

[55] J. Miller, On the independence of software inspectors, The Journal of Systems and Software 60 (January 2002) 5–10.

[56] S. Mohammed, L. Ferzandi, K. Hamilton, Metaphor no more: a 15-year review of the team mental model construct, Journal of Management 36 (4) (2010).

[57] J.D. Musa, Software Reliability: Measurement, Prediction, Application, McGraw-Hill, 1987.

[58] J.D. Musa, K. Okumoto, A logarithmic Poisson execution time model for software reliability measurement, in: Seventh International Conference on Software Engineering (ICSE'84), 1984, pp. 230–238.

[59] N. Oh, S. Mitra, E.J. McCluskey, ED4I: error detection by diverse data and duplicated instructions, IEEE Transactions on

Computers 51 (February 2002) 180–199.

[60] T.J. Ostrand, E.J. Weyuker, R.M. Bell, Predicting the location and number of faults in large software systems, IEEE Transactions on Software Engineering 31 (4) (April 2005) 340–355.

[61] J.H. Patel, L.Y. Fung, Concurrent error detection in ALU's by recomputing with shifted operands, IEEE Transactions on Computers C-31 (July 1982) 589–595.

[62] R. Pietrantuono, S. Russo, Software aging and rejuvenation in the cloud: a literature review, in: IEEE International Symposium on Software Reliability Engineering Workshops (Workshop on Software Aging and Rejuvenation), 2018, pp. 257–263.

[63] P. Popov, S. Riddle, A. Romanovsky, L. Strigini, On systematic design of protectors for employing OTS items, in: 27th EuroMicro Conference, 2001, pp. 22–29.

[64] P. Popov, V. Stankovic, L. Strigini, An empirical study of the effectiveness of forcing diversity based on a large population of diverse programs, in: IEEE International Symposium on Software Reliability, 2012, pp. 41–50.

[65] P. Popov, L. Strigini, S. Riddle, A. Romanovsky, Protective wrapping of OTS components, in: 4th ICSE Workshop on Component-Based Software Engineering: Component Certification and System Prediction, 2001.

[66] B. Randell, J. Xu, The evolution of the recovery block concept, in: M. Lyu (Ed.), Software Fault Tolerance, Wiley, 1995, pp. 1–21.

[67] N.E. Rallis, Z.F. Lansdowne, Reliability estimation for a software system with sequential independent reviews, IEEE Transactions on Software Engineering 27 (December 2001) 1057–1061.

[68] M. Rinard, C. Cadar, D. Dumitran, D.M. Roy, T. Leu, W.S. Beebee, Enhancing server availability and security through failure-oblivious computing, in: Symposium on Operating Systems Design and Implementation, 2004, pp. 303–316.

[69] M. Rinard, C. Cadar, H.H. Nguyen, Exploring the acceptability envelope, in: Conference on Object-Oriented Programming, Systems, Languages, and Applications (OOPSLA), 2005, pp. 21–29.

[70] F. Salles, M. Rodrigues, J.-C. Fabre, J. Arlat, Metakernels and fault containment wrappers, in: IEEE Fault-Tolerant Computing Symposium, FTCS-29, 1999, pp. 22–29.

[71] R.D. Schlichting, F.B. Schneider, Fail-stop processors: an approach to designing fault-tolerant computing systems, ACM Transactions on Computer Systems 1 (3) (August 1983) 222–238.

[72] L. Strigini, Fault tolerance against design faults, in: H. Diab, A. Zomaya (Eds.), Dependable Computing Systems: Paradigms, Performance Issues, and Applications, John Wiley and Sons, 2005, pp. 213–241.

[73] S.M. Sutton Jr., Preconditions, Postconditions, and Provisional Execution in Software Processes, CMPSCI Technical Report 95-77, Department of Computer Science, University of Massachusetts at Amherst, 1995.

[74] W. Torres-Pomales, Software Fault-Tolerance: A Tutorial, NASA Technical Memorandum TM-2000-210616, 2000.

[75] F. Qin, J. Tucek, J. Sundaresan, Y. Zhou, Rx: treating bugs as allergies—a safe method to survive software failures, ACM SIGOPS Operating Systems Review 39 (5) (2005) 235–248.

[76] K. Vaidyanathan, R.E. Harper, S.W. Hunter, K.S. Trivedi, Analysis and implementation of software rejuvenation in cluster systems, ACM SIGMETRICS Performance Evaluation Review (June 2001) 62–71.

[77] J.P. van der Meulen, Miguel Revilla, The effectiveness of software diversity in a large population of programs, IEEE Transactions on Software Engineering 34 (6) (2008) 753–764.

[78] A. Villemeur, Reliability, Availability, Maintainability and Safety Assessment, Wiley, 1991.

[79] J. Voas, J. Payne, COTS software failures: can anything be done?, in: IEEE Workshop on Application-Specific Software Engineering and Technology, March 1988.

[80] D. Wallace, C. Coleman, Application and Improvement of Software Reliability Models, Report of Task 323-08, NASA Software Assurance Technology Center, 2001.

[81] E.J. Weyuker, T.J. Ostrand, R.M. Bell, Comparing the effectiveness of several modeling methods for fault prediction, Empirical Software Engineering 15 (3) (2010) 277–295.

[82] J. Xu, A. Romanovsky, B. Randell, Concurrent exception handling and resolution in distributed object systems, IEEE Transactions on Parallel and Distributed Systems 11 (October 2000) 1019–1032.

[83] C.S. Yoo, P.H. Seong, Experimental analysis of specification language diversity impact of NPP software diversity, The Journal of Systems and Software 62 (May 2002) 111–122.

[84] J. Zhao, Y. Jin, K.S. Trivedi, R. Marias Jr., Y. Wang, Software rejuvenation scheduling using accelerated life testing, ACM Journal on Emerging Technologies in Computing Systems 10 (1) (January 2014) 9.

检查点技术

今天的计算机比几十年前快了几千倍。尽管如此，许多重要的应用仍然需要花费计算机几天甚至更长的时间执行。事实上，随着计算速度的提高，以前被视为难以解决的计算问题如今变得切实可行。以下是一些即使在当今最快的计算机上也需要很长时间去执行的应用。

- **流体流动模拟分析**（fluid-flow simulation）。许多重要的物理学应用需要模拟流体流动。这些模拟都是出了名的复杂，由大量存在交互关系的三维单元组合而成。例如天气和气候建模。
- **优化**（optimization）。资源的优化部署往往是非常复杂的。例如，航空公司必须调度飞机及其机组人员，使得机组人员与飞机的组合能够同时满足所有相关的规则（如机组人员的休息时间、飞机维护，以及个别飞行员能够驾驶的飞机类型）。
- **天文学**（astronomy）。N 体（N-body）模拟用于研究 N 个天体的相互引力作用、星系合并过程中恒星的形成、星系团形成的动力学以及宇宙的流体力学模型。在这些应用中，即使使用最快的计算机，也需要大量的时间。
- **生物化学**（biochemistry）。对蛋白质折叠的研究有助于依据病人个体的基因构成及其疾病更有针对性地提供特定的治疗方案。这个问题非常复杂，需要每秒千万亿次的计算能力。

当一个程序需要很长的时间来执行时，在执行过程中出现失效的概率就会变大，而且这种失效通常会带来非常大的失效代价。

为了说明这个问题，我们介绍以下分析模型，我们将在本章中一直使用这个模型。考虑一个程序，如果在执行过程中没有发生失效，需要 T 小时的执行时间。假设系统瞬时失效的发生符合泊松过程，其失效速率为每小时 λ 次。在这里，为了简化推导，我们假设瞬时失效是点失效，也就是说，它们在系统中引起一个错误，然后立即消失。程序在错误发生之前所做的所有计算都会丢失，系统从失效中恢复的时间可以忽略不计。在 6.3 节中将重新讨论这些简化假设。

假设 E 为期望执行时间，其中包括因失效造成的任何计算工作的损失时间。为了计算 E，我们使用标准条件论证方法。我们列出所有可能的情况，系统地研究每一种情况，以其发生的概率对每一种情况进行加权，然后将它们求和，得到总的期望执行时间。

方便起见，我们将这个问题分为两种情况：情况 1 是在执行过程中没有失效，情况 2 是至少有一个失效。如果在执行过程中没有失效，那么执行时间是（根据定义）T。在持续时间为 T 的时间间隔内没有发生失效的概率为 $e^{-\lambda T}$，因此情况 1 对平均执行时间的贡献为 $Te^{-\lambda T}$。

如果失效确实发生了，事情就变得有点复杂了。假设首次影响程序执行的失效发生在执行时间 T 中的第 τ 秒，我们就失去了这 τ 秒的计算工作，将不得不重新开始。在这种情况下，期望执行时间将是 $\tau+E$。首次失效发生在一个无限小的区间 $[\tau, \tau+d\tau]$ 内的概率为 $\lambda e^{-\lambda \tau}d\tau$。

τ 可以是 $[0, T]$ 范围内的任意值。因此，我们去掉对 τ 的限制，以获得情况 2 对平均执行时间的贡献：

$$\int_{\tau=0}^{T} (\tau + E)\lambda e^{-\lambda\tau} d\tau = \frac{1}{\lambda} + E - e^{-\lambda\tau}\left\{\frac{1}{\lambda} + T + E\right\}$$

将情况 1 和 2 对平均执行时间的贡献相加，我们有

$$E = T e^{-\lambda\tau} + \frac{1}{\lambda} + E - e^{-\lambda\tau}\left\{\frac{1}{\lambda} + T + E\right\} \tag{6.1}$$

解该方程的 E，我们得到（非常简单的）表达式

$$E = \frac{e^{-\lambda\tau} - 1}{\lambda} \tag{6.2}$$

我们可以看到，平均执行时间 E 对 T 非常敏感。事实上，它随 T 呈指数级增长。

失效过程所带来的惩罚可以用 $E\text{-}T$ 来衡量，这是由于失效而浪费的额外时间。当用无失效执行时间 T 对 $E\text{-}T$ 进行归一化时，我们得到 η，这是一个关于该惩罚的无量纲度量，

$$\eta = \frac{E-T}{T} = \frac{E}{T} - 1 = \frac{e^{-\lambda\tau} - 1}{\lambda T} - 1 \tag{6.3}$$

请注意，η 只取决于乘积 λT，即在一个执行过程中预期会发生的失效次数。

图 6-1 展示了 η 与 λT 的关系，说明 η 在开始时相当小，但随后迅速上升。

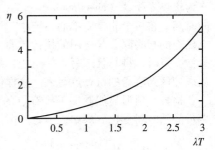

图 6-1　η 作为预期失效次数的函数

6.1　什么是检查点技术

我们从一个几乎所有使用过支票簿的人都能理解的例子开始。我们有一长串的数字要用手工计算器加起来。在做加法时，我们周期性地在纸条上记录到目前为止的部分金额，例如每五个加法记录一次。假设我们在做完前七个数字的加法后，误按了计算器的"清除"按钮。为了恢复，我们需要做的就是找到五次加法后记录的部分总和，在此基础上再加上第六项和第七项（见表 6-1）。我们已经省去了重做所有六个加法的劳动，只需要做两个加法就可以恢复。这就是检查点的原理，这里的部分和被称为检查点（checkpoint）。

表 6-1　检查点技术的例子

项	款额	检查点
1	23.51	
2	414.78	
3	147.20	
4	110.00	
5	326.68	1022.17
6	50.00	
7	215.00	
8	348.96	
9	3.89	
10	4.55	1644.57
11	725.95	

一般来说，检查点是进程在被记录时刻的整个状态的快照，它代表了从那个时刻重新启动进程所需要的所有信息。我们把检查点记录在稳定存储（stable storage）中，我们对其可靠性有足够的信心。磁盘是最常用的稳定存储介质：即使电源中断，它们也能保存数据（只要磁盘表面没有物理损坏），而且可以以便宜的价格存储大量的数据。这一点很重要，因为一个检查点可能非常大，几十或几百兆字节（或更大）并不罕见。近来，固态磁盘（闪存）已经变得越来越普遍，这种磁盘的访问速度更快，同时保持了非易失性。将检查点存储到闪存的时间要短得多，但是闪存相比传统磁盘更昂贵。

有时，由于使用了备用电池，标准存储器（RAM）变得（相对）非易失，也被用作稳定存储。当选择一个稳定的存储介质时，一定要记住，没有什么是完全可靠的。当我们使用一个特定的设备作为稳定存储时，我们必须判断它的可靠性对于当前的应用来说是否足够高。

此时，还有两个术语需要定义。执行检查点会增加应用程序的执行时间，这种增加被定义为检查点开销（checkpoint overhead）。检查点延迟（checkpoint latency）是保存检查点所需的时间。在一个非常简单的系统中，开销和延迟是相同的。然而，在某些系统中，允许检查点操作的某些部分与应用的执行重叠，则延迟可能大大超过开销。例如，假设一个进程在执行检查点时，将其状态写入一个内部缓冲区。之后，CPU 继续执行进程，而另一个单元处理从缓冲区到磁盘的检查点写入。这样做，检查点就被存储起来了，在发生失效时可以使用。

检查点延迟显然取决于检查点的大小。在单个程序的执行过程中，这可能因程序而异，也可能随时间变化。例如，考虑下面这段 C 代码。

```
for (i=0; i<1000000; i++)
  if (f(i)<min) {min=f(i); imin=i;}
for (i=0; i<100; i++) {
   for (j=0; j<100; j++) {
       c[i][j] += i*j/min;
   }
}
```

这个程序片段由两个容易区分的部分组成。在第一部分中，我们计算 $0<i<1\,000\,000$ 范围内 f(i) 的最小值，其中 f() 是程序中指定的某函数。在第二部分中，我们做一个矩阵乘法，然后是除法。

当程序执行第一部分时，采用的检查点不需要太大。我们需要记录的只是程序计数器，以及变量 min 和 imin——系统通常会记录所有的寄存器，实际上其中大部分与此无关。在执行第二部分时记录的检查点必须包括数组 c[i][j]，因为它是目前为止计算出的结果。

因此，检查点的大小是由程序决定的。它可能小到几千字节，也可能大到几太字节。

6.1.1 为什么检查点很重要

通过前面的讨论，读者可能会想，为什么检查点值得在本书中用整整一章来讨论。当然，上面概述的概念是非常浅显的。在检查点中（就像在其他许多事情中一样），细节决定成败。以下是经常出现的一些问题，本章的大部分篇幅用来讨论这些问题。

- 我们应该在哪个层次（用户级或内核级）执行检查点？各层次的优点和缺点是什么？检查点过程对用户应该有多透明？
- 我们应该设置多少个检查点？
- 在程序的执行过程中，我们应该在何时执行检查点？
- 如何减少检查点的开销？

- 我们如何在分布式系统（其中可能有也可能没有中央控制器，而且在各个进程之间存在消息传递）中执行检查点？

　　除了这些问题之外，还有一个问题是，在必要时如何在不同的节点上重新启动计算？一个程序并不是孤立存在的，它与库和操作系统相互作用。它的页表可能需要调整，以反映虚拟地址到物理地址转换的任何必要变化。换句话说，当在处理器 B 上重新启动一个在处理器 A 上执行过检查点的任务时，我们必须小心翼翼地确保 B 的执行环境与 A 的执行环境足够一致，使得重启能够正确进行。

　　此外，应该仔细考虑程序与外部的交互，因为有些交互是不能撤销的。例如，如果系统已经打印了一些东西，就不能取消打印。一枚导弹一旦发射，就不能取消发射。因此，在系统确定它不必撤销这些输出之前，一定不要执行这些输出。

6.2　检查点层次

　　检查点可以在内核级、应用级或用户级执行。

- **内核级检查点**。如果检查点执行过程包含在内核中，那么检查点对用户来说是透明的，通常不需要对程序进行修改就可以使用检查点机制。当系统在失效后重新启动时，内核负责管理恢复操作。

　　从某种意义上说，每一个现代操作系统都支持检查点。当一个进程被抢占时，系统会记录进程的状态，这样就可以在不损失计算工作的情况下从中断点处恢复执行。然而，大多数操作系统很少或根本没有显式地为容错应用提供检查点支持。

- **用户级检查点**。在这种方法中，提供一个用户级的库来执行检查点。为了执行检查点，应用程序被链接到这个库。与内核级检查点一样，这种方法通常不需要改变应用程序代码，但是需要与用户级库进行显式链接。用户级库还负责管理失效后的恢复。

- **应用级检查点**。这里，应用程序负责执行所有的检查点功能。因此，检查点和失效恢复的代码必须写进应用程序。这种方法为用户提供了对检查点过程的最大控制，但实施和调试的成本很高。

　　请注意，每个级别可用的信息可能是不同的。例如，如果进程由多个线程组成，一些内核不知道这些线程，则这些线程必须在用户级管理。同样，用户级和应用级也不能访问内核级持有的信息。它们也不能在恢复时要求给一个正在恢复的进程分配一个特定的进程标识符。因此，一个程序在其生命过程中可能有多个进程标识符，这可能是也可能不是一个问题，取决于应用程序。同样，用户级和应用级可能无法对文件系统的某些部分执行检查点，在这种情况下，我们可能不得不以存储相应文件的名称和指针来进行代替。

6.3　最优检查点：分析模型

　　我们接下来提供一个模型，以量化开销对检查点最优设置策略的影响。我们已经提到，在一个现代系统中，检查点的开销可能比检查点的延迟小得多。简而言之，开销是指检查点执行过程中不能被应用隐藏的部分，它是不与应用进程平行执行的部分。

　　我们首先借助图 6-2 来介绍一些符号。用 T_{lt} 表示延迟，它是检查点操作开始（例如图中的 t_0）与结束（图中的 t_2）之间的时间间隔。为了简化下面的表达，我们假设这个时间间隔是固定的，换句话说，$T_{lt}=t_2-t_0=t_5-t_3=t_8-t_6$。图 6-2 中显示的三个检查点分别代表了系统在 t_0、t_3 和 t_6 时刻的状态。用 T_{ov} 表示的开销是 T_{lt} 区间的一部分，在这段时间里，由于执行检查点，系统被中断执行。在这里，简单起见，我们也假设这是一个固定大小的时间间隔，$T_{ov} = t_1 - t_0 = t_4 - t_3 = t_7 - t_6$。

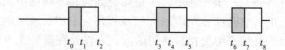

图6-2 检查点的延迟和开销（方块代表延迟，阴影部分代表开销）

如果在延迟区间T_{lt}内的某个时间点发生失效，我们假设正在执行的检查点是无用的，系统必须回滚到上一个检查点。例如，如果故障发生在图 6-2 中 $[t_3，t_5]$ 区间内的任何时刻，我们必须回滚到前一个检查点，该检查点包含了时刻t_0的进程状态。

在前面的较简单的模型中，我们假设从失效中恢复是瞬间的。在这里，我们做了一个更现实的假设，即恢复时间的平均值为T_r。也就是说，如果一个瞬时失效在时刻τ出现在一个进程上，该进程再次变得活跃的预期时间为$\tau + T_r$。这个恢复时间包括在失效状态下的时间，加上恢复到正常功能状态的时间（例如，完成重启处理器的时间）。

我们考虑第 i 个检查点完成（若有必要，已准备好被使用）与第 $i+1$ 个检查点完成的时间间隔，用E_{int}表示其期望值。令T_{ex}为相邻检查点之间程序执行的时间。也就是说，如果在程序的执行时间 T 内均匀地放置 N 个检查点，那么$T_{ex} = T/(N+1)$。因此，如果没有失效，一个检查点间隔的全部执行时间（加上检查点的开销），将等于$T_{ex} + T_{ov}$。

如果在$T_{ex} + T_{ov}$的间隔中的第τ秒出现了失效，那么会发生什么？首先，我们失去了在τ时间内完成的所有工作。其次，从这个失效中恢复并重新启动计算平均需要T_r秒。因此，由于在区间内第τ秒发生失效而导致的额外时间共计$\tau + T_r$。

6.3.1 检查点之间的间隔时间：一阶近似值

在一阶近似中，我们假设在连续的检查点之间，最多只有一次失效发生。为了计算两个连续检查点间隔时间的期望值，我们采用与之前相同的条件概率的方法：分析两个情况，求出每个情况对期望时间的贡献部分，并将加权贡献相加。

情况 1：连续检查点之间没有失效。由于检查点之间的间隔是$T_{ex} + T_{ov}$，情况 1 发生的概率是$e^{-\lambda(T_{ex} + T_{ov})}$，而情况 1 对间隔时间期望值的加权贡献是

$$(T_{ex} + T_{ov}) e^{-\lambda(T_{ex} + T_{ov})}$$

情况 2：连续检查点之间发生了一次失效。发生的概率可以近似为$1 - e^{-\lambda(T_{ex} + T_{ov})}$。这实际上是在长度为$T_{ex} + T_{ov}$的区间内至少发生一次失效的概率，但是如果我们假设失效的到达遵循泊松过程，那么当$\lambda(T_{ex} + T_{ov}) \ll 1$时（通常是这样的情况），在$T_{ex} + T_{ov}$的区间内发生 n 次失效的概率随着 n 的增大迅速下降。因此，我们假设在连续两个检查点之间出现一个以上失效的概率是可以忽略的。由于失效所花费的额外时间是$\tau + T_r$，τ的平均值为$(T_{ex} + T_{ov})/2$。因此，预期的额外时间量是$(T_{ex} + T_{ov})/2 + T_r$。除了这个时间，还应该包括程序（重新）执行和检查点开销所需的基础时间$T_{ex} + T_{ov}$，因此情况 2 的全部期望贡献约为

$$(1 - e^{-\lambda(T_{ex} + T_{ov})}) \left\{ T_{ex} + T_{ov} + \frac{T_{ex} + T_{ov}}{2} + T_r \right\}$$

$$= (1 - e^{-\lambda(T_{ex} + T_{ov})}) \left\{ \frac{3(T_{ex} + T_{ov})}{2} + T_r \right\}$$

将情况 1 和 2 对间隔时间期望的贡献相加，我们得到连续两个检查点之间的间隔时间的期望值E_{int}：

$$E_{int} \approx \frac{3}{2}(T_{ex} + T_{ov}) + T_r - \left(\frac{(T_{ex} + T_{ov})}{2} + T_r\right) e^{-\lambda(T_{ex}+T_{ov})} \tag{6.4}$$

6.3.2　最优检查点放置

上述分析的重点是计算检查点之间的期望间隔E_{int}。假设给定特定数量的等距检查点，这样在任何两个连续的检查点之间执行程序的时间单位为$T_{ex} = T/(N+1)$（其中 T 是程序的执行时间，不包括检查点设置和失效恢复）。检查点设置的一个主要问题就是需要判断T_{ex} 的值，换句话说，就是需要确定在一个长程序的执行过程中需要放置多少个检查点。

确定最优检查点数量的问题被称为检查点放置问题，其目标是选择 N（或等价的T_{ex}）以最小化程序的期望总执行时间，即最小化 η 值，

$$\eta = \frac{E_{int}}{T_{ex}} - 1$$

接下来我们说明如何确定上述简单模型的T_{ex} 的最优值。通过使用以下一阶近似值来简化式（6.4）：

$$e^{-\lambda(T_{ex}+T_{ov})} \approx 1 - \lambda(T_{ex} + T_{ov})$$

我们得到

$$\eta = \frac{\frac{3}{2}(T_{ex} + T_{ov}) + T_r - \left(\frac{(T_{ex} + T_{ov})}{2} + T_r\right)(1 - \lambda(T_{ex} + T_{ov}))}{T_{ex}} - 1$$

$$= \frac{(T_{ex} + T_{ov})\left[1 + \lambda\left(\frac{T_{ex} + T_{ov}}{2} + T_r\right)\right]}{T_{ex}} - 1 \tag{6.5}$$

为了选择T_{ex} 以使 η 最小，我们对式（6.5）进行微分。将式（6.5）对T_{ex} 求导，并令其导数等于零，得到

$$T_{ex}^{opt} = \sqrt{\frac{2T_{ov}}{\lambda} + T_{ov}(2T_r + T_{ov})} \tag{6.6}$$

根据T_{ex}^{opt} 的值，我们可以计算出最小化 η 的检查点数量，

$$N_{opt} = \frac{T}{T_{ex}^{opt}} - 1$$

由于 N 必须是一个整数，因此如果上面的方程没有得出一个整数，通常的做法是按照上面的方法计算与N_{opt} 最接近的两个整数值，然后选择那个使 η 值更小的。在此计算中，使用的T_{ex} 值为$T_{ex} = T/(N+1)$，而不是从式（6.6）中计算出来的。

请记住，上述结果只对简化模型是正确的，也就是在两个检查点的间隔内最多发生一次失效。我们在下一节中将放宽这一假设，并提出一个更精确的模型。

聪明的读者可能对T_r 在上述N_{opt} 表达式中的出现感到有些惊讶。T_r 是从失效中恢复的成本，从直觉上讲，它不会影响最优检查点的数量。事实上，在更精确的模型中，T_r 从N_{opt} 的

表达式中消失了，我们将在下面看到。在本章后面的练习题中，我们将请读者为近似模型的 N_{opt} 表达式中的 T_r 的存在找到一个直观的理由。

请注意，我们是在沿时间轴均匀地放置检查点的前提下，得出上面这个结果的。均匀放置是最优的吗？如果检查点的成本是相同的，不考虑检查点的执行时刻，那么答案为"是"。如果检查点的大小，也就是检查点的成本在程序执行的不同阶段变化很大，则答案往往是"否"，检查点大小变化的程度将是一个关键因素。

6.3.3 检查点之间的间隔时间：一个更精确的模型

为了放宽前面的假设，即在一个检查点间隔中最多发生一次失效，我们再次回到针对第一次失效时间的条件概率方法的讨论，但现在要更加精确地处理情况 2。与之前一样，情况 1 在连续的检查点之间没有失效，对平均检查点间隔时间 E_{int} 的贡献为

$$(T_{ex}+T_{ov}) e^{-\lambda (T_{ex}+T_{ov})}$$

在情况 2 中，假设在时刻 τ（$\tau<T_{ex}+T_{ov}$）发生故障，这个事件的概率为 $\lambda e^{-\lambda\tau}d\tau$。由于失效而浪费的时间是 $\tau+T_r$，之后将恢复计算，并再花费一个额外的平均间隔时间 E_{int}。因此，情况 2 的贡献是

$$\int_{\tau=0}^{T_{ex}+T_{ov}} (\tau+T_r+E_{int})\lambda e^{-\lambda\tau}d\tau=E_{int}+T_r+\frac{1}{\lambda}-\left(T_{ex}+T_{ov}+T_r+\frac{1}{\lambda}+E_{int} \right) e^{-\lambda (T_{ex}+T_{ov})}$$

将两个情况的结果在下方 E_{int} 的等式中相加：

$$E_{int}=(T_{ex}+T_{ov}) e^{-\lambda (T_{ex}+T_{ov})}+E_{int}+T_r+\frac{1}{\lambda}-\left(T_{ex}+T_{ov}+T_r+\frac{1}{\lambda}+E_{int} \right) e^{-\lambda (T_{ex}+T_{ov})}$$

其解为

$$E_{int}=\left(T_r+\frac{1}{\lambda} \right) (e^{\lambda (T_{ex}+T_{ov})}-1) \tag{6.7}$$

再来考虑指标 η：

$$\eta=\frac{E_{int}}{T_{ex}}-1$$

η 值应当被最小化，以确保检查点的归一化成本最小。通过公式（6.7）中的表达式，我们可以得到

$$\eta=\frac{\left(T_r+\frac{1}{\lambda} \right) (e^{\lambda (T_{ex}+T_{ov})}-1)}{T_{ex}}-1 \tag{6.8}$$

当 $T_r=T_{ov}=0$ 时，可简化公式（6.3）。假设我们正寻找一个可以最小化 η 的 T_{ex}，显然对于 T_{ex} 的这一个取值，$\partial\eta/\partial T_{ex}=0,\partial^2\eta/\partial T_{ex}^2>0$。很容易说明，$T_{ex}$ 的最优值能够满足以下公式：

$$e^{\lambda (T_{ex}+T_{ov})}=\frac{1}{1-\lambda T_{ex}} \tag{6.9}$$

因此，最优值 T_{ex}^{opt} 并不取决于恢复时间 T_r，只取决于开销 T_{ov}。一旦知道了 T_{ex}^{opt} 的值，我们就可以计算出相应的最优检查点的数量：$N_{opt}=\frac{T}{T_{ex}^{opt}}-1$。注意，在为 N 选择了一个整数值之后，必须重新计算 T_{ex}。

6.3.4　减少开销

减少检查点开销的最明显的方法是使用缓冲区。系统将检查点写入其内存，然后返回执行应用程序。接着使用直接存储器访问（direct memory access，DMA）方式将检查点从内存复制到磁盘。大多数现代机器中的 DMA 只需要 CPU 在操作的开始和结束时参与。

写时复制（copy-on-write）是这种方法的一种细化实现。主要思想为，如果自上次检查点以来，进程状态的很大一部分保持不变，那么重新将未改变的页面复制到磁盘上是浪费时间的。通过利用大多数内存系统提供的内存保护位，可以避免重新复制未改变的页面。简而言之，物理内存的每一页都有保护位，可以表明该页是可读写、只读或是不可访问的。为了实现写时复制，在执行检查点时，与进程相关的页面的保护位都被设置为只读。当检查点的页面被传输到磁盘时，应用程序可以继续运行。如果应用程序试图更新一个页面，就会触发一个非法访问，这时系统应该通过缓冲适当的页面来做出反应，之后该页面的权限可以设置为可读写。缓冲的页面会在适当的时候被复制到磁盘。（显然，用户指定的页面状态必须保存在其他地方，以防止只读或不可访问的页面被写入。）

与简单的缓冲相比，写时复制的优点是，如果进程不经常更新内存页，那么将页复制到缓冲区的大部分工作就可以避免了。这是一个增量检查点（incremental checkpointing）的例子，自上一个检查点被执行以来，它简单地记录进程状态的变化。如果这些变化很少，增量检查点的大小就会相当小，每个检查点需要保存的内容也会少很多。

增量检查点明显的缺点是，恢复过程更加复杂。这不再是简单地加载最新的检查点并从那里恢复计算的问题，我们必须通过检查一系列连续的增量检查点来重建系统状态。

另一种降低检查点开销的方法是试图减少必须存储在检查点中的信息。有两种类型的变量没有必要记录在检查点中：自上次检查点以来没有被更新的变量和那些"死"变量。死变量是指其当前的值将不再被程序使用的变量。有两种死变量：一种是永远不会被程序引用的变量，另一种是下一次访问将被写入的变量。挑战在于如何准确识别这些变量。

一个进程的地址空间有四个部分：代码、全局数据、堆和堆栈。在代码和堆栈中找到一些死变量并不困难。因为自修改代码不再被使用，我们可以把内存中的代码段看作只读的，它不需要检查点。堆栈段同样简单：在栈指针下面的位置所记录的地址内容显然是死的。（虚拟地址空间通常使用顶部堆栈段，向下生长：栈指针下面的位置代表当前没有被堆栈使用的内存。）就堆而言，许多语言允许程序员明确地分配和删除内存（例如，C 语言的 malloc() 和 free() 调用）。根据定义，free 列表中的内容是死的。最后，一些用户级的检查点程序包（比如 libckpt）为程序员提供了程序调用（比如 include_bytes() 和 exclude_bytes()），可以指定将内存的一些区域包括在检查点中，或者从检查点中去除这些区域。

6.3.5　减少延迟

有人建议将检查点压缩作为减少延迟的一种方法。检查点越小，需要写到磁盘上的内容就越少。压缩节省多少空间（如果有的话）取决于以下两点。

- **压缩的程度**。这与应用有关：在某些情况下，压缩会使检查点的大小减少 50% 以上；在其他情况下，几乎没有什么区别。
- **执行压缩算法所需的工作量**。这通常需要由 CPU 来完成，因此也是检查点开销的一部分。

在简单的顺序检查点中，CPU 在检查点被提交到磁盘之前不会执行，只要磁盘写入时间的减少超过了压缩算法的执行时间，检查点压缩就是有益的。在更高效的系统中，当 $T_{ov} < T_{lt}$

时，这种方法的实用性是值得商榷的，在使用之前必须仔细评估。

另一种减少延迟的方法是前面提到的增量检查点技术。

6.4 缓存辅助的回滚错误恢复机制

减少检查点的开销使我们能够增加检查点出现的频率，从而减少失效后回滚的代价。缓存辅助的回滚错误恢复（CARER）是一种减少执行检查点所花费时间的方案，它直接将进程所占用的内存和缓存标记为检查点状态的一部分。当然，这假设内存和缓存发生失效的概率远低于处理器本身，因此足够可靠，可以用来存储检查点。如果这个假设不成立，则检查点本身被破坏的概率就会高得令人无法接受，进而不能使用 CARER 方法。

检查点包括进程占用的内存，以及任何可能被标记成为检查点一部分的高速缓存行。这种方法需要对系统进行硬件修改，其方法是在每条高速缓存行上增加一个检查点标志位。当这个标志位为 1 时，它表示相应的缓存行是不可修改的（unmodifiable），这意味着该行是最新检查点的一部分，所以处理器不能更新该行中的任何字，否则将被迫在更新后立即执行检查点。如果该位为 0，处理器可以自由修改。

由于进程所占用的内存空间和被标记的缓存行既是存储器的一部分又是检查点的一部分，所以我们经常会被强制执行检查点。一般的规则是，当系统需要更新检查点标志位为 1 的缓存行或进程内存空间中的任何内容时，就会强制执行检查点。如果在这种时候不执行检查点，那么在之后发生失效时，系统将不会回滚到处理器寄存器的旧值处，而会回滚到内存和（或）高速缓存中被修改后的内容位置。上述情况意味着，当外部中断发生或有 I/O 指令执行时，检查点也会被强制执行（因为这两种情况都可能更新内存）。总而言之，每当以下一种情况发生时，我们就被迫执行检查点。

- 一个标记为不可修改的缓存行要被更新。
- 内存要被更新。
- 一个 I/O 指令被执行或一个外部中断发生。

执行检查点包括将处理器的寄存器值保存到内存中，将与每个有效的高速缓存行相关的检查点标志位设置为 1。因此，根据定义，高速缓存中检查点标志位为 1 的行是在最近一次检查点执行之前被修改过的。

因此，检查点由进程占用的内存、所有被标记为不可修改的缓存行，以及寄存器在内存中的副本组成。回滚到之前的检查点非常简单：只需根据内存中的副本恢复寄存器，并将缓存中所有检查点标志位为 0 的行标记为无效。

这种方法并非没有代价。必须修改缓存的硬件以引入检查点标志位，而且每一次将任何缓存行写回内存时都需要执行一次检查点。

6.5 在分布式系统中的检查点技术

分布式系统由一组处理器和相关的存储器组成，它们通过一个互连网络连接在一起（见第 4 章）。每个处理器通常都有本地磁盘，也可以有一个所有的处理器平等访问的网络文件系统。

在逻辑上，我们把分布式系统看作由有向通道（channel）连接在一起的一组进程（processe）。通道可以被视为一个进程与另一个进程之间的点对点连接。除非另有说明，我们将假设每个通道都是无错误的，并按照它收到信息的顺序传递所有信息。

我们首先提供一些细节，这些细节与以下分析所依据的系统模型相关。进程的状态具有明确的含义：t 时刻的通道状态被定义为到时刻 t 为止，这个通道中消息的集合（以及它们被接收的顺序）。分布式系统的状态是各个进程和通道的状态的集合。

对于分布式系统的某个状态，如果其中记录的每一次消息传递，都有一个相应的消息发送事件，那么称这个状态是一致的（consistent）。在违反这个约束的状态中，我们会发现一个尚未被任何进程发送的消息却已经由某个通道传输了。这违反了因果关系，这样的消息被称为"孤儿"（orphan）消息。请注意，相反的情况不受这个约束。如果系统状态记录了消息的发送，但没有体现消息的接收，则仍是一个一致的状态。

图 6-3 进行了说明。这里，我们有两个进程 P 和 Q，在这里显示的持续时间内，每个进程都有两个检查点（分别是 CP_1、CP_2 和 CQ_1、CQ_2）。消息 m 由 P 发送至 Q。

以下几组检查点各自代表了一个一致的系统状态。

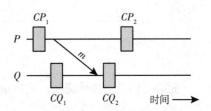

图 6-3　一致和不一致的状态

- $\{CP_1, CQ_1\}$：这两个检查点都没有任何关于 m 的信息。
- $\{CP_2, CQ_1\}$：CP_2 记录了 m 被发送，CQ_1 没有"收到 m"的记录。
- $\{CP_2, CQ_2\}$：CP_2 记录了 m 被发送，CQ_2 记录了它被接收。

与之相反，$\{CP_1, CQ_2\}$ 这个集合并不是一个一致的系统状态。CP_1 没有 m 被发送的记录，而 CQ_2 记录了 m 被接收。因此，在这个检查点集合中，m 是一个孤儿消息。

一个检查点集合如果代表一个一致的系统状态，则称为形成了一条恢复线（recovery line）。我们可以将系统回滚到任何可用的恢复线处，并从那里重新启动。

- $\{CP_1, CQ_1\}$：将 P 回滚到 CP_1 处，就撤销了 m 的发送，而将 Q 回滚到 CQ_1，意味着 Q 没有任何关于收到 m 的记录。
- $\{CP_2, CQ_1\}$：将 P 回滚到 CP_2 处意味着它不会重传 m。将 Q 回滚到 CQ_1 处，意味着现在 Q 没有曾经收到 m 的记录。在这种情况下，管理恢复操作的系统必须能够向 Q 重新发送 m。这可以通过 P 的检查点，或者通过一个记录了 Q 收到的所有内容的单独消息日志来实现。我们将在后面讨论消息日志。
- $\{CP_2, CQ_2\}$：检查点记录了 m 的发送和接收情况。

有时，也可能将检查点设置得使它们永远不会成为恢复线的一部分。图 6-4 提供了这样一个例子。CQ_2 记录了 m_1 的接收，但没有记录 m_2 的发送。$\{CP_1, CQ_2\}$ 不可能是一致的（否则 m_1 会成为一个孤儿）。同样地，$\{CP_2, CQ_2\}$ 不可能是一致的（否则 m_2 将成为孤儿）。

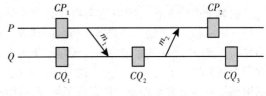

图 6-4　CQ_2 是一个无用的检查点

6.5.1　多米诺骨牌效应与活锁

如果我们不直接（通过消息传递）或间接（通过使用同步时钟）协调检查点的设置，单个失效就可能导致一连串的回滚操作，将每个进程送回其起点。这就是所谓的多米诺骨牌效应（domino effect）。

在图 6-5 中，有一个分布式系统，由两个处理器 P 和 Q 组成，它们相互发送消息。检查点的位置如图所示。当 P 遭遇瞬时失效时，它回滚到检查点 CP_3 的位置。然而，由于它在

CP_3 执行后发送了一条消息 m_6, Q 必须回滚到它收到这条消息之前（否则 Q 会记录一条从未发送的消息——一条孤儿消息）。因此, Q 必须回滚到 CQ_2 的位置。但这将触发 P 回滚到 CP_2 的位置, 因为 Q 向 P 发送了一条消息 m_5, 而 P 必须回到它从未收到该消息的状态。这样一直持续到所有的进程都回滚到它们的起始位置。这一连串的回滚就是多米诺骨牌效应的一个例子。

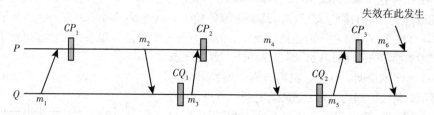

图 6-5　多米诺骨牌效应举例

进程之间以消息传递的形式所进行的交互产生了多米诺骨牌效应, 当我们坚持要求检查点形成一个一致的分布式状态, 且其中不存在孤儿消息时, 这个问题就会出现。当消息因回滚而丢失时, 则会出现另一个稍弱的问题, 如图 6-6 所示。假设 Q 在收到 P 的消息 m 后回滚到 CQ_1 处。当它这样做时（除非处理器间的消息被储存在安全的地方）, 所有与收到该消息有关的活动都会丢失。如果 P 没有回滚到 CP_2 处, 那么情况就像 P 发送了一条消息, 而 Q 从来没有收到过这条消息一样。这种情况并不像孤儿消息那么严重, 因为丢失的消息没有违反因果性, 可以被视为可能由于网络问题而丢失的消息, 我们可以通过重传（P 重新发送消息 m）这类常见方法解决。然而, 请注意, 如果 Q 在回滚之前向 P 发送了对该消息的确认, 那么该确认消息将是一个孤儿消息, 除非 P 回滚到 CP_2 处。

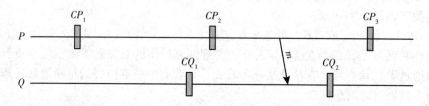

图 6-6　丢失消息举例

在分布式检查点系统中还会出现另一个问题, 那就是活锁（livelock）。考虑一下图 6-7 所示的情况。Q 向 P 发送消息 m_1, 而 P 向 Q 发送消息 m_2。然后, P 在收到 m_1 之前, 在图中所示的点上失效了。为了防止 m_2 成为孤儿, Q 必须回滚到 CQ_1 处。在此期间, P 完成了恢复, 回滚到 CP_2 处, 发送另一份 m_2, 然后收到所有回滚开始前发送的 m_1 的副本。然而, 由于 Q 已经回滚, m_1 的这个副本现在成了孤

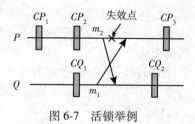

图 6-7　活锁举例

儿, 所以 P 不得不重复其回滚。这反过来又使 m_2 的第二个副本成为孤儿, 迫使 Q 也重复其回滚。这种颠簸的回滚可能会无限期地持续下去, 除非有一些外部干预。

6.5.2　协作检查点设置算法

我们已经看到, 如果检查点设置是非协作的, 则分布式系统可能遭受多米诺骨牌效应或活锁。在本节中, 我们概述了一种协作检查点设置的方法。

考虑图 6-8，假设 P 希望在 CP_3 处建立一个检查点。这个检查点记录的事项包括了从 Q 那里收到消息 m。为了防止这个消息成为孤儿，Q 也必须建立检查点。也就是说，如果我们想防止 m 成为孤儿消息，P 在 CP_3 处建立检查点的事实将迫使 Q 也需要建立检查点来记录 m 被发送这一事项。

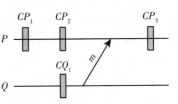

图 6-8　P 建立检查点 CP_3 迫使 Q 也建立检查点

现在我们来描述一种进行协作检查点设置的算法。在这个算法中，有两种类型的检查点，临时的（tentative）和永久的（permanent）。当一个进程 P 希望执行检查点时，它在一个临时检查点中记录其当前状态。然后，P 向一些其他进程发送一条消息，自从上次检查点之后，它从这些进程那里收到过消息，这些进程的集合称为 $\hat{P}$。这个消息告诉每个进程 Q，P 在执行临时检查点之前从它那里收到的最后一个消息是 m_{qp}。如果发送消息 m_{qp} 这一事项没有被 Q 记录在某个检查点中，那么为了防止 m_{qp} 成为孤儿，将要求 Q 建立临时检查点以记录发送 m_{qp} 的情况。如果 $\hat{P}$ 中所有需要执行检查点的进程，都确认完成了上述操作，那么所有的临时检查点都可以转换为永久检查点。如果由于某种原因，$\hat{P}$ 中的一个或多个成员不能按照要求执行检查点，那么 P 和 $\hat{P}$ 中的所有其他成员就会放弃它们的临时检查点。

请注意，这个过程可能引发检查点的连锁反应。如果进程 P 对集合 $\hat{P}$ 中的进程启动了一轮检查点，则 $\hat{P}$ 中的每个成员本身也有可能会在其相应的进程集合中衍生出一组检查点。

6.5.3　基于时间的同步机制

如果每个进程都在完全相同的全局时刻执行检查点，就不会产生孤儿信息。然而，这是不可能实现的，因为时钟偏移和消息通信时间总是存在的。基于时间的同步机制可以用来协助检查点设置：我们只需要考虑非零的时钟偏移。

在基于时间的同步机制中，我们按照预先约定的时间对进程设置检查点。例如，我们可以要求每个进程依据其本地时钟每隔 100s 设置一次检查点。这样的过程本身并不足以避免孤儿消息，见图 6-9。在这里，两个进程都在时刻 1100（该时间从本地时钟读出）设置检查点。不幸的是，两个时钟之间的偏移使得进程 P_0 的检查

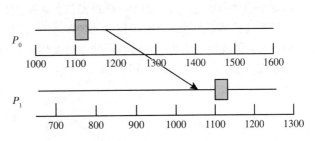

图 6-9　基于时间的同步机制中产生的一个孤儿消息

点比进程 P_1 的检查点早得多（按照实际时间）。结果，P_0 在其检查点之后向 P_1 发送了一条消息，而 P_1 在其检查点之前就已经收到了，这个消息是一个潜在的"孤儿"。

如果时钟偏移可以被约束，那么很容易防止这种孤儿消息的产生。假设分布式系统中任何两个时钟之间的最大偏移是 δ，并且要求每个进程在其本地时钟的 τ 时刻设置检查点。在这个检查点之后，进程 P_0 不应该向任何一个本地时钟还未到达 τ 的进程 P_1 发送消息。因为时钟偏移存在上限 δ，这意味着进程 P_0 将在时间区间 $[\tau, \tau+\delta]$（P_0 的本地时钟）内保持静默。

如果进程间消息传递时间有一个下限，则我们可以缩短这个静默区间。如果这个下限是 ϵ，那么进程 P_0 只要在 $[\tau, \tau+\delta-\epsilon]$ 的时间区间内保持静默，显然就足以防止形成孤儿消息——如果 $\epsilon > \delta$，那么这个静默区间的长度为零。

这个方法的还有另一个变种，一个进程在收到一个可能成为孤儿的消息时，不会将它记

录在检查点中，也不对它进行任何处理。假设进程 P_1 在其本地时钟的 t 时刻收到了一个消息 m，该消息一定是在$\in$个时间单位之前发送的（例如，来自进程 P_0），也就是在 P_1 本地时钟的 $t-\in$时刻之前发送的。因为时钟偏移的上限为 δ，因此此时，P_0 的本地时钟最多为 $t-\in+\delta$。如果 $t-\in+\delta<\tau$，那么这个消息 m 的发送将被记录在 P_0 的检查点中，因此消息 m 不可能是一个孤儿消息。那么，如果 P_1 收到消息 m 的时刻不早于 $\tau-\delta+\in$（P_1 的本地时钟），m 就不可能是一个孤儿消息。至此，我们可以得到避免孤儿消息的另一种方法，接收消息的进程在执行完自己 τ 时刻（接收进程的本地时钟）的检查点之前，将不理会在时间区间 $[\tau-\delta+\in,\tau]$ 内收到的任何消息（既不使用它，也不把它记录在时刻 τ 的检查点中）。

6.5.4　无盘检查点设置

内存本身是易失性存储器，并不适合用来存储检查点。然而，如果系统中有额外的处理器，我们可以借鉴 RAID 的一些技术（参见 3.2 节）使得在内存中设置检查点成为可能。这样可以避免磁盘的写入，使检查点的设置变得更快。在延伸阅读部分提到了一种两级检查点设置方案，无盘检查点设置可能是其中的第一级检查点的最好设置方案。

无盘检查点设置是使用类似 RAID 技术的冗余处理器来处理内存失效的。例如，假设我们有一个分布式系统，由六个正常运行的处理器和一个额外的冗余处理器组成。每个正常处理器将其检查点存储在自己的内存中，额外的处理器将这些检查点的奇偶性存储在其内存中。这样，任何一个正常运行的处理器发生失效，根据剩余的五个检查点以及它们的奇偶校验位便可以重建失效处理器的检查点。

我们也可以用其他级别的 RAID 完成类似的实现。例如，像 RAID 1 一样使用磁盘镜像。类似地，我们可以对检查点进行镜像。换句话说，在两个独立的内存模块中持有每个检查点的相同副本。这样的系统显然可以承受最多一次失效。

在这样的系统中，处理器间的网络必须有足够的带宽来处理检查点的发送。另外，热点的形成会使整个系统变慢。例如，假设我们有多个正常运行的处理器和一个专门用来备份检查点的冗余处理器。如果所有运行的处理器都把它们的检查点发送到冗余处理器来计算奇偶校验，冗余处理器将成为一个潜在的使系统变慢的热点。我们可以通过分布式的奇偶校验位计算来缓解这个问题，如图 6-10 所示。

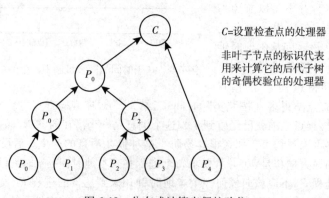

图 6-10　分布式计算奇偶校验位

6.5.5　消息日志

基于检查点的恢复行为包括回滚到最新的检查点处，并从该点开始进行计算。然而，在一个分布式系统中，为了在最新的检查点之后能够继续计算，进行恢复的进程可能需要用到在该检查点之后它曾经收到的所有消息，并按照它最初收到的顺序对这些消息进行重放。如果使用协作检查点设置，则每个进程都可以回滚到其最新的检查点处并重新启动：那些消息将在重新执行期间自动重新发送。然而，如果我们想避免协作的开销，让进程能够彼此独立地设置检查点，那么将消息以日志的形式记录到稳定存储器中是一个不错的选择。

我们将考虑两种消息日志的实现方法：悲观的（pessimistic）和乐观的（optimistic）。悲观消息日志确保回滚不会扩散到其他进程，如果一个进程失效，其他进程将不需要通过回滚以确保一致性。在乐观消息日志中，我们可能会遇到这样的情况：一个进程的失效会触发其他进程的回滚。

在本节中，我们将基于这样一个假设，当我们要恢复一个进程时，只需把它回滚到某个检查点处，然后按照最初该检查点之后收到所有消息的顺序，向它重放这些消息。

悲观消息日志

存在多种悲观消息日志的算法。也许最简单的就是消息的接收进程在收到消息时停止它正在做的任何事情，将消息日志记录到稳定存储器中，然后恢复执行。从失效中恢复进程是非常简单的：只需将其回滚到最新的检查点处，并按正确的顺序重放自该检查点以来收到的消息。在这个意义上，没有任何孤儿消息存在，所有的消息或者是在最新的检查点之前收到的，或者是明确保存了消息日志中。因此，回滚一个进程将不会触发任何其他进程的回滚。

进程必须将消息日志记录到其稳定存储器（而不是易失性存储器）中的要求会带来很大的开销。如果我们设计的系统在任何时候只能承受最多一个孤立的失效，那么上述的基本算法就是矫枉过正了，可以转而使用基于发件人的消息日志（sender-based message logging）。

顾名思义，消息的发送者将消息记录在日志中。为了节省时间，该日志最初存储在一个高速缓冲区中，在需要时可以读取该日志来重放消息。这个方案的实现方式如下。每个进程都有一个发送计数器和一个接收计数器，每次该进程发送和接收消息时，计数器都会分别递增。每个消息都有一个发送序列号（SSN），这是它被发出时发送进程上的发送计数器的值。当一个进程收到一个消息时，会给它分配一个接收序列号（RSN），这是接收时接收进程上的接收计数器的值。接收方会向发送方发出确认，里面包含了它分配给这个消息的RSN。在收到该确认后，发送方会再给接收方一个消息，确认它的确认。在接收方收到消息并发送其确认之后，和收到发送方对其确认的确认消息之前，禁止接收方向任何其他进程发送任何消息。正如我们将看到的，这对实现正确的恢复至关重要。

当发送进程知道一条消息的SSN和RSN时，称完整记录（fully logged）了这一条消息。当发送进程还不知道一条消息的RSN时，称部分记录（partially logged）了它。

当一个进程回滚至最新的检查点并重新开始计算时，它向其他进程发送一条消息，列出它在检查点中记录的最新消息的SSN。当一个进程收到这个消息时，它知道哪些消息要被重传了，后续会一一到达。

正在恢复的进程必须按照它失效前消息的处理顺序一一处理这些消息。对于完整记录的消息来说，这很容易做到，因为它们的RSN是可用的，而且它们可以按照这个数字进行排序。剩下的唯一问题就是部分记录的消息，其RSN是不可用的。部分记录的消息是那些已经发送出去，但发送者从未收到其确认的信息。这可能是因为a）接收者在消息传递给它之前就已经失效了；b）接收者在收到消息之后，能够发出确认消息之前就已经失效。然而，回顾一下，在接收消息和发送确认之间，接收方被禁止向其他进程发送自己的消息。因此，第二次以不同的顺序接收部分记录的消息不会影响系统中的任何其他进程，正确性得到了维护。显然，只有在任何时候最多只有一个失效的节点时，这种方法才能保证有效。

乐观消息日志

乐观消息日志比悲观消息日志有更低的开销，但是从失效中恢复要复杂得多。截至目前，乐观消息日志可能还只是理论研究的对象而已，所以我们在这里只提供了该技术的一个简要概述。

当收到消息时，它们被写入一个高速的易失性缓冲区中。然后，在一个合适的时间，缓冲区被复制到稳定存储器中。进程的执行不会被中断，因此记录日志的开销非常低。可问题是，一旦发生失效，缓冲区的内容就会丢失。这可能导致多个进程不得不回滚。为了使这种方法发挥作用，我们需要一个方案来计算恢复线。关于这种方案的要点，请参见延伸阅读部分。

交错检查点设置

许多检查点设置算法会导致大量进程几乎在同一时刻设置检查点。如果它们同时向一个共享的稳定存储空间（比如一组通过网络让所有进程平等共享的磁盘）写东西，这种蜂拥而至的访问会导致磁盘或网络的拥堵，或者两者都有。为了避免这个问题，我们可以采取以下任一种方法。

第一种是将检查点写入本地缓冲区，然后将这个缓冲区交错地写入稳定存储器。这样做的前提是我们有一个容量足够大的缓冲区。

第二种方法是尝试在时间上交错设置检查点。可以采用这样的策略，确保在任何时候，最多只有一个进程在设置其检查点。这些检查点可能无法保持一致性，这意味着系统中很可能存在孤儿消息。为了避免这种情况，要有一个协作阶段，在这个阶段中，每个进程在稳定存储器中记录它自上一个检查点以来发出的所有消息。当然，不同进程保存消息日志记录的时间也会有重叠。但是，如果消息的大小远远小于单个检查点的大小，磁盘系统和网络的峰值负载将大大降低。

如果一个进程失效了，它可以在回滚到最后一个检查点后重新启动。所有存储在消息日志中的消息都可以重放给它。因此，进程可以一直被恢复到一个时间点 τ 之前，这个时间点是它第一次收到未被记录的消息的时间。这就像是在 τ 时刻之前刚刚执行了一次检查点一样，我们把这种检查点和消息日志的组合称为逻辑检查点。交错检查点设置算法可保证所有的逻辑检查点形成一条一致的恢复线。

现在我们以一种更精确的方式，在一个由 n 个处理器 P_0，P_1，…，P_{n-1} 组成的分布式系统中解释这个算法。该算法由两个阶段组成：检查点设置和消息日志阶段。第一阶段如下：

```
/* 检查点设置阶段 */
for (i=0;i<=n-1; i++){
    进程 Pi 设置一个检查点.
    Pi 发送一个消息给进程 p(i+1) mod n,要求后者设置一个检查点.
}
```

第二阶段在上述循环结束时开始，此时 P_0 从 P_{n-1} 处得到一个命令，要求 P_0 设置检查点：这是 P_0 启动第二阶段的指示，它不需要执行另一个检查点。P_0 通过在每个输出通道上发送一个标志消息来启动第二阶段。当一个进程 $P_i(i\neq0)$ 收到一个标记消息时，它按照如下步骤执行：

```
/* 消息日志阶段 */
if (进程 Pi 在当前这一轮中第一次收到标志消息) then {
    Pi 向它的每一个输出通道发送一个标志消息.
    Pi 记录自前一个检查点执行之后,直至收到标志消息之前所收到的所有消息.
}
else
    Pi 会进行一次日志更新,它将上次更新消息日志之后,直到收到标志消息之前接收的所有消息添加到
    消息日志中.
end if
```

考虑图 6-11A 所示的系统,它由三个进程组成,分别是 P_1、P_2 和 P_3,每个进程都可以与其他进程通信。进程 P_1 充当检查点协作者,它通过设置一个检查点并向进程 P_2 发出 take_checkpoint 的命令来启动算法的第一阶段。P_2 在设置自己的检查点后向 P_3 发送同样的命令。当然,P_3 也会向 P_1 发送一个 take_checkpoint 命令。当 P_1 收到这个 take_checkpoint 命令时,它知道第一阶段已经完成了,每个进程都已经设置了检查点,算法的第二阶段可以开始了。P_1 分别在它的一个输出通道上向 P_2 和 P_3 发送一个 message_log 命令,要求它们把在设置检查点之后收到的(应用)消息记录到稳定存储器中。P_2 按这样做了,而 P_3 在设置上一个检查点之后没有收到任何应用消息,不需要记录日志。在每一种情况下,它们都会发出类似的 message_log 命令。例如图 6-11B 中,当 P_1 收到来自 P_2 的这样一个命令时,它检查在它最后一次记录消息和它收到这个命令之间是否收到过任何消息,它发现并没有什么要记录的。过了一会儿,它收到了来自 P_3 的一个 message_log 命令,此时它会记录 m_5 到消息日志中。

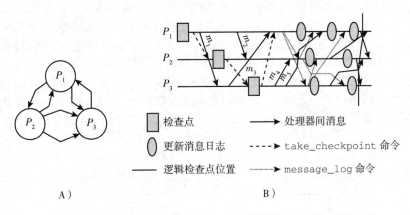

图 6-11　交错检查点设置的例子。A)系统模型。B)系统运行过程

每次收到这样的 message_log 命令时,进程都会记录新收到的消息以更新日志。如果是第一次收到这样的 message_log 命令,进程会在它的每个输出通道上发出标记消息。

我们现在所做的假设为,给定检查点和接收的消息,一个进程就可以恢复。因此,每个进程都可以设置恢复,并且恢复到它收到一个没有被记录的消息的时候(这就是图 6-11B 中所示的逻辑检查点位置)。

请注意,在这种算法中,对于第一阶段设置的物理检查点来说,可能存在孤儿消息。然而,对于使用物理检查点和消息日志生成的最新(时间上)逻辑检查点来说,孤儿消息将不存在。

6.6　共享内存系统中的检查点技术

我们现在描述一个 CARER 方案的变体,它用在一个基于总线的共享内存多核处理器系统中,其中每个处理器都有自己的私有缓存。这个方案涉及修改多处理器中多个缓存之间的缓存一致性算法。在这个变体中,我们用一个多位的标识符代替传统的单位标识符,用来标记某一缓存行不可修改。具体地,将一个检查点标识符 C_{id} 与每个高速缓存行相关联。一个检查点计数器 C_{count} 用来记录当前的检查点编号。每设置一次检查点,我们就将这个计数器加 1。因此,任何在这一时刻之前被修改的缓存行都有一个 C_{id} 字段,该字段小于检查点计数器的值。每当一个行被更新时,我们设置 $C_{id} = C_{count}$。如果一个行在被写入缓存后被修改过,并且 $C_{id} < C_{count}$,那么这个行就是检查点状态的一部分,因此是不可修改的。对这样的行进行的任何写操作,都必须等到先把该行写入内存之后。

如果计数器有 k 位,则它在达到 2^k-1 之后就会回到 0。当它达到 2^k-1 并且要设置检查点时,每个被修改行的 C_{id} 都会被设置为 0。

6.6.1 基于总线的缓存一致性协议

我们首先考虑一个没有检查点的缓存一致性算法。然后我们将看到如何修改它以适配检查点。该算法适用于基于总线的多处理器系统,缓存和内存之间的所有通信都必须通过这条总线。这意味着所有的缓存都能观察到总线上的通信情况。

一个缓存行可以处于以下状态:无效(invalid)、共享未修改(shared unmodified)、独占已修改(exclusive modified)和独占未修改(exclusive unmodified)。独占(exclusive)意味着,在任何缓存中,这是唯一有效的副本。已修改(modified)意味着一行在从内存进入缓存之后被修改过。图 6-12 展示了与该算法相关的状态图。如果一行处于共享未修改状态,而处理器希望对其进行更新,那么它将进入独占已修改状态。(所有持有同一行的其他缓存必须使自己的副本失效,因为这些副本不再是最新的了。)当处于独占已修改或独占未修改状态时,如果另一个缓存在总线上发出了一个读请求,则这个高速缓存必须为这个请求提供服务(因为它持有该行唯一的最新副本)。与此同时,如果有必要,内存也会被更新。这样做之后,状态从独占已修改转为共享未修改。对写未命中的处理方法是把它看作一个读未命中,接着一个写命中。因此,当出现写未命中时,一行被写入高速缓存,其状态变为独占已修改,因为它在执行写操作时被修改了,并且该高速缓存持有该行的唯一当前副本。其他状态转换的推导也是类似的。

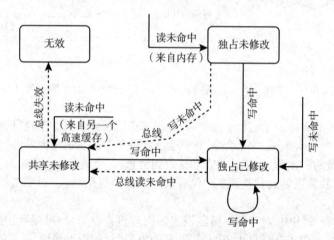

图 6-12 原始的基于总线的高速缓存一致性算法

我们如何修改这个协议以适配检查点呢?原来的独占已修改状态现在分成了两个:独占已修改和不可修改。这个算法的状态图如图 6-13 所示。当某一缓存行成为检查点的一部分时,它被标记为不可修改,以保持其稳定。在改变这一行之前,必须首先复制它到内存中,以便保留至回滚的情况下使用。

6.6.2 基于目录的一致性协议

在这种缓存一致性协议中,集中维护一个目录,它记录了每一个缓存行的状态。我们可以把这个目录看作由一些共享内存控制器控制。该控制器处理所有的读写未命中和所有其他改变缓存行状态的操作。例如,如果某行处于独占未修改状态,而持有该行的缓存想要修改它,就会通知控制器它的请求。然后,控制器可以将该行的状态改为独占已修改。如此,在该协议上实现上面的检查点方案就是一个简单的问题了。

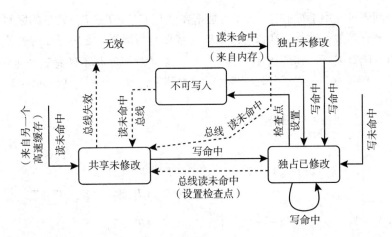

图 6-13　基于总线的高速缓存一致性以及检查点算法

6.7　实时系统中的检查点技术

　　一个实时系统的特点是需要满足任务的最迟完成时间。在硬(hard)实时系统中,错过最迟完成时间可能代价很高。过程控制就是这样一个例子。在软(soft)实时系统中,错过最迟完成时间可能会降低所提供的服务质量,但并不是灾难性的。大多数多媒体系统是软实时系统。然而,最终由应用来决定系统是硬的还是软的。一个用于远程控制车辆的多媒体系统就是一个硬实时系统,更常见的用于在互联网上观看电影的系统,它就是软实时系统。

　　一个实时系统的性能与该系统满足其所有关键的最迟完成时间的概率有关。因此,实时系统中的检查点的目标是使这个概率最大,而不是使平均执行时间最小。事实上,实时系统中的检查点很可能会增加(increase)平均执行时间,如果错过最迟完成时间的概率充分降低,那这就是值得付出的代价。

　　接下来我们提出一个与 6.3 节中的分析模型非常相似的模型,但它计算的是任务执行时间的密度函数(density function)而不是平均(average)执行时间。与之前的模型类似,我们在每完成 T_{ex} 秒的有效工作后放置一个检查点,每个检查点的开销为 T_{ov} 秒。我们在这里假设检查点的延迟和开销是相同的,因为系统过于简单,以至于 CPU 没有其他单元可以分配检查点任务。瞬时故障以固定的速率 λ 发生。当处理器发生一个瞬时故障时,它将停机 T_r 秒(包括必要时重启)。

　　令 $f_{int}(t)$ 为连续设置检查点之间所需时间的概率密度函数。我们进行与之前相同的条件概率分析。有两种情况。在情况 1 中,在 $T_{ex}+T_{ov}$ 的区间内没有发生失效。在情况 2 中,至少发生了一次失效。

　　如果情况 1 发生（它以 $e^{-\lambda(T_{ex}+T_{ov})}$ 的概率发生）,检查点初始化的时间间隔将是 $T_{ex}+T_{ov}$。在情况 2 中,时间将大于 $T_{ex}+T_{ov}$。为了分析情况 2,我们以第一次失效的发生时间为条件。假设第一次失效发生在这个间隔区间内的第 τ 秒。那么,我们将失去所有 τ 秒内的计算。此外,我们需要 T_r 秒来恢复。因此,在 $\tau+T_r$ 秒之后,处理器就可以重新开始执行这个区间的任务了。在这样的重启之后,这段区间的其余部分执行的密度函数将与无条件下的密度函数相同。因此,执行时间的条件密度函数,以第一次失效发生在该区间的第 τ 秒为条件,记为 $f_{int}(t-[\tau+T_r])$。第一次失效发生在区间 $[\tau,\tau+d\tau]$ 内的概率为 $\lambda e^{-\lambda\tau}d\tau$。因此

$$f_{int}(t)=\int_{\tau=0}^{T_{ex}+T_{ov}}\lambda e^{-\lambda\tau}f_{int}(t-[\tau+T_r])d\tau,t>T_{ex}+T_{ov}+T_r \tag{6.10}$$

显然，执行时间不可能小于$T_{ex}+T_{ov}$，也不可能落在$(T_{ex}+T_{ov}, T_{ex}+T_{ov}+T_r)$的区间内，因为一个失效需要$T_r$秒来恢复。此外，在没有失效的（常见）情况下，它将完全等于$T_{ex}+T_{ov}$。这由该点的狄拉克δ函数表示，其"大小"为$e^{-\lambda(T_{ex}+T_{ov})}$。（对于那些不熟悉这个术语的人来说，狄拉克函数$\delta(t)$的属性是，对于任何密度函数$f(t)$和某常数$a$，有$\int_{-\infty}^{\infty}f(t)\delta(t-a)\mathrm{d}t=f(a)$。它是一个脉冲函数。）

总结一下，我们现在可以把密度函数写成

$$f_{int}(t)$$
$$=\begin{cases} e^{-\lambda(T_{ex}+T_{ov})}\delta(t-[T_{ex}+T_{ov}]) & ,t=T_{ex}+T_{ov} \\ 0 & ,t\neq T_{ex}+T_{ov}\ \text{和}\ t\leqslant T_{ex}+T_{ov}+T_r \\ \int_{\tau=0}^{T_{ex}+T_{ov}}\lambda e^{-\lambda\tau}f_{int}(t-[\tau+T_r])\mathrm{d}\tau & ,t>T_{ex}+T_{ov}+T_r \end{cases} \tag{6.11}$$

对这样的方程可以数值求解。

如果我们采用N个检查点，则整体执行时间的密度函数是每个检查点之间间隔时间的密度函数的$N+1$倍卷积：$f_{exec}(t)=f_{int}^{*(N+1)}(t)$。所用的平均时间可以按6.3.1节所示的计算。如果实时任务的最迟完成时间是t_d，则无法满足最迟完成时间的概率为

$$p_{miss}=\int_{t=t_d}^{\infty}f_{exec}(t)\mathrm{d}t$$

为了演示如何进行权衡，我们考虑一个具体的例子。令$T=0.15$ s，$\lambda=10^{-3}/s$。恢复时间为$T_r=0.1$ s。在图6-14中，绘制了$T_{ov}=0.015$和$T_{ov}=0.025$两种情况下无法满足最迟完成时间的概率。表6-2显示了平均执行时间与检查点数量的函数关系。考虑表中所用的参数，当增加检查点的数量时，预期的执行时间实际上会恶化，这是可以预知的，因为执行过程中失效的概率小于1%。然而，当我们关注无法满足最迟完成时间的概率时，情况就比较复杂了，见图6-14。对于临近最后完成时间的任务，此时可用的空闲时间很少，增加检查点的数量会使情况更糟。当最后完成时间在未来更远的地方时，因为有更多的空闲时间，所以更多的检查点会改善情况。例如，对于0.5的最迟完成时间和$T_{ov}=0.015$，使用6个检查点比使用3个检查点要好得多。相比之下，对于0.3的最迟完成时间，使用3个检查点比6个检查点更好。在每一种情况下，无法满足最迟完成时间的概率都很小，在一些实时应用中这种概率必须非常低。

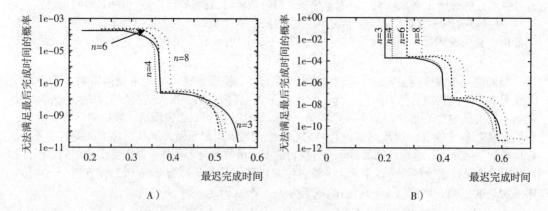

图6-14　无法满足最后完成时间的概率（n是检查点的数量）。A）$T_{ov}=0.015$。B）$T_{ov}=0.025$

表 6-2　不同数量检查点对应的平均执行时间

检查点数量 n	$T_{ov} = 0.015$	$T_{ov} = 0.025$
1	0.180	0.200
2	0.195	0.225
3	0.210	0.250
4	0.225	0.275
5	0.240	0.300
6	0.255	0.325
7	0.270	0.350
8	0.285	0.375

读者应当将 $T_{ov} = 0.015$ 的结果与 $T_{ov} = 0.025$ 的结果进行比较，并对所看到的差异做一个直观的解释。

6.8　云计算工具下的检查点技术

在过去的几年里，云计算工具已经得到广泛使用。用户可以选择从亚马逊、IBM 或微软等供应商那里购买计算时间和非易失性存储器，而不是购买自己的计算硬件。

在许多情况下，单位计算时间的费用会根据当前需求情况而随时间变化。实时定价模式就是这种情况的一个实例，它有以下特点。

- 每单位时间的计算费用（"实时价格"）会随时间变化，取决于需求的变化。
- 当前的实时价格是公共信息，用户可以随意跟踪它。
- 提供几种类型的计算平台或实例供用户选择，每一种都有自己的实时价格。
- 用户可以为自己选定的平台竞标计算时间。只要出价不低于当前的实时价格，他们的工作负载就会得到处理。然而，如果实时价格高于出价，他们的工作负载将在没有警告的情况下被终止，任何未保存的工作都会丢失。我们称之为"投标失败"。
- 收费是按离散的时间单位进行的，例如按小时计算。在每个时间单位结束时，收费被更新。如果一个工作负载在某一时间单位内成功完成，则收取该单位的全部价格（根据该单位的实时价格）。如果在该单位内遭遇失效，则不对该最后一个时间单位进行收费。
- 除了计算时间之外，用户还可以购买非易失性的持久性存储器。这种存储器的价格非常低，通常 1GB/月只需几分钱。

用户可以选择在任何时候设置检查点。这是用户级的检查点，对处理检查点所产生的计算时间也会收取费用。检查点所需的非易失性存储器的存储成本通常可以忽略不计，除非是非常巨大的检查点。

请注意这个问题与传统检查点问题的相似之处。失效被定义为正在进行的计算任务被强制终止，这不仅可以由于传统的软件或硬件失效而发生，还可能由于实时价格超过用户的出价而发生。这里同样需要解决检查点的放置问题，如果考虑出价失败的影响，优化问题就会复杂得多。记得在前面的章节中，我们假设失效是按照泊松过程发生的。只考虑硬件和软件的失效，这通常是一个合理的近似。而另外，客户价格投标失败不太可能遵循泊松过程。实时价格随着需求的变化而变化，需求取决于客户的价格弹性。需求可能在很大程度上取决于一天中的不同时间段（例如，夜间时段空闲资源多，实时价格较低）。关于这个问题的文献越来越多，延伸阅读部分给出了一些资料。

6.9 新的挑战：千万亿次计算和百亿亿次计算

今天，超级计算机系统是通过把非常多的节点放在一起而创建的。这种趋势可能会继续下去。我们可以设想由数十万个计算节点组成的系统，每个节点由数百个处理核心以及相关的内存和I/O支持组成。例如，最近的一项研究评估了一个由204 800个节点组成的系统，每个节点有768个内核。

随着节点数量的增加，失效率也随之增加。今天的超级计算机的平均失效间隔时间通常不到40 h。那些涉及数以千计的节点和运行数百小时或更长时间的大规模与长寿命的工作负载，更加需要检查点技术取得突破性的进展。这样的工作负载也会产生大尺寸的检查点，带来大量的时间和能源开销。例如，一项最近的研究（在法国Grid'5000分布式计算平台上进行）发现，在一个节点上执行检查点，每吉字节消耗的能源在2520 J到3570 J之间（注意，尽管所有的节点都应该是彼此相似的，但每个节点的能源消耗差异很大）。在许多运行在这种系统上的应用程序中，检查点可能是巨大的。举两个极端的例子，天体物理学应用CHIMERA（用于模拟超新星的核心坍缩）的检查点大小为160 TB，GTC（用于研究核聚变的等离子体）的为20 TB。储存这些检查点可能需要相当长的时间，为此迫切需要减少这种检查点开销的技术。

我们往往需要结合多种方法来降低此类系统的检查点开销，使其达到一个可控的水平。首先，更快的非易失性存储器正在变得可用。传统的磁盘正在被闪存取代，它支持更快的数据访问。忆阻器和相变存储器的开发也在快速进行中。其次，尽可能多的检查点活动可以与常规处理重叠。可以使用增量检查点，即只存储自上一个检查点以来改变的信息。编译器对数据结构的分析可以识别"死"数据（这些数据将永远不会被工作负载访问），很显然，这些数据不需要包括在检查点中。此外，数据在被存储为检查点之前可以受到压缩，但是压缩也将产生其自身的开销。为了减少内核间的同步开销，可以考虑在个别紧耦合的节点组内设置协作检查点，而消息日志可以用于松耦合节点间传输的消息。最后，一些研究人员建议将冗余计算（使用一个或多个冗余节点来备份那些"主"节点的活动）和检查点机制相结合，以减少检查点系统的压力。

来自实际超级计算机设施的实验结果将有助于推动最优检查点策略的研究，这主要是因为观测到一些常见的假设可能是不真实的。我们在上面已经注意到，在所谓的相似节点上执行检查点的能源消耗存在很大的差异。再举一个例子，橡树岭国家实验室（Oak Ridge National Laboratory）的工作人员最近报告说，他们观察到超级计算机的失效在时间上是相关的，失效不是随时间随机发生的，而是聚集发生的，即一个失效发生后很快就会出现另一个。同样的道理，长时间没有发生失效可能表明失效在不久的将来也不太可能发生。对此有一个很直观的应对措施，如果在相当长的时间内没有观察到失效，就延长检查点之间的间隔。

6.10 检查点技术的其他用途

用来实现容错只是检查点的一个应用，这里简要介绍一下其他两种应用。
- **进程迁移**。由于检查点代表一个进程的状态，因此将一个进程从一个处理器迁移到另一个处理器只需要移动检查点，之后就可以在新处理器上恢复计算。检查点的性质决定了新的处理器是否必须与旧的处理器属于同一类型，并运行相同的操作系统。

  进程迁移可用于从永久性或间歇性的故障中恢复。此外，还可以用于负载平衡，通过在处理器之间适当地分配计算负载，使分布式系统整体拥有更好的利用率。

- **调试**。检查点可以用来为程序员提供离散片段的程序状态的快照。这种快照对于研究变量值随时间的变化和深入了解程序的行为是非常有用的。

6.11　延伸阅读

文献[41]给出了关于在系统不同层次设置检查点的一个很好的讨论。应用级的检查点在文献[31]中进行了分析。文献[54]中指出了检查点延迟和开销之间的区别，以及开销带来的更大影响。文献[35]中讨论了用于提高检查点执行速度的写时复制技术，文献[43]中讨论了内存排除的方法。最近针对科学应用的增量检查点的可行性研究可以在文献[45]中找到。检查点压缩在文献[27,28]中有讨论。

通用计算系统的检查点放置有大量的相关文献，一些例子可以在文献[9, 21, 33, 48, 61, 62]找到。文献[50]中提出了一个早期的检查点的性能模型。文献[3,26]中描述了CARER。关于在检查点过程中使用缓存的一些较新的工作可以在文献[51]中找到。

在文献[18]中，对分布式检查点问题进行了一个很精彩的综述，并给出了一个全面的参考文献目录。稍微偏理论的讨论可以在文献[6]中找到。分布式系统检查点方面，两个被广泛引用的早期工作出现在文献[10]和文献[32]中（在6.5.2节描述）。交错检查点设置算法在文献[55]中提出。关于使用同步时钟来避免检查点过程中的显式协作，文献[39]是一个很好的参考文献。非协作检查点在文献[23]中描述。使用与RAID类似的方法的无盘检查点在文献[24, 40, 42]中有详细讨论。文献[53]中考虑了两级恢复机制，这篇论文包含了一个两级恢复方案的详细性能模型。文献[37]中提出了一个较新的多级检查点方案。

有大量关于消息日志的文献，包括乐观与悲观的算法[5,18]、基于发送者的消息日志[29]，乐观恢复方案[30,49,56]，以及乐观算法的缺点[25]。分布式系统中的协作本地检查点机制在文献[2]中进行了讨论。

在讨论消息日志时，我们假设如果将受影响的进程回滚到一个检查点，然后重放在该点之后它收到的消息，进程就会恢复。这并不总是正确的，因为如果操作环境中的某些东西不同（例如，处理器中的可用交换空间的大小不同），进程有可能采取不同的执行路径。关于这个问题的讨论参见文献[11]。

基于总线的一致性协议在文献[58]中有所涉及。

实时系统中的检查点在文献[34, 48]中有所讨论。考虑到移动应用的激增，移动计算机检查点是一个越来越受关注的话题，一些相关算法可以参见文献[1, 4, 12, 38, 44]。检查点的其他应用（除了容错）在文献[57]中进行了讨论。

近年来，商业云计算设施中的用户级检查点已经吸引了越来越多的研究兴趣。文献[22, 60]中有一个很好的介绍，文献[13]中提出了一种优化方法。

近年来，超级计算机中的检查点也吸引了大量的研究兴趣。关于超级计算机的容错性的介绍，可以参见文献[7, 8, 16]。关于此类系统中的失效和重大事件的研究，见文献[14, 47]。考虑到许多超级计算机应用中巨大的检查点尺寸，如何减少检查点开销受到了更多的关注。文献[46, 52]给出了例子。对可靠性的考量对超级计算机的影响往往相当大，这在文献[59]中被称为可靠性墙（reliability wall）。检查点的能耗影响在文献[15, 19, 36]中进行了探讨。与橡树岭国家实验室中的一台超级计算机相关的数据和模型可以在文献[52]中找到。随着超级计算机规模的扩大，检查点的成本会增加，以至于在某些情况下，相对检查点来说，基于重复计算的一些冗余方案能够更好地保证可靠性，见文献[17, 20]。

6.12 练习题

1. 在 6.3.1 节中，我们获得了检查点间的预期时间的近似值，该预期时间是检查点参数的函数。
   a) 计算检查点的最优数量，作为 T_{ov} 的函数，绘制总预期执行时间的近似值。假设 $T=1$、$T_{lt}=T_{ov}$、$\lambda=10^{-5}$。T_{ov} 从 0.01 增长到 0.2。
   b) 绘制总预期执行时间的近似值，作为 λ 的函数。固定 $T=1$、$T_{ov}=0.1$，λ 从 10^{-7} 增长到 10^{-1}。

2. 在 6.3.1 节中，我们得出了最优检查点数量 N_{opt} 的表达式。我们注意到，这个表达式中包括 T_r，即每次失效的恢复时间。特别是 N_{opt} 会随着 T_r 的增加而减少。
   解释一下为什么"在任何一个检查点之间的间隔中不可能有多于一次失效"的假设，会导致 T_r 存在于 N_{opt} 的表达式中。

3. 假设你有一个执行时间为 T 的任务，执行了 N 个检查点，检查点按照相同间隔分布在该任务的生命周期内。每个检查点的开销为 T_{ov} 和 $T_{lt}=T_{ov}$。在任务执行过程中，假设该任务共受到 k 个点失效（即处理器在可忽略不计的时间内能够恢复的失效）的影响。回答下列问题：
   a) 该任务的最长执行时间是多少？
   b) 计算使这个最长执行时间最小的 N。允许得到一个非整数的答案（例如 x），在实践中遇此情况，你需要在 $\lfloor x \rfloor$ 和 $\lceil x \rceil$ 中挑选一个更好的。

4. 用数值求解公式（6.9）。将计算出的 T_{ex}^{opt} 与公式（6.6）中的简单模型得到的值进行比较。假设 $T_r=0$、$T_{lt}=T_{ov}=0.1$。λ 从 10^{-7} 增长到 10^{-2}。

5. 某一程序在给定的计算机上执行，其预期的总执行时间为 $T=5$ h（在无故障的情况下）。该计算机以 $\lambda=5\times10^{-6}/s$ 的固定速率出现瞬时故障。
   a) 该程序成功完成执行的概率是多少？
   b) 为了提高成功完成的概率，在每次设置检查点的时候，检查点的开销为 $T_{ov}=5$ s。在发生故障时，程序被回滚，恢复过程需要 $T_r=10$ s。使用一阶近似方法，根据该方法，检查点之间的时间间隔由［见公式（6.5）］$E_{int} \approx (T_{ex}+T_{ov})\left[1+\lambda\left(\frac{T_{ex}+T_{ov}}{2}+T_r\right)\right]$ 给出，最优 T_{ex} 由公式（6.6）得到，计算在存在故障和检查点的情况下，程序在给定计算机上执行的平均总时间。
   c) 给定的程序要经过 20 个计算阶段，每个阶段持续 20 min，在一个阶段结束时，需要记录到检查点中的程序状态的大小急剧减少，因此 $T_{ov}=1$ s。如果不采用 b) 中的最优检查点设置，而是每 20 min 设置一次检查点，那么在存在故障的情况下，程序执行的平均总时间将是多少？

6. 在这个题目中，我们将探究实时系统中的检查点设置问题。你有一个执行时间为 T，最迟完成时间为 D 的任务，在该任务的生命周期内等距离放置 N 个检查点。每个检查点的开销是 T_{ov}。瞬时的点失效以固定的速率 λ 发生。
   a) 通过对 $[0, T+NT_{ov}]$ 范围内的失效次数使用全概率公式的方法，推导出无法满足最迟完成时间的概率的一阶模型。首先计算在 $[0, T+NT_{ov}]$ 上正好有一次失效时，无法满足最迟完成时间的概率。然后，找出在 $[0, T+NT_{ov}]$ 上有一次以上的失效时，无法满足最迟完成时间的概率的下限和上限。使用全概率公式推导出这个概率的下限和上限的表达式。
   b) 绘制无法满足最迟完成时间的概率的上界的函数，N 作为该函数的参数，N 从 0 变化到 $\min(20, \lfloor(P-T)/T_{ov}\rfloor)$。
     b1) 设 $\lambda=10^{-5}$、$P=1.0$、$T_{ov}=0.05$，并绘制 T 值为 0.5、0.6、0.7 时的曲线。
     b2) 设 $\lambda=10^{-5}$、$P=1.0$、$T=0.6$，并绘制 T_{ov} 值为 0.01、0.05、0.09 时的曲线。
     b3) 设 $P=1.0$、$T=0.6$、$T_{ov}=0.05$，并绘制 λ 值为 10^{-3}、10^{-5}、10^{-7} 时的曲线。

7. 在这个问题中，我们将探究如果检查点开销不是固定的，而是随时间而变化的，会发生什么情况？因为进程状态有的时候很小，有的时候则很大，假设我们能得到这些信息，即存在一个函数 $T_{ov}(t)$，它是任务执行过程中第 t 秒时设置检查点的开销。

　　a）设计一个算法来放置检查点，使预期的整体开销近似最小——可能需要为此查阅有关优化方法的参考文献。我们可以假设，如果执行时间是 T，并且故障以固定的速率 λ 发生，那么存在 $\lambda T \ll 1$。

　　b）设 $T_{ov}(t) = 10 + \sin(t)$。令 $T = 1000$，故障率 $\lambda = 10^{-5}$，运行设计的算法以放置合适的检查点。

8. 在下面两个并发进程的执行过程中，找出所有一致的恢复线。

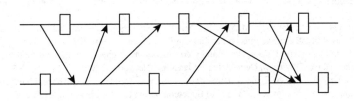

9. 假设需要为一个分布式系统设计一个检查点设置方案，该方案只需要具有单次容错能力即可，也就是说，该系统只需要能够从任何单次失效中成功恢复，系统从第一次失效中恢复之前发生第二次失效的概率可忽略不计。假设你决定设置检查点并进行消息日志记录，请证明每个处理器只需在其易失性存储器中记录自己发出的消息就足够了，易失性存储器是指在发生失效时将失去其内容的存储器。

10. 我们已经看到，分布式系统的检查点设置是相当复杂的，非协作检查点设置会引起多米诺骨牌效应。在这个题目中，我们将进行一个模拟，以了解多米诺骨牌效应发生的可能性有多大。假设有 N 个处理器，每个处理器都有自己的本地时钟。当一个处理器的时钟为 nT 时（$n = 1, 2, \cdots$），该处理器就会设置检查点。如果 t 是从一个完美时钟读到的时间，那么从这些处理器的本地时钟中的任意一个上读出的时间都可以表示为 $t + \epsilon$，其中 ϵ 在 $[-\Delta, \Delta]$ 范围内均匀分布。认为这些时钟是同步的，任何两个时钟之间的最大偏移为 2Δ。

　　处理器发出的消息可以以如下方式建模。每个处理器以速率为 μ 的泊松过程产生消息，任何消息都可以以相同的概率发送给 $N-1$ 个其他处理器中的任何一个。

　　失效按照速率为 λ 的泊松过程在处理器上发生，处理器的失效是相互独立的。

　　编写一个模拟程序来评估多米诺骨牌效应在这个系统中发生的概率。（如果你不熟悉如何编写这样的模拟程序，请看第9章。）研究改变 N、Δ、λ 和 μ 带来的影响。对你的结果进行点评。

参考文献

[1] A. Acharya, B.R. Badrinath, Checkpointing distributed applications on mobile computers, in: International Conference on Parallel and Distributed Information Systems (PDIS), September 1994, pp. 73–80.

[2] R. Agarwal, P. Garg, J. Torrellas, Rebound: scalable checkpointing for coherent shared memory, in: International Symposium on Computer Architecture (ISCA), 2011, pp. 153–164.

[3] R.E. Ahmed, R.C. Frazier, P.N. Marinos, Cache-aided rollback error recovery (CARER) algorithms for shared-memory multiprocessor systems, in: Fault-Tolerant Computing Symposium (FTCS), 1990, pp. 82–88.

[4] J. Ahn, S.G. Min, C.S. Hwang, A causal message logging protocol for mobile nodes in mobile computing systems, Future Generations Computer Systems 20 (4) (2004) 663–686.

[5] L. Alvisi, K. Marzullo, Message logging: pessimistic, optimistic, causal, and optimal, IEEE Transactions on Software Engineering 24 (2) (February 1998) 149–159.

[6] O. Babaoglu, K. Marzullo, Consistent global states of distributed systems: fundamental concepts and mechanisms, in: S. Mullender (Ed.), Distributed Systems, ACM Press, 1993, pp. 55–96.

[7] G. Bosilca, A. Bouteiller, E. Brunet, F. Cappello, J. Dongarra, A. Guermouche, T. Herault, Y. Robert, F. Vivien, D. Zaidouni, Unified model for assessing checkpointing protocols at extreme-scale, Concurrency and Computation: Practice and Experience 26 (17) (2014) 2772–2791.

[8] F. Cappello, Fault tolerance in petascale/exascale systems: current knowledge, challenges, and research opportunities, The International Journal of High Performance Computing Applications 23 (3) (2009) 212–226.

[9] K.M. Chandy, J.C. Browne, C.W. Dissly, W.R. Uhrig, Analytic models for rollback and recovery strategies in data base systems, IEEE Transactions on Software Engineering SE-1 (1) (March 1975) 100–110.

[10] K.M. Chandy, L. Lamport, Distributed snapshots: determining global states of distributed systems, ACM Transactions on Computer Systems 3 (1) (August 1985) 63–75.

[11] E. Cohen, Y.-M. Wang, G. Suri, When piecewise determinism is almost true, in: Pacific Rim Symposium on Fault-Tolerant Systems (PRFTS), 1995, pp. 66–71.

[12] P.J. Darby III, N.-F. Tzeng, Decentralized QoS-aware checkpointing arrangement in mobile grid computing, IEEE Transactions on Mobile Computing 9 (8) (2010) 1173–1186.

[13] S. Di, Y. Robert, F. Vivien, D. Kondo, C.L. Wang, F. Cappello, Optimization of cloud task processing with checkpoint-restart mechanism, in: International Conference on High Performance Computing, Networking, Storage and Analysis (SC), 2013, 64.

[14] S. Di, H. Guo, R. Gupta, E.R. Pershey, M. Snir, F. Cappello, Exploring properties and correlations of fatal events in a large-scale HPC system, IEEE Transactions on Parallel and Distributed Systems 30 (2) (February 2019) 361–374.

[15] M. Diouri, O. Glück, L. Lefevre, F. Cappello, Energy considerations in checkpointing and fault tolerance protocols, in: IEEE/IFIP International Conference on Dependable Systems and Networks (DSN) Workshops, 2012, pp. 1–6.

[16] I.P. Egwutuoha, D. Levi, B. Selic, S. Chen, A survey of fault tolerance mechanisms and checkpoint/restart implementations for high performance computing systems, Journal of Supercomputing 65 (3) (2013) 1302–1326.

[17] J. Elliott, K. Kharbas, D. Fiala, F. Mueller, K. Ferreira, C. Engelmann, Combining partial redundancy and checkpointing for HPC, in: IEEE International Conference on Distributed Computing Systems (ICDCS), 2012, pp. 615–626.

[18] E.N. Elnozahy, L. Alvisi, Y.M. Wang, D.B. Johnson, A survey of rollback-recovery protocols in message-passing systems, ACM Computing Surveys 34 (3) (September 2002) 375–408.

[19] N. El Sayed, B. Schroeder, To checkpoint or not to checkpoint: understanding energy-performance I/O tradeoffs in HPC checkpointing, in: IEEE International Conference on Cluster Computing, 2014, pp. 93–102.

[20] K. Ferreira, J. Stearley, J.H. Laros III, R. Oldfield, K. Pedretti, R. Brightwell, R. Riesen, P.G. Brieges, D. Arnold, Evaluating the viability of process replication reliability for exascale systems, in: International Conference for High Performance Computing, Networking, Storage and Analysis (SC), 2011, 44.

[21] E. Gelenbe, On the optimum checkpoint interval, Journal of the ACM 26 (April 1979) 259–270.

[22] Y. Gong, B. He, A.C. Zhou, Monetary cost optimizations for MPI-based HPC applications on Amazon clouds: checkpoints and replicated execution, in: International Conference for High Performance Computing, Networking, Storage and Analysis (SC), 2015, pp. 1–12.

[23] A. Guermouche, T. Ropars, E. Brunet, M. Snir, F. Cappello, Uncoordinated checkpointing without domino effect for send-deterministic MPI applications, in: IEEE International Parallel & Distributed Processing Symposium (IPDPS), 2011, pp. 989–1000.

[24] D. Hakkarinen, Z. Chen, Multilevel diskless checkpointing, IEEE Transactions on Computers 62 (4) (2013) 772–783.

[25] Y. Huang, Y.M. Wang, Why optimistic message logging has not been used in telecommunications systems, in: Fault-Tolerant Computing Symposium (FTCS), 1995, pp. 459–463.

[26] D.B. Hunt, P.N. Marinos, A general purpose cache-aided rollback error recovery (CARER) technique, in: Fault-Tolerant Computing Symposium (FTCS), 1987, pp. 170–175.

[27] D. Ibtesham, D. Arnold, P.G. Bridges, K.B. Ferreira, R. Brightwell, On the viability of compression for reducing the overheads of checkpoint/restart based fault tolerance, in: IEEE International Conference on Parallel Processing (ICPP), 2012, pp. 148–157.

[28] D. Ibtesham, K.B. Ferreira, D. Arnold, A checkpoint compression study for high-performance computing systems, The International Journal of High Performance Computing Applications (HPCA) 29 (4) (2015) 387–402.

[29] D.B. Johnson, W. Zwaenepoel, Sender-based message logging, in: Fault-Tolerant Computing Symposium (FTCS), July 1987, pp. 14–19.

[30] D.B. Johnson, W. Zwaenepoel, Recovery in distributed systems using optimistic message logging and checkpointing, in: ACM Symposium on Principles of Distributed Computing (PODC), August 1988, pp. 171–181.

[31] A. Kokolis, A. Mavrogiannis, D. Rodopoulos, C. Strydis, D. Soudris, Runtime interval optimization and dependable performance for application-level checkpointing, in: Design, Automation & Test in Europe (DATE), 2016, pp. 594–599.

[32] R. Koo, S. Toueg, Checkpointing and rollback recovery for distributed systems, IEEE Transactions on Software Engineering SE-13 (1) (January 1987) 23–31.

[33] I. Koren, Z. Koren, S.Y.H. Su, Analysis of a class of recovery procedures, IEEE Transactions on Computers C-35 (8) (August 1986) 703–712.

[34] C.M. Krishna, K.G. Shin, Y.-H. Lee, Optimization criteria for checkpointing, Communications of the ACM 27 (10) (October 1984) 1008–1012.

[35] K. Li, J.F. Naughton, J.S. Plank, Low-latency, concurrent checkpointing for parallel programs, IEEE Transactions on Parallel and Distributed Systems 5 (August 1994) 874–879.

[36] B. Mills, R.E. Grant, K.B. Ferreira, R. Riesen, Evaluating energy savings for checkpoint/restart, in: First International Workshop on Energy Efficient Supercomputing, 2013, pp. 6.1–6.8.

[37] A. Moody, G. Bronevetsky, K. Mohror, B.R. De Supinski, Design, modeling and evaluation of a scalable multi-level checkpointing system, in: ACM/IEEE International Conference for High Performance Computing, Networking, Storage and Analysis (SC), 2010, pp. 1–11.

[38] N. Neves, W.K. Fuchs, Adaptive recovery for mobile environments, Communications of the ACM 40 (1) (January 1997) 68–74.

[39] N. Neves, W.K. Fuchs, Coordinated checkpointing without direct coordination, in: IEEE International Computer Performance & Dependability Symposium (IPDS), September 1998, pp. 23–31.

[40] J.S. Plank, Improving the performance of coordinated networks of workstations using RAID techniques, in: IEEE Symposium on Reliable Distributed Systems (SRDS), 1996, pp. 76–85.

[41] J.S. Plank, An Overview of Checkpointing in Uniprocessor and Distributed Systems, Focusing on Implementation and Performance, Technical Report UT-CS-97-372, University of Tennessee, 1997.

[42] J.S. Plank, K. Li, M.A. Puening, Diskless checkpointing, IEEE Transactions on Parallel and Distributed Systems 9 (October 1998) 972–986.

[43] J.S. Plank, Y. Chen, K. Li, M. Beck, G. Kingsley, Memory exclusion: optimizing the performance of checkpointing systems, Software, Practice & Experience 29 (2) (February 1999) 125–142.

[44] D.K. Pradhan, P. Krishna, N.H. Vaidya, Recovery in mobile applications: design and tradeoff analysis, in: Fault-Tolerant Computing Symposium (FTCS), June 1996, pp. 16–25.

[45] J.C. Sancho, F. Pertini, G. Johnson, J. Fernandez, E. Frachtenberg, On the feasibility of incremental checkpointing for scientific computing, in: Parallel and Distributed Processing Symposium (IPDPS), 2004, pp. 58–67.

[46] K. Sato, N. Maruyama, K. Mohror, A. Moody, T. Gamblin, B.R. de Supinski, S. Matsuoka, Design and modeling of a non-blocking checkpointing system, in: International Conference on High Performance Computing, Networking, Storage and Analysis (SC), 2012, pp. 19.1–19.10.

[47] B. Schroeder, G.A. Gibson, Understanding failures in petascale computers, Journal of Physics. Conference Series 78 (2007) 012022.

[48] K.G. Shin, T.-H. Lin, Y.-H. Lee, Optimal checkpointing of real-time tasks, IEEE Transactions on Computers 36 (11) (November 1987) 1328–1341.

[49] R.B. Strom, S. Yemeni, Optimistic recovery in distributed systems, ACM Transactions on Computer Systems 3 (3) (April 1985) 204–226.

[50] A.N. Tantawi, M. Ruschitzka, Performance analysis of checkpointing strategies, ACM Transactions on Computer Systems 2 (2) (May 1984) 123–144.

[51] R. Teodorescu, J. Nakano, J. Torrellas, SWICH: a prototype for efficient cache-level checkpointing and rollback, IEEE MICRO 26 (5) (September 2006) 28–40.

[52] D. Tiwari, S. Gupta, S.S. Vazhkudai, Lazy checkpointing: exploiting temporal locality in failures to mitigate checkpointing overheads on extreme-scale systems, in: International Conference on Dependable Systems and Networks (DSN), 2014, pp. 25–36.

[53] N.H. Vaidya, A case for two-level distributed recovery schemes, in: ACM SIGMETRICS Conference on Measurement and Modeling of Computer Systems, May 1995, pp. 64–73.

[54] N.H. Vaidya, Impact of checkpoint latency on overhead ratio of a checkpointing scheme, IEEE Transactions on Computers 46 (8) (August 1997) 942–947.

[55] N.H. Vaidya, Staggered consistent checkpointing, IEEE Transactions on Parallel and Distributed Systems 10 (7) (July 1999) 694–702.

[56] Y.-M. Wang, W.K. Fuchs, Optimistic message logging for independent checkpointing in message passing systems, in: Symposium on Reliable Distributed Systems (SRDS), October 1992, pp. 147–154.

[57] Y-M. Wang, Y. Huang, K-P. Vo, P-Y. Chung, C. Kintala, Checkpointing and its applications, in: Fault-Tolerant Computing Symposium (FTCS), June 1995, pp. 22–31.

[58] K.-L. Wu, W.K. Fuchs, J.H. Patel, Error recovery in shared memory multiprocessors using private caches, IEEE Transactions on Parallel and Distributed Systems 1 (2) (April 1990) 231–240.

[59] X. Yang, Z. Wang, J. Xue, Y. Zhou, The reliability wall for exascale supercomputing, IEEE Transactions on Computers 61 (6) (June 2012) 767–779.

[60] S. Yi, A. Andrzejak, D. Kondo, Monetary cost-aware checkpointing and migration on Amazon cloud spot instances, IEEE Transactions on Services Computing 5 (4) (August 2012) 512–524.

[61] J.W. Young, A first order approximation to the optimum checkpoint interval, Communications of the ACM 17 (9) (September 1974) 530–531.

[62] A. Ziv, J. Bruck, An online algorithm for checkpoint placement, IEEE Transactions on Computers 46 (9) (September 1997) 976–985.

信息物理融合系统

可以把任何含有紧密地嵌入物理世界的计算机的系统视为一个信息物理融合系统（CPS）。CPS 在过去 10 年快速发展，每年都有大量新的应用涌现。以下就是部分例子。

- **电传控制飞行器**。现代飞行器自主操控完成大部分飞行功能。计算机通过调节引擎推力，控制飞行器操作面设定，响应飞行员指令以及环境的变动，如空气湍流。许多现代飞行器已经由计算机接管，没有它们的帮助很难飞行。（也有一些人质疑，计算机起得作用越来越大，以至于手动驾驶经验变少了，最终削弱了驾驶技能。）大型商用飞行器的飞行员基本上是系统管理者，底层执行器设置通常由计算机系统进行调节。我们用于监视和救援的无人飞行器（unmanned aerial vehicle, UAV），有可能自主地做出导航决策。

- **汽车**。现代汽车有几十个处理器，控制着几乎所有的行为。例如，牵引力控制就需要计算机自动感应车轮打滑并适当改变扭矩。防抱死制动当制动时车轮打滑超过某一阈值后，适当地释放/重新施加制动器，以保持车轮打滑时有接近最大值的摩擦力。碰撞警告负责感知车辆预设路径中的障碍物并警告驾驶员或自动启用制动器制动。无人驾驶汽车即将出现，意味着计算机必须根据检测到的交通状况、障碍物、限速标识、红绿灯、路况以及其他一些条件来执行转向和速度控制操作。

- **配电网**。传统的配电模式是由少量的发电机组向大量的用电节点（如家庭、工厂等）配电。这种模式正在迅速改变。数以万计的太阳能和风力发电机组旨在满足本地的能源消耗，但也可能注入（国家）电网进行（跨区）分配。在储能成本高、太阳能和风力发电能力（随环境条件的情况）高度可变的地方，电力生产必须匹配电力消耗。诸如电能差别定价（电价随供需比率的变化而变化）等激励措施，必须纳入（电网）管理系统。

- **化工厂**。由计算机控制运行的化工厂。系统监测化学反应器的状态，控制阀门以调节合适的流量并保障安全，管控能量输出，提供输入馈源，以适当的周期对设备的输出进行分析。

CPS 与通用系统在容错性上的主要区别是 CPS 的计算任务是要满足截止时间的。CPS 的网络（计算）部分通常是受控对象的反馈回路的一部分，而反馈回路中的延迟将导致控制质量的降低。事实上，延迟超过一定值，设备可能会变得不可控（例如，设想当车辆制动系统花 10 s 识别前方已在减速或已停止的车辆，将会发生什么后果）。CPS 的容错要求包括确保即使出现故障时，（CPS）仍有足够的计算能力来保障所有安全关键任务在截止时间前完成。

7.1 CPS 的结构

每个 CPS 都是唯一的，但大多数 CPS 都具备某些广泛的特征，并包含以下相互作用的元素。

- **受控设备**。这是应用的目标。受控设备的复杂度各不相同。它们可以是集中式的，也可以是分布式的。众所周知，受控设备间存在相互作用，我们依靠对设备相互作用的认识来获取（或预估）任务的截止时间（正如我们将看到的）。

- **网络部分（控制器）**。网络部分包括组成计算平台和相关系统的处理器、中间件和应用软件。正如上文提到的，CPS 容错的重点是确保满足计算的截止时间。网络部分可以由一个集中单元组成，也可以分布在各个受控设备上。
- **运行环境**。运行环境会影响受控设备的状态。例如，湍流会对飞行器产生影响，雨水会对汽车制动距离产生影响。
- **传感器**。受控设备和运行环境的状态通常是通过传感器感知的。它们定期地通过网络为运行的控制任务提供输入。
- **执行器**。计算机或操作员使用执行器来调整受控设备的状态。例如，飞机的执行器包括方向舵、升降舵、减速板和副翼。
- **操作员**。通常有一个或多个人工操作员。他们的参与程度因应用而异。这里有三个例子，分别从低度自主（由人控制）到高度自主控制。传统汽车的驾驶员需要处理相当底层的控制，随时操控转向、加速、刹车，这是一个典型的低度自主控制的例子。遥控无人机是一个中度自主控制的例子，它可以在大部分时间处于自动巡航模式，但某些行动（如识别和攻击目标）需要人为干预。一个高度自主控制的应用是火星探测器，因为探测器远离地球，地球发出的信号需要很长时间才能到达，因此它的大部分决策都必须自主完成。

简而言之，CPS 的典型工作模式是，传感器定期向计算机上传数据；传感器值超过阈值、计时器超时，或操作员输入会触发控制任务。这些控制任务被以一种满足截止时间的调度方法安排在计算平台上运行。控制任务的输出结果将发送到执行器和操作显示器（如果存在）上。然后执行器将按照这些命令进行设置（例如，将飞机升降机移动到指定的位置），从而确保受控设备正常工作。整个过程如图 7-1 所示。

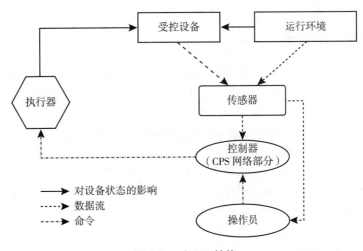

图 7-1　泛 CPS 结构

那么容错在图中的工作过程中如何体现？处理器会发生瞬时、间歇或永久故障。此类故障（以及从瞬时或间歇故障的恢复过程）可能会导致正常处理过程的中断。必须管理中断过程，以确保任务截止时间能被继续严格满足（或以可接受的高概率满足）。同时一些复杂控制任务的软件实现也可能有缺陷，已经有一些因为软件缺陷引起的航空灾难事件发生。

同样，传感器也可能出现故障。这种故障可能非常明显，比如传感器单纯地停止发送数据，或者上传明显荒谬的数据。另外，可能会出现一些不易觉察的故障，比如传感器偏离校准范围并且发送的值的偏差越来越大。我们需要一些机制来阻止错误数据对 CPS 产生致命损害。

> **侧栏：人为因素**
>
> 　　还需要认真考虑的另一类 CPS 脆弱性的根源是 CPS 与操作人员的交互。人类还缺乏充分认知去保障此类交互是无故障的。当网络计算系统遇到无法解决的问题，突然将控制权交还给操作员时将产生潜在的危险。这可能会导致操作员紧急接管底层指令，受到突然的接管要求来不及反应或压力过大的操作员会产生严重的错误并最终危及 CPS。
>
> 　　例如，当飞机的皮托管（用于测量流速）出现堵塞，网络计算系统收到不一致的空速指示反馈时，可能因为无法再提供自动失速保护而将避免失速的职责交还给飞行员。如果飞行员无法及时正确地做出反应，飞机便可能失速坠毁。这不是一个编造的例子，详情请参见在延伸阅读中提到的法国航空 447 失事报告。
>
> 　　如何在不向操作员施加不合理要求的情况下，安全地建立一种控制权转移方法，这是工业心理学和人为因素工程的问题。一个相关的问题是如何布局显示器内容，以便操作员能够理解相关数据，而不是被数据淹没（众所周知，人类的数据处理容量是有限的）。尽管这些问题超出了本书的范围，读者还是应该时刻牢记这些问题。

在这种背景下，我们开始讨论一些基础知识。我们将从任务截止时间的来源入手。在此之前，我们需要正确定义"失效"的含义。毕竟，容错的目的是确保即使有一个或多个计算组件（硬件或软件）发生故障，整个系统依旧不发生失效。然后我们将介绍用于容忍传感器和处理器子系统故障的方法。与通用系统不同的是，实时性考虑起着关键作用，因此我们将详细考虑容错任务调度。

7.2　受控设备状态空间

CPS 中失效的定义最好参考目标应用。用户或应用专家可以明确受控设备需要做什么（或不做什么），基于此定义 CPS 是否发生了失效。由于执行设备是一个物理实体，因此其操作所在的状态空间也是物理的⊖。可以将该状态空间的一个子集定义为"允许"。只要受控设备在允许的状态空间内，就认为系统是未发生故障的。一旦系统脱离允许空间，就认为发生故障了。有很多基于上述基础定义的变种应用。比如，受控设备可运行在某一个阶段，而每个阶段的允许状态空间可能是单独指定的。例如，对于即将登陆火星的空间探测器，其允许的状态空间可能与在太空中的巡航阶段不同。再举一个例子，当一架飞机点亮其着陆信号灯，离地不到 50 ft⊖时，允许的参考轨迹偏差可能与其在 30 000 ft 巡航时的允许偏差大不相同。

示例　考虑一架在着陆阶段的飞机。它有一个理想的最佳轨迹，当迎角、垂直和水平位置（位置与最佳值的偏差）、空速、下沉率、俯仰角、滚转角，还有飞行轨迹角等值相较于理想状态，处于一个可接受的偏差范围内时，就认为飞机行为是运行正常的。

⊖　执行设备是受物理客观规律约束的，其操作的状态空间通常是目标物理环境允许空间的一个真子集。——译者注

⊖　1 ft = 0.3048m。——编辑注

示例　化学反应器堆需要有效的管理，以确保其温度、压力和化学浓度均在对应最佳值的给定偏差范围内。

因此，CPS 中容错的目的是防止网络计算系统中的故障导致受控设备脱离其允许的状态空间。在某些情况下，受控对象将深陷在其允许的状态空间内，此时可能不需要采用容错措施。当设备状态处于即使在最坏情况下的错误输出也会在一个或多个执行器上施加一段时间时，这个系统也不会变得不安全。

需要记住的一点是，在 CPS 中受控对象的行为通常比通用应用的精度更高。例如，当应用对象是飞机或车辆时，其动力学行为（动态行为）是由一组联立微分方程组来定义的，方程组的数值系数要求非常精确。这需要通过对这些设备连续的动态行为进行分析得到。

给定一个控制物理实体的任务，需要执行控制理论算法来确定如何设置执行器。如何获得最佳控制算法超出了本书的范围，我们建议感兴趣的读者阅读延伸阅读小节中给出的一些参考。可以说，控制工程师负责选取一系列恰当的算法，这些算法的执行会给网络计算系统带来工作负载。

根据受控设备的动力学特性和选定的控制算法，我们现在可以确定任务的截止时间。我们先介绍一个简单的方法，然后分析它的局限性及拓展。

回到我们在本章开头的评论，即网络计算系统处于受控设备的反馈回路中。我们都知道，反馈回路中延迟的增加会导致控制质量的恶化（这个结论可以通过用控制理论对受控设备进行分析来得到很好的量化支持）。我们可以先尝试指定一个任务的截止时间，将其定义为延迟，超过该延迟我们就不能确保受控设备保持在它允许的状态空间了。

稍做考虑就会发现两个与该定义相关的复杂问题。一个相关的问题是，受控对象离开其允许状态空间的反馈延迟取决于其当前状态。也就是说，如果它在允许的状态空间的深层，则它可能能够容忍一个相当大的反馈延迟。如果它处于允许的状态空间的边缘，那么即使是很小的延迟也足以使之出错。这显然意味着截止时间取决于受控对象所处的状态。因为我们不能为每个可能的状态（通常有无限多个）指定不同的截止时间，所以我们需要采取一种切实有效的方法，即将允许的状态空间分解转换为子空间，并为该子空间指定一个能满足其任何状态的截止时间。至于到底需要创建多少子空间，则取决于截止时间随设备状态变化的速度，这是控制工程师的任务，超出了本书的讨论范围。另一个相关的问题是，控制算法使用的数据的时效性。换而言之，算法根据传感器上报的数据进行运算，由于这些数据仅以有限的速率更新，但实际数据可能会在抽样间隔期间发生改变，因此这也将产生一定影响，影响的程度取决于控制算法。

第二个问题更复杂。除了一些最简单的应用只有单个控制任务，通常情况下，系统有几十个控制任务，它们都会影响受控设备。所以显然，一个控制任务的表现会影响另一个任务的执行需求。

示例　设想一个试图在湿滑路面上操纵车辆的控制系统。这种系统将扭矩/制动力分配到每个车轮以同时控制车辆的转向。转向算法的质量和执行延迟将影响每个车轮的扭矩/制动控制任务的安全性。

因此，当涉及多个交互控制任务时，不能单独为各个任务指定截止时间，必须提供截止时间向量。此外，放宽一项任务的截止时间可能会迫使我们缩短另一项任务的截止时间来补偿。人们可以认为网络计算系统需要在一个响应时间空间内运行，即每个输出都有一个一维的（响应）空间，可以从该空间划分出一个满足截止时间要求的子空间。只要任务响应时间在这个范围内，就不会违反截止时间要求。再次强调，这个可满足截止时间的子空间是根据受控对象状态和操作环境确定的。为了避免构造出无限个子空间（受控对象状态空间中的一个点对应一个子空间），我们可以将受控对象状态空间划分为一组子空间，并为其指定一个对应的满足截止时间的网络计算系统响应时间的子空间。

上述讨论是为了强调任务截止时间分配问题的内在复杂性。出于实际原因，通常采用启发式方法，通过超额满足实际的截止时间需求来保障系统的安全性。一种方法是让网络计算工作负载只含周期性控制任务，这些任务的截止时间等于各自的周期。周期性任务 τ_i 每 P_i 秒开始一次新一轮的迭代，并且在下一轮迭代之前必须完成本轮任务执行。通过对受控对象的动力学特性的分析，控制工程师可得到一组满足受控对象安全要求的任务周期（在受控对象状态空间的给定子集上）。

7.3 传感器

传感器是 CPS 用于确定受控设备和运行环境状态的手段。传感系统的故障显然会给 CPS 带来灾难性的后果，因此容错是必不可少的。

传感器会对获得的物理参数进行评估。通常，传感器设备本身具备一定处理能力，能提供处理后的输出结果，传感器输出通常传递给评估器。评估器根据这些输入评估受控设备的状态，然后将评估的状态传递给用于计算各个控制设置的软件。图 7-2 总结了这一处理过程。

图 7-2　从传感到执行的数据处理过程

评估器设计是控制理论的一个重要主题，感兴趣的读者可以查看任何关于反馈控制的教科书。控制规则可能涉及复杂的计算（比如模型预测控制），或者简单地只包含评估状态加权的计算。例如，执行器设置为 $u_i = w_{i,1}\hat{x}_1 - w_{i,2}\hat{x}_2 - \cdots - w_{i,n}\hat{x}_n$，其中 $w_{i,j}$ 是预先计算的权重，而 $(\hat{x}_1, \hat{x}_2, \cdots, \hat{x}_n)$ 是经评估设备状态的向量。

注意，并非所有状态变量都同等重要，因此权重 $w_{i,j}$ 通常是不相同的。另外，不同的控制信号对设备的影响可能会大不相同，设备可能对其中一个信号高度敏感，但对另一个信号的敏感度要小得多。

评估器的质量和受控对象的动力学特性（顺便提一下，两者是相关的，评估器的设计部分基于对象的动力学特性）共同决定了每个由传感器测到的变量的作用以及控制质量对测量精度的敏感性。

在许多情况下，如果传感器获得的感测值的误差超过某个界限，那么在计算设备状态评估结果时，最好将该值忽略。该情况下有两种选择。第一种是使用降阶评估器，该方法不需要那个（误差超限的）变量。显然，基于这种降阶评估器的控制或多或少是有些降级的。第二种是改变控制目标。例如，一架刚刚发生严重传感器故障的飞机可能会转移到最近的合适机场降落。自动驾驶汽车可能会发出不能再自动驾驶的警告，并将控制权交还给驾驶员。（突然交还控制权又会带来危险，见本章前面的讨论。）

冗余是实现传感器容错的标准方法。显式传感器冗余和隐式数据冗余都可以采用。前者是使用冗余传感器（例如，多个温度计或多个攻角传感器）并对它们的值执行一致性算法。后者利用了感测变量之间的物理相关性（例如，如果压力和温度都是在锅炉中测量的，则可以预期它们具有高度相关性）。

在下面的讨论中，我们对一组冗余的传感器做两个假设，而冗余组中的每个传感器感测相同的变量。

A1：传感器的物理安装位置保证了每个传感器能够采集几乎相同的感测值。

A2：在时间上，传感器感知周期是紧密同步的，即传感器几乎同时对环境进行抽样。

这两个假设确保了冗余传感器所处的环境条件基本相同，这样有利于简化故障检测和处理。换言之，如果两个传感器 s_1、s_2 的测量值相同，它们在某个时刻 t 前后测量的值可以建模为 $v_i(t)=v_{\text{true}}(t)+n_i(t)$ $(i=1,2)$，其中 $v_{\text{true}}(t)$ 是 t 时刻测量量的真实值，$n_i(t)$ 是噪声。没有一个传感器是完全精确的。通常，会为传感器指定一个误差容限。例如，温度传感器的额定值可以精确到 $\pm0.5℃$，这意味在真实温度每个方向上（正负方向上），都存在一个 $0.5℃$ 的公差范围。

当假设 A1 和 A2 不成立时，需要额外的模型关联传感器测量值，使之为一个地理位置和时间的函数。这点不在本章讨论的范围内。

关于传感器，我们必须解决以下问题：

- 给定一组冗余的传感器，我们如何确定哪些可能出现故障？
- 功能正常的传感器会随着时间的推移偏离校准范围。我们如何在线重新校准系统？
- 对于一组假定功能正常的传感器感测的数据，我们如何通过表决的方式获得感测变量的评估值？

图 7-3 显示了传感器数据流。首先对冗余传感器产生的数据进行分析，去除异常值，再对剩下的数据进行表决，得到最终值。在整个过程中，我们可以使用传感器存储的历史数据，而不仅是使用它采集的最新数据，对传感器进行故障检测和重新校准。

图 7-3　传感器数据流

7.3.1　校准

我们先考虑传感器发生故障到底意味着什么。简单的答案是，任何传感器如果上报一个值显然不正确的感测数据，那么这传感器就是有故障的。但这是一个过分严格的定义。更好的定义是：只有当传感器不再产生足够高质量的信息时，才认为其发生故障。

这两个定义的区别是什么？第二定义是对第一个的泛化。显然一个传感器产生准确的读数就是产生高质量的数据。但是准确度不是必需的，所需要的是感知变量有足够的一致性和响应度。

为了更清楚地展示这一点，以光传感器为例。假设它不准确，但生成如图 7-4 所示的输出。该传感器的大部分误差都源自一个固定的正偏差，我们可以很容易地重新校准它，使其输出转变为正确的读数。

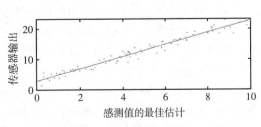

图 7-4　光传感器的输出

　　重新校准包括将感测变量的最佳估计值存储为一个时间的函数，并将其与传感器上报的值进行比较，然后可以用标准回归分析技术导出解析值的表达式，并作为上报值的函数（通常使用线性函数）。可以通过评估每个上报数据点的均方根误差来检验回归的质量，也可以用一个阈值（可以是绝对值或相对值）来声明回归不可接受。对于后者，可以认为传感器的行为过于不稳定，感测数据不可使用。

> **示例**　我们对按时间序列（即在不同时间点）收集的某个参数的最佳估计如下：1、5、4、7、4、5、6、2。在这些抽样周期，传感器上报以下值：2、7、4、8、3、6、8、3。假设我们想要一个线性函数 $v_{estimated} = m \cdot v_{sensed} + c$，其中 $v_{estimated}$ 是传感器返回 v_{sensed} 读数时的估计值。然后可以使用标准回归技术获得 m 和 c。本例中，我们得到 $m = 0.75$、$c = 0.39$。均方根误差可以作为分析回归质量的一个指标。

　　不能假定传感器上报的 v_{sensed} 和被测参数的真实值是完全相同的。它通常是三项的总和：$v_{sensed} = v_{true} + v_{bias} + v_{noise}$，分别是被测参数的真实值、传感器偏差和传感器噪声。传感器偏差和传感器噪声会导致不准确。这两个量的区别在于，偏差要么实际上是恒定的，要么只是随着时间的推移非常缓慢地变化，而噪声往往会快速波动。此外，传感器故障也可能表现为噪声。只要偏差项缓慢变化，并且噪声幅度相对较小，我们就可以通过估计和校正偏差来确保传感器信息可以继续使用。如果噪声幅度超过一定限度，则我们可以宣布传感器有故障。例如，我们可以通过组合多个冗余传感器的输出获得一个关于 v_{true} 的估计值 $v_{estimated}$，然后跟踪每个传感器偏差值 $v_{estimated} - v_{true}$ 随时间的变化。

　　评估越准确，校准就越好。在理想情况下，传感器可以依据已知的高精准度的可信参考进行校准（例如，在标准实验室中进行），这可以在部署之前完成。在现场，这类参考设备不存在，通常只能根据传感器收集的聚合数据进行估计（有时称为盲校准或宏校准）。

7.3.2　传感器故障检测

　　传感器故障检测的方法有很多。一种方法是，如果传感器是自验证的，则传感器本身可以进行内部故障检查。自验证在传感器收集的数据远多于实际需传输的数据时非常有用。例如，传感器可能只需以指定的间隔传输数据，但可连续或以更高的速率收集这些数据。这种传感器可以计算其内部高速率测量值的频谱，如果这表明与预期值存在偏差，则可能怀疑存在故障。又如，传感器实际上可能内部测量多个参数 $\eta_1, \eta_2, \cdots, \eta_n$，然后通过类似 $v = f(\eta_1, \eta_2, \cdots, \eta_n)$ 的函数进行计算以估计一些期望值。上传的值用于更新 v 的评估值，参数 η_i 作为传感器内部的值，并不外发。因此，传感器是唯一一知道 η_i 的测量值的实体，它可以分析该集合中的不一致性，以评估发生故障的概率。随着传感器变得更加智能化，传感器本身具有更多的处理能力，这种方法变得更加可行。

　　另一种方法是，使用一组冗余的传感器来测量相同的量，然后进行一些处理以获得一致的结果。如之前所述，传感器数据具有不确定性区间。通常，这些区间被建模为以上报值为中心的具有指定半宽度的窗口。也就是说，如果传感器上报的数据值为 v，半宽度为 Δ，则我们可以以足够高的置信度说，真实值落在区间 $[v-\Delta, v+\Delta]$ 中的某个位置上。一个经验规则是，当两个传感器值的差值小于其不确定度半宽度的均方根时，认为两个传感器值是一致的。或者，可以不在离散值上定义一致性，而是使用连续值。例如，可用数据值之间绝对差的倒数。

　　对于收到的传感器数据，可以进行异常值检测。异常值是一个数据点，其数值与整体数据所描绘的情况显著不同。异常值有三类：全局异常值、上下文异常值和集体异常值。

- **全局异常值**。如果一个数据与大量冗余数据集有显著差异，那么它就是一个全局异常值。例如，假设四个测量空速的皮托管返回的结果是 $\{150,155,153,290\}$，那么数据 290 是一个全局异常值，很可能是错误的。
- **上下文异常值**。上下文异常值是那些与数据感知到的总体情况不一致的数据。例如，当飞机处于巡航状态，最近测量的高度为 30 000 英尺时，最新测试值 10 英尺就是一个上下文异常值。
- **集体异常值**。一个数据子集可能整体上告虚假的、不具代表性或不寻常的数据。例如，我们有多个温度传感器，每个传感器都上报 12 月份北极的温度为 40℃。这显然不太可能是单个传感器的问题，可能是附近发生的火灾，或者入侵者故意向系统提供虚假数据导致的。

其中，全局异常值，上下文异常值可以作为故障检测最为相关的指标。

有几种非常相似的方法用来识别全局异常值，这里介绍了其中一种代表性技术。首先引入距离概念。直观易懂的是地理距离概念。距离的概念可以被推广，事实上，任何函数 $d(x,y)$ 都可以用作距离度量（某个空间中的点 x 和 y 之间），只要它满足以下基本性质：

D1：距离永远不是负数。

D2：点与自身之间的距离为零，即 $d(x,x)=0$。

D3：距离是一个对称度量，即 $d(x,y)=d(y,x)$。

D4：距离服从三角形不等式，即对于任意三个点 x、y、z，有 $d(x,z)\leq d(x,y)+d(y,z)$。

在确定哪些传感器产生异常值时，我们首先要选择一个距离度量。如果我们仅基于一个实际数据值来检测异常值，那么可以用差的绝对值：$d(x,y)=|x-y|$。然而，通常不会仅凭一个异常值读数就将传感器诊断为故障。可进一步根据它最近产生的 N 个读数，以及与其他类似和附近的传感器的读数进行比较来诊断。

现在引发三个新问题：

- 我们应该如何选择 N 的值？
- 什么样的距离测量是合适的？
- 判定两个传感器不一致时，判定的阈值是多少？

N 的选择涉及寻找一个合适的折中。如果 N 非常大，那么在判断传感器输出是否与其他同质传感器有显著偏差时，将会受到陈旧的历史输入的影响。同样，那些新的、已经发生了高度偏离的传感器读数可能会被旧的、一致的读数淹没，从而延迟异常值的检测。如果 N 非常小，则短暂的瞬时故障，或噪声的传播影响，会误导将本质上良好的传感器标记为不良的。因此选择较优的 N 能够实现有效的折中平衡。或者，在距离测量中令旧数据的权重随时间递减。

示例　旧数据权重递减的一个例子是指数平滑法（基于数据采集至今的时长）。假设我们一并读取了传感器 s_k 的数据和时间戳 t_i（代表读取时间）。从 s_k 读取的数据表示为 $v_{k,i}$，$i=1,2,\cdots$。定义一组实数 $0<\rho<1$。如果当前时刻为 t，则分配给第 i 个感知数据的权重为 $w(t_i,t)=\rho^{t-t_i}$。读取的感知数据的加权平均值为：

$$\frac{\sum_i w(t_i,t)\cdot v_{k,i}}{\sum_i w(t_i,t)}=\frac{\sum_i \rho^{t-t_i}\cdot v_{k,i}}{\sum_i \rho^{t-t_i}}$$

因此，分配给任何数据的权重随着时间的流逝而下降。ρ 的值越小，权重下降的速率就越大。

选择合适的距离度量也很重要。并非所有的距离度量对潜在的基本特征是同样敏感的。在某些情况下，距离度量可能只会标记一个问题，简单的提示可能需要重新校准。

下面用两种度量方式来说明这一点。一种是两个向量之间采用欧氏距离度量，例如 $\vec{A} = (a_1, a_2, \cdots, a_n)$ 和 $\vec{B} = (b_1, b_2, \cdots, b_n)$，另一种是用余弦距离。欧氏距离被定义为 $D_2(\vec{A}, \vec{B}) = \sqrt{\sum_{l=1}^{n}(a_l - b_l)^2}$，余弦距离被定义为 1 减去向量之间夹角的余弦，如 $D_{\cos}(\vec{A}, \vec{B}) = 1 - \frac{\vec{A} \cdot \vec{B}}{\|\vec{A}\| \cdot \|\vec{B}\|}$。其中 $\|\vec{A}\|$ 是向量 $\vec{A}$ 的欧氏范数，即其绝对大小为 $\sqrt{\sum_{l=1}^{n} a_l^2}$，而 $\vec{A} \cdot \vec{B}$ 是两个向量的点积，即 $\sum_{l=1}^{n}(a_l \cdot b_l)$。

为了更具体地说明问题，假设向量 $\vec{A} = (1,1,1,1)$ 和向量 $\vec{B} = (2,2,2,2)$，很容易获得两者之间的欧氏距离为 $\sqrt{5}$。但是，它们之间的余弦距离是 0。那么哪一个是正确的？答案为都正确。因为两个度量衡量的是不同的内容。欧氏距离计算的是两点之间的绝对偏差。余弦距离说明两个向量是沿着同一个方向的，这意味着向量间的差异可能是涉及缩放的错误校准造成的，一般是可纠正的。

决定两个传感器值是否一致的阈值必须根据具体情况选择。如前所述，一个好的经验法则是，如果两个输出值在每个传感器精度半宽的均方根范围内，则认为传感器是一致的。但是，用户可以根据情况选择更严格或更宽松的标准。

我们将一组冗余数据（即多个传感器上报的数据，且每个传感器测量相同的物理量）中的每个数据建模为完全图（即每两个节点之间存在一条边）中的一个节点。节点 i 和 j 之间的边的权重是对应节点的数据之间的距离。距离度量方法，例如欧氏距离或余弦距离，由设计者选择。每种距离度量都有其自身的特点，在选择之前应充分了解这些特点。如果有一个节点不存在或鲜有距离小于给定阈值的邻居，则我们可以将其标记为异常值。选择的阈值可以是，与上报数据的传感器相关联的误差极限的均方根。

示例 我们有 n 个温度传感器，传感器 s_i 的误差半宽为 Δ_i。如果两个传感器上报的温度相差不超过误差半宽的均方根，我们将它们定义为一致的，即传感器 s_i 和 s_j 的阈值为 $\sqrt{\frac{\Delta_i^2 + \Delta_j^2}{2}}$。然后我们建立一个含 n 个节点的完全图。如果一条边的两个端点不一致，则删除该边。在这个化简后的图中，当一个节点的邻居数少于一个给定的阈值时，该节点的温度被看作异常值，生成这些异常值的传感器则被怀疑发生了故障。

另一种传感器故障检测方法可以用贝叶斯分析[⊖]。这种方法需要以下信息：
- 由故障传感器产生的输出结果的概率密度函数。
- 在给定任何可能的上下文信息的前提下，由非故障传感器产生的输出结果的概率密度函数。
- 一个给定传感器发生故障的概率。

我们在此假设传感器故障是彼此独立的，并且传感器故障率数据已知。对于 n 个传感器的冗余集合 K，$K = \{s_1, s_2, \cdots, s_n\}$，用 $\vec{\varphi} = \{\varphi_1, \varphi_2, \cdots, \varphi_n\}$ 定义传感器状态向量。这里，如果传感器 s_i 无故障，则 $\varphi_i = 0$；否则为 1。$\vec{V} = \{v_1, v_2, \cdots, v_n\}$ 为从集合 K 中的传感器上收到的数据

⊖   如果读者对概率论的知识（尤其是对条件概率贝叶斯定律）不熟悉，则可以忽略这一部分。

值的向量：向量中第 i 个元素是 s_i 上获得的值。请注意，为了简化表示法，我们忽略了下标，并使用 v 表示传感器上报的值，之前用 $v_{\text{estimated}}$ 表示。用 ξ 表示我们可能从其他来源获得的任何上下文信息。例如，我们可以根据物理规律知道状态变量被限制在某个子空间中。那么，根据贝叶斯定律：

$$P(\vec{\varphi} = \vec{j} \mid \vec{V}, \xi) = \frac{f(\vec{V} \mid \vec{\varphi} = \vec{j}, \xi) P(\vec{\varphi} = \vec{j} \mid \xi)}{f(\vec{V} \mid \xi)} = \frac{f(\vec{V} \mid \vec{\varphi} = \vec{j}, \xi) P(\vec{\varphi} = \vec{j} \mid \xi)}{\sum_{\vec{i} \in \Theta} f(\vec{V} \mid \vec{\varphi} = \vec{j}, \xi) P(\vec{\varphi} = \vec{j} \mid \xi)} \quad (7.1)$$

其中，

$f(\vec{V} \mid \vec{\varphi} = \vec{j}, \xi)$ 是在假设传感器故障状态 $\vec{\varphi}$ 等于 $\vec{j}$，以及给定上下文信息 ξ 的前提下，冗余传感器集 K 上报的数据向量的概率密度函数。

$P(\vec{\varphi} = \vec{j} \mid \vec{V}, \xi)$ 是在给定上下文信息 ξ 的前提下，传感器组的状态 $\vec{\varphi}$ 等于 $\vec{j}$ 的概率。

$f(\vec{V} \mid \xi)$ 是在给定上下文信息 ξ 的前提下，该传感器组产生输出向量 $\vec{V}$ 的概率密度函数。

Θ 是所有 2^n 个 $\vec{\varphi}$ 可能的值的集合。

我们使用公式（7.1）来计算 2^n 个可能的传感器功能状态向量中的每一个的概率。选择使该值最大化的向量。考虑到 2^n 会随 n 快速增长，这种方法显然只适用于小型的冗余传感器组。

还有一种方法是基于对传感器及其冗余的同类传感器所产生的数据进行分析，来评估每个传感器的可信性。当有相当多的冗余传感器时，这种方法最适用。（熟悉数据挖掘的读者可能会注意到与用于评估在线数据源可信度的算法的相似性，熟悉马尔可夫链的读者会注意到数学上的相似性。）其思想是，如果传感器高度可信，即人们相信它能产生非常好的数据，它很可能与它的同类们非常一致，它们也提供了非常好的数据。因此，它的输出可能与其他高度可信的传感器密切相关。我们可以使用这个概念来迭代地建立传感器的信任等级。

首先，我们必须确定任意两个传感器 s_i 和 s_j 的最近 N 个输出之间的相似性，其中 N 由用户选择。设 $\vec{v}_k = (v_{k,1}, \cdots, v_{k,N})$ 表示传感器 S_k 产生的过去 N 个值的向量。传感器 s_i 和 s_j 的输出 $\vec{v}_i$ 和 $\vec{v}_j$ 之间的相似性随着 $\vec{v}_i$ 和 $\vec{v}_j$ 之间的距离减小而增加。我们可以选择几个相似性度量。一种是广义 Jaccard 相似度，其定义如下：

$$J(\vec{v}_i, \vec{v}_j) = \frac{\vec{v}_i \cdot \vec{v}_j}{\|\vec{v}_i\|^2 + \|\vec{v}_j\|^2 - \vec{v}_i \cdot \vec{v}_j} \quad (7.2)$$

广义 Jaccard 相似度是一种归一化量，其范围为 $[0,1]$。两个相同的向量相似度为 1。（请注意，如果一个或两个向量都为零，则该相似度无效。在这种情况下，将需要选择其他度量。）

示例　令 $\vec{v}_1 = (1,1,2,1,1)$，$\vec{v}_2 = (1,2,3,1,0)$；这些数字分别表示由传感器 s_1、s_2 最新上报的 5 个值。两个向量的点积为 $\vec{v}_1 \cdot \vec{v}_2 = 1 \times 1 + 1 \times 2 + 2 \times 3 + 1 \times 1 + 1 \times 0 = 10$，$\|\vec{v}_1\| = \sqrt{1^2 + 1^2 + 2^2 + 1^2 + 1^2} = \sqrt{8} \approx 2.83$，$\|\vec{v}_2\| = \sqrt{1^2 + 2^2 + 3^2 + 1^2 + 0^2} = \sqrt{15} \approx 3.87$。由公式得，广义 Jaccard 相似度为 $J(\vec{v}_1, \vec{v}_2) = \dfrac{10}{8 + 15 - 10} = 0.77$。

在下文中，不论具体采用什么形式的度量公式，我们将用 $\delta(\vec{v}_i, \vec{v}_j)$ 统一表示 $\vec{v}_i$ 和 $\vec{v}_j$ 之间的相似度。

现在，定义辅助变量 $q_{i,j}$ 如下：

$$q_{i,j} = \frac{\delta(\vec{v}_i, \vec{v}_j)}{\sum_{s_k \in K} \delta(\vec{v}_i, \vec{v}_k)}$$

其中，K 表示 s_k 所属的冗余传感器集。显然，$q_{i,j}$ 在 $[0,1]$ 区间内。

我们可以进一步定义传感器 s_i 的信任等级为 R_i，如下所示：

$$R_i = \sum_{s_j \in K - |s_i|} R_i q_{i,j} \tag{7.3}$$

注意，这个方程有无穷多个 R_i 的解。要获得唯一的解，我们需要对它进行标准化，例如要求所有传感器的信任等级和为 1。完成此操作后，如果冗余集含有 n 个传感器，则平均信任等级始终为 $1/n$（或者，将所有信任等级乘以 n，在这种情况下，平均信任等级始终为 1）。

示例 考虑有 5 个冗余传感器的系统，用于比较的窗口长度为 6。也就是说，我们基于相似度和信任等级对过去 6 个输出进行计算。传感器的输出如下：

$$\vec{v}_1 = (1,2,2,2,1,1); \vec{v}_2 = (1,3,2,2,1,1); \vec{v}_3 = (2,2,2,2,1,1);$$
$$\vec{v}_4 = (1,2,3,4,5,5); \vec{v}_5 = (2,2,9,2,9,8)$$

按传感器编号的顺序排列，各结果的信任等级为：0.234、0.232、0.231、0.183、0.121。（如果要对它们标准化，使它们的平均值为 1，可将每个信任等级乘以 5。）这些输出的标准差为 0.049，信任等级的变异系数（定义为标准差除以平均值）为 0.24。任意两个传感器都不具有相同的历史上报值序列。但是，根据组内的接近程度，传感器 s_1 的信任等级最高，传感器 s_5 的信任等级最低。我们可以使用这些数字对投票过程进行加权，或者将信任等级低于某个阈值的传感器视为可疑传感器（而丢弃相应值）。

示例 考虑 5 个传感器上报的值如下：
$$\vec{v}_1 = (1,1,1,1,1); \vec{v}_2 = (1,1,1,1,1); \vec{v}_3 = (1,1,1,1,1); \vec{v}_4 = (1,1,1,1,1); \vec{v}_5 = (2,9,8,15,9)。$$
该组传感器的信任等级分别为 0.242、0.242、0.242、0.242 和 0.032。注意，第 5 个传感器的信任度非常低。

假设我们正在计算一些函数，用 $U(v_1, v_2, \cdots, v_n)$ 表示上报的传感器读数 $v_1, v_2, \cdots, v_n$。（例如，v_1 可能是车辆的速度，v_2 可能是主要温度。）假设传感器输入 v_i 的不确定度半宽为 Δ_i。如果感知值（合理地）彼此独立，则我们可以将 $U(v_1, v_2, \cdots, v_n)$ 的不确定度半宽以如下公式描述：

$$\Delta_u \approx \sqrt{\sum_{i=1}^{n} \left(\frac{\partial U(v_1, \cdots, v_n)}{\partial v_i} \right)^2 \Delta_i^2} \tag{7.4}$$

该表达式假设每个传感器值的相对不确定度足够小，可以安全地忽略高阶项（即指数大于 2 的项）。这个表达式指示了哪里需要精确数据，以及哪些变量只需粗略估计就够了。

示例 假设 $U(v_1, v_2) = w_1 v_1 + w_2 v_2$，然后我们可得到 $U(v_1, v_2)$ 的半宽估计为 $\sqrt{w_1^2 \Delta_1^2 + w_2^2 \Delta_2^2}$，$U(v_1, v_2)$ 的相对半宽估计为 $\frac{\sqrt{w_1^2 \Delta_1^2 + w_2^2 \Delta_2^2}}{w_1 v_1 + w_2 v_2}$。注意权重影响绝对和相对半宽的方式。特别是，

如果 w_1v_1 和 w_2v_2 有不同的符号，会使得分母很小，相对误差可能很大。当传感器规格说明确定时，设计过程中要考虑到这一点。

7.3.3　区间置信度

假设 I_i、α_i 是某个冗余集合 K 中 s_i 传感器的上报行为参数，I_i 是传感器上报的数据区间，α_i 是该上报区间的置信度，即传感器 s_i 上报的感测数据的真实值落在区间 I_i 内的置信度为 α_i。

置信度不应与概率混淆，尽管二者的许多数学运算执行过程是相似的。感测参数的真实值，比如 $v_{i,\text{true}}$，我们可能不知道，但它是真实存在的。这不是一个随机变量，而是一个确定量。所以，在现实中，要么 $v_{i,\text{true}} \in I_i$，要么 $v_{i,\text{true}} \notin I_i$。除此之外，没有其他可能。置信指标只是一种衡量方式，衡量我们的观察值落到一个区间的确定程度。

定义区间 $\gamma_i^{(j)}$ 为：$\gamma_i^{(0)} = I_i$ 和 $\gamma_i^{(1)} = \bar{I}_i$（作为 I_i 的补充）。例如，如 $I_i = [3,4]$，$\gamma_i^{(0)} = [3,4]$，$\gamma_i^{(1)} = (-\infty,3) \cup (4,\infty)$。（我们假设在处理过程中，传感器上报的是标量）。

定义一个二进制字符串 $M = \mu_1\mu_2\cdots\mu_n$，用来表示交集 $\gamma_1^{(\mu_1)} \cap \gamma_2^{(\mu_2)} \cdots \cap \gamma_n^{(\mu_n)}$，其中 $\mu_i \in \{0, 1\}$。当交集非空时，我们称 M 为合法字符串。例如，当 $I_1 = [3,4]$、$I_2 = [4,5]$ 时，字符串 $\mu_1\mu_2 = 00$ 是非法的（I_1 和 I_2 不相交），而 01 字符串是合法的（即交集为 $[3,4]$，因为 $\bar{I}_2$ 包含 I_1）。定义 L 为所有合法字符串的集合，其中合法字符串表示 K 集合中所有传感器上报区间的交集。

定义 $\psi(M) = \prod_{i=1}^{n}(\alpha_i 1_{\mu_i=0} + (1-\alpha_i)1_{\mu_i=1})$。（公式中的新符号 1_X 是一个指示函数，当逻辑条件 X 为真时值为 1，否则为 0。）我们有如下关于字符串 $\mu_1\mu_2\cdots\mu_n$ 中蕴含的区间置信度的测度方法：

$$k(M) = \frac{\psi(M)}{\sum_{m \in L} \psi(m)}$$

接下来考虑容错。假设在一个冗余传感器集 K 中，在任意时刻允许发生故障的最大传感器数目为 f。（即系统只有在含不超过 f 个故障传感器的情况下下才被视为可靠的）。我们可以在上述的框架中增加实际约束，即只考虑 $n-f+1$ 个或更多个传感器上报数据区间的交集。这样，我们可以保证交集所涉及的区间中至少有一个来源于无故障传感器的输出。换言之，我们可以定义仅当 $\mu_1+\mu_2+\cdots+\mu_n \leqslant f$ 时，字符串 $M = \mu_1\mu_2\cdots\mu_n$ 是容错合法的（FT-legal）。然后仅在容错合法的字符串所表示的区间上计算置信度。定义 $L^{(\text{FT})}$ 为所有容错字符串所指代的冗余传感器集合，进而可得以下置信度度量：

$$k^{\text{FT}}(M) = \frac{\psi(M)}{\sum_{m \in L^{(\text{FT})}} \psi(m)}$$

示例　假设有 3 个冗余传感器，即 $n = 3$。当 $f = 1$ 时，3 个传感器某时刻的抽样实例分别为：$I_1 = [5,7]$、$I_2 = [4,6]$、$I_3 = [5.5,8]$。相应的置信度是 $\alpha_1 = 0.9$，$\alpha_2 = 0.8$，$\alpha_3 = 0.8$。由于 $f = 1$，用于表示这些区间的交集的所有合法字符串最多只能包含一个 1。表 7-1 展示了计算过程。因为 $0.576 + 0.144 + 0.144 = 0.864$，最后置信度的计算可以通过将单个输出的置信度乘积除以这个标准化的量来获得。

表7-1　3个冗余传感器的区间置信度计算

字符串[①]	区间	$\psi(\cdot)$	置信度
000	[5.5,6]	$0.9\times0.8\times0.8=0.576$	0.667
001	[5,5.5]	$0.9\times0.8\times0.2=0.144$	0.167
010	[6,7]	$0.9\times0.2\times0.8=0.144$	0.167

① 字符串 011、101、110 和 111 是非容错合法的，100 是空的区间。

7.4 网络平台

计算或网络平台中的容错可以使用本书其余部分提到的方法来实现。然而 CPS 应用的实时性需求会引发任务执行超时问题，需要提供时间冗余来可靠地处理它们。

CPS 的计算工作负载通常可以很好地预先描述。每一个独立任务都经过了深入的测试和评估。任务在最坏情况下的执行需求也要被评估，通过实时调度算法尽可能确保每个任务的截止时间都得到满足。每个调度算法都有相关的可调度性测试，即在给定的工作负载下，使用数学方法检查是否有足够的计算能力来满足所有的截止时间。

> **示例** 假设有一组周期性任务 $\{\tau_1,\cdots,\tau_n\}$ 被分配到单个处理器上执行，即每 P_i 秒释放一个任务 τ_i 并执行。任务的执行最多需要 c_i 秒。任务截止时间等于任务调度周期，即每一个任务必须在它的下一轮迭代被调度前完成。显然有 $c_i \leqslant P_i$。假设任务可以被抢占，且彼此独立（所有任务不依赖其他任务的输出），抢占操作的开销可以忽略不计。
>
> 最早截止时间优先（EDF）调度算法会优先调度执行那个具有最早绝对截止时间的未完成任务。若当前正执行其他任务，则可以任意中断该任务。假设每 P_i 秒调度一次任务 τ_i 的迭代，并且任务 τ_i 必须在随后的迭代被调度之前完成，即其相对截止时间等于其周期。根据对 EDF 的数学分析，要让所有截止时间都得到满足，需要保证以下条件：
>
> $$\sum_{i=1}^{n}\frac{c_i}{P_i}\leqslant 1$$

但是，偶然情况下，任务执行超时还是会发生的，即有时任务的执行时间可能比估计的最坏情况下的执行时间还要长。其原因有很多，如估计可能不准确，代码可能有一组需要较长执行时间且不常用的输入，短暂的瞬时故障导致处理器被挂起，软件中可能存在以前未能检测出的问题。尽管应该尽一切努力避免任务执行超时，但当执行超时发生时（当然可以认为这种情况是很少发生的），一个超可靠的系统必须提供一些有效的措施。因为任务执行超时不仅影响超时的任务自身，任务占用处理器的时长超过了原定计划可能会触发一连串的延迟，即其他任务也会错过截止执行时间。构造相关示例很容易，让单个执行超时任务导致该处理器上其他所有任务的本轮迭代均错过其截止时间即可。

任务执行超时处理方法有三类。它们是互补的，可以在任何组合中一起使用。一种是隔离，可以确保一个任务（或一组任务）的执行超时不会引发其他任务的过度延迟。第二种是减载，通过放弃执行低关键等级的任务来减轻系统负载。第三种是吸收，即系统预留一定的资源，以应对一定量的执行超时任务。

图 7-5 总结了这些方法是如何协同工作的。当发生任务执行超时时，隔离技术可以防止超时影响如滚雪球一样扩散，进而影响同处理器上的所有任务。系统（使用计时器）检测超

时并计算（预留资源）是否可以吸收超时任务。如果可以，只需要持续监视执行超时任务的执行，而不需要对工作负载进行任何调整。如果无法吸收执行超时任务，则必须减去部分负载。我们现在依次介绍这些技术。

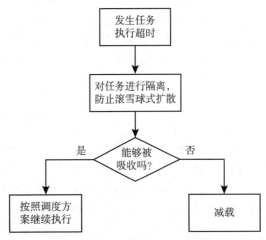

图 7-5　处理任务超时的方法

7.4.1 任务隔离

对运行在某个特定处理器上的单个任务或成组任务，可以通过将其分配给处理器上运行的不同虚拟服务器来实现彼此的隔离。处理器以虚拟服务器为粒度进行时间复用。例如，可以让这些服务器按轮询方式获得对处理器的访问权：服务器 1 执行 ξ_1 时间，然后切换到服务器 2 执行 ξ_2 时间，依此类推。为每个服务器分配一个任务或一组任务。任务被限制在为其分配的虚拟服务器内执行。执行超时的任务将不能影响其他服务器上的任务，从而实现了对执行超时任务的隔离。

可以通过将各服务器分别关联到一个供应函数，实现对这些服务器的建模[⊖]。关联到服务器 j 的供应函数为 $Z_j(t)$，它是处理器在任意一个持续时间为 t 的区间内，能为服务器 j 提供的所有时间和的最小值。定义 $\beta_j = \lim_{t\to\infty}\dfrac{Z_j(t)}{t}$ 和 $\delta_j = \sup_{t\geqslant 0}\{t - \dfrac{Z_j(t)}{\beta_j}\}$。$\beta_j$ 是单位时间内提供给服务器 j 的长期平均时间。可以证明（参见练习题）服务器 j 在处理器上的活动之间的最大时间间隔是 δ_j，这是从分配给服务器 j 的当前时间片结束到下一个时间片开始的最大时间间隔。

$Z_j(t)$ 用于确定任务集被限定在服务器 j 上时的可调度性。

示例　假设现有一个能支持两台虚拟服务器的处理器，见图 7-6。从时刻 0 开始，服务器 1 每 5 ms 占用处理器 1 ms。此服务器长期平均占用时间为 $\beta_1 = 0.2$ s/s。从服务器 1 的一个时间片结束到下一个时间片开始的间隔时间是 $\delta_1 = 4$ ms。从 2 ms 开始，服务器 2 每 10 ms 占用处理器 1.8 ms，因此它的长期平均占用时间为 $\beta_2 = 0.18$ s/s。从服务器 2 的一个时间片结束到下一个时间片开始的间隔时间是 $\delta_2 = 8.2$ ms。分配给服务器 1 的已执行超时任务仅在服务器 1 执行时才能执行，它不能占用分配给服务器 2 的任务的时间。

注　读者应注意，除处理器占用外，还有其他原因可能导致一项任务影响其他任务的功能。如上述示例，当处理器上执行的所有任务共享缓存时，分配给服务器 1 的任务可能会影响缓存的内容。例如，它

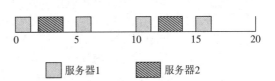

图 7-6　通过周期性调度的虚拟服务器隔离超时任务

可能会导致收回分配给服务器 2 中任务的缓存数据。当服务器 2 重新执行时，可能需要重新加载这些缓存数据，从而导致延迟。这说明任务可以通过共享资源的过程相互干扰。

⊖　为了便于解释和理解，我们假设处理器时钟频率保持不变。放宽这个假设也不难。

为了避免这些类干扰，我们可以将部分缓存预留给服务器 1 专用，部分预留给服务器 2。但是，这样做的问题是每个服务器可用的缓存都会减少，从而导致更高的缓存未命中率。

完整的调度分析过程超出了本章讨论的范围，请参阅延伸阅读部分，了解该主题的相关文献内容。可调度性检查可以用一个简单表达式描述。例如，对于 EDF 调度算法，给定一个满足上文所述内容的周期性任务集，要使该任务集在服务器 j 上是可调度的，需要在任意时间 $t>0$，具有

$$\sum_{i=1}^{n} \left\lceil \frac{t}{P_i} \right\rceil C_i \leqslant Z_j(t) \tag{7.5}$$

隔离可以确保执行超时的任务不会对其所属的服务器之外的任务造成影响。但是，在超时发生时我们确实需要能够检测到它，以便做出必要的响应。超时检测的实现并不困难，例如用一个计时器就可以跟踪每个任务在已知时钟频率下执行的时间，当任务执行时间超出其估计的执行界限时，可以触发中断。

7.4.2 减载

一旦检测到任务执行超时，系统必须做出适当的响应。如果执行超时的任务不能被吸收（见下文），我们必须减少一些已经分配的任务，以弥补额外消耗的时间。我们将介绍两种减轻系统负载的方法。

- **混合关键等级**。在决定放弃哪些任务以减载时，我们必须考虑它们的关键等级。并非所有任务对应用程序都同等重要。例如，汽车的转向和稳定性控制任务比导航或空调控制系统要重要得多。为了保障高关键等级的任务，一种简单的选择是牺牲低关键等级的任务。

  相关算法很简单，我们以只有两个关键等级的情况为例。系统有两种工作模式：正常和异常。在正常模式下，执行所有任务。当任何低关键等级任务发生执行超时时，我们可以简单地放弃该任务。如果一个高关键等级任务超时，则系统切换到异常模式。在此模式下，放弃所有低关键等级任务，只执行高关键等级任务。当系统在将来某个时候变得空闲（即所有待处理的高关键等级任务都完成了）时，系统可以切换回正常模式。如图 7-7 所示，在此类的算法设置中，大量的工作是关于可调度性的计算分析。延伸阅读小节将给出有关参考文献。

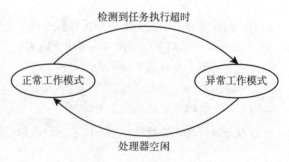

图 7-7   工作模式切换过程

- **替换任务**。另一种减载的方法是用一个任务替换另一个，两者完成相同的总体功能（替换者的完成质量较低，需要的资源更少）。例如，假设我们正在为某个物理设备的执行器计算适当的配置。有几种控制算法可供选择，一种是模型预测控制，通过一个基于当前已采取的控制动作的函数评估设备的未来状态空间轨迹，进而采取适当的控制动作。未来状态轨迹的长度将影响最后所提供控制动作选择的质量以及计算开销。如果它很好地预测了未来，则质量和开销都将很高；如果只是预测一个较短的区间，则两者都将很低。有时我们可以把计算开销大的模型预测控制算法换成一个开销更小（可能质量更低）的，基于受控对象状态变量的线性组合控制模型，即控制函数可能形如 $W_1 X_1 + W_2 X_2 + \cdots + W_n X_n$，其中 W_i 和 X_i 分别是权重和设备状态变量。

7.4.3　超时任务的吸收

我们可以设计一个即使有一定数量的任务执行超时，仍能继续不受影响地运行的系统。这涉及提供足够的冗余资源以便吸收额外的工作。

一种方法是在调度方案中提供一定的松弛度。这种方法可以集成到之前介绍的周期性调度虚拟服务器方法中。更具体来说，以本章前面介绍的 EDF 调度为例。假设需求约束函数 $\mathrm{dbf}_j(t)$ 为在任意时间间隔 t 内分配给服务器 j 的必须完成的最大总工作负载。

> **示例**　假设工作负载只包含一个任务，且为周期性任务，最坏情况执行时间为 2 ms，调度周期为 5 ms。有任意时间间隔 t，统计在任务释放后到 t 时刻该任务顺利完成的次数，简单地将这个次数乘以每次迭代的最坏情况执行时间（在本例中为 2 ms），以此作为该任务在最坏情况下的执行时间需求。在本例中，需求约束函数将是 $\mathrm{dbf}_j(t)=2[t/5]$。

那么，只要对于时间 $t>0$，有 $\mathrm{dbf}_j(t)\leqslant Z_j(t)$，就可以满足所有截止时间。两者的差 $Z_j(t)-\mathrm{dbf}_j(t)$ 就是调度方案中为任务设置的超时松弛量。

有一种相关的方法是将任务重新映射到另一个处理器上，该处理器有足够的空闲容量可以满足所有的截止时间。操作中可能需要将任务对象代码预加载到这些备份处理器的内存中，以避免将代码从一个处理器的内存迁移到备份处理器所产生的延迟。

再一种方法涉及动态电压和频率调整。众所周知，增加处理器的供电电压（到某个限制）会减少电路延迟，因此可以使处理器以更高频率（同样，达到某个限制）运行来补偿延迟。但这种提升是有代价的，它会显著增加功耗和热应力（这会缩短处理器寿命）。不过在紧急情况下，在短时间内，增加时钟频率可能被视为应对任务超时的一种副作用最小的选择。

7.5　执行器

我们已经看到冗余传感器组中的故障是如何识别的。现在考虑执行器的故障检测和识别。主要思想是利用信息冗余，即比较受控设备对执行器命令的响应和我们期望的结果。

以下简单的例子可以用于说明这点。例子中的控制装置是一个高架水箱，执行器是用于加水的泵。开始水箱是空的，打开泵半小时后，发现水箱还是空的。（通过传感器，即你的眼睛）没有检测到泄漏。显然，结论是加水过程出了问题。你现在知道有一个迹象表明某些东西有问题，但还不知道具体是哪个东西。导致这种异常至少有三种原因：泵存在故障、泵的电源没有接好或泵的水源没水。此间，你比较了水箱的预期状态（至少包含一些水）和实际观察到的状态（水箱是空的）。进一步手动做一些检查应该足以确定问题的根源。

执行器的故障检测和识别采用了同样的方法，如图 7-8 所示。我们构建了一个受控设备的数学模型，描述其状态是如何随着执行器输入（以及运行环境中的噪声输入）的变化而变化的。模型中包含执行器的命令，设备的预期输出可根据模型计算得到。然后，我们可以通过比较预期输出和实际输出来执行一致性检查。注意，这种一致性检查可能不仅限于当前的预期输出和实际输出，还可能包含与过去较长一段时间里的历史输出的比较。

故障检测与识别是控制理论中的一个重要课题，涉及广泛的领域背景知识。在这里，我们将仅基于线性代数的案例介绍一些高层概述。延伸阅读小节包含一些相关文献。

我们考虑一个可建模为线性离散时间系统的受控设备，可用向量 $\vec{x}$ 表示对象的状态，我

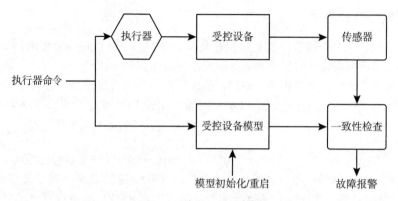

图 7-8 故障检测过程

们可以用以下线性方程来建模其随时间变化具有的行为：

$$\vec{x}(k + 1) = A\,\vec{x}(k) + B\,\vec{u}(k) + \vec{n}(k) \tag{7.6}$$

$$\vec{y}(k) = C\,\vec{x}(k) \tag{7.7}$$

其中 A、B、C 是用以定义系统的矩阵，$\vec{u}$ 是设备输入（用于设置执行器），$\vec{y}$ 是设备输出（通常可通过传感器输出进行评估）。状态、输入和输出在抽样时刻被指定，抽样时刻是某个时间间隔 ΔT 的倍数，即 $\vec{x}(k)$、$\vec{u}(k)$ 和 $\vec{y}(k)$ 分别对应于时刻 $k\Delta T$ 的状态、输入和输出向量。最后一项 $\vec{n}(k)$ 是噪声，通常可以用均值为 $\vec{0}$ 的高斯随机变量和一些给定的方差向量进行很好的建模。

相应的模型状态和输出分别用 $\hat{x}(k)$ 和 $\hat{y}(k)$ 表示。我们有 $\hat{y}(k) = C\hat{x}(k)$。

我们对该状态评估如下：

$$\hat{x}(k+1) = A\hat{x}(k) + B\,\vec{u}(k) + L\big(\vec{y}(k) - \hat{y}(k)\big) \tag{7.8}$$

这里，L 是一个矩阵，它的作用很快就会介绍。

估计值的误差（假设没有故障发生）由下式给出：

$$\hat{\varepsilon}(k+1) = \vec{x}(k + 1) - \hat{x}(k+1) = (A - LC)\,\vec{\varepsilon}(k) + \vec{n}(k) \tag{7.9}$$

如果初始化模型时能使其状态准确地反映初始设备状态，我们就有初始条件 $\varepsilon(0) = \vec{0}$，否则系统启动时会包含一些初始错误。但是，适当地选择 $A - LC$（通过仔细选择矩阵 L）后，该初始误差的影响将随时间衰减为零。如何选择 L 超出了我们讨论的范围，感兴趣的读者应在本章的延伸阅读小节查阅控制理论的参考文献。（我们也假设受控设备的动力学行为已经被精确获知。）

请注意，在无故障情况下，估计误差只是噪声（其统计数据被假定已知）和初始误差的函数，而不是实际输入的函数。可以在无噪声的情况下计算它，矩阵 L 的作用是保障 $A - LC$ 的值能使差分方程（7.9）更方便地描述受控设备的动力学行为（例如，误差不会随时间增大）。

至此，一致性检查可以将（实际）设备和设备模型的输出同时作为输入，即同时具有两个输出 $\vec{y}(k)$ 和 $\hat{y}(k)$。它们之间的差记为 $C\,\vec{\varepsilon}(k)$，还加上一个噪声项。

如果执行器有故障会如何？实际控制行为与执行器控制指令的执行预期可能不再相同。公式（7.9）中没有专门的一项参数用来表示控制行为的输入，因为其隐含了执行器无故障的假设，而当我们进行减法得到式（7.9）时，隐含着物理设备和设备模型中的该项被相互抵消了。如果执行器发生故障，假设就不再成立。这种情况下，设备的输入和模型的输入将不同。这种误差 $\vec{\varepsilon}(k)$ 会随时间变化而变得更明显。特别是，如果受控设备的控制行为显著地偏离了控制指令，$\vec{\varepsilon}(k)$ 将不再趋向于 $\vec{0}$，这点也可以被当作系统发生问题的一个指示。

示例　考虑飞机的升降舵控制。升降舵偏转会影响飞机的俯仰。相关的飞机状态变量包括飞机迎角 x_1、俯仰角速度 x_2 和俯仰角 x_3。假设升降舵控制任务的周期为 2 ms，即升降舵设置每 2 ms 更新一次。此外，假设以下等式将飞机近似建模为线性离散时间系统：

$$x_1(k+1) = 0.9936x_1(k) + 1.1252x_2(k) + 0.0049u(k)$$
$$x_2(k+1) = -0.0003x_1(k) + 0.9907x_2(k) + 0.0004u(k)$$
$$x_3(k+1) = -0.0002x_1(k) + 1.1287x_2(k) + x_3(k) + 0.0002u(k)$$

这种近似模型假设其他的飞机变量（如速度和高度）不会发生显著的变化，所以不对诸如阻力这类问题进行建模。假设输出为 $y(k) = x_3$，即传感器只允许观察俯仰角。

然后有 $A = \begin{pmatrix} 0.9936 & 1.1252 & 0 \\ -0.0003 & 0.9907 & 0 \\ -0.0002 & 1.1287 & 1 \end{pmatrix}$，$B = (0.0049\ 0.0004\ 0.0002)^T$，$C = (0\,0\,1)$。（上标 T 表示转置，方便起见，我们用转置表示列向量 B。）选择合适的 L 使 $A-LC$ 具有如下所述的"良好"特性。

假定控制设备的输入（如升降舵偏转使飞机目标俯仰角达到 x_3^{target}）可以通过公式 $u(k+1) = g \cdot x_3^{\text{target}}(k) - w_1x_1(k) - w_2x_2(k) - w_3x_2(k)$ 计算，其中 $w_1 = -0.6559$、$w_2 = 202.995$、$w_3 = 9.603$。$g = 10$ 是一个合适的比例调整因子。（这些常数是用标准的控制理论技术计算出来的，此处简单地按给定值计算即可。）这是偏转量也是升降舵的系统控制命令。由于我们不知道 $x_i(k)$ 的确切值，在计算中，我们将用它们的估计值 $\hat{x}_i(k)$ 代替。

假设升降舵发生故障，其实际偏转量与指令要求的偏转量之间的误差为 $u_e(k)$。那么，我们有：

$$\vec{\varepsilon}(k+1) = (A-LC)\vec{\varepsilon}(k) + \vec{n}(k) + Bu_e(k) \tag{7.10}$$

而输出的预期结果和实际观察结果之间的差异如下式：

$$\hat{y}(k) - \vec{y}(k) = C\vec{\varepsilon}(k) \tag{7.11}$$

如果 $u_e(k)$ 足够大，这个差异将很快被注意到。

至于误差超过何种阈值时被认定为发生故障，显然取决于噪声水平。大多数情况下，噪声可以建模为一个随机过程，其参数是已知的（从经验和测量）。

通过对式（7.10）的考察，可以发现 L 的作用是影响估计值误差的变化轨迹以及系统状态变量对控制行为输入参数的响应。

7.6　延伸阅读

关于 CPS 的综述可以参考文献 [18]。文献 [13] 介绍了 CPS 的一类重要应用——线控驾驶汽车（即智能汽车）。关于法航 447 空难的情况见文献 [26]。好奇号火星探测器的详细介绍参见文献 [17]。

关于调度问题的全面综述可以参考文献 [4]，文中介绍了任务超时的处理方法。对实时系统中容错调度的研究进展参见文献 [15]。文献 [3] 是混合关键系统的重要参考文献。关于受控设备状态空间及其在自适应容错中的讨论见文献 [16, 29]。

从事这一领域要求我们稍微掌握一些控制理论的知识细节，有很多经典的书籍，例如文献 [1, 24]。广泛使用的最优控制方法可以参见文献 [5]。关于估计器的设计也存在大量文献，例如文献 [20]。

传感器校准在技术文献中广泛涉及，有一些有用的参考，如文献 [2] 可用于盲校准，文献 [22] 可用于自校准。有关自验证传感器，请参见文献 [11]。关于传感器质量评估的论文有文献 [14, 23, 28]。组合传感器的结果处理见文献 [21, 25]，文献 [6] 综述分析了传感器之间的一致性度量方法。异常值分析是数据分析中的一个重要主题，可参阅文献 [10, 19, 30]。

有关故障诊断方面的内容可参见文献 [9, 12, 25]。飞行系统执行器故障检测的例子可参见文献 [27]。

最后，文献 [8] 中强调了将安全分析集成到系统开发的各个阶段的重要性。复杂系统中的许多故障是由各个模块之间的交互而不是在这些模块内部产生的，文献 [7] 介绍此类问题的一种处理方法。

7.7　练习题

1. 有一个只含单个状态变量 $x(t)$ 的受控设备，其动力学行为由以下微分方程给出：

$$\frac{\mathrm{d}x(t)}{\mathrm{d}t} = -5x(t) + 3u(t)$$

其中执行器输入由标量 $u(t)$ 指定。设备允许的状态空间为 $-5 \leqslant x(t) \leqslant 5$。假设微分方程的时间单位是 s。

零阶保持的周期为 0.1 s，即每 0.1 s 更新一次控制，执行器设置在整个周期内保持不变。执行器被物理条件限制在 $-1 \leqslant u(t) \leqslant 1$ 的范围内。不管采用什么计算机，它都不能提供超出该范围的控制输出。

在当前状态分别如下时，确定网络平台是否需要容错措施：

a) $x(0) = 0$。

b) $x(0) = 2$。

c) $x(0) = -4.8$。

d) $x(0) = 4$。

2. 在四维空间中，有坐标点 $x = (x_1, x_2, x_3, x_4)$ 和 $y = (y_1, y_2, y_3, y_4)$，还有 $A = \{1, 2, 3, 4\}$。请问下列哪个函数满足距离度量的属性：

a) $d(x, y) = \min_{i \in A} |x_i - y_i|$。

b) $d(x, y) = \max_{i \in A} |x_i - y_i|$。

c) $d(x, y) = \max_{i \in A} |x_i| - \max_{i \in A} |y_i|$。

d) $d(x, y) = |x_1 - y_1|$。

3. 由 10 个传感器组成的冗余传感器组 $K = \{s_1, s_2, \cdots, s_{10}\}$，用于测量温度。每次测量的误差半宽为 1℃。上报的温度分别为 100、101、104、105、106、110、105、106、117、103。执行边删除方法，并绘制相应的完全图与化简图。如果异常点检测的阈值是目标节点的邻居数少于 3 个，请指出异常点。（这些异常传感器将被怀疑至少发生了瞬时故障。）

4. 有一组 6 个传感器，过去几个抽样周期内上报的值如下：

$$\vec{v}_1 : \{100, 103, 105, 103, 101, 100, 150, 152\}$$
$$\vec{v}_2 : \{100, 102, 104, 100, 100, 100, 140, 139\}$$
$$\vec{v}_3 : \{100, 103, 105, 103, 101, 100, 153, 147\}$$
$$\vec{v}_4 : \{100, 107, 105, 108, 101, 100, 149, 157\}$$
$$\vec{v}_5 : \{100, 103, 105, 103, 101, 100, 150, 157\}$$
$$\vec{v}_6 : \{100, 103, 105, 103, 201, 200, 250, 252\}$$

请计算每个传感器的信任等级。

5. 一个 CPS 根据接收到的传感器值 v_1、v_2、v_3，计算函数 $f(v_1, v_2, v_3) = v_1^3 + v_2 v_3 - v_1 v_2 v_3$。现有 $v_1 = 5 \pm 1$，$v_2 = 4 \pm 3$，$v_3 = 1 \pm 0.1$。请计算这些数据关于 $f(v_1, v_2, v_3)$ 的不确定度半宽。

6. 提供备用资源处理任务超时的方法同样可以用来解决处理器故障，当一个处理器发生故障时，可以将分配给它的任务转移给其他（备用）处理器。请讨论如何实现这一功能。

7. 请使用贝叶斯定律推导公式（7.1），明确列出过程中的每个步骤。

8. 通过选择周期、标称执行时间和截止时间来构造一组周期性任务，要求一个任务的一次迭代执行超时会导致每个其他任务至少一个迭代发生执行超时。

9. 请证明在 7.4.1 节中描述的隔离方法下，虚拟服务器 i 在处理器上的最大活动时间间隔是 δ_i。

10. 在 7.5 节的飞机示例中，假设我们选择 $L = (-65.0\ 1.5\ 2.6)^T$。假设噪声可以忽略不计，考虑升降舵固定在 0.1 弧度时，发出一个将升降舵设置为 0 弧度的命令。定量绘制 $\hat{y}(k) - \vec{y}(k)$ 关于 k 的函数曲线，这是俯仰角的期望值与实际观察值之间的差异曲线。假设飞机处在任何合理的初始状态。

参考文献

[1] Karl J. Åström, Björn Wittenmark, Computer-Controlled Systems: Theory and Design, Courier Corporation, 2013.
[2] Laura Balzano, Robert Nowak, Blind calibration of sensor networks, in: Proceedings of the 6th International Conference on Information Processing in Sensor Networks, 2007, pp. 79–88.
[3] Alan Burns, Robert I. Davis, A survey of research into mixed criticality systems, ACM Computing Surveys (CSUR) 50 (6) (2017) 82.
[4] Giorgio C. Buttazzo, Hard Real-Time Computing Systems: Predictable Scheduling Algorithms and Applications, Springer Science & Business Media, 2011.
[5] Eduardo F. Camacho, Carlos Bordons Alba, Model Predictive Control, Springer Science & Business Media, 2013.
[6] Gregory Duveiller, Dominique Fasbender, Michele Meroni, Revisiting the concept of a symmetric index of agreement for continuous datasets, Scientific Reports 6 (2016) 19401.
[7] C.H. Fleming, Safety-Driven Early Concept Analysis and Development, PhD Dissertation, Massachusetts Institute of Technology, 2015.
[8] C.H. Fleming, N.G. Leveson, Early concept development and safety analysis of future transportation systems, IEEE Transactions on Intelligent Transportation Systems 17 (12) (December 2016) 3512–3523.
[9] Zhiwei Gao, Carlo Cecati, Steven X. Ding, A survey of fault diagnosis and fault-tolerant techniques part I: fault diagnosis with model-based and signal-based approaches, IEEE Transactions on Industrial Electronics 62 (6) (June 2015) 3757–3767.
[10] Jiawei Han, Jian Pei, Micheline Kamber, Data Mining: Concepts and Techniques, Elsevier, 2011.
[11] M.P. Henry, D.W. Clarke, The self-validating sensor: rationale, definitions and examples, Control Engineering Practice 1 (August 1993) 585–610.
[12] Rolf Isermann, Fault-Diagnosis Systems: An Introduction From Fault Detection to Fault Tolerance, Springer Science & Business Media, 2006.
[13] Rolf Isermann, Ralf Schwarz, Stefan Stolzl, Fault-tolerant drive-by-wire systems, IEEE Control Systems 22 (5) (October 2002) 64–81.
[14] Farinaz Koushanfar, Miodrag Potkonjak, Alberto Sangiovanni-Vincentelli, On-line fault detection of sensor measurements, in: Sensors, 2003, vol. 2, 2003, pp. 974–979.
[15] C.M. Krishna, Fault-tolerant scheduling in homogeneous real-time systems, ACM Computing Surveys (CSUR) 46 (4) (April 2014) 48.
[16] C.M. Krishna, Ameliorating thermally accelerated aging with state-based application of fault-tolerance in cyber-physical computers, IEEE Transactions on Reliability 64 (1) (January 2015) 4–14.
[17] E. Lakdawalla, The Design and Engineering of Curiosity, Springer, 2018.
[18] E.A. Lee, S.A. Seshia, Introduction to Embedded Systems: A Cyber-Physical Systems Approach, MIT Press, 2016.
[19] Jure Leskovec, Anand Rajaraman, Jeffrey David Ullman, Mining of Massive Datasets, Cambridge University Press, 2014.

[20] F.L. Lewis, Optimal Estimation: With an Introduction to Stochastic Control Theory, Wiley, 1986.

[21] R.J. Moffat, Contributions to the theory of single-sample uncertainty analysis, Journal of Fluids Engineering 104 (2) (June 1982) 250–258.

[22] Randolph L. Moses, Robert Patterson, Self-calibration of sensor networks, in: Unattended Ground Sensor Technologies and Applications IV, vol. 4743, International Society for Optics and Photonics, 2002, pp. 108–120.

[23] Kevin Ni, Greg Pottie, Bayesian selection of non-faulty sensors, in: IEEE International Symposium on Information Theory, ISIT 2007, 2007, pp. 616–620.

[24] K. Ogata, Discrete-Time Control Systems, Prentice Hall, 1995.

[25] R.J. Patton, P.M. Frank, R.N. Clarke, Fault Diagnosis in Dynamic Systems: Theory and Application, Prentice-Hall, 1989.

[26] P.M. Salmon, G.H. Walker, N.A. Stanton, Pilot error versus sociotechnical systems failure: a distributed situation awareness analysis of air France 447, Theoretical Issues in Ergonomics 17 (1) (January 2016) 64–79.

[27] A. Varga, D. Ossmann, LPV model-based robust diagnosis of flight actuator faults, Control Engineering Practice 31 (October 2014) 135–147.

[28] X.-Y. Xiao, W.-C. Peng, C.-C. Hung, W.-C. Lee, Using SensorRanks for in-network detection of faulty readings in wireless sensor networks, in: ACM International Workshop on Data Engineering for Wireless and Mobile Access, 2007, pp. 1–8.

[29] Y. Xu, I. Koren, C.M. Krishna, AdaFT: a framework for adaptive fault tolerance for cyber-physical systems, ACM Transactions on Embedded Computing Systems 16 (3) (July 2017) 79.

[30] Y. Zhang, N. Meratnia, P.J.M. Havinga, Outlier detection techniques for wireless sensor networks: a survey, IEEE Communications Surveys and Tutorials 12 (2) (April 2010) 159–170.

案例研究

本章将介绍几种在高可靠应用领域使用的计算机系统，通过对其容错机制的介绍来说明本书前文所述方法的实际应用情况。我们的目的并不是要对下面的每一个系统进行全面的、低层次的描述。如果读者对此感兴趣，可以查阅延伸阅读一节中提到的参考资料。

8.1 航空航天系统

航空航天系统中的计算机是必须采用容错设计的一个典型例子。第一，航空航天的应用对生命至关重要，涉及乘客或宇航员的生命安全。第二，就飞机而言，系统必须无故障运行数小时；就太空飞行任务而言，必须无故障运行数年，甚至数十年（例如，两艘旅行者号航天器在发射四十多年后仍在传输数据）。第三，高空飞机和太空飞行器在基本带电粒子流的恶劣环境中飞行。（太阳是粒子流一个主要的且易变的来源：它平均每秒放射出超过 100 万 t 的这种基本带电粒子。）随着海拔的增加，被这些粒子击中的概率会急剧上升。在大多数情况下，飞机被粒子击中的概率还是很低的，传统的容错技术即可以解决。此外，空间飞行器暴露在高浓度的粒子辐射之下，需要更全面的防护，以应对粒子的撞击。最后，航空航天应用都是高预算的项目，有理由并且有能力负担开销极大的容错成本。

8.1.1 辐射防护

辐射是造成硬件故障的一个重要原因。当高能带电粒子穿透存储器单元时，它们会导致其状态发生翻转。它们甚至可能会对半导体设备造成永久性损害。

应对高强度辐射，一般采取两种办法。第一种是提供屏蔽以减弱辐射。这方面的一个很好的例子是朱诺号（Juno）航天器，该航天器于 2016 年抵达木星。朱诺号有一个防辐射仓，由一个空心的钛立方体组成，壁厚约 1cm，重 200kg。这个巨大的防护罩可以将辐射减少约 800 倍，即只有刚超过 0.1% 的辐射可以通过防护罩。在这个防辐射仓中，有航天器的主要指令执行、数据处理和电源控制电路。

第二种方法是使用防辐射加固设备，该设备是专门设计的，用于承受高剂量的辐射而不丧失功能。朱诺号使用 RAD750 处理器，它是 PowerPC 750 的防辐射版本。它的运行频率高达 133MHz，功耗约 5W。它用抗辐射能力更强的静态电路取代了 PowerPC 关键区域的大部分动态电路。这导致了一些性能的损失，并大大增加了芯片面积，但这被视为必要的代价。此外，对时钟分配中使用的锁相环路进行了加固，并对电路进行了修改，以有效补偿温度变化。

8.1.2 飞控系统：波音 777 客机

容错计算在航空领域受到广泛应用，最初是由电传操纵（FBW）飞行控制系统引入的。传统的飞行控制采用的是液压致动器和阀门，通过连接到飞行员控制台的机械电缆直接控制。这种电缆密集的系统很复杂，需要定期维护且周期要短。在 FBW 飞行控制系统中，致动器由数字飞控计算机产生的电信号（通过导线传输）控制。飞行员通过控制输入指示所需的结果，FBW 计算机则计算每个飞行操纵面的致动器的输入，以达到该结果，实现闭环（反馈）

控制系统。除了飞行员的输入外，飞行控制系统还接收许多传感器测量的读数，包括加速度、攻角、气压和其他相关参数。FBW 计算机直接控制所有的飞行致动器，它们必须提供极强的功能完整性和可靠性。波音 777 曾要求，任何影响飞机功能完整性和可用性的故障概率必须小于 10^{-10} 每飞行小时。传统的液压和机械飞控系统会逐渐淘汰。相比之下，FBW 计算机的系统故障可能会迅速使飞机失去控制。因此 FBW 计算机系统的设计必须能够容忍甚至屏蔽各种各样的故障，包括硬件故障、电源失效、软件缺陷和拜占庭故障。

空客公司设计了第一架采用 FBW 系统的大型商用飞机。空客 A320（约 1988 年）和 A340（约 1992 年）的 FBW 系统中有四台计算机。每两台计算机组成一个指示/监视对，一旦发现错误，就由第二个指示/监视对来代替。在这种计算机对的运行过程中，发现两台计算机输出指令（对致动器的）的不一致是主要的错误检测手段。此外，也使用了看门狗单元对控制序列进行检查，以及在计算机开机时进行自检。第二对计算机使用和第一对不同的硬件处理器，以及不同的软件。这种多样性可以有效避免共模失效。

波音公司采用了一种不同的容错方法，其第一架带有 FBW 控制系统的商用客机是波音 777（约 1995 年）。波音 777 对其所有硬件资源，即计算系统、电力供应、液压电源和通信信道，普遍使用三模冗余技术，以提供不间断的故障屏蔽能力。其设计目标是能够容忍组件失效、电源失效、电磁干扰，特别是对飞行控制处理器来说，需要容忍共模失效、设计故障、软件缺陷和拜占庭故障。

图 8-1 展示了主飞行计算机（PFC）系统的框图。它是一种三重三模冗余设计，由三个相同的通道（左、中、右）组成，其中每个通道包括三个不同的计算模块。每个模块都有自己的电源。三条计算通道在物理和电路上相互隔离，并与三条（左、中、右）数字自主终端访问通信（DATAC）总线（又称 ARINC 629 数据总线）相连。每条这样的总线在物理上和电路上都与其他两条总线隔离。总线上的所有通信都使用循环冗余校验（CRC）码进行错误检测，该码使用了生成多项式 $x^{16}+x^{12}+x^5+1$。每个 PFC 通道内的三个计算模块包含不同的微处理器（分别来自英特尔、AMD 和摩托罗拉），并执行由三个不同编译器编译的控制程序。这种硬件和软件设计多样性的目的是防止共模失效以及（微处理器与软件）设计错误。

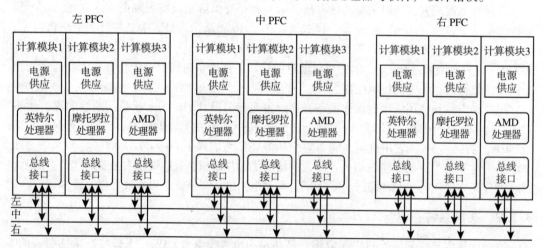

图 8-1　波音 777 飞控系统框图

请注意，这里没有采用 3 个不同版本的编程方法。最初，波音公司让 3 个独立的程序员小组开发 3 个不同版本的控制程序。然而，这些小组最终不得不向系统设计人员提出许多问题来澄清软件需求，以至于管理层判断这三个小组之间的独立性无法保证。因此，恢复采用开发单个版本 ADA 控制程序的常用方法。

通道内的三个计算模块并不以三模表决的方式运行。取而代之的是，其中一个模块作为指令处理器，另外两个模块则监视指定的指令处理器所产生的输出。虽然三个模块都使用专用硬件与所有的三条数据总线相接，但只有指令处理器模块通过数据总线与其余两个计算通道进行通信，它将提出的飞行操纵面指令发送给其他两个计算通道。因此，每个指令处理器模块（分属于三个计算通道）都会收到所提出的指令的三个版本，通过执行中值选择，可以确定"选定"的操纵面指令。三个计算通道之间并不需要达到完全的一致性，选择中值是为了更好地处理拜占庭故障。各计算通道的监视模块将其指令处理器模块的输出与选定值进行比较，如有差异，则禁止该指令处理器模块的输出。

飞行员使用常规的控制方法（轭、舵踏板等）进行输入。目的之一是使控制飞机的感觉（包括物理的、触觉的、来自控制的反馈）尽可能地接近传统飞机。致动器控制电子单元（ACE）中的传感器，将飞行员模拟控制信号转换为数字信号，并通过数据总线将其传输到PFC。对这些传感器，将持续对其短路和开路故障进行监视。除了转换后的飞行员输入，PFC还收到飞机惯性和外部空气数据（通过多个传感器），然后确定操纵面指令。这些指令是数字信号，由 ACE 转换成模拟信号，再应用于各种致动器以控制飞机。模拟信号也可以被转换回数字形式，并与原始数字信号进行比较，以验证数字信号到模拟信号的转换的正确性。此外，如果 ACE 检测到来自 PFC 的无效指令，则激活直接模式，ACE 直接使用来自飞行员的输入，而忽略 PFC 的输出。同样的直接模式也可以由飞行员手动选择。

请注意，PFC 的设计在实现飞机功能完整性的基础之上，增加了额外一级的冗余设计。因此，故障单元的更换可以推迟到方便的时间和地点进行，从而减少航班延误或取消。事实上，使维修能够推迟是波音 777 设计的目标之一。

除了飞行控制计算系统外，波音 777 还包括飞机信息管理系统（AIMS），执行飞行管理、显示、数据通信、飞机状态监视、维护和飞行数据记录所需的计算。AIMS 具有高容错性，由两套完全隔离的、独立的相同系统构成，每个系统由 4 个核心处理器和 4 个 I/O 模块组成，可以容忍一个故障核心处理器和一个故障 I/O 模块。

大量的故障屏蔽机制可能会导致故障被维修人员忽略，这也会造成意想不到的风险。2005 年，一架波音 777 飞机从澳大利亚的珀斯起飞后，在爬升时发生了重大故障。它的加速度计有问题，两年多来一直产生的是错误的输出。然而，由于有备份，不必立即更换，因此允许飞机带着这个故障的单元继续飞行（相当于合法）。控制软件仅是不理会该加速度计，使用其他加速度计的输出。在 2005 年的一次飞行中，第二个加速度计也发生了故障，导致系统转而接收来自之前早已发生故障的加速度计的输入。（两次飞行之间的电源断电，显然导致机载系统失去了对第一个加速度计故障这一事实的跟踪。）其结果是向飞行员提供了相互矛盾的指示：飞机即将失速，同时飞机又正在接近超速状态。在极度紧张的情况下，实时解决这种系统状态信息不完整的问题（飞行员无法确定问题原因）是非常困难的。幸运的是，在 2005 年的事件中，没有发生死亡，飞机得以成功返回珀斯。

8.2　NonStop 服务器系统

自 1976 年以来，天腾（Tandem）容错计算机公司（后被惠普公司收购）已经开发了几代 NonStop 服务器系统。这些容错系统的主要用途是在线事务处理，必须保证对查询的实时可靠响应。在这些系统不断更新换代的发展过程中，更好的容错技术和新的容错方法被不断提出。在本节中，我们将介绍 NonStop 设计中的主要容错机制（尽管不是全部）。

8.2.1 系统架构

NonStop 服务器系统遵循以下四项关键设计原则。

- **模块化**（modularity）。硬件和软件由细粒度的模块构成。这些模块构成了失效、诊断、服务和维修的单元。尽可能地保持模块的解耦性，即减少一个模块的故障影响另一个模块运行的概率。

- **立即失效**（fail-fast operation）。支持立即失效的模块要么正常工作，要么停止工作。每个模块一直运行自检测，一旦检测到故障就会停止工作。硬件检查（通过错误检测码）和软件一致性测试是实现立即失效的重要手段。

- **容忍单个故障**（single-failure tolerance）。当一个模块（硬件或软件）发生失效时，另一个模块立即接管它的工作。对于处理器来说，这意味着有第二个处理器是可用的。对于存储模块来说，这意味着该模块与该模块经过的路径是有备份的。

- **在线维护**（online maintenance）。诊断硬件和软件模块存在故障后，在不影响整个系统运行的情况下，将其断开连接以进行维修，然后重新连接。

接下来我们简单讨论一下 NonStop 服务器系统的原始架构，重点介绍其容错功能。在接下来的两小节中，将介绍维护辅助工具和软件对容错机制的支持。最后，我们介绍对原始架构的一些改进。

虽然 NonStop 服务器系统已经有好几代产品，但许多基本原理仍然是一样的，如图 8-2 所示。该系统由计算机集群组成：一个集群最多可包括 16 个处理器。每一个定制设计的处理器都有一个 CPU、一个包含独立操作系统副本的本地存储器、一个总线控制单元和一个 I/O 通道。CPU 与标准设计不同的是，它具有大量的错误检测机制，以支持立即失效运行模式。数据通路上的错误检测是通过奇偶校验和奇偶预测来完成的，控制部分的检查则是由奇偶校验、非法状态检测和专门设计的自检逻辑来进行的（其描述超出了本书的范围，延伸阅读一节提供了参考文献）。此外，该设计还包括多个串行扫描移位寄存器，允许快速测试，以隔离在线可更换的单元的故障。

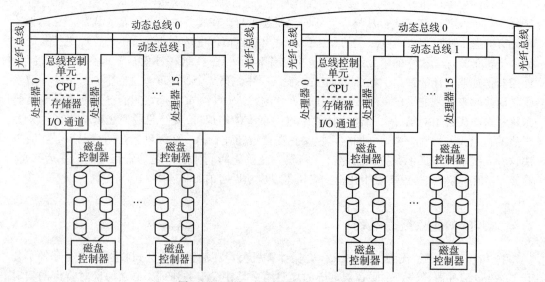

图 8-2　NonStop 服务器系统原始架构

存储器采用海明码保护，能够检测两位错误，纠正一位错误。地址使用了能够检测单位错误的奇偶校验码进行保护。

缓存的设计中采用重读的方式来解决瞬时故障，系统还设置了一个备份模块以应对永久故障。缓存采用写直达策略，保证内存中存在有效的数据副本。如果缓存数据出现奇偶校验错误，将强制发生缓存不命中，然后从内存中重新获取数据。

奇偶校验不仅限于内存单元，在处理器内部也会使用。所有不涉及对数据进行修改的单元（如总线和寄存器）都会直接传递奇偶校验位。其他会改变数据的单元（如算术运算单元和计数器），则需要特殊电路根据数据及其奇偶校验位对输出结果的奇偶校验位进行预测。然后，可以将预测的奇偶校验位与产生的输出的奇偶校验位进行比较，若两者不匹配则表示发生了奇偶校验错误。这种技术非常适用于加法器，但将其扩展应用到乘法器时会产生一个非常复杂的电路。为此，采用了另一种技术来检测乘法器中的故障。每一次乘法运算后，交换两个操作数，进行第二次乘法运算对结果进行验算，并在运算前将其中一个操作数移位。两次乘法的结果之间的相关性是微不足道的，一个简单的电路就可以检测乘法运算中的故障。这里请注意，即使是永久性故障也会被检测出来，因为两次乘法不是重复的。还有一种用移位后操作数的重新计算来检测算术运算中的错误的方法，二者类似。

注意图 8-2 的设计中没有共享内存。共享内存可以简化处理器之间的通信，但也可能引发单点故障。16 个（或更少）处理器独立异步运行，并通过双动态总线发送消息以相互通信。双动态总线接口的设计可以防止单个处理器的故障使两条总线同时失效。在 I/O 系统中也有类似的副本机制，其中一组磁盘由双端口控制器控制，双端口控制器连接来自两个不同处理器的 I/O 总线。两个端口中的一个被指定为主端口。如果连接到主端口的处理器（或其相关的 I/O 总线）发生故障，控制器将切换到备份端口。对于双端口控制器和双端口 I/O 设备，有 4 条独立的路径通往各个设备。所有的数据传输都受到奇偶校验，看门狗定时器检测控制器是否停止响应，或者是否有不存在的控制器被寻址。

上述设计使得系统在任何一个模块发生故障时，仍能继续运行。为了进一步支持这一目标，电源、布线和封装也经过精心设计。系统的各个部分由两个不同的电源提供冗余供电，使它们能够承受单个电源的失效。此外，还提供了电池备份，以便在电源失效的情况下可以保存系统状态。

与处理器设计类似，控制器也遵守立即失效的设计原则。这是使用双锁步微处理器（以完全同步的方式执行相同的指令）实现的，其中比较电路用于检测其操作中的错误，自检逻辑用于检测控制器内其余电路的错误。控制器内的两个独立端口采用了物理分离的电路实现，以防止一个端口的故障影响另一个端口。

系统支持磁盘镜像，使用该技术时可提供 8 条数据读写操作路径。磁盘数据使用端到端校验和进行保护。对于每个数据块，处理器都会计算出一个校验和，并将其附加到写入磁盘的数据上。当从磁盘读取数据块时，处理器会验证该校验和。校验和用于错误检测，磁盘镜像用于数据恢复。

8.2.2　维护和修理辅助

NonStop 有一个特殊的设计，是会自动检测错误，对其进行分析，并将分析结果报告给远程服务中心，然后确定相关的维修动作的一个系统。该系统包含一个维护与诊断处理器，可以与系统中的所有处理器和远程服务中心进行通信，收集失效的相关信息，并允许远程服务中心的工程师进行诊断测试，还能够根据检测出的故障对系统进行重新配置。

在内部，每个计算处理器模块都有一个诊断单元，它监视计算处理器和相关逻辑（包括存储器、动态总线接口和 I/O 通道）的状态。它向中央维护处理器报告所有检测到的错误。此外，诊断单元在收到来自远程服务中心（通过中央维护处理器）的请求后，可以强制计算处理器以单步模式运行，并收集串行扫描链路上获得的诊断信息。它还可以生成伪随机测试，并在计算处理器模块的各个组件上运行。

中央维护处理器能够使用知识库（包含大量已知的错误）进行一些自动故障诊断。它还能控制和监视许多传感器，这些传感器能够测量电源电压、进气和出气温度以及风扇旋转。

8.2.3 软件

现在能够清楚的是，最初的 NonStop 服务器系统中的硬件冗余是相当有限的，大规模的冗余方案（如三模冗余）都被避免了。几乎所有存在的冗余硬件模块（如冗余通信总线）还兼任了提升系统性能的角色。系统容错的大部分责任由操作系统（OS）承担。操作系统检测处理器或 I/O 通道的故障，并进行必要的恢复。进程对是 NonStop 中应用的主要容错方案之一，由操作系统进行管理。一个进程对包含一个主进程和一个被动的备份进程，当主进程失效时，备份进程就可以成为活动的主进程。当一个新进程启动时，操作系统会在另一个处理器上生成这个进程的副本版本。这个备份进程立即进入一种被动模式，等待来自其对应的主进程或 OS 的消息。主进程执行过程中，会在某些点设置检查点（见第 6 章），主进程会向其备份发送包含进程状态的检查点消息。备份进程的状态由操作系统更新，而备份进程本身保持被动。如果主进程发生失效，操作系统会命令备份进程从最后一个检查点处开始执行。

处理器通过一种心跳机制不断检查彼此的健康状态。每一个处理器以秒为周期，向包括自己在内所有处理器（通过两个处理器间总线）发送"我还活着"消息，以验证总线发送以及接收电路在正常工作。每隔 2s，每个处理器都要检查是否至少收到了来自其他处理器的 1 条"我还活着"的消息。如果未能收到这样的消息，对应的处理器就会被宣布为有故障，与它相关的所有未完成的通信都会被撤销。所有的处理器都是作为独立的实体运行的，不存在可能成为单一故障点的主处理器。

操作系统的一个重要组成部分是磁盘访问进程，它提供了对磁盘上数据的可靠访问，尽管处理器、通道、控制器或磁盘模块本身可能是有故障的。这个进程也是以（主/备份）进程对的形式实现的，它管理着一对镜像磁盘，这些磁盘通过两个控制器和两个 I/O 通道连接，提供了 8 条可能的数据路径。镜像磁盘可以缩短读取时间（通过优先选择寻道时间较短的磁盘）和支持多重读操作，从而提供更好的性能。磁盘写操作的成本较高，但并不会慢很多，两遍写操作可以并行进行。

由于事务处理类应用一直是 NonStop 服务器系统的主要市场，因此其特别注意确保事务执行的可靠性。操作系统中的事务监视模块控制着从事务开始到完成的所有步骤，会对多个数据库访问和多个磁盘上的文件更新进行仔细的检查。这个模块保证每个事务都具有数据库所要求的标准 ACID 属性。

- **原子性**（atomic）。事务的数据库更新操作要么全部执行，要么一个都不执行。
- **一致性**（consistent）。每一个成功的事务都会保持数据库的一致性。
- **隔离性**（isolated）。一个事务中的所有事件都与其他事务相隔离，事务可能会同时执行，可以重置任一失效的事务而不干扰其他事务。
- **持久性**（durable）。一旦一个事务提交成功，它的结果就会永久保存下来，哪怕再出现任何失效。

事务执行过程中的任何失效都会导致中止事务操作，这一操作将撤销所有相关的数据库更新。

上述技术大多集中在容忍硬件失效上。为了处理软件失效，每个软件模块中都包含了许多一致性检查机制，一旦发现问题，就会停止相应处理器，启动备份进程。当系统数据结构受到污染时，这些一致性检查就会停止进程，大大降低了数据库被污染的几率。它们还让系统软件的错误变得非常显眼，可以进行纠正，从而获得高质量的软件。

8.2.4　NonStop 架构的改进

随着时间的推移，NonStop 服务器系统的硬件和软件设计进行了许多改进。我们在下文中只描述其中最重要的修改。

最初的 NonStop 架构严重依赖定制设计的处理器，大量使用自检技术，使处理器遵循立即失效设计原则。随着设计和制造定制处理器的成本迅速增加，已经无法负担原来方法的成本，于是对架构进行了相应改进，开始采用商用微处理器。这样的微处理器无法支持立即失效操作所需的自检能力，因此相关设计进行了改进，开始采用基于微处理器对的紧锁步方案，如图 8-3 所示。只有两个独立的访存请求完全相同时，对应内存操作才会执行。如果不相同，自检处理器（锁步处理器对）将停止执行其任务。

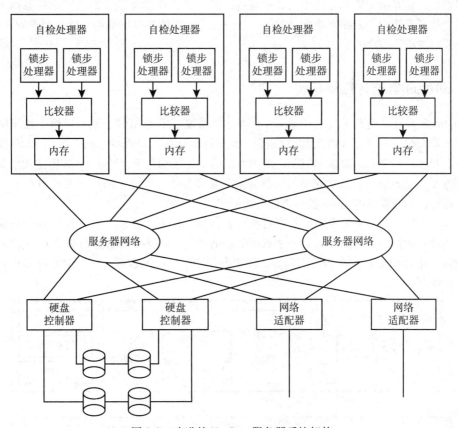

图 8-3　改进的 NonStop 服务器系统架构

该架构的另一个重大修改是采用了一个称为服务器网络的高带宽、分组交换网络，取代了 I/O 通道和处理器间的通信连接（通过动态总线，见图 8-2），如图 8-3 所示。该网络由两套独立的交换结构组成，因此一个故障最多可以影响其中一套。这两套网络结构都可以供所有的处理器使用，每个处理器独立地决定使用哪一套来处理给定的消息。

服务器网络不仅提供了高带宽和低延迟，而且可更好地支持错误的检测和隔离。每一个通过网络传输的数据包都由 CRC 码来保护。每个转发数据包的路由器都会 CRC 码进行检查，并在数据包上附加"此数据包是坏的"或"此数据包是好的"的标志，以便于隔离链路失效。

目前商用微处理器的发展趋势已经令通过这种紧锁步实现的自检机制不可行了，即保证两个微处理器以完全同步的方式执行任务是非常困难的。主要原因包括：1) 微处理器内的某些功能单元使用了多个时钟和异步接口；2) 处理软错误（soft-error）的需求（随着 VLSI 工艺尺寸的缩小，这种情况更容易发生）导致低层的修复例程可能在一个微处理器上执行，而不是在另一个微处理器上；3) 电源/温度管理技术导致用到了可变的频率。此外，大多数高端微处理器具有多个处理器内核来运行多个任务。如果一个运行单任务的锁步处理器发生失效，将会影响多个处理器的运行，这是我们不希望看到的。

为了解决上述问题，NonStop 服务器系统架构做了进一步的改进，从紧锁步转为一种松锁步操作。不再比较每个处理器的所有访存操作的输出，而只比较 I/O 操作的输出。因此，由于软错误修正、缓存重取等原因造成的变化更容易被容忍，而不会导致锁步机制的不匹配。此外，修改后的 NonStop 架构还允许三模冗余的配置。标准的 NonStop 配置的双模冗余只能检测到错误，三模冗余配置则允许不间断地运行，即使是已经发生了失效或同一任务副本的异步执行导致了不匹配。三模冗余配置的另一个好处是，它能够保护那些未能按照推荐实现主/备份进程对的应用程序。

8.3 Stratus 容错计算机系统

Stratus 容错计算机系统与上述 NonStop 服务器系统有不少相似之处。对两个系统中的每一个单元都进行复制（至少两次），以避免单点故障。这包括处理器、内存单元、I/O 控制单元、磁盘和通信控制器、总线和电源。两类系统的主要区别在于，NonStop 容错方式主要集中在软件方面，而 Stratus 设计主要通过硬件冗余来实现容错。因此，商用软件可以在 Stratus 服务器上运行，不需要修改为主/备份进程对的形式。

Stratus 容错计算机系统采用了双模备份（pair-and-spare）设计方法，其中每个系统由两个以锁步模式运行的处理器组成。一个双模节点的架构如图 8-4 所示。当两个 CPU 之间出现不匹配时，这对 CPU 将宣布自己有问题，不再参与产生结果的过程。第二对双模节点将继续执行应用程序。

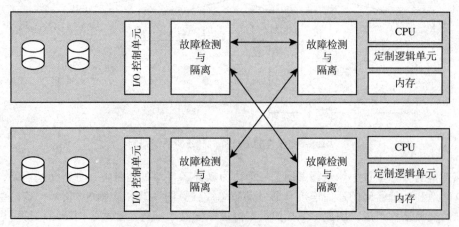

图 8-4　一个双模的 Stratus 容错计算机节点

现代商用微处理器存在异步行为。出于这个原因，如果强制执行严格的锁步操作，要求每一次内存操作都要匹配，将大大降低性能。因此，在较新设计的 Stratus 服务器（如图 8-4 所示）中，只比较主板的 I/O 输出即可，如果不匹配将发出错误信号。每块主板由一个标准的微处理器、一个标准的内存单元，以及一个包含 I/O 接口和包含中断逻辑的定制单元组成。

与 NonStop 服务器系统类似，当前的 Stratus 容错计算机系统也可以配置成带有表决功能的三模冗余结构来检测或屏蔽失效。如果这样的三模冗余配置遭遇处理器或内存失效，可以将其重新配置为双模工作方式，直到失效单元恢复或被更换。

与 NonStop 服务器系统不同的是，Stratus 容错计算机的内存单元也是重复的，可以在大多数系统出现崩溃的情况下保留内存的内容。I/O 和磁盘也是重复的，它们各自到处理器之间有冗余路径连接。磁盘系统使用磁盘镜像。磁盘工具检查磁盘上的坏块，并通过从另一个磁盘进行复制来修复它们。

处理器、内存和 I/O 单元具有硬件错误检查功能，它们所产生的错误报警信号被一些系统软件加以利用，这些软件具有大量针对瞬时和永久故障的检测与恢复机制。判断为具有永久故障的硬件组件会被移除，所提供的冗余能够确保在大多数情况下，系统仍能继续运行。发生瞬时故障时，已恢复的组件会被重启并重新加入系统。

对于能够导致操作系统出现大面积崩溃的驱动程序，需要对其进行加固设计，以降低其失效率。这种加固设计主要包括：减少设备出现错误功能的概率；及时的设备功能错误检测；尽可能在本地处理此类功能错误，以隔离其影响，防止其扩散到操作系统。

I/O 设备故障概率的降低方式如，对输入进行合理性检查，从而保护设备免受明显错误输入的影响。通过超时机制可以及时检测设备是否挂起，以及检查设备是否返回了明显错误的值。在某些情况下，当设备处于空闲状态时，可以让它执行一些测试。

一旦整个系统发生崩溃，它就会自动重新启动。其中一个 CPU 保持离线，以便将其内存转储到磁盘上：可以通过分析转储的内容来诊断故障原因。这个转储完成后，离线的 CPU 就会与正常工作的 CPU 重新同步，加入系统。如果重启不成功，则关闭系统电源，然后再次开机，再尝试重启动。

系统检测到的每个故障都会报告给远程 Stratus 支持中心，服务工程师能够持续监视系统，并在必要时排除故障以及在线解决问题。如果检测到永久故障，则会自动订购可热插拔的替换部件并运送给客户。

8.4　Cassini 指令与数据子系统

Cassini（卡西尼）土星探测飞船是为了探索土星及其卫星而设计的。它于 1997 年发射，2004 年到达土星，并在十几年的时间里持续卓有成效地工作，直到 2017 年 9 月任务结束时，被人为撞入土星。

在探测飞船到达土星之前，计算活动相对较少。到达土星后，它发射了惠更斯探测器以研究卫星泰坦，并对土星、土星环及其几颗卫星进行了详细研究。

该探测飞船有三种飞行任务模式：正常模式，占据了飞行任务的大部分时间；关键任务模式，用在飞行任务的三个关键阶段，即发射、进入土星轨道和泰坦探测器的中继阶段；安全模式，当卫星发生故障时，必须将其置于安全的、方便接受来自地球的人工干预的配置中。

指令与数据子系统（CDS）向其他子系统发出指令，并控制数据的缓冲和格式化，以便送回地球。特别地，它具有以下功能。

- **通信**（communication）。接收来自地面的指令，从飞船向地球发送遥测数据。另外，与飞船的工程与科学子系统［如飞行姿态与连接控制子系统（AACS）和无线电频率（RFS）子系统］进行通信。

- **指令序列**（command sequencing）。存储和执行指令序列，以管理计划，如飞船发射和进入土星轨道。
- **时间管理**（time keeping）。保持飞船的时间基准，以协调任务和保持同步。
- **数据处理**（data handling）。如果数据收集率大于下行传输率，则按需缓冲数据。
- **温度控制**（temperature control）。监测和管理探测飞船的温度。
- **故障防护**（fault protection）。运行算法，对 CDS 内部或外部检测到的故障做出反应。

由于该探测飞船要在没有任何硬件更换或修理机会的情况下运行约 20 年，因此 CDS 需要具有容错能力，系统采用了双模冗余设计。

图 8-5 是 CDS 的功能框图。CDS 的核心是一对飞控计算机，每台计算机的内存非常有限：512 千字的 RAM 和 8 千字的 PROM。为了存储要传送到地球的数据，有两个固态存储器，每个容量为 2Gb，每台飞控计算机都与两个固态存储器相连。通信是通过双冗余 1553B 总线进行的。1553B 总线于 20 世纪 70 年代问世，由一根电缆（加上耦合器和连接器）、一个管理总线传输的总线控制器（总线上的所有流量要么来自总线控制器，要么来自对总线控制器指令的响应），以及每个飞行计算机上的远程终端组成，通过这个终端可以与另一台计算机进行通信。连接到总线上的传感器为飞控计算机提供状态信息，如温度、压力和电压水平。在任何时刻，保持一台计算机是主计算机，而另一台是备份的。备份计算机的总线控制器是被抑制的，只有主计算机的总线控制器处于活动状态。

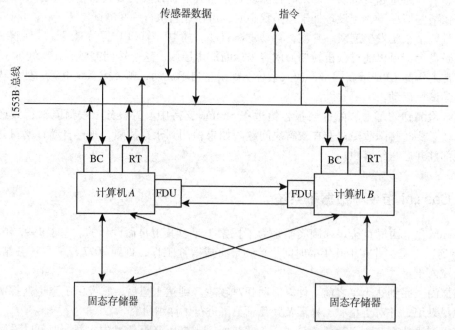

图 8-5　卡西尼 CDS 功能框图。FDU（故障检测单元）：管理 CDS 的冗余工作机制。RT（远程终端）：负责与其他计算机的通信。BC（总线控制器）：1553B 控制器。在任何时候 A 和 B 都只能有一个处于活动状态。

CDS 的设计基于的假设是，该系统在任意给定的时刻不需要同时处理多个故障。除了指定的失效集之外，该系统假设不会受到任何其他单个失效的影响。这些失效情况包括接口电路中的固定故障，会使 CDS 进入非法指令状态，此外还有设计故障，以及从地球发出的错误指令。

对错误根据相应故障的位置（核心与外设）、故障产生的影响（非干扰性与干扰性）和故障持续时间（瞬时与永久）进行分类。核心故障是指发生在一台飞行计算机中的故障，而发生在固态记录器、总线或传感器单元等其他单元中的故障被列为外设故障。

非干扰性故障，顾名思义，是指不影响当前任务阶段所需的任何服务的故障。对于一些这样的故障，只需将其记录下来供今后分析即可。对于其他故障，可能需要采取一些纠正行为。干扰性故障是那些能够影响对当前任务阶段重要的服务的故障。瞬时故障是可以消失的，消失后系统便恢复健康。发生永久故障需要自动切换到冗余单元，或将飞船置于安全模式，以等待来自地面控制的指示。作为通则，如果故障可以由地面控制台处理，就由地面控制台处理：其设计理念是，只有当地面干预不切实际时，才会进行自主恢复。

如果整个 CDS 系统发生失效，则在一段时间后 AACS 会检测到，然后将探测飞船置于默认的"安全模式"，以等待 CDS 恢复。AACS 还能够识别一些明显不安全的操作配置，并且可以拒绝以不安全方式配置系统的命令。

8.5   IBM POWER8 处理器

IBM POWER8 处理器具有大量的错误检测和隔离功能，能够通过对故障进行分析，对永久和瞬时故障做出适当的响应。内置的冗余硬件（例如，每条总线上的备份数据通道）能够容忍许多永久故障。处理器的功能受持续监控，故障信息被收集到故障隔离寄存器中，并报告给集成到系统中的专用服务处理器。该服务处理器决定对不同故障采取的相应修复方案，下文将对此做详细论述。

如果在执行指令时，在计算单元内检测到瞬时错误（主要通过使用剩余码校验），则进行指令重取。如果指令重取多次仍不成功，则认为该故障是永久性的。在这种情况下，Power 虚拟机（PowerVM）会尝试将运行在故障处理器上的工作负载迁移到其他处理器上。这是通过将处理器状态迁移到替代处理器来实现的。显然，这需要系统中有足够的备份储备。如果没有空闲的备份处理器，PowerVM 会终止一个优先级较低的任务。

重试技术也用于系统的其他部分。如果在连接内存控制器和内存单元的内存总线上检测到故障，则重新启动这次数据传输。总线错误使用 CRC 码来检测。总线还有一个备份的数据通道，可以替代发生故障的总线通道。存储器控制器有一个重放缓冲器，允许在检测到某些故障后重试存储器传输。

L2 和 L3 缓存单元使用了能够纠一检二的检错编码（SEC/DED ECC）。L1 缓存中检测到的瞬时错误可以通过硬件完成快速重取操作来纠正。SEC/DED ECC 也用于所有处理器总线和对程序员不直接可见的其他数据阵列中。L2 或 L3 缓存中如果出现可纠正的永久错误，则可以删除永久错误所在的缓存行，也可以用一个备份动态替换 L3 缓存的一列来处理。需要注意的是，单一的永久错误可以通过 ECC 来纠正。但是，这样做会有风险，即随后在同一个字中发生的瞬时错误会造成错误无法纠正的情况。为了避免这样的情况，永久故障的部件由备份件代替。

并非所有的处理器故障都可以通过上述方法来纠正。如果发生了无法纠正的错误（称为检错停机），专用服务处理器会尝试隔离造成检错停机的源头，并允许系统在断开故障组件的情况下重新启动。启用自动重启选项后，可以在发生这种不可恢复的错误后自动重启系统。

每个存储器端口有 8 个 DRAM 模块，另外有一个 DRAM 模块用于存放纠检错编码的校验位，此外还有一个备份模块。为了防止任何一个存储器模块的故障影响到一个码字中的多个位, 码字按位分布在多个存储器模块上, 即使单个存储器模块完全失效, 仍可以进行纠错。(这就是所谓的 chipkill 校正)。备份 DRAM 模块用于替换发生过 chipkill 事件的 DRAM 模块。

除了 ECC 技术和备份模块外, 内存子系统还实现了内存内容的擦洗, 以识别和纠正单位错误。内存擦洗 (memory scrubbing) 包括定期逐字读取内存, 并纠正遇到的任何数据位错误。瞬时错误会在内存模块上不断累积, 在其数量超过 SEC/DED 码的纠正能力之前, 内存擦洗可以对这些错误进行纠正。当虚拟机管理器 Hypervisor (又称虚拟机监控器, 即允许多个虚拟机共享物理资源并同时运行的管理软件) 被告知单个存储单元发生永久故障时, 要对相应的存储页面进行重新分配。

POWER8 处理器还支持 I/O 子系统的容错。允许设备驱动程序在某些非致命的 I/O 事件 (如瞬时错误) 发生后执行重取操作, 以避免故障转移到备份设备或 I/O 路径上。如果出现硬件错误或其他不可恢复的错误, 允许设备驱动程序终止 I/O 操作, 禁止对故障 I/O 子系统的访问, 以防止使用无法纠正的错误数据。

专用服务处理器与主应用处理核心分开供电, 它运行自己的操作系统。无论主核心的状态如何, 服务处理器始终在工作, 监控和管理系统的硬件资源。例如, 它监控内置的温度传感器, 当环境温度超过正常工作范围时, 它就会向风扇发出指令, 提高风扇的转速。当温度超过临界值, 或者输入电压不符合工作规范时, 服务处理器也可以进行系统的有序关机。

服务处理器在启动过程中监控固件的运行, 同时监控虚拟机管理器是否已经终止。虚拟机管理器也会监视服务处理器, 如果发现服务处理器丢失, 可以进行复位和重新加载。

8.6 IBM G5 处理器

IBM G5 处理器广泛使用了容错技术, 使系统可以从瞬时故障中恢复, 这些瞬时故障是大多数硬件故障的起因。处理器、内存和 I/O 系统有着相应的容错功能。在处理器和 I/O 系统中, 采取物理复制的形式。在内存中, 广泛使用了检错和纠错码。此外, 还提供了广泛的硬件支持, 以便从瞬时故障中进行回滚恢复。

传统的冗余方法用于实现 I/O 子系统的容错。从处理器到 I/O 设备有多条路径, 这些路径可以根据需要动态切换, 以绕过故障组件。提供在线错误检查功能, 设计了通道适配器以防止接口的错误传播到系统中。

G5 处理器流水线包含一个 I 单元, 负责指令的取指与解码, 以及生成所需的地址, 并将待执行指令放入指令队列。还有一个 E 单元, 负责执行指令并更新机器状态。I 单元和 E 单元都是双模的, 它们以锁步方式工作, 这样就可以比较它们的运行结果。结果比较相同则成功, 表明一切正常, 否则表明有错误。

此外, 处理器还有一个 R 单元, 它由 128 个 32 位寄存器和 128 个 64 位寄存器组成。R 单元用于存储检查点的机器状态, 以便于回滚恢复, 回滚内容包括通用寄存器、状态字和控制寄存器。R 单元寄存器受纠错码 (ECC) 保护, 只有当双模的 E 单元产生相同的结果时, R 单元才会更新。

处理器有一个由 ECC 保护的存储缓冲区, 可以将待处理的存储写入其中。当一个存储指令提交时, 相关的存储缓冲区条目可以写入缓存中。

所有写入 L1 高速缓存的内容也会写入 L2 高速缓存, 因此 L1 的内容总是在 L2 中有一个备份副本。L2 缓存、内存、连接处理器与 L2 的总线, 以及连接 L2 与内存的总线, 都使用 ECC (一种 (72,64)SEC/DED 海明码) 进行保护, 而 L1 中的错误使用奇偶校验来检测。当检测到 L2 发生行错误时, 该行在缓存中被置为无效。如果这行是脏的 (即从主存载入后被修改过），则在可能的情况下，对这行进行修正，并将更新后的行存储在内存中。如果无法纠正错误，则在缓存中置该行为无效，并采取措施防止错误数据的传播。

设计了特殊的逻辑，用于检测在 L2 缓存的同一存储位置反复发生的相同故障。这种反复发生的相同故障被视为永久故障，受影响的高速缓存行将在使用时被重新读取。

内存储器中的数据由相同的 (72, 64) SEC/DED 码保护，地址总线使用奇偶校验位保护，每 24 位有一个奇偶校验位。使用了存储器擦洗技术，来防止瞬时内存错误的累积。此外，还提供了备份 DRAM 模块，可以替换故障的存储器芯片。

G5 系统对错误有多种处理机制。寄存器或 L2 缓存中的局部数据错误可以通过 ECC 来纠正。L1 缓存中的错误通过奇偶校验码检测，并使用 L2 缓存中的相应副本进行校正。如果处理器操作导致产生了错误的输出（表现为双模的 I 或 E 单元产生了不一致的输出），系统会重试该指令，以期该错误是由瞬时故障引起的。这种重试是从冻结检查点状态开始的，此时不允许对 R 单元进行更新。已经被检查点记录的从指令到 L2 缓存的待写入操作可以继续完成。在 R 单元中保存的检查点状态被加载到相应的寄存器中，处理器从检查点状态处重新启动。请注意，这不是第 6 章中描述的那种系统检查点（在失效时，重新执行应用程序的一大部分）。它是一个硬件控制的指令重试过程，甚至对操作系统也是透明的。

可能存在恢复失败的情况。例如，可能会发生导致出现重复错误的永久故障。在这种情况下，检查点数据会被转移到一个备份处理器（如果有的话）上，并在该处理器上继续执行。

除非系统没有备份处理器来处理永久故障，或者发现检查点数据已经损坏，否则故障和随后的恢复操作对操作系统及应用程序来说都是透明的（恢复过程一般在硬件中得到迅速处理）。

8.7 IBM sysplex 集群

IBM sysplex 集群是一个多节点系统，为企业应用提供一定的容错保护。该系统的配置如图 8-6 所示。一些计算节点（最多 32 个）相互连接，每个节点都是单处理器或多处理器实体。该系统包括一个全局定时器，它提供了一个共同的时间参考，以便在各节点间准确地对事件进行排序。存储管理器将这个处理器集群连接到一个多磁盘构成的共享存储系统。这个存储是平等共享的：每个节点都可以访问其中的任何部分。计算节点和存储设备之间通过冗余连接实现容错。通过编码或数据副本，可以使存储本身具有足够的可靠性。真实的共享磁盘存储的存在，使得在一个节点上运行的应用程序可以很容易地在另一个节点上重新启动。

进程通过一个注册服务来表明自己是否需要重新启动。当一个进程完成执行后，它自己取消注册，以表明它不再需要重新启动。

当系统检测到一个节点失效时，它必须尝试重启该节点，并重启该节点上运行的应用程序。失效检测是通过心跳机制进行的，节点周期性地发出心跳或"我还活着"的消息。如果未能收到某个节点的一段足够长的心跳消息序列，就会宣布它为失效节点。存在误报现象，因为在某些情况下，功能正常的节点有可能会在正常发送时间错过发送心跳。因此，必须对心跳机制进行仔细调整，以权衡及时检测故障和保持足够低的误报率的需求。

当检测到节点失效时，自动重启管理器（ARM）负责重启受影响的任务。ARM 可以访问全局系统状态，它知道每个节点的负载情况，并且可以在将受影响的任务迁移到其他节点的过程中进行负载平衡。ARM 还获悉相关的任务组，即必须一同分配到同一节点的任务（例如，它们之间有大量的相互通信），以及任务之间的顺序约束（例如，任务 P 应在任务 Q 完成后才重新启动）。此外，还规定了任务在原节点和其他节点上的最大重启尝试次数，以及所需的内存量。

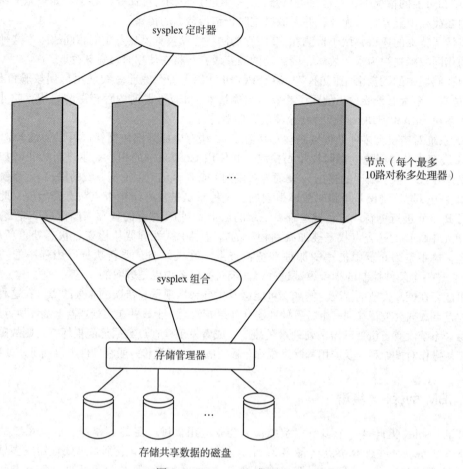

节点（每个最多
10路对称多处理器）

sysplex 定时器

sysplex 组合

存储管理器

...

存储共享数据的磁盘

图 8-6　IBM sysplex 集群配置

　　当重启其他节点上的任务时，必须注意所谓的故障节点是否真死机了。这对于避免同一任务的两个副本（原始版本和重启版本）同时处于活动状态是必要的。在某些应用中，这样的重复可能只是无害的计算资源浪费，然而在其他情况下，可能会导致错误的结果（例如，在数据库中可能会发生错误的更新）。同样，当一个节点失去对全局共享状态的访问权时，必须小心谨慎，以确保不会发生错误事件。例如，节点 χ 失去了对全局状态的访问权，并决定恢复应用程序 α，很可能其他节点 γ 也在重启 α，从而导致生成了 α 的两个副本。通过禁止失去全局状态访问权的节点的重新启动，sysplex 可以对这类问题进行处理。为了实现这样的策略，使用了一个系统序列号数组。每当节点在失去对全局共享状态的访问权后重新建立访问时，与节点相关的系统序列号就会递增。给定节点 χ 上的每个进程 P 在注册重启服务（通知系统如果出现故障应该重启）时，都会被标注上系统序列号的值。失去访问权又恢复访问的进程 P 的序列号将和节点系统序列号的最新值不一致，进程 P 将被注销重启服务。

　　ARM 还提供了对热备份模式的支持。在这种模式下，给定的应用有主服务器和备份服务器，如果主服务器出现故障，可以使用备份服务器的输出。若不使用热备份模式，从主服务器到备份服务器的切换会快得多。

8.8　英特尔服务器

8.8.1　安腾处理器

英特尔的安腾（Itanium）是一款 64 位处理器，用于高端服务器和类似应用。它是一种显式并行指令计算机（EPIC），每个周期最多能够执行 6 条指令，这些指令由编译器组合在一起，从而避免了数据相关性。它有几个内置的容错功能，以提高可用性。

安腾处理器在其数据总线（可以纠正单位错误）和三级缓存中广泛使用了奇偶校验和纠错编码。L1 有单独的数据（L1D）和指令（L1I）缓存，L2 和 L3 是使用统一的缓存。

L1I 和 L1D（标签和数据阵列）受奇偶校验的错误检测保护。当检测到错误时，整个缓存无效。L1D 按照字节设置奇偶校验位，以方便比字更细的粒度的加载/存储操作。由于故障往往在空间上是相关的（这意味着如果一个特定的位置正发生瞬时故障，那么其物理相邻的位置也有可能受到影响），相邻缓存行上的位实际在硅片上是交错分布的。这就降低了某条高速缓存行出现（可能无法检测的）多位错误的概率。

L2 高速缓存的数据阵列由纠错码（一个 (72,64) SEC/DED 海明码）保护，标签阵列由奇偶校验码（每个奇偶校验组不超过 24 位）保护。通过编码能够纠正的错误通常会受到自动纠正，其他（范围更广的）故障处理将在下面概述。

L3 的标签和数据阵列都受类似的纠错码保护。单位数据的错误在数据被写回时将受到自动纠正。当标签阵列出错时，标签阵列中相关条目的四路都会被清除。

当检测到缓存中的任何一级出现错误时，系统尽可能地纠正它，并发出一个"纠正后机器校验中断"，以表示这种纠正已经发生，然后恢复正常工作。一个例外是当错误"升级"时，如后面所述。

假设对一个错误不能进行硬件纠正，可以通过总线复位进行硬件错误隔离以防止其扩散。总线复位会清除所有待处理的内存和总线事务以及所有内部状态机。所有的体系结构状态都会得以保留，意味着寄存器文件、缓存和 TLB（旁路转换缓冲，即页表缓冲）不会被清除。

如果不需要硬件错误隔离，则会发出机器检测中止（MCA）信号。MCA 可以是本地的，也可以是全局的。如果是本地的，则只限于遇到错误的处理器或线程，有关的信息不会被发送给系统中的任何其他处理器。全局 MCA 则会通知所有的处理器。

错误处理是层层进行的。我们已经看到，如果硬件可以，则它会对这种错误进行纠正。在硬件层之上是处理器抽象层（PAL）和系统抽象层（SAL），它们的工作是分别将有关处理器和处理器外部系统（如内存或芯片组）的低级实现隐藏，进而不被更高级别的实体（如操作系统）知晓。这些层依次尝试错误处理。如果其中任何一层能够成功地处理错误，错误处理可以就此结束，有关错误的信息会被发送到操作系统。如果这些抽象层中的任何一层都不能处理错误，操作系统就会参与其中。例如，如果单个进程被确定为错误源，操作系统可以中止它。

在有些情况下，任何级别都无法成功处理错误，此时可能需要进行重新启动和 I/O 重新初始化。根据错误的性质，这种重启可能是单个处理器的局部重启，也可能涉及整个系统。

在某些情况下，错误可能会"升级"，需要用一种比该错误所需的处理机制更高级别的处理机制做出响应。例如，假设处理器用于双模或其他冗余架构中，其中多个处理器具有相同的输入，执行相同的代码，并跟随同步时钟的节拍。对冗余处理器的逐周期输出可以进行比较，以检测故障。在这样的设置中，将一个处理器从锁步系统中取出来进行硬件纠错可能不是最合适的处理方法，最好的办法是发出一个全局 MCA 信号，让一些更高范围的实体来处理这个问题。

当检测到（非纠正）错误数据时，通常的反应是重新启动整个系统（如果系统有多个处理器，至少也该是重启受影响的节点）。安腾处理器提供了一种更有针对性的方法。对错误的数据加上标记，这种情况被称为数据中毒（data poisoning），任何试图使用这种数据的进程都会被中止。因此，错误数据的影响不那么明显，尤其是只有少数进程使用该错误数据时。数据中毒是在 L2 缓存层进行的，其实现规则如下：

- 任何存储到中毒缓存行的操作都会被忽略。
- 从缓存中移除中毒的行（为新缓存行腾出空间）后，将把它写回主内存，并在写的位置显示一个标志，以表明内容已中毒。
- 任何试图获取中毒缓存行的进程都会触发 MCA。

如前文所述，一旦检测到错误，有关错误的信息就会传递给操作系统。这可以通过中断来完成。另外，操作系统可以选择屏蔽这种中断，并不时地对下层进行轮询，以获取这些信息。这种信息可以帮助更好地管理系统。例如，在观察到内存中的某一特定页帧存在较高的出错率时，操作系统可以决定停止向其映射任何内容。

由于安腾中实现了一套全面的容错机制（相比较以前的大多数商用微处理器），它已被用于包括 NonStop 服务器系统在内的几种容错多处理器的构建。惠普公司的 NonStop 服务器系统和 Stratus 服务器的最新实现方案则都使用了至强（Xeon）处理器，下一节将对其进行介绍。

8.8.2 至强处理器

英特尔最近推出的支持容错的处理器是至强（Xeon）处理器，它采用了传统的 x86 架构。至强处理器的设计支持连续的自我监控和自愈修复。处理器会主动对错误、所有的互连、数据缓冲区以及数据路径进行监测。自愈意味着处理器不仅在许多错误发生时进行修复，还试图主动减少未来潜在错误的数量。此外，该处理器通过使用多级冗余机制和操作系统辅助恢复技术，可以修复某些不可纠正的错误，提供高级别的可用性。

存储器采用 SEC/DED 海明码进行保护。存储器地址使用简单的奇偶校验码进行保护。为了防止任何单个存储器芯片的故障影响一个码字中的多个位，海明码的位分散在多个存储器芯片上。这样，即使单个存储器芯片完全失效，也能重建存储器的内容。为了处理故障的存储器芯片，采用了动态位迁移，当一个存储器芯片完全失效（或超过了能够纠正的位错误的阈值）时，就用一个备份的存储器芯片替换。这样的替换是在线进行的。如果需要更高的数据可用性，至强处理器允许用户对其应用程序的某些部分做镜像，哪怕是内存组件遭受不可纠正的错误，也能防止数据丢失。显然，内存镜像会降低应用的可用存储容量。由于内存是处理器中最有可能发生瞬时错误的部分，因此至强处理器使用擦洗技术来控制任意一个码字中的位错误累积。此外，由于内存位的翻转率会随着温度的升高而大幅上升，采用了内存热保护机制。当温度超过预定的阈值时，内存操作的频率就会降低，以减少瞬时位翻转的概率。

在内部数据路径和内存通道地址线中也会出现故障。内部通信结构中的软错误（soft error）通过重取来处理，硬错误（hard error）则通过在数据路径中增加额外的故障转移通道来处理，在检测到此类错误时，这些通道就会被激活。

在 CPU 层面，英特尔至强处理器使用纠错码来保护寄存器免受瞬时故障的影响。执行单元包括使用剩余码和奇偶码的错误检测电路。如果检测到错误，则重取该指令，如果重取失败，则产生不可恢复错误信号。内部多核通信网络，也被称为快速路径互连（quick path interconnect，QPI），它将每个核与系统中的任何其他核以及 I/O 连接起来，使用循环冗余校验码进行保护。当检测到传输错误时，QPI 会发起数据包重试。如果错误持续存在，QPI 的自愈功能会减少特定 QPI 链路的宽度（从 20 个信号减少到 10 个，甚至 5 个信号），以保证系统的运行（以明显的性能降低为代价）。QPI 协议还可以在处理器出现故障的情况下，实现动态的处理器备份和迁移。

在最高级别，处理器通过与操作系统、虚拟机管理器以及应用软件的交互，支持从硬件无法纠正的错误中恢复。至强处理器（就像前面介绍的安腾处理器一样）采用了机器检测机制，处理器通过该机制向操作系统报告硬件错误，如系统总线错误、ECC 错误、奇偶校验错误、缓存错误和 TLB 错误。硬件纠正的错误也被向上报告，可以通过分析错误表现，在故障实际发生之前进行故障预测。基于这种分析，操作系统可以决定内存或处理器核的迁移，允许在处理器或内存故障时进行自我修复。

当检测到可纠正的硬件错误时，内部纠错机制会自动修复错误并通知操作系统发生了可纠正的错误。然后，操作系统可以记录该错误，以便进一步分析。如果检测到不可纠正的错误，则向操作系统发送机器检测信号。如果操作系统确定发生不可纠正的内存错误的内存页面尚没有使用，那么将从存储空间中删除该页，并标记为维修。如果有问题的内存页在使用中，操作系统会通知正在使用该页的应用程序发生了无法处理的错误，以及该页中错误的位置。然后，应用程序可以尝试从数据错误中恢复。如果受影响的数据可以重建，应用程序将在不同的内存页面中重建数据。如果损坏的数据无法重建，操作系统将终止应用程序。

至强处理器已被用于 NonStop 和 Stratus 系统，以及一些 NEC 服务器中。如图 8-7 所示，两台 NEC 服务器以锁步方式运行，并连接到按照 RAID 1 配置的镜像磁盘上。这两台服务器作为一个整体运行，故向用户展示的是一台服务器。NEC 的工程师将他们的锁步实现与另一种设计进行了比较，这种设计依赖于容错的 VMware vSphere 容错软件包。按照在线事务处理的基准，他们得出的结论是，当运行单个虚拟机（VM）时，基于硬件的容错服务器的性能比基于软件的解决方案的性能高出 28.9%。随着虚拟机数量的增加，硬件解决方案的优势越来越大，直到有 8 个虚拟机时，基于硬件的容错服务器每秒处理的事务数量是基于软件的 2.48 倍。

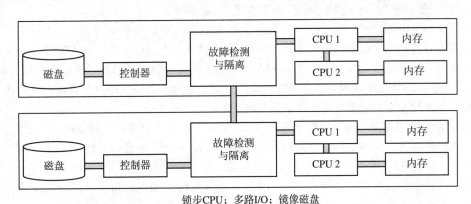

锁步CPU；多路I/O；镜像磁盘

图 8-7　带镜像磁盘的双锁步 NEC 服务器

8.9　Oracle SPARC M8 服务器

SPARC M8 服务器的设计在处理器硬件和操作系统层面上具有可靠性增强特性。在处理器层面，所有整数和浮点架构寄存器以及 L2 和 L3 缓存单元都使用了 SEC/DED 码。这两个高速缓存单元也有备用缓存行，用来替换有问题的缓存行。L1 缓存单元只受奇偶校验码保护，一旦出错，就会进行重取，不成功就会访问 L2 中的相应行。所有缓存单元的地址线都使用奇偶校验码。ALU 采用奇偶校验码保护或剩余码保护。片上网络（连接 12~32 个内核、内存和 I/O）使用 CRC 码，允许在检测到错误时进行重取，并支持在单个通道故障时切换备份通道。

内存采用一种能够纠正单位错、检测 3 位错的编码。此外，还支持内存模块备份（对应用程序透明），如下所述。连接到单个 SPARC M8 的内存系统可以有最多 16 个内存模块，这些内存模块被组织成 16 路交叉存储器，它也可以支持 15 路交叉配置。这种能力允许自动的内存模块热备，当检测到一个故障模块时（或者当一个模块遇到一个持续的可恢复的瞬时错误时），可以将其断开，并将其内容重新映射到剩余的 15 个模块上。显然，用户应该在初始配置中为每个模块留出足够的未使用容量，以允许这种重新映射。如果持续的可恢复的错误被定位到一个特定的地址，那么只有相应的页面会被撤下。与其他服务器一样，SPARC M8 也会定期执行内存擦洗，以防止错误的累积。

为了支持高可用性，SPARC M8 包含冗余的可热插拔的电源和风扇单元，每块电路板有两个独立时钟源，只要有一个时钟源正常就可以工作。

容错功能由 Solaris 操作系统的故障管理架构（fault management architecture，FMA）层和一对具有自动主/备切换功能的冗余服务处理器（service processor，SP）来管理。当活动 SP 发生故障时，备份 SP 接替，不影响对系统的监控和管理能力。SP 和 FMA 协作并持续监控系统的错误。系统健康诊断也由 SP 记录，并转发给远程服务中心做进一步分析。定期进行组件状态检查，以检测即将发生故障的迹象，然后触发恢复机制以防止系统发生故障。SP 具有诊断功能，所有检测到的错误事件都会被发送到 FMA，FMA 决定是否让系统继续以降级模式运行。另外，它可能会自动重启，将一些故障组件自动配置出系统之外，这类故障组件包括出现了大量可纠正错误的处理器核、线程和内存页。

软件看门狗（监视器）定期检查计算核心上软件的运行情况，包括操作系统。

Solaris 文件系统定期检查其数据，任何错误都会被检测出来，并使用一种 RAID 方案（采用了奇偶校验和条带化存储）进行自动修复。

开源的 SPARC 指令集架构（ISA）最初是由 SUN Microsystem 公司开发的，后来被 Oracle 收购。富士通公司也设计和制造了几代 SPARC 服务器。富士通服务器中的大部分容错功能与 Oracle 服务器中实现的功能相似。一些不同的地方包括富士通 SPARC64 X+ 服务器已经对 L1 和 L2 缓存单元的相联度采用了动态降级。此外，富士通服务器还支持指令重取，每条指令在提交时都会进行检查，如果检测到错误则重取。

2017 年甲骨文和富士通一起推出了 SPARC M12 服务器，最高可支持 384 个内核和 32TB 内存。该服务器基于 SPARC64 XII 处理器，实现了（除了上述所有的容错功能外）指令重取机制，用于纠正 ALU 或寄存器中发生的单位错误。当检测到这种错误时，所有当前处于执行流水线中的指令都会被中止执行。然后，单独重新执行导致错误的指令，以增加成功执行的可能性。如果指令提交成功，处理器就会恢复正常的流水线执行。

8.10　云计算

近年来，云计算已经变得越来越重要。微软、谷歌、亚马逊等服务供应商建立了大量计算基础设施，然后向学术界和商业界的用户出售计算服务。这些用户就可以免去管理自己的计算平台带来的负担，只需购买需要的计算服务即可。基础设施通常由非常多的计算节点互连而成。这些节点通常分布在多个相距甚远的地理位置。

因此，云是一个非常庞大的分布式计算平台。许多分布式计算固有的问题自然也会在这里出现。其中就包括对容错的需求，因为在数量巨大的商用计算机中经常会出现故障。云计算中的容错是一个活跃的研究领域，以下是近年来提出的一些想法。

8.10.1 针对实时定价的检查点

云服务商希望通过销售云服务赚取尽可能多的钱，买方则希望用给定的资金获得尽可能多的计算作业。前者制定一个定价方案来达成他们的目标，后者则做出回应。

通常情况下，有按需定价与实时定价之分。在按需定价市场中，人们可以以单位时间的固定价格，购买一套虚拟机的服务。更便宜的是实时定价，即服务提供商试图以较低的价格出售本来会被闲置的计算能力。

实时定价的工作原理如下。买方出价 B，这是他们愿意支付的最高价。根据当前的需求，有一个实时价格 S，这是云服务商收取的计算费用。（用户获得每单位服务的费用是 S，而不是 B，B 是用户的最高限额。）实时价格每隔一段时间就会重新计算一次，比如，每小时更新一次。只要 $B \geq S$，用户就可以继续获得计算权限。当实时价格上升到 $B < S$ 的时候，用户的计算作业会突然被杀死，没有任何警告。此时，任何没有被检查点记录的计算工作都会丢失。

那么问题在于什么时候设置检查点。请注意，用户不会有实时价格变化相关的预先警告，他们所拥有的只是过去价格的历史信息，他们可以用这些信息进行预测来决定何时设置检查点。

请注意其与传统检查点问题的相似性。在这两种情况下，当计算线程突然终止时，未被保存的计算结果都会丢失。在传统的容错中，终止原因是失效。在实时定价中，终止的原因是实时价格的上涨超过了用户的出价。在这两种情况下，设置检查点的目的是相同的，在调度这些检查点时要考虑检查点的成本。

8.10.2 主动虚拟机迁移

虚拟机执行所在的物理平台会随着时间的推移而恶化，通过挖掘节点事件日志可以检测这种恶化。这些日志维护了节点中每个故障相关事件发生的时间信息。事件可分为硬件、软件或未确定的事件。它们可能被列为不可恢复或在一定次数的尝试后可恢复。首先对这些信息进行处理，以去除重复的信息（表示同一基础问题被多次记录，且事件间隔时间很短）。然后使用数据挖掘技术来研究这些日志，以期识别可能发生的故障的"签名"，也就是说，我们在日志中寻找某些事件的集合，这些事件的集合通常表明某些重大故障即将发生。（显然，没有任何预测是完美的，所以会出现错误的警报以及没有预测到的故障。）如果出现这样的迹象，资源管理器可以将运行在该物理节点上的虚拟机迁移到其他节点上。

8.10.3 容错即服务

就像计算时间可以作为一种服务从供应商那里购买一样，容错也可以购买。用户会指定某些功能需要重复设置，以提高容错能力，服务提供商将可用资源与用户的这种输入需求进行匹配。供应商还必须持续监控这些资源的功能状态，以便维持适当的服务水平。有时，这需要将资源重新映射（重新分配）给用户。

对用户来说，重复设置与其应用程序相关的所有功能组件开销太大，可以只为最关键的组件购买副本。问题是如何确定哪些组件是最关键的。有一种方法，从著名的用于识别重要网页的页排序算法中获得了灵感。核心想法是，一个经常被调用的组件可能更加重要。建立一个有向图，节点是各个组件，有向边表示调用关系，即如果组件 a 在组件 b 上调用服务，系统图中就有一条边 $e_{a,b}$ 连接节点 n_a 与 n_b。设 $\phi_{a,b}$ 为组件 a 在组件 b 上调用服务的频率，则

计算边 $e_{a,b}$ 的权重为 $w_{a,b} = \dfrac{\phi_{a,b}}{\sum_j \phi_{a,j}}$。如果一个节点没有调用其他组件，我们就创建从这个节点到系统中的每一个节点（包括它自己）的边，然后将每个这样的边的权重设为 $1/m$，其中 m 是系统中的节点数。注意，一个节点的所有出向边的权重之和总是为 1。

让 $N(a)$ 表示所有与节点 n_a 相连的节点的集合。定义一个参数 $d \in [0,1]$，其含义将在稍后描述。现在，定义组件 a 的重要度为如下公式：

$$U(a) = \frac{1-d}{n} + d \sum_{k \in N(a)} U(k) w_{k,i} \tag{8.1}$$

为了得到这个递归的解，我们从 $U(k)$ 取随机值开始，反复应用递归，直到它收敛。然后，$U(a)$ 的值可以被视为组件 a 的相对重要性。

现在我们来看看 d 的值及其所起的作用。请注意，如果 $d=0$，那么对于每个组件 a 来说，有 $U(a)=1/n$，不需要进行递归，每个成分都是同等重要的。如果 $d=1$，则 a 组件的重要性完全来自于它与其他成分的关系。

其次，请注意，公式（8.1）的系统是有依赖性的。为了得到它们的绝对值，我们需要增加一个边界条件：$\sum_a U(a) = A$。其中 A 是某个恰当的值（通常取 1）。

请注意，除了一个组件被另一个组件调用的频率外，我们的模型中没有包含任何领域知识。要包含进去也并不难，详见延伸阅读部分的参考文献。

然后，用户可以根据组件重要性为组件分配冗余。

8.11 延伸阅读

大多数关于容错的书籍都包括对现有容错系统的描述，例如文献 [20, 30, 34]。

本章中提到的系统的细节部分可以在下面的参考文献中找到，我们的描述和数字都是基于这些参考文献。

波音 777 中的电传飞行操纵系统在文献 [40-42] 中介绍过。2005 年波音加速度计的故障事件在文献 [21] 中进行了描述。

关于原始天腾系统的更多细节内容可以在文献 [2, 23, 38] 中找到。基于安腾处理器的 NonStop 服务器系统设计在文献 [5] 中有所描述。最近基于至强处理器的实现在文献 [12] 中有所介绍。在一些 NonStop 处理器的早期设计中使用的自检逻辑在文献 [22] 中进行了描述。文献 [1] 中介绍了自检器的设计。用于检测算术单元错误的移位操作数技术出现在文献 [29, 36] 中。

Stratus 技术公司发表的白皮书中描述的 Stratus 系统，可以通过该链接获取：https://www.stratus.com/resources/solution-brief/。在文献 [13] 中讨论了加固驱动程序以使其更具弹性的问题。

卡西尼航天器 CDS 在文献 [8] 中描述，关于卡西尼 AACS 的信息可在文献 [7] 中找到。美国宇航局已经出版了一份关于航天器中使用的容错技术的入门资料[9]。关于 NASA 的容错系统的较新介绍出现在文献 [14] 中。在文献 [11] 中介绍了航天飞机的设计。

关于 IBM Power 处理器及其容错特性的更多细节，请参见文献 [10, 32]。在文献 [4] 中介绍了由 BAE 系统公司设计的 IBM 的 PowerPC 750 处理器的辐射加固版本，并在一些太空任务中使用。

IBM G5 处理器的主要来源是 1999 年 9/11 月的 IBM *Journal of Research and Development* 特刊。G5 中使用的容错技术概述见文献 [37]。另一个比较好的介绍可以在文献 [35] 中找到。G5 缓存和 I/O 系统分别在文献［39］和文献［15］中介绍。

　　IBM S/390 Sysplex 的主要参考文献是 *IBM Systems Journal* 第 36 卷第 2 期，有关概述见文献［27］，有关高可用性的描述见文献［6］。文献［3］对 IBM 和 HP/Tandem NonStop 设计进行了非常翔实的比较。

　　关于 Intel 安腾处理器的信息已经广泛存在。较好的介绍可以在 2000 年 9/10 月的 *IEEE Micro* 中找到，其中包含了几篇相关的论文，还有文献［24］。另一个较好的资料来源是 Intel 公司的网站，特别是文献［16，17］。安腾已经被用于几种容错系统，包括 IBM、NEC、富士通和惠普的 NonStop 的设计中[5,33]。

　　英特尔的至强处理器设计及其容错支持在文献［18］中有所描述。它在 NEC 服务器中的应用在文献［26］中有所介绍。关于 SPARC M8 的可靠性增强特性的详细描述在文献［28］中。

　　云计算是当前许多研究的重点。文献［19］中提供了一个很好的总体概述。移动自组织云中的容错在文献［44］中有所涉及。利用冗余来帮助满足云平台中的时间受限计算任务是文献［25］讨论的主题。云可能是由可靠性差异很大的组件组成的，与此相关的容错和可靠性问题在文献［31，43］中有所涉及。

参考文献

[1] M.J. Ashjaee, S.M. Reddy, On-totally self-checking checkers for separable codes, IEEE Transactions on Computers C-26 (Aug. 1977) 737–744.

[2] W. Bartlett, B. Ball, Tandems approach to fault tolerance, Tandem Systems Review 8 (February 1988) 84–95.

[3] W. Bartlett, L. Spainhower, Commercial fault tolerance: a tale of two systems, IEEE Transactions on Dependable and Secure Computing 1 (1) (January 2004) 87–96.

[4] R. Berger, et al., The RAD750 – a radiation-hardened PowerPC processor for high performance spaceborne applications, in: IEEE Aerospace Conference, 2001.

[5] D. Bernick, B. Bruckert, P. Del-Vigna, D. Garcia, R. Jardine, J. Klecka, J. Smullen, NonStop advanced architecture, in: Dependable Systems and Networks Symposium (DSN'05), 2005, pp. 12–21.

[6] N.S. Bowen, J. Antognini, R.D. Regan, N.C. Matsakis, Availability in parallel systems: automatic process restart, IBM Systems Journal 36 (1997) 284–300, available at: www.research.ibm.com/journal/sj/362/antognini.html.

[7] G.M. Brown, D.E. Bernard, R.D. Rasmussen, Attitude and articulation control for the Cassini spacecraft: a fault tolerance overview, in: 14th Annual Digital Avionics Systems Conference, 1995, pp. 184–192.

[8] T.K. Brown, J.A. Donaldson, Fault protection design for the command and data subsystem on the Cassini spacecraft, in: 13th Annual Digital Avionics Systems Conference, 1994, pp. 408–413.

[9] R.W. Butler, A Primer on Architectural Level Fault Tolerance, NASA Report (NASA/TM-2008-215108), 2008, available at: https://ntrs.nasa.gov/search.jsp?R=20080009026.

[10] A.B. Caldeira, B. Grabowski, V. Haug, M.-E. Kahle, A. Laidlaw, C.D. Maciel, M. Sanchez, S.Y. Sung, IBM power system S822: technical overview and introduction, available at: https://www.redbooks.ibm.com/redpapers/pdfs/redp5102.pdf.

[11] G. Chapline, P. Sollock, P.O. Neill, A. Hill, T. Fiorucci, J. Kiriazes, Avionics, navigation, and instrumentation, available at: https://www.nasa.gov/centers/johnson/pdf/584731main_Wings-ch4e-pgs242-255.pdf, 2007.

[12] V. Cooper, K. Charters, NonStop X system overview, available at: https://dan-lewis-fns9.squarespace.com/s/NonStop-X-Overview-V3.pdf, 2015.

[13] S. Graham, Writing drivers for reliability, robustness fault tolerant systems, in: Microsoft Windows Hardware Engineering Conference, April 2002.

[14] M.B. Goforth, NASA avionics architectures for exploration (AAE) and fault tolerant computing, in: Fault-Tolerant Spaceborne Computing Employing New Technologies, 2014, Presentation available at: https://ntrs.nasa.gov/archive/nasa/casi.ntrs.nasa.gov/20140008709.pdf.

[15] T.A. Gregg, S/390 CMOS server I/O: the continuing evolution, IBM Journal of Research and Development 41 (July/September 1997) 449–462.

[16] Intel Corporation, Intel Itanium processor family error handling guide, Document 249278-003, available at: http://application-notes.digchip.com/027/27-45868.pdf.

[17] Intel Corporation, Intel Itanium2 processor, available at: https://www.intel.com/pressroom/kits/itanium2/.

[18] Intel Corporation, Intel Xeon processor E7 family: reliability, availability, and serviceability, available at: https://www.intel.com/content/dam/www/public/us/en/documents/white-papers/xeon-e7-family-ras-server-paper.pdf.

[19] R. Jhawar, V. Piuri, M. Santambrogio, Fault tolerance management in cloud computing: a system-level perspective, IEEE Systems Journal 7 (2) (November 2012) 288–297.

[20] B.W. Johnson, Design and Analysis of Fault-Tolerant Digital Systems, Addison-Wesley, 1989.

[21] C.W. Johnson, C.M. Hollow, The dangers of failure masking in fault-tolerant software: aspects of a recent in-flight upset event, in: The 2nd Institution of Engineering and Technology Conference on System Safety, 2007, pp. 60–65.

[22] P.K. Lala, Self-Checking and Fault-Tolerant Digital Design, Morgan Kaufmann, 2000.

[23] I. Lee, R.K. Iyer, Software dependability in the Tandem Guardian system, IEEE Transactions on Software Engineering 8 (May 1995) 455–467.

[24] T. Luck, Machine check recovery for Linux on Itanium processors, in: Linux Symposium, July 2003, pp. 313–319.

[25] A. Marathe, R. Harris, D. Lowenthal, B.R. De Supinski, B. Rountree, M. Schulz, Exploiting redundancy for cost-effective, time-constrained execution of HPC applications on Amazon EC2, in: International Symposium on High-Performance Parallel and Distributed Computing, 2014, pp. 279–290.

[26] N.E.C. Corporation, Fault tolerance performance and scalability comparison: NEC hardware-based FT vs. software-based FT, available at: https://www.nec-enterprise.com/Newsroom/Fault-Tolerance-ease-of-set-up-comparison-NEC-hardware-based-FT-vs-software-based-FT-482, 2015.

[27] J.M. Nick, B.B. Moore, J.-Y. Chung, N.S. Bowen, S/390 cluster technology: parallel sysplex, IBM Systems Journal 36 (1997) 172–201, available at: https://ieeexplore.ieee.org/document/5387195.

[28] Oracle Corporation, Oracle's SPARC T8 and SPARC M8 server reliability, availability, and serviceability, White Paper, available at: https://community.oracle.com/docs/DOC-1017903.

[29] J.H. Patel, L.Y. Fung, Concurrent error detection in ALUs by recomputing with shifted operands, IEEE Transactions on Computers 31 (July 1982) 589–595.

[30] D.K. Pradhan (Ed.), Fault Tolerant Computer System Design, Prentice-Hall, 1996.

[31] W. Qiu, Z. Zheng, X. Wang, X. Yang, M.R. Lyu, Reliability-based design optimization for cloud migration, IEEE Transactions on Services Computing 7 (2) (August 2013) 223–236.

[32] P.N. Sanda, K. Reick, S. Swaney, J.W. Kellington, P. Kudva, Sustaining error resiliency: the IBM POWER6 microprocessor, in: Hot Chips 19, 2007, also in: 2nd Workshop on Dependable and Secure Nanocomputing, 2008, available at: http://webhost.laas.fr/TSF/WDSN08/2ndWDSN08(LAAS)_files/Slides/WDSN08S-01-Sanda.pdf, 2008.

[33] Y. Shibata, Fujitsu's chipset development for high-performance, high-reliability mission-critical IA servers PRIMEQUEST, Fujitsu Science and Technology Journal 41 (October 2005) 291–297, available at: www.fujitsu.com/downloads/MAG/vol41-3/paper03.pdf.

[34] D.P. Siewiorek, R.S. Swarz, Reliable Computer Systems: Design and Evaluation, A.K. Peters, 1998.

[35] T.J. Slegel, R.M. Averill III, M.A. Check, B.C. Giamei, B.W. Krumm, C.A. Krygowski, W.H. Li, J.S. Liptay, J.D. MacDougall, T.J. McPherson, J.A. Navarro, E.M. Schwarz, K. Shum, C.F. Webb, IBM's S/390 G5 microprocessor design, in: IEEE Micro, March/April 1999, pp. 12–23.

[36] G.S. Sohi, M. Franklin, K.K. Saluja, A study of time-redundant fault-tolerance techniques for high performance pipelined computers, in: Fault-Tolerant Computing Symposium, 1989, pp. 436–443.

[37] L. Spainhower, T.A. Gregg, IBM S/390 parallel enterprise server G5 fault tolerance: a historical perspective, IBM Journal of Research and Development 43 (September/November 1999) 863–873.

[38] HPE integrity NonStop, Technical Reports, available at: https://www.hpe.com/us/en/servers/nonstop.html.

[39] P.R. Turgeon, P. Mak, M.A. Blake, C.B. Ford III, P.J. Meaney, R. Seigler, W.W. Shen, The S/390 G5/G6 binodal cache, IBM Journal of Research and Development 43 (September/November 1999) 661–670.

[40] Y.C. Yeh, Triple-triple redundant 777 primary flight computer, in: IEEE Aerospace Applications Conference, vol. 1, February 1996, pp. 293–307.

[41] Y.C. Yeh, Design considerations in Boeing 777 fly-by-wire computers, in: Third IEEE International High-Assurance Systems Engineering Symposium, Nov. 1998.

[42] Y.C. Yeh, Safety critical avionics for the 777 primary flight controls system, in: The 20th Digital Avionics Systems Conference, vol. 1, October 2001, pp. 1C2/1–1C2/11.

[43] Z. Zheng, T.C. Zhou, M.R. Lyu, T. King, Component ranking for fault-tolerant cloud applications, IEEE Transactions on Services Computing 5 (4) (July 2011) 540–550.

[44] B. Zhou, R. Buyya, A group-based fault tolerant mechanism for heterogeneous mobile clouds, in: EAI International Conference on Mobile and Ubiquitous Systems: Computing, Networking and Services, 2017, pp. 373–382.

模拟技术

本章主要向读者介绍用于评价容错计算机系统的可靠性和相关属性的统计学模拟方法。

模拟通常应用在分析方法不可行或不够准确时，使用模拟技术一般需要具备深厚的统计学相关理论基础，这可能需要花费数年时间才能掌握。但学习编写一个基础的模拟程序，运用基本的统计分析工具去分析数据结果是相对简单的。本章将主要介绍这些基本技术，这需要读者有一定的概率论基础。

本章首先介绍如何编写一个模拟程序，然后介绍如何根据输出的结果来推理系统属性，并考虑通过降低模拟输出的方差来使结果更加准确。最后，介绍另一种模拟——故障注入——这是一种表征系统对故障响应的实验技术。

9.1 写一个模拟程序

当需要建立模拟模型时，有三种可选择的方法：

- 用高级语言编写程序，例如用 Python、C、Java 或 C++语言。
- 使用专门的模拟语言，例如 SIMPSCRIPT、GPSS 或 SIMAN。
- 使用或修改一种已有的用来模拟这些系统的模拟工具包，例如用于计算机体系结构模拟的 SimpleScalar 和用于网络模拟的 OPNET。

在本节中，首先介绍第一种方法。读者如果想学习其他方法，可以参考所选模拟语言或工具包的用户手册。

模拟程序的最常见形式是离散事件模拟程序，它研究的事件（状态变量的变化）发生在离散的时间点上。容错计算研究的大部分事件（例如计算机系统中的任务到达、错误发生、处理器失效及其恢复或替代）都是离散事件。从漏水的桶中流出的水流则是一个连续事件系统，状态变量（水位）从宏观层面看是时间的连续函数。当然，如果从原子层面考虑，它将变成离散事件系统，因为水滴是一滴一滴从木桶中流出的。这说明在一个粒度级别上认为连续的事件在更精细的级别上可能是离散的。

我们通过一个例子来说明模拟过程，然后从中总结出该方法的普遍准则。

示例 假设希望模拟 RAID 1 磁盘系统的平均数据丢失时间（MTTDL）。该系统十分简单，已有很好的分析模型，并且实际上不需要用模拟模型去获得 MTTDL，但这可以作为编写模拟程序的一个很好的热身练习。当然，当分析模型的假设因与实际系统存在较大偏差而无法使用（例如，当磁盘失效行为明显偏离泊松过程）时，还是需要使用模拟技术。利用最能代表实际情况的分布生成随机变量，可以很容易地用模拟技术解决这一问题。

RAID 1 系统已经在第 3 章中介绍过，回顾一下，该系统由两个镜像磁盘组成，如果在第一个故障磁盘恢复前，第二个磁盘发生失效，就会产生数据丢失。

首先确定要研究的事件：磁盘失效和恢复行为。假设磁盘失效的发生为一个泊松过程，速率为 λ。恢复时间是一个随机变量 γ，拥有已知的概率密度函数 $f_\gamma(\cdot)$。假设已知失效过程和恢复时间所服从分布的参数，我们可以使用随机数生成器来生成磁盘失效和恢复时间，这将在 9.5 节中进行描述。9.2 节中说明在输入参数未知的情况下，如何对它们进行估计。

在模拟中，关键的数据结构是一个称为事件链的链表，该链表按时间（事件发生时间）顺序保存计划好的事件（本例中，为磁盘失效和恢复）。我们还定义了一个称为时钟的变量，该变量保留当前的模拟时间，初始值为 0。模拟过程就是将时钟从一个事件推进到下一个事件，并记录这个过程中的统计数据。模拟流程图如图 9-1 所示。注意其中的一个细节，由于所测量时间的粒度无法精确到很小的时间单位（计算机的字长有限），因此有可能发生两个事件（虽然概率很小）：在一个事件链中，一个磁盘发生失效与另一个磁盘恢复完成同时发生。在这种情况下，我们必须确定将事件插入事件链的顺序。例如，我们可以确定首先插入磁盘失效事件，然后是恢复完成。图 9-1 中阐明了算法操作。首先我们为两块磁盘生成首次失效时间点，假设它们分别发生在 28s 和 95s。在时刻 0，系统状态为（正常，正常），代表了两个磁盘的情况。当前事件链为：

$$(28, d1, F) \leftrightarrow (95, d2, F)$$

其中三元组的 3 个元素分别代表事件发生的时间、所涉及的磁盘（d1 或 d2）和发生的事件（F 表示磁盘失效，C 表示恢复完成）。

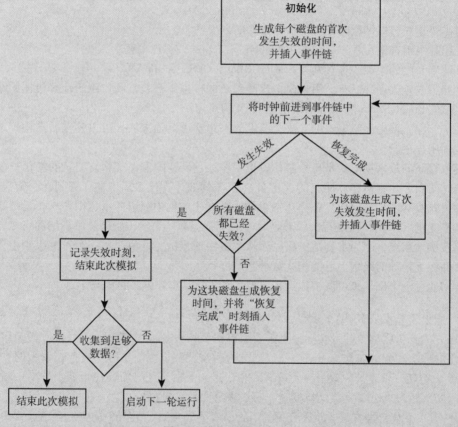

图 9-1 模拟 RAID 1 系统

时钟前进到事件链中的下一个事件，这发生在第 28 秒。该事件为第一个磁盘发生失效，现在的系统状态变为（失效，正常）。为该磁盘生成一个恢复时间，假设恢复时间为

10s，则该磁盘会在第38秒完成恢复。从事件链中删除我们刚刚处理的事件，然后将恢复完成事件插入事件链中：

$$(38, d1, C) \leftrightarrow (95, d2, F)$$

在38s，事件链前进到下一个事件。此时，第一个磁盘已经恢复到正常状态，系统状态为（正常，正常）。为该磁盘生成下次失效时间，假设下次失效将在68s后发生，即发生在第38+68=106秒。当前事件链为：

$$(95, d2, F) \leftrightarrow (106, d1, F)$$

在第95秒，进入下一个事件，第二块磁盘发生首次失效。当前系统状态为（正常，失效）。假设为该磁盘生成的恢复时间为14s，那么该磁盘将在第95+14=109秒完成恢复。当前事件链为：

$$(106, d1, F) \leftrightarrow (109, d2, C)$$

在第106秒，系统状态为（失效，失效），这意味着发生了数据丢失。对于此次模拟运行，数据丢失时间（TTDL）为106s，我们将启动模拟程序的新一轮运行。当完成所有模拟后，可以计算所有TTDL的平均值来估计系统的MTTDL。如果需要，可以构造MTTDL的置信区间，这将在9.2.5节中进行介绍。

越复杂的模拟需要的工作越多，但是其原理是相同的。创建一个事件链，其中事件按时间顺序排列，从一个事件发展到下一个事件，并合理记录统计数据。我们必须非常谨慎地确保模拟了事件链中的所有事件，模拟程序不能跳过其中的任何一个事件。

以下是编写一个模拟程序时需遵循的关键步骤：

- 深入了解需要模拟的系统，不这样可能会导致建模一个错误的系统。
- 列出感兴趣的事件。
- 确定事件之间可能存在的依赖关系。
- 了解状态的转换。
- 正确地估计各种输入随机变量的分布。
- 确定要收集的统计信息。
- 正确分析模拟程序输出的统计信息以提取所需的系统属性。

9.2 参数估计

要运行一个模拟程序，需要某些输入参数的值，如失效率和恢复率。此外，需要一种分析模拟程序输出并提取参数的方法，如可靠度和平均无故障运行时间。本节将介绍如何估计这些参数值，我们将使用点估计和区间估计两种方法，其中包括三种获得参数值的点估计方法，并说明如何构造参数的置信区间。我们的大多数讨论假设我们已知数据所服从的基本分布，其形状取决于一个或多个参数，而参数值未知。例如，可以假设处理器失效服从泊松过程，通过估计该过程的速率 λ 就可以描述处理器失效行为。在某些情况下，即使不知道数据服从何种分布，也可以使用近似公式（最常用的是中心极限定理）。

9.2.1 点估计与区间估计

假设给定一个随机变量 X，其分布函数已知，参数为 θ。为了估计 θ，我们从实验观测中抽样,或是通过模拟底层系统(其参数已知),产生 X 的 n 个独立观测值,记为 $X_1, \cdots, X_n$,并使用合适的函数 $T(X_1, \cdots, X_n)$ 作为 θ 的估计量。由于很难获得 θ 的精确值,因此用 $\hat{\theta}$ 表示估计值。注意 $\hat{\theta}$ 是一个随机变量,根据样本 $X_1, \cdots, X_n$ 的不同而不同。

我们使用 $E(X)$ 表示随机变量 X 的期望,用 $\mathrm{Var}(X)$ 表示其方差。X 的标准差(通常用 $\sigma(X)$ 表示)为方差的平方根。我们希望得到的估计值是无偏的。

> **定义**
>
> 若满足条件 $E(\hat{\theta}) = E(T(X_1, \cdots, X_n)) = \theta$,则 $\hat{\theta} = T(X_1, \cdots, X_n)$ 为参数 θ 的无偏估计。

即使连续变量的估计是无偏的,点估计等于实际参数的概率也几乎为零,但随着 n 的增加,两者的差值可能会减少。可以通过计算参数可能位于区间的置信度来进行估计。这就是区间估计,所得的区间为置信区间。区间越大,包含真实参数的可能性就越大,但所包含的信息量越少。下面三节内容将讨论得到点估计的方法,9.2.5 节讨论如何构造置信区间。

9.2.2 矩估计

假设要估计某个随机变量 X 的概率分布的 k 个参数值。将第 j 个分布矩定义为 $E(X^j)$($j = 1, 2, \cdots$)。然后我们通过抽样或模拟 X 的 n 个独立观测值 $X_1, \cdots, X_n$,将第 j 个样本矩 m_j 定义为:

$$m_j = \frac{\sum_{i=1}^{n} X_i^j}{n}$$

让第 k 个分布矩等于第 k 个样本矩:

$$\hat{E}(X^j) = m_j \quad (j = 1, \cdots, k)$$

等式左侧包含 k 个未知的估计值,意味着我们有 k 个方程,其解产生了 k 个参数的估计值。

考虑如下例子。

示例 假设任务的运行时间 X 服从具有两个参数 μ 和 σ^2 的正态分布,参数取值未知。执行任务 n 次,并记录运行时间 $X_1, \cdots, X_n$。因为 $\mu = E(X)$,$\sigma^2 = \mathrm{Var}(X) = E(X-\mu)^2 = E(X^2) - (E(X))^2$,我们使用矩估计的方法,写出关于两个估计量 $\hat{\mu}$ 和 $\hat{\sigma}^2$ 的方程,即

$$\hat{\mu} = \overline{X} = \frac{X_1 + X_2 + \cdots + X_n}{n}$$

$$\hat{\sigma}^2 = \frac{\sum_{i=1}^{n} X_i^2}{n} - \hat{\mu}^2 = \frac{\sum_{i=1}^{n} X_i^2}{n} - \overline{X}^2 = \frac{\sum_{i=1}^{n} (X_i - \overline{X})^2}{n}$$

$\overline{X}$ 是 μ 的无偏估计,$\hat{\sigma}^2$ 不是 σ^2 的无偏估计。根据统计学基础知识,通过一个小的修正得到 σ^2 的无偏估计:

$$\hat{\sigma}^2 = \frac{\sum_{i=1}^{n} (X_i - \overline{X})^2}{n - 1} \tag{9.1}$$

当 n 很大(在大多数的工程实验中都是如此)时,除以 n 或 $n-1$ 没有显著的差异。

示例　假设已知处理器的寿命 X 服从指数分布，但分布的参数 λ 值未知。处理器寿命的密度函数为

$$f(x) = \lambda e^{-\lambda x}$$

只有一个未知数，因此只需要一个方程。运行 n 个处理器，直到它们全部失效。定义 X_i 为第 i 个处理器的寿命。处理器寿命的一阶矩估计（平均值）是样本均值 $\overline{X}$。因为 $E(X) = 1/\lambda$，故建立等式

$$\frac{1}{\hat{\lambda}} = \overline{X}$$

即

$$\hat{\lambda} = \frac{1}{\overline{X}}$$

尽管 $\overline{X}$ 是 $1/\lambda$ 的无偏估计，但 $1/\overline{X}$ 不是 λ 的无偏估计。不过这仍是一个较好的估计。

示例　假设 X 遵循韦布尔分布，X 具有密度函数

$$f(x) = \lambda \beta x^{\beta-1} e^{-\lambda x^{\beta}} \quad (x \geq 0) \tag{9.2}$$

此分布具有两个未知参数 λ 和 β，需要两个方程来求解。通过写出一阶和二阶矩 $E(X)$ 和 $E(X^2)$ 的表达式获得等式：

$$E(X) = \lambda^{-1}\Gamma(1 + 1/\beta)$$
$$E(X^2) = \lambda^{-2}\Gamma(1 + 2/\beta)$$

其中 $\Gamma(x) = \int_0^{\infty} t^{x-1} e^{-t} dt$ 是伽马函数。也可写成

$$\hat{\lambda}^{-1}\Gamma(1 + 1/\hat{\beta}) = \overline{X}$$

$$\hat{\lambda}^{-2}\Gamma(1 + 2/\hat{\beta}) = \frac{\sum_{i=1}^{n} X_i^2}{n}$$

对于未知的 λ 和 β，已有两个等式，故我们可以求解获得估计值 $\hat{\lambda}$ 和 $\hat{\beta}$。

　　矩估计是一种十分简单的方法，虽然如我们看到的，它并不总是能得到无偏估计，但依旧是一种非常有效的估计方法。简而言之，样本均值 $\overline{X}$ 可以作为期望值 $E(X)$ 的估计值。

9.2.3　最大似然法

　　最大似然法将具有最高概率（或在连续随机变量的情况下，具有最高密度函数值）的给定观测值作为参数值。给定一组观测值，将一个参数值的函数设定为似然函数，然后找到使该函数最大的那些参数值。

示例　我们假设某个系统失效间隔时间服从参数为 λ 的指数分布，并且这些间隔彼此独立。

从对系统的实验观测中，得到以下 5 个失效间隔时间值：10、5、11、12、15（单位为 s）。

因为 5 个观测值相互独立，所以联合密度函数是每个独立观测值的密度函数值的乘积。该联合密度是参数为 λ 的似然函数 $L(\lambda)$：

$$L(\lambda) = \lambda e^{-10\lambda} \cdot \lambda e^{-5\lambda} \cdot \lambda e^{-11\lambda} \cdot \lambda e^{-12\lambda} \cdot \lambda e^{-15\lambda} = \lambda^5 e^{-53\lambda}$$

现在确定 λ 的值，使得 $L(\lambda)$ 最大。可以用微积分学来求解：

$$\frac{\mathrm{d}L(\lambda)}{\mathrm{d}\lambda} = (5\lambda^4 - 53\lambda^5) e^{-53\lambda} = 0$$

解得 $\lambda = 0$、$5/53$。

显然 $\lambda = 0$ 是最小值，$\lambda = 5/53$ 是最大值。因此，基于这组观测值，得到对 λ 的估计值为 $\hat{\lambda} = 5/53$（注意，这和有相同参数时的矩估计方法相同，即 $\hat{\lambda} = 1/\overline{X} = 1/(53/5) = 5/53$）。

示例　假设现在认为失效间隔时间服从韦布尔分布，该分布的概率密度函数如式（9.2）所示，使用与前面例子相同的 5 个观测值来估计两个参数 λ 和 β。似然函数为：

$$L(\lambda,\beta) = f(10) \cdot f(5) \cdot f(11) \cdot f(12) \cdot f(15)$$
$$= \lambda^5 \beta^5 10^{\beta-1} 5^{\beta-1} 11^{\beta-1} 12^{\beta-1} 15^{\beta-1} e^{-\lambda(10^\beta + 5^\beta + 11^\beta + 12^\beta + 15^\beta)}$$

当最大化这样的函数时，最大化 $\ln(L(\lambda,\beta))$ 而不是 $L(\lambda,\beta)$ 本身，会更容易计算。由于 $\ln(x)$ 是 x 的单调递增函数，这将导致 $\hat{\lambda}$ 和 $\hat{\beta}$ 具有相同的值，即

$$\ln(L(\lambda,\beta)) = 5\ln(\lambda) + 5\ln(\beta) + (\beta-1)(\ln(99\,000)) - \lambda(10^\beta + 5^\beta + 11^\beta + 12^\beta + 15^\beta)$$
$$= 5\ln(\lambda) + 5\ln(\beta) + 11.5(\beta-1) - \lambda(10^\beta + 5^\beta + 11^\beta + 12^\beta + 15^\beta)$$

为了找到 $\hat{\lambda}$ 和 $\hat{\beta}$，我们分别列出 λ 和 β 的对数似然，并令其导数为 0：

$$\frac{\partial \ln(L(\lambda,\beta))}{\partial \lambda} = 0$$

$$\frac{\partial \ln(L(\lambda,\beta))}{\partial \beta} = 0$$

得到相应的方程：

$$5\lambda^{-1} = 10^\beta + 5^\beta + 11^\beta + 12^\beta + 15^\beta$$

$$5\beta^{-1} + 11.5 = \lambda(10^\beta\ln(10) + 5^\beta\ln(5) + 11^\beta\ln(11) + 12^\beta\ln(12) + 15^\beta\ln(15))$$

这样就能解出方程得到 $\hat{\lambda}$ 和 $\hat{\beta}$ 的值。

现在，考虑这样一种情况，一些外界因素往往会导致一些模拟实验无法真正完成。例如，我们正在进行获得处理器寿命数据的实验，实验有一定的时间限制，即到某一时刻，即使不是所有测试中的处理器都失效，我们也会终止数据收集。使用此类实验结果估计参数时，必须考虑实验过早终止这一问题。为此，我们将从已失效的处理器上观测到的联合概率密度乘以在实验时间内处理器未发生失效的概率，以进行修正。

示例　通过模拟实验来估计处理器的寿命。我们认为处理器寿命（以 h 为单位）服从指数

分布，参数 μ 是需要估计的值。处理器寿命的密度函数为：

$$f(x) = \mu e^{-\mu x}$$

累积概率分布函数为

$$F(x) = 1 - e^{-\mu x}$$

　　实验设定一共有 10 个处理器，实验时间限制是 1000h，即我们的实验将在 1000h 后或所有处理器出现失效时结束（以较早发生者为准）。

　　假设我们的观察结果是在实验终止之前有 4 个处理器失效，分别在实验开始后 700、800、900、950h 失效，其余 6 个处理器的寿命超过 1000h。

　　整个样本的似然函数为

$$L(\mu) = f(700)f(800)f(900)f(950)(1 - F(1000))^6$$
$$= \mu^4 e^{-\mu(700+800+900+950)} e^{-6000\mu}$$
$$= \mu^4 e^{-9350\mu}$$

为得到 $\hat{\mu}$，计算 L 的导数并令其等于 0 来最大化似然函数：

$$\frac{dL(\mu)}{d\mu} = (4\mu^3 - 9350\mu^4) e^{-9350\mu} = 0$$

得到 $\mu = 0$、4.3×10^{-4}。

　　因此，最大似然估计值为 $\hat{\mu} = 4.3 \times 10^{-4}$。

　　如果过早终止实验，将会丢失信息，并且评估质量可能受到影响。例如下面的例子。

示例　考虑前面的例子，将实验的时间设置为相对较小的 T，如 $T = 500$h。基于上一个示例的测量结果，在此时间间隔内将不会发生任何故障。应用最大似然法，确定 μ 值，其将最大化函数：

$$L(\mu) = (1 - F(T))^{10} = (e^{-\mu T})^{10} = e^{-10\mu T}$$

实验得到的最大似然估计值为 $\hat{\mu} = 0$，此结果预测处理器寿命是无限的。这个结果是荒谬的，但是它是在我们使用最大似然估计法和没有发生任何失效的观测值中得到的最好结果。

　　当观测数据不精确，只知道其位于某些区间时，也可以使用最大似然法。再举一个例子。

示例　与上例相似，假设一个系统有 10 个处理器，其寿命 X（以天为单位）服从参数 μ 未知的指数分布。假设系统在某些偏远地区运行，只能在每天上午 11 点检查其状态。在第 50 天观察到第一次失效，第 120 天观察到第二次失效，第 200 天观察到第三次失效，此时实验结束。

　　当我们在第 i 天的上午 11 点观测到故障时，意味着处理器的寿命大于 $i-1$ 天，但小于 i 天。因此，这种失效的概率等于

$$q_i = F(i) - F(i-1) = e^{-(i-1)\mu} - e^{-i\mu}$$

然后，与我们的观测相关的似然函数为：

$$L(\mu) = q_{50}q_{120}q_{200}\left(e^{-200\mu}\right)^{7}$$

现在可以计算 μ 的值，使得似然函数最大。

抽样的间隔越大，估计的结果可能越差。事实上，如果时间间隔太过粗糙，使用最大似然法可能得到荒谬的预测结果。考虑对上例的如下修改。

示例   考虑一种情况，对于某些较大的 T 的取值（例如 $T = 300$），每 T 天检查一次处理器。假设我们在第一次检查时发现所有的 10 个处理器都发生了失效，这意味着所有 10 个处理器的寿命都少于 T 天。

与此观测相关的似然函数为：

$$L(\mu) = (F(T))^{10} = (1 - e^{-\mu T})^{10}$$

使该函数最大的 μ 的值为 $\hat{\mu} = \infty$。因此，我们估计的处理器平均寿命为 0！这意味着如果 T 设置得太大，则无法在 T 天后检测时获得有用的信息。

9.2.4   参数估计的贝叶斯方法

贝叶斯方法依赖贝叶斯公式来逆推条件概率，其工作原理如下：首先通过参数值的概率或密度函数来表示我们所估计参数的先验知识；然后，收集随机变量的实验或观测数据，根据先验知识和观测结果，构造参数的后验概率或密度。参数估计结果是该后验概率的期望值。

示例   我们假设处理器的失效服从速率为 λ 的泊松过程，该速率是我们要估计的参数。假设已知 λ 在区间 $[10^{-4}, 2 \times 10^{-4}]$ 内，且 λ 是在该范围内均匀分布的随机变量。因此，

$$f_{\text{prior}}(\lambda) = \begin{cases} 10^4 & , \lambda \in [10^{-4}, 2 \times 10^{-4}] \\ 0 & , \text{其他} \end{cases}$$

λ 当前的估计值是其期望值，$\hat{\lambda} = 1.5 \times 10^{-4}/\text{s}$。

现在假设处理器运行 τ 小时没有失效。从该实验中收集到的信息的后验密度 λ 如下：

$$f_{\text{posterior}}(\lambda) = f_{\text{prior}}(\lambda \mid 寿命 \geq \tau)$$

$$= \frac{\text{Prob}\{寿命 \geq \tau \mid 失效率 = \lambda\} f_{\text{prior}}(\lambda)}{\displaystyle\int_{l=10^{-4}}^{2 \times 10^{-4}} \text{Prob}\{寿命 \geq \tau \mid 失效率 = l\} f_{\text{prior}}(l)\, \mathrm{d}l}$$

$$= \frac{e^{-\lambda\tau} f_{\text{prior}}(\lambda)}{\displaystyle\int_{l=10^{-4}}^{2 \times 10^{-4}} e^{-l\tau} f_{\text{prior}}(l)\, \mathrm{d}l}$$

$$= \begin{cases} \dfrac{10^4 e^{-\lambda\tau}}{10^4 \displaystyle\int_{l=10^{-4}}^{2 \times 10^{-4}} e^{-l\tau}\, \mathrm{d}l} & , \lambda \in [10^{-4}, 2 \times 10^{-4}] \\ 0 & , \text{其他} \end{cases}$$

$$= \begin{cases} \dfrac{\tau e^{-\lambda\tau}}{e^{-0.0001\tau} - e^{-0.0002\tau}} & , \lambda \in [10^{-4}, 2 \times 10^{-4}] \\ 0 & , \text{其他} \end{cases}$$

λ 的估计值由该新密度的期望值给出：

$$\hat{\lambda} = \int_{\lambda = 10^{-4}}^{2 \times 10^{-4}} \lambda f_{\text{posterior}}(\lambda)\, d\lambda = \frac{(1 + 0.0001\tau)e^{-0.0001\tau} - (1 + 0.0002\tau)e^{-0.0002\tau}}{\tau(e^{-0.0001\tau} - e^{-0.0002\tau})}$$

根据观测到的 τ 值，图 9-2 绘制了 λ 的估计值。注意，随着 τ 的增加，λ 趋于区间 [0.0001，0.0002] 的下界，但是它永远在此区间内。

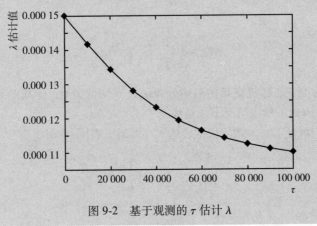

图 9-2　基于观测的 τ 估计 λ

　　贝叶斯方法是有争议的，因为它依赖被估计参数的先验信息。在某些情况下，可能不难得出此信息。例如，要求我们估计一个硬币的投掷结果，可以假设"正面"的概率均匀分布在 [0，1] 区间内。但是在其他情况下，可能很难得到先验信息。

　　还需注意，若在任何给定的参数区间内，先验密度为 0，则无论实验结果如何，参数估计值在该区间内都将保持为 0。在前面的示例中，先验密度每秒仅在区间 [0.0001，0.0002] 内非零。由于后验密度是通过将该先验密度乘以一些附加项来构造的，因此所有后验密度也仅在此区间内不为 0。当先验密度某个区间 I 上为 0 时，该参数不能位于该区间。由于假设此信息是正确的，因此除 0 外，没有后验信息可以使得概率落在 I 区间。

9.2.5　置信区间

定义

　　利用大小为 n 的样本 $X_1, \cdots, X_n$，可以计算出参数 θ 的置信度为 $1-\alpha$ 的置信区间 $[a, b]$。如果我们基于一个大小为 n 的大样本计算近似区间，则这些区间中的 $1-\alpha$ 部分将包含实参 θ。通常将 $1-\alpha$ 选择为 0.95 或 0.99，也表示为 95% 或 99%。

　　置信区间在工程应用中最常见的用途是计算某个随机变量期望 μ 的置信区间，后面将会进一步讨论。我们基于概率论的一个基本理论——中心极限定理进行分析。在此陈述这个定理，但不做证明。

　　中心极限定理　假设 $X_1, \cdots, X_n$ 是独立同分布的随机变量，均值为 μ，标准差为 σ。考虑这些变量的均值 $\overline{X} = \dfrac{X_1 + X_2 + \cdots X_n}{n}$，当 $n \to \infty$ 时，X 服从正态分布，均值为 μ，标准差为 $\dfrac{\sigma}{\sqrt{n}}$。当 n 较大时，

$$F_{\overline{X}}(x) = \mathrm{Prob}\{\overline{X} \leq x\} \approx \frac{1}{\sqrt{2\pi}\,\sigma/\sqrt{n}} \int_{-\infty}^{x} e^{-\frac{1}{2}\left(\frac{y-\mu}{\sigma/\sqrt{n}}\right)^2} \mathrm{d}y$$

也就是说，对于一个大样本（大小为 n），

$$\mathrm{Prob}\left\{\frac{\overline{X}-\mu}{\sigma/\sqrt{n}} \leq z\right\} \approx \Phi(z) \tag{9.3}$$

其中，

$$\Phi(z) = \frac{1}{\sqrt{2\pi}} \int_{-\infty}^{z} e^{-y^2/2} \mathrm{d}y$$

式（9.3）是标准正态随机变量的概率分布函数（均值为 0，标准差为 1）。这只是一个近似结果，仅在 $n\to\infty$ 时的极限情况下才精确。

现定义 Z_p，使 $\Phi(Z_p)=p$。然后根据表达式（9.3），在 $n\to\infty$ 时，有

$$\mathrm{Prob}\left\{\frac{\overline{X}-\mu}{\sigma/\sqrt{n}} \leq Z_{1-\frac{\alpha}{2}}\right\} = 1 - \frac{\alpha}{2}$$

和

$$\mathrm{Prob}\left\{\frac{\overline{X}-\mu}{\sigma/\sqrt{n}} > Z_{1-\frac{\alpha}{2}}\right\} = 1 - \left(1 - \frac{\alpha}{2}\right) = \frac{\alpha}{2}$$

由于 $\Phi(z)$ 关于 $z=0$ 是对称的，因此

$$\mathrm{Prob}\left\{\frac{\overline{X}-\mu}{\sigma/\sqrt{n}} \leq -Z_{1-\frac{\alpha}{2}}\right\} = \frac{\alpha}{2}$$

且

$$\mathrm{Prob}\left\{-Z_{1-\frac{\alpha}{2}} \leq \frac{\overline{X}-\mu}{\sigma/\sqrt{n}} \leq Z_{1-\frac{\alpha}{2}}\right\} = 1 - \alpha$$

整理一下，

$$\mathrm{Prob}\left\{\overline{X} - Z_{1-\frac{\alpha}{2}}\frac{\sigma}{\sqrt{n}} \leq \mu \leq \overline{X} + Z_{1-\frac{\alpha}{2}}\frac{\sigma}{\sqrt{n}}\right\} = 1 - \alpha \tag{9.4}$$

区间

$$[a,b] = \left[\overline{X} - Z_{1-\frac{\alpha}{2}}\frac{\sigma}{\sqrt{n}}, \overline{X} + Z_{1-\frac{\alpha}{2}}\frac{\sigma}{\sqrt{n}}\right] \tag{9.5}$$

称为 $1-\alpha$ 置信区间。$1-\alpha$ 称为区间的置信度。只要尚未进行实验，$\overline{X}$ 仍然是随机变量，真实均值 μ 包含在该区间中的概率是 $1-\alpha$。一旦计算出 $\overline{X}$（基于模拟或实验），它将不再是随机变量，而是成为一个固定值。μ 也是一个固定值，它或者在区间内或者在区间外。因此置信度 $1-\alpha$ 不是真实均值位于区间 $[a,b]$ 内的概率，而是我们对于生成区间的计算方法的置信度——有 $1-\alpha$ 的比例是成功的。这是一个问题细节，不会影响我们如何使用置信区间。

示例 假设通过构建一个95%的置信区间去估计设备的平均寿命 μ。在 $n=50$ 个样本中，获得的平均寿命 $\overline{X}=37$ 个月，标准差 $\sigma=5$ 个月。查找标准正态分布表，$Z_{0.975}=1.96$。因此 μ 的95%置信区间是

$$[a,b]=\left[37-1.96\times\frac{5}{\sqrt{50}},37+1.96\times\frac{5}{\sqrt{50}}\right]=[35.61,38.39]$$

现在有95%的把握，设备的预期寿命在35.6个月到38.4个月之间。

示例 假设在上例中获得的置信区间太宽，我们需要一个宽度不超过1个月的95%置信区间。由于我们无法控制 σ 和 $Z_{1-\frac{\alpha}{2}}$，因此使宽度变小的唯一方法是增加样本大小 n。我们要求

$$2\times Z_{1-\frac{\alpha}{2}}\sigma/\sqrt{n}\leqslant 1$$

或

$$2\times 1.96\times 5/\sqrt{n}\leqslant 1$$

结果为

$$n\geqslant(2\times 1.96\times 5)^2=384.16$$

因此，我们至少需要385个样本才能获得估计 μ 所需的准确度。

示例 一个给定系统可能在某天失效，也可能没有。我们希望使用99%的置信区间来估计发生失效的概率 p。为了根据 n 次实验或模拟运行（每次实验代表一天）估计 p，我们定义

$$X_i=\begin{cases}1&,如果在第 i 次试验中系统发生失效\\0&,其他\end{cases}$$

因为 $E(X)=p$，所以 p 的估计值为

$$\hat{p}=\overline{X}=\frac{\sum_{i=1}^{n}X_i}{n}$$

$\hat{p}$ 实际上是系统失效天数所占的比例。要获得 p 的置信区间，考虑 $\mathrm{Var}(X)=p(1-p)$ 和 $\sigma(X)=\sqrt{p(1-p)}$。根据中心极限定理，使用 $\hat{p}$ 代替未知的 p，在置信度 $1-\alpha$ 下获得的 p 的近似置信区间为

$$[a,b]=\left[\hat{p}-Z_{1-\frac{\alpha}{2}}\sqrt{\frac{\hat{p}(1-\hat{p})}{n}},\hat{p}+Z_{1-\frac{\alpha}{2}}\sqrt{\frac{\hat{p}(1-\hat{p})}{n}}\right]$$

假设我们进行了 $n=200$ 次实验，其中12次系统失效，则 $\hat{p}=0.06$。根据正态分布表，我们可以确定 $Z_{0.995}=2.57$。因此，99%置信区间为

$$\left[0.06-2.57\sqrt{\frac{0.06\times 0.94}{200}},0.06+2.57\sqrt{\frac{0.06\times 0.94}{200}}\right]=[0.017,0.103]$$

可以表明失效概率在 0.017 和 0.103 之间的置信度有 99%。

最后一个区间宽度为 0.086，这对大部分应用没有意义。为了获得更准确的结果，需要增加 n。例如，要求置信区间的宽度不大于 0.002（这意味着估算值与实际故障概率以 99%的置信度最多相差 0.001）。实验（或模拟运行）次数应该是多少？基于我们的"初步研究"，已有 $\hat{p}=0.06$，因此 n 必须满足

$$2 \times 2.57 \frac{\sqrt{0.06 \times 0.94}}{\sqrt{n}} \leqslant 0.002$$

解得

$$n \geqslant \frac{4 \times 2.57^2 \times 0.06 \times 0.94}{0.002^2} = 3.7 \times 10^5$$

在大多数情况下，很难进行这么大量的实验。

最后一个例子突出了高可靠性系统中的主要问题：在大多数情况下，需要大量的数据依据统计学去验证系统的高可靠性。假设我们试图通过实验来验证一套性命攸关的系统实际故障率 p 为 10^{-8}。验证如此低的故障率，我们需要非常高的置信度，例如 99.999 999%（甚至更高），简直是天文数字一般的数据量。练习题中将进一步讨论此问题。

9.3 方差缩减方法

从等式（9.5）中可以看出，置信区间的宽度与 $\sqrt{n}$ 成反比，其中 n 是模拟运行或实验的次数，并与所研究的随机变量的标准差成正比。显然增加 n 可缩小估计的置信区间，但是为了提高效率，还应该考虑以某种方式缩小估计值的方差（从而缩小标准差）。本节将介绍几种方法。

前两种方法依赖于基础统计学中的以下规则：

$$E(X + Y) = E(X) + E(Y)$$
$$\mathrm{Var}(X + Y) = \mathrm{Var}(X) + \mathrm{Var}(Y) + 2\mathrm{Cov}(X,Y)$$

其中 $\mathrm{Cov}(X,Y) = E\{[X-E(X)][Y-E(Y)]\}$ 称为 X 和 Y 的协方差。

9.3.1 对偶变量

假设我们利用模拟的方法去估计一些参数，例如估计 RAID 系统中的平均数据丢失时间（MTTDL）。在传统的模拟实验中，我们通常进行 n 次独立模拟，并利用其结果进行参数估计。如果 Z_1 和 Z_2 是两次独立运行输出的结果，则可以得到

$$\mathrm{Cov}(Z_1, Z_2) = 0$$

故

$$\mathrm{Var}\left(\frac{Z_1 + Z_2}{2}\right) = \frac{\mathrm{Var}(Z_1) + \mathrm{Var}(Z_2)}{4}$$

当使用对偶变量的方法时，我们将尽量以对偶的方式运行模拟程序，并将它们的结果

（不管评估的是何种参数——可靠性或等待时间等）负相关地耦合在一起，然后将 $Y=(Z_1+Z_2)/2$ 作为对偶模拟实验的输出。如果对偶模拟实验的输出 Z_1 和 Z_2 使得 $\text{Cov}(Z_1,Z_2)<0$，则 Y 的方差将小于两个模拟试验独立且未耦合时的方差。

　　对偶模拟实验的一种好的实现方式是耦合它们所使用的随机变量。假设模拟实验的输出是随机变量的单调函数，并且第一次运行使用均匀随机变量 $U_1,U_2,\cdots,U_n$，第二次运行使用 $1-U_1,1-U_2,\cdots,1-U_n$。两个序列中相应的随机变量负相关——U_i 越大，$1-U_i$ 越小，反之亦然。这也适用于在模拟时使用的随机变量分布并不均匀的情况。我们假设为生成这样的随机变量，需要使用均匀随机数生成器（URNG）。我们可以将这些 URNG 的输出相耦合。例如，如果我们需要使用 $X=-(1/\mu)\ln U$ 产生服从指数分布的随机变量，则对偶模拟首先生成 U，然后分别使用 $X_1=-(1/\mu)\ln U$ 和 $X_2=-(1/\mu)\ln(1-U)$ 进行耦合实验。

　　换句话说，如果我们可以将模拟程序的输出看作所使用的均匀随机变量的单调函数，那么可以表明，当使用对偶变量方法时，模拟输出呈现负相关关系。这超出了本书讨论的范围，有关证明的详细信息，请参见参考文献。

示例　考虑由 k 个组件构成的系统，用 S_i 表示组件 i 的状态。若一个组件功能正常，则 $S_i=1$，反之 $S_i=0$。结构函数 $\phi(S_1,S_2,\cdots,S_k)$ 是一个指示函数（假设值为 0,1），它表示系统功能对其组件功能的依赖性。对于给定的值 $S_1,S_2,\cdots,S_k$，如果系统功能正常，则函数值等于 1，反之为 0。

　　例如，如果系统由串联的 k 个组件构成，则

$$\phi(S_1,S_2,\cdots,S_k)=S_1\times S_2\times\cdots\times S_k$$

如果这是一个拥有表决器的三模冗余系统，则 S_i 表示第 i 个处理器的状态，有

$$\phi(S_1,S_2,S_3)=\begin{cases}1 & ,S_1+S_2+S_3\geq 2\\0 & ,\text{其他}\end{cases}$$

　　现在假设要在给定的时间段（长度为 t）内模拟一个可靠度为 R 的系统，其具有非常复杂的结构函数，很难被分析。利用传统方法，我们将通过生成随机变量来进行模拟，这些变量用于确定各个组件是否正常运行，然后确定整个系统在 $[0,t]$ 时间内是否正常运行。利用对偶变量，按照上面所说的方法，对耦合随机变量进行对偶模拟。如果 Y_i 是第 i 对中两次模拟运行的结构函数的平均值，运行总共 $2n$ 次（或 n 对）模拟，那么估计的系统可靠度为

$$\hat{R}=\frac{Y_1+Y_2+\cdots+Y_n}{n}$$

且估计的方差可能远低于我们进行 $2n$ 次独立模拟时获得的方差。

　　需要注意，Y_i 相互独立，即尽管每次运行都由成对的模拟组成，但是一对和另一对之间没有耦合。这使得我们可以使用传统统计分析的方法分析 Y_i 的值。

　　我们能否预计估计结果的方差将下降多少？这取决于每对运行中两个输出的协方差。在练习题中，可以确定此方法在各种情况下的可用性。

9.3.2　使用控制变量

　　用模拟的方法估计随机变量 X 的期望 $E(X)$ 时，选取一些期望已知或可精确计算 θ_Y 的随

机变量 Y。考虑随机变量

$$Z = X + k(Y - \theta_Y)$$

Z 具有如下性质：

$$E(Z) = E(X)$$
$$\mathrm{Var}(Z) = \mathrm{Var}(X) + k^2\mathrm{Var}(Y) + 2k\mathrm{Cov}(X,Y)$$

因此，如果可以适当地选择 k，则可以利用 X 和 Y 之间的相关性来减小 $E(Z)$ 估计值的方差，然后使用模拟的方法来估计 $E(Z)$，而不是 $E(X)$。因为 $\mathrm{Var}(Z) \leqslant \mathrm{Var}(X)$，所以将产生一个较小的置信区间。$Y$ 称为控制变量。

容易证明当

$$k = -\frac{\mathrm{Cov}(X,Y)}{\mathrm{Var}(Y)}$$

时，$\mathrm{Var}(Z)$ 最小。对于这个 k 值，

$$\mathrm{Var}(Z) = \mathrm{Var}(X) - \frac{(\mathrm{Cov}(X,Y))^2}{\mathrm{Var}(Y)}$$

如果 $\mathrm{Cov}(X,Y)$ 和 $\mathrm{Var}(Y)$ 是未知的，则可以通过运行 n 次模拟（n 初始取较小值），产生 X_i 和 $Y_i(i = 1, \cdots, n)$，并使用如下估计值：

$$\widehat{\mathrm{Cov}}(X,Y) = \frac{\sum_{i=1}^{n}(X_i - \overline{X})(Y_i - \overline{Y})}{n-1}$$

$$\widehat{\mathrm{Var}}(Y) = \frac{\sum_{i=1}^{n}(Y_i - \overline{Y})^2}{n-1}$$

来估计它们，其中 $\overline{X} = \dfrac{\sum_{i=1}^{n}X_i}{n}$ 且 $\overline{Y} = \dfrac{\sum_{i=1}^{n}Y_i}{n}$。

示例 我们评估一个复杂系统在时刻 t 的可靠度，该系统是一个采用了冗余处理器的不可恢复系统。为减小方差，可以将功能正常的处理器数量用作控制变量。

9.3.3 分层抽样

减小方差的另一种方法是利用分层抽样。下面通过一个例子介绍这种方法。

示例 计算机系统每天从上午 9 点运行到下午 5 点，仅在下午 5 点后可以维修。现在对系统进行模拟，并估计系统在随机选择的一天中生存的概率 π。由于不同的利用率，工作日和周末的处理器失效率不同，因此系统有两个不同的生存概率：工作日为 π_1，周末为 π_2。

模拟实验的常规方法如下：对于每次运行，首先随机选择一天（选择工作日的概率为 $p_1 = 5/7$，选择周末的概率为 $p_2 = 2/7$），对该天设置适当的失效率，然后模拟当天的系统行为。如果在运行 i 期间失效，则 $X_i = 0$，否则 $X_i = 1$。当 n 足够大时，将生存概率表示为 $\hat{\pi} = (X_1 + X_2 + \cdots + X_n)/n$。

利用分层抽样的一种更好的方法是执行两个运行集。集合 1 由 n_1 次运行组成，在工作日条件下对系统进行了模拟（其中适当设置了失效率），集合 2 由 n_2 次运行（其中 $n_1+n_2=n$）组成，并根据周末条件设置了失效率。如果集合 i 的生存概率估计为 $\hat{\pi}_i(i=1,2)$，则总的生存概率估计为

$$\hat{\pi} = (5/7)\hat{\pi}_1 + (2/7)\hat{\pi}_2$$

记

$$V_1 = \mathrm{Var}(X \mid 工作日) = \pi_1(1 - \pi_1)$$
$$V_2 = \mathrm{Var}(X \mid 周末) = \pi_2(1 - \pi_2)$$

得到

$$\mathrm{Var}(\hat{\pi}) = \frac{(5/7)^2 V_1}{n_1} + \frac{(2/7)^2 V_2}{n_2}$$

如果可以恰当地选择 n_1 和 n_2，第二种方法可以产生较小的方差估计。有两种方法用于选择 n_1 和 n_2：

- 最直接的方法是设置 $n_i = np_i$。
- 更好的方法是使用实验模拟获得对 V_1 和 V_2 的一个粗略估计，然后在约束条件 $n_1+n_2=n$ 下选择 n_i 去最小化估计方差。

通常，假设我们运行模拟以估计某个随机变量 X 的均值 $E(X)$，该均值取决于参数 $Q \in \{q_1, q_2, \cdots, q_l\}$。假设我们可以精确计算 $p_i = \mathrm{Prob}\{Q=q_i\}$，其中 $i=1,2,\cdots,l$。

使用分层抽样方法，首先运行 n_i 个模拟，估计以事件 $\{Q=q_i\}$ 为条件的 $E(X)(i=1,\cdots, l)$。然后使用全期望公式来估计 $E(X)$，即

$$E(X) = E[E(X \mid Q)] = E(X \mid Q=q_1)p_1 + E(X \mid Q=q_2)p_2 + \cdots + E(X \mid Q=q_l)p_l$$

分层抽样方法的有效性是基于如下等式来确定的，作为练习，请证明这个恒等式：

$$\mathrm{Var}(X) = E_Q[\mathrm{Var}(X \mid Q)] + \mathrm{Var}_Q[E(X \mid Q)]$$

下标 Q 是指基于 Q 的概率分布来计算期望和方差。

方差减小的实际量取决于 X 和 Q 之间的相关程度。实际上，我们使用 $\mathrm{Prob}\{Q=q_i\}$ 减小方差，因此不需要估计 Q 本身，消除了通过模拟引入变量的问题。

9.3.4 重要性抽样

在基于重要性抽样实现模拟时，我们模拟了一个经过改进的系统，在该系统中人为地提高了失效率，然后对这种人为干预进行纠正。这种方法的理论细节超过了本书的讨论范围，我们仅对其进行简要介绍，有如下三个原因：

- 重要性抽样是一种不稳定的技术，如果使用不当，可能会增加模拟的方差。
- 这还不是一个成熟的技术，当前有许多研究集中在这一方向。
- 它（以及随后的拆分法）比在本书中遇见的其他问题，在数学上更复杂。

重要性抽样方法基于以下推理。假设我们通过模拟的方法估计一组参数 $\theta = E[\phi(X)]$，其中 $\phi(\cdot)$ 是某种函数，X 是具有概率密度函数 $f(x)$ 的随机变量。

假设 $g(x)$ 是一个概率密度函数，对于所有 x，当 $f(x)>0$ 时，有 $g(x)>0$。有

$$
\begin{aligned}
E[\phi(X)] &= \int \phi(x)f(x)\,\mathrm{d}x \\
&= \int \frac{\phi(x)f(x)}{g(x)}g(x)\,\mathrm{d}x \\
&= \int \psi(x)g(x)\,\mathrm{d}x
\end{aligned}
\tag{9.6}
$$

其中 $\psi(x)=\dfrac{\phi(x)f(x)}{g(x)}$。令 $\int \psi(x)g(x)\,\mathrm{d}x$ 等于 $E[\psi(Y)]$，其中 Y 是概率密度函数为 $g(\cdot)$ 的随机变量。这表明我们估计的是 $E[\psi(Y)]$，而非 $E[\phi(X)]$（尽管两者都等于 θ）。

更准确地说，用标准方法去估计 $\theta=E[\phi(X)]$ 将会得到样本 X，即 $X_1, X_2, \cdots, X_n$。得到的 θ 的估计值为

$$
\hat{\theta} = \overline{\phi(X)} = \frac{1}{n}\sum_{i=1}^{n}\phi(X_i)
$$

利用重要性抽样方法去获得样本 Y（概率密度函数为 $g(y)$），记为 $Y_1, Y_2, \cdots, Y_n$。得到的 θ 的估计值为

$$
\hat{\theta} = \overline{\psi(Y)} = \frac{1}{n}\sum_{i=1}^{n}\psi(Y_i)
$$

为使用此方法，需满足

$$
\mathrm{Var}(\psi(Y)) < \mathrm{Var}(\phi(X))
$$

如果我们选择某个 $g(x)$，使得当 $\phi(x)$ 很大时，$f(x)/g(x)$ 很小，反之亦然，则该不等式可满足。$g(x)$ 的选择对于减小方差至关重要，选择错误可能会加大方差而使重要性抽样适得其反。

示例　考虑两个随机变量 A 和 B，均服从参数为 μ 的指数分布。也就是说，对于 $x\geqslant 0$，它们的密度函数为 $f(x)=\mu e^{-\mu x}$。假设我们想要使用模拟去估计参数 $\theta=\mathrm{Prob}\{A+B>100\}$。假设 $\mu \gg 1/50$，因此 $A+B>100$ 的可能性很小（故而 θ 很小）。

显然可以不通过任何模拟，仅通过分析来解决此问题。在这里，我们将它作为工具去说明如何在此处使用重要性抽样。

使用常规方法，将产生 A 和 B 两组大小为 n 的样本：$a_1, a_2, \cdots, a_n$ 和 $b_1, b_2, \cdots, b_n$。定义

$$
\phi(a_i, b_i) = \begin{cases} 1 & , a_i + b_i > 100 \\ 0 & , \text{其他} \end{cases}
$$

因为 $\theta=E(\phi(A,B))$，所以可以估计

$$
\hat{\theta} = \frac{1}{n}\sum_{i=1}^{n}\phi(a_i, b_i)
$$

我们需要大量的观测值来准确估计非常小的 θ 值。在重要性抽样中，我们改变密度函数来获得更大的 A 和 B 的值，我们使用密度函数 $g(x)=\gamma e^{-\gamma x}(\gamma \ll \mu)$，生成 A 和 B 的值，分别表示为 $a_1', a_2', \cdots, a_n'$ 和 $b_1', b_2', \cdots, b_n'$。以此来估计

$$\hat{\theta} = \frac{1}{n} \sum_{i=1}^{n} \phi(a_i', b_i') \frac{f(a_i')}{g(a_i')} \frac{f(b_i')}{g(b_i')} = \frac{1}{n} \sum_{i=1}^{n} \phi(a_i', b_i') \left(\frac{\mu}{\gamma}\right)^2 e^{-(\mu-\gamma)(a_i'+b_i')}$$

现在需要解决的是如何找到适合的 γ 值来减小估计的方差。用 S_i 表示上述求和过程的第 i 项，我们注意到，如果 $a_i'+b_i' \leqslant 100$，则 $S_i = 0$。此外，如果 $a_i'+b_i' > 100$，则

$$S_i = \left(\frac{\mu}{\gamma}\right)^2 e^{-(\mu-\gamma)(a_i'+b_i')} \leqslant \left(\frac{\mu}{\gamma}\right)^2 e^{-100(\mu-\gamma)}$$

选择合适的 γ 最小化 $\left(\frac{\mu}{\gamma}\right)^2 e^{-100(\mu-\gamma)}$，将使 S_i 的最大可能取值最小，从而减小 S_i 的方差。经过计算得到，当 $\gamma = 0.02$ 时，上式的结果最小。

因此，针对此问题的重要性抽样方法如下：

- 对于 $i = 1, 2, \cdots, n$，根据密度函数 $g(x) = 0.02 e^{-0.02x}$ 生成 a_i' 和 b_i'，其中 $i = 1, 2, \cdots, n$。
- 当 $a_i'+b_i' > 100$ 时定义 $\phi(a_i', b_i') = 1$，否则为 0。
- 通过下式估计 θ：

$$\hat{\theta} = \frac{1}{n} \sum_{i=1}^{n} \phi(a_i' + b_i') \left(\frac{\mu}{0.02}\right)^2 e^{-(\mu-0.02)(a_i'+b_i')}$$

模拟连续时间马尔可夫链的 MTBF

假设所分析的系统可以使用具有连续时间 t 的马尔可夫链描述，它也称为 CTMC（连续时间马尔可夫链）。假设 λ_{ij} 是从状态 i 到状态 j 的转移概率，$\lambda_i = \sum_{j \neq i} \lambda_{ij}$ 是从状态 i 离开的总的概率。系统在每个状态 i 的停留时间（是指它停留在一个状态到它离开的时间）服从参数为 λ_i 的指数分布。

现在，假设链中的所有转移要么是组件失效要么是恢复引起的状态转移。认为系统已发生失效的状态构成的子集，称为系统失效状态集。

示例　考虑一个由 3 个处理器组成的系统，处理器可能会发生失效并能够恢复，假设该系统行为符合图 9-3 中描述的马尔可夫链。每个状态代表系统中可以正常运行的处理器数量。假设此系统中处理器失效引发的状态转移包括 3→2、2→1、2→0、1→0。恢复操作引发的状态转移为 2→3、1→2、0→1。对应的状态转移率如图中箭头标识所示。由此，我们可以得到，

$$\lambda_3 = \lambda_{32}$$
$$\lambda_2 = \lambda_{21} + \lambda_{20} + \lambda_{23}$$
$$\lambda_1 = \lambda_{10} + \lambda_{12}$$
$$\lambda_0 = \lambda_{01}$$

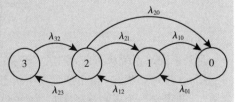

图 9-3　连续时间马尔可夫链

假设至少有一个处理器处于运行状态时，整个系统就处于运行状态。因此，系统失效状态集为 {0}。

回到一般的失效-恢复马尔可夫链，我们想要找出系统平均故障间隔时间（MTBF）。由于恢复时间通常比组件失效间隔时间短得多，该链在进入系统失效状态之前会进行大量转移，

因此模拟必须运行很长时间才能测量到系统失效前的时间。可以利用重要性抽样来加速模拟，如下描述了过程。

定义状态 N 为所有组件都正常的初始状态，令 $t=0$ 为模拟开始的时间。根据定义，在状态 N 中，没有恢复转移，只有失效转移。令 F 为系统失效状态的集合。由于考虑的是可以恢复的系统，因此在所有的状态中，只要有失效的组件，就会有一个或多个恢复转移。最终，系统将会回到状态 N。令这个返回时间为 τ_R，记作系统再生时间（此时系统和新的一样）。令 τ_F 为系统首次进入失效状态前的时间。在本章的练习题中会要求证明

$$E[\tau_F] = \frac{E[\min(\tau_R,\tau_F)]}{\text{Prob}\{\tau_F < \tau_R\}} \tag{9.7}$$

在大多数系统中，恢复率比失效率高得多，期望 $E[\min(\tau_R,\tau_F)]$ 只会比 $E(\tau_R)$ 小一点，因此系统在进入失效状态之前，将会进入状态 N 多次。我们希望系统能够快速返回到状态 N。因此，传统模拟可用于估计 $E[\min(\tau_R,\tau_F)]$，这只需计算系统从状态 N 返回到状态 N 所需的平均时长。

另外，应使用重要性抽样来估计 $\theta = \text{Prob}\{\tau_F < \tau_R\}$，因为在返回到状态 N 之前 $\tau_F < \tau_R$ 是很罕见的系统失效事件。请注意，这里不再需要在模拟过程中记录状态转移花费的时间，或者 τ_F、τ_R，需要记录的只是 $\tau_F < \tau_R$ 的次数而已。这意味着我们在模拟过程中，无须更改系统处于任何状态的停留时间，只要更改转移概率就可以。

我们将用来实现重要性抽样的技术称为平衡失效偏置。在介绍它之前，首先介绍一些符号。每一次状态转移都意味着发生了一次失效或恢复。在状态 N 下，由于一切正常，因此只能发生失效事件。在故障状态下，只能发生恢复事件。令 $n_F(i)$ 为状态 i 下失效引发的状态转移次数（马尔可夫链中的向外转移数量代表组件失效事件数）。

由于我们对于找出系统在每种状态下停留的时间不感兴趣，因此只需要模拟嵌入连续时间链中的离散时间马尔可夫链（DTMC）。DTMC 研究系统从一种状态到另一种状态的过程，而无须记录在每种状态的停留时间。

> **示例**　假设一个 CTMC 具有以下事件：它从状态 N 开始，在时刻 t_1 转移到状态 i_1，在时刻 t_2 转移到状态 i_2，以此类推。与之对应的嵌入的离散时间马尔可夫链中样本路径为 $N, i_1, i_2, \cdots$。

现在为 DTMC 定义概率转移函数 p_{ij}，这是给定系统在状态 i 下，它转移到状态 j 的概率。可以表示为

$$p_{ij} = \begin{cases} 0 & ,i=j \\ \dfrac{\lambda_{ij}}{\sum\limits_{k \neq i} \lambda_{ik}} & ,i \neq j \end{cases}$$

直观来说，系统从状态 i 到达状态 j 的概率是 λ_{ij} 在离开状态 i 的总概率中所占的比例。

用 $p_R(i)$ 定义状态 i 由于恢复发生状态转移的概率。现选择一组 p^*（通常取 $0.2 \sim 0.4$ 比较合适），并定义一个以转移概率 $\bar{p}_{ij}$ 为特征的新的 DTMC，定义为：
情况 1：$i=N$，

$$\bar{p}_{ij} = \begin{cases} \dfrac{1}{n_F(i)} & ,i \to j \text{ 是失效转移且 } p_{ij} > 0 \\ 0 & ,\text{其他} \end{cases}$$

情况 2：i 既不是 N 也不是系统失效状态，且 $p_R(i)>0$，

$$\tilde{p}_{ij} = \begin{cases} \dfrac{p^*}{n_F(i)} & ,i \to j \text{ 是失效转移且 } p_{ij} > 0 \\[2mm] \dfrac{(1-p^*)p_{ij}}{p_R(i)} & ,i \to j \text{ 是恢复转移且 } p_{ij} > 0 \\[2mm] 0 & ,\text{其他} \end{cases}$$

情况 3：i 不是系统失效状态，但是 $p_R(i)=0$，

$$\tilde{p}_{ij} = \begin{cases} \dfrac{1}{n_F(i)} & ,p_{ij} > 0 \\[2mm] 0 & ,\text{其他} \end{cases}$$

情况 4：i 是系统失效状态，

$$\tilde{p}_{ij} = p_{ij}$$

我们仅修改了非失效系统状态的转移概率。为此，我们执行了以下操作：

- 总的失效转移概率是 p^*。
- 此概率在所有失效转移中平均分配。

现在我们对修改后的系统执行 n 次模拟运行，为每个样本路径记录似然比（likelyhood ration），其中样本路径是被访问的状态序列。模拟运行 k 的似然率 L_k 定义为

$$L_k = \frac{\text{原始 DTMC 具有此样本路径的概率}}{\text{修改后的 DTMC 具有此样本路径的概率}}$$

令

$$I_k = \begin{cases} 1 & ,\text{模拟运行 } k \text{ 以系统失效结束} \\ 0 & ,\text{模拟运行 } k \text{ 以系统在状态 } N \text{ 返回结束} \end{cases}$$

然后我们估计 $\tau_F < \tau_R$ 的概率如下：

$$\hat{\theta} = \frac{\sum_{k=1}^{n} I_k L_k}{n}$$

现在我们将其与等式（9.6）联系起来。我们用来运行系统模拟的转移概率（$\tilde{p}_{ij}$ 值）对应 $g(x)$，L_k 对应 $f(x)/g(x)$，I_k 对应 $\phi(x)$。因为失效是一个离散事件，所以我们用求和取代式（9.6）中的积分。

示例 考虑一个系统如图 9-4A，其嵌入的 DTMC 如图 9-4B 所示。CTMC 箭头旁的标签为转移率，嵌入的 DTMC 箭头旁的标签为转移概率。根据定义，一个状态发出的所有转移概率相加为 1。（在一般的 DTMC 中，允许状态转移到自身，但在这里永远不会发生，因为每次转移都代表失效或恢复事件）。状态 0 是唯一的系统失效状态。

现在假设选择 $p^* = 0.3$。依次考虑每个状态发出的转移。

- 状态 3。这个状态只发出一个转移，是到状态 2。所以 $\tilde{p}_{32}=1$。
- 状态 2。状态 2 发出了一个恢复转移和 $n_F(2)=2$ 个失效转移。每一个失效转移以概

率 $p^*/2 = 0.15$ 发生，单个恢复转移发生的概率是 $1-p^* = 0.7$。

- 状态 1。在此状态下有一个恢复转移和一个失效转移 $(n_F(1)=1)$，将以概率 $p^*=0.3$ 发生失效转移，以概率 $1-p^*=0.7$ 发生恢复转移。
- 状态 0。这是系统失效状态，从该状态发出的转移概率不会改变。

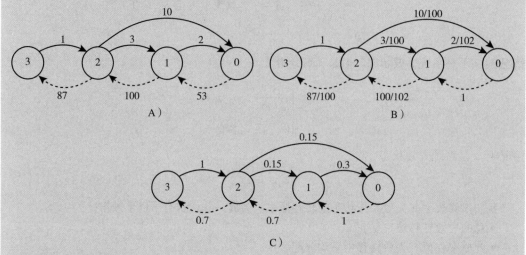

图 9-4　连续时间马尔可夫链及其嵌入的和经修改的离散时间马尔可夫链。实线表示失效转移，虚线表示恢复转移。A）连续时间马尔可夫链。B）嵌入的离散时间马尔可夫链。C）经修改的离散时间马尔可夫链

图 9.4C 描述了经修改的 DTMC。现在将模拟该链以估计新转移概率下的 $\text{Prob}\{\tau_F < \tau_R\}$。假设决定一共进行三次模拟，并求平均值来找到此概率的估计值（实际上，可能会进行成千上万次的模拟，我们在此处只是从技术上进行说明）。从状态 3 开始对系统进行模拟。当系统进入状态 3 时（在这种情况下，有 $\tau_F > \tau_R$），或进入系统失效状态 0 时（在这种情况下，有 $\tau_F < \tau_R$），模拟将结束。表 9-1 显示了这些运行的可能结果。

表 9-1　三个样本路径和相关似然比

运行次数	样本路径	似然比	$\tau_F < \tau_R$?
1	3, 2, 3	$L_1 = \dfrac{1 \times 0.87}{1 \times 0.7}$	否
2	3, 2, 1, 2, 1, 0	$L_2 = \dfrac{1 \times (3/100) \times (100/102) \times (3/100) \times (2/102)}{1 \times 0.7 \times 0.15 \times 0.7 \times 0.15 \times 0.7 \times 0.3}$	是
3	3, 2, 1, 2, 3	$L_3 = \dfrac{1 \times (3/100) \times (100/102) \times (87/100)}{1 \times 0.15 \times 0.7 \times 0.7}$	否

考虑这三次运行中的第一次：状态序列为 $3 \to 2 \to 3$。在经修改的 DTMC 中产生这种状态转移序列的概率为 $\bar{p}_{32} \times \bar{p}_{23} = 1 \times 0.7$。初始 DTMC 中的相应概率是 $p_{32} \times p_{23} = 1 \times 0.87$。因此似然比为 $\dfrac{1 \times 0.87}{1 \times 0.7}$（这是对我们修改转移概率以获得 $\bar{p}_{ij}$ 的纠正因子）。

类似地运行其余两次模拟，在三次模拟运行中，只有第二次会导致出现事件 $\tau_F < \tau_R$。因此 $I_1 = 0$、$I_2 = 1$、$I_3 = 0$，模拟估计为

$$\hat{\theta} = \widehat{\text{Prob}}\{\tau_F < \tau_R\} = \frac{0 \times L_1 + 1 \times L_2 + 0 \times L_3}{3} = \frac{L_2}{3} = 0.0025$$

模拟连续时间马尔可夫链：可靠性

为了通过模拟的方法评估系统可靠性，传统方法是运行系统直到进入系统失效状态，然后找到系统失效总运行时间。从这些时间可以得到首次失效时间的概率分布函数，与其互补的是可靠性函数。

对于这种情况，平衡失效偏置也可用于缩短模拟时间。但是，计算可靠性函数与估计上一节中的 MTBF 存在较大差异。对于后者，不许需要保存状态的持续时间，而只需要计算系统回到状态 N 之前发生失效的次数。在当前情况下，我们必须在模拟中维护时间信息。此外，需要强制状态 N 至少发出一个状态转移。

后者实现很简单。在传统的模拟中，我们使用密度函数 $f(t) = \lambda_N e^{-\lambda_N t}$ 来模拟状态 N 下的系统逗留时间。为了强制状态 N 至少发出一个状态转移，我们改用如下的密度函数（对某个预设值 T）：

$$\tilde{f}(t) = \begin{cases} \dfrac{\lambda_N e^{-\lambda_N t}}{1 - e^{-\lambda_N T}} & ,0 \le t \le T \\ 0 & ,\text{其他} \end{cases}$$

这将强制在时刻 T 之前至少有一个从状态 N 发出的转移。

与该选择相关的似然比为 $f(t)/\tilde{f}(t)$。在实践中，我们将采用强制技术与平衡失效偏置相结合的方法，这种情况下，总体似然比是两者似然比的乘积。

值得注意，仅当 $1 - e^{-\lambda_N T}$ 是相对较小的量且在间隔 $[0, T]$ 内从状态 N 很少发出转移时，才使用强制技术。

9.4 拆分

与重要性抽样一样，拆分背后的数学知识也不在本书的讨论范围内，在这里进行说明的目的是向读者介绍这种方法。希望在数学上有深入理解或在实践中需要使用的读者，请查阅延伸阅读一节，以了解详细信息。

考虑一个系统，该系统在给定的状态集 S 上进行状态转移。它在时刻 t 的状态由 SysState(t) 表示。每次转移会从一个状态到达另外一个状态，用 τ_σ 表示第一次转移到状态集 σ 中的时间（从 0 刻开始）。为避免混淆，请注意，如果在时刻 t 恰好发生了状态转移，则 SysState(t) 表示该转移之后立马处于的状态（也可用 SysState(t^+) 表示）。

示例　令 $S = \{s_1, s_2, \cdots, s_8\}$ 是离散状态系统的状态集。定义 $\sigma = \{s_1, s_2\}$。假设系统从时刻 0，状态 s_1 开始。它分别在时刻 $18, 26, 57, 58, \cdots$ 进行状态转移，且有 SysState(18) = s_3、SysState(26) = s_5、SysState(57) = s_1 和 SysState(58) = s_2。很明显 $\tau_\sigma = 57$。

现在，考虑一个具有两个不相交状态集 S_{common} 和 S_{rare} 的随机系统。系统从某个给定的初始状态 S_{start} 出发，我们希望得到概率 $P(\tau_{S_{\text{rare}}} < \tau_{S_{\text{common}}} | S_{\text{start}})$。假设如 S_{rare} 的标记所示，系统很少处于 S_{rare} 状态，而状态 S_{common} 是经常处于的状态。如果 $P(\tau_{S_{\text{rare}}} < \tau_{S_{\text{common}}} | S_{\text{start}})$ 很小，则通过传统的模拟方法得到它需要很长时间。拆分是加快模拟过程的一种有效方法。

对稀有事件模拟的拆分方法基于条件概率来实现。考虑集合序列 $S_1, S_2, \cdots, S_M$，使得 $S_{rare} = S_M \subset S_{M-1} \subset \cdots \subset S_1$，且 $S_1 \cap S_{common} = \varnothing$。

定义一个事件 E_i，若 $\tau_{S_i} < \tau_{S_{common}}$ 则事件 E_i 将会发生。然后根据条件概率可得到

$$P(E_M \mid S_{start}) = P(E_M \mid E_{M-1}) P(E_{M-1} \mid E_{M-2}) \cdots P(E_2 \mid E_1) P(E_1 \mid S_{start}) \tag{9.8}$$

· 若 $P(E_M) \ll 1$，直接进行模拟来求此概率将花费很长时间。可以直接通过模拟去获得上述等式的 RHS 项，每个项不会像 $P(E_M)$ 那么小，这将更容易获得统计数据。

拆分方法有很多变体，在这里只描述其中之一。模拟过程从给定的起始状态 S_{start} 出发，获得 $P(E_1)$。

模拟从初始状态开始，并在系统进入 S_1 或 S_{common}（以较早者为准）时结束。若首先进入 S_{common}，则模拟运行结束，且 $\tau_{S_{common}} < \tau_{S_{rare}}$，这不是我们关心的事件。若首先进入 S_1，则记录其进入的状态，记为 $s_{1,1}$。重复此过程 n_1 次，记录其进入的状态（如果有的话）。假设先进入 S_1 共 m_1 次，则每次进入其中的状态记为 $s_{1,1}, s_{1,2}, \cdots, s_{1,m_1}$。注意，这些状态中的某些状态可能是相同的，即 $i \neq j$ 时，可能有 $s_{1,i} = s_{1,j}$。概率 $P(E_1 \mid S_{start})$ 估计值为 $\pi_1 = m_1/n_1$。

现在通过模拟来获得 $P(E_2 \mid E_1)$，总共进行 n_2 次模拟。这些模拟中的每一个起始状态将从状态 $s_{1,1}, s_{1,2}, \cdots, s_{1,m_1}$ 中随机选择（每次会进行更换）。同样，在进入 S_2 或 S_{common} 时结束模拟。令 m_2 为进入 S_2 的模拟运行的次数，那么对于 $P(E_2 \mid E_1)$ 的估计为 $\pi_2 = m_2/n_2$。

以这种方式继续找到 $P(E_3 \mid E_2), P(E_4 \mid E_3), \cdots, P(E_M \mid E_{M-1})$ 的估计值 $\pi_3, \pi_4, \cdots, \pi_M$。将它们相乘获得 $P(E_M \mid S_{start})$ 的估计值，即

$$P(E_M \mid S_{start}) \approx \pi_1 \pi_2 \cdots \pi_M = \frac{m_1}{n_1} \frac{m_2}{n_2} \cdots \frac{m_M}{n_M} \tag{9.9}$$

图 9-5 说明了该过程。为避免混淆，对每个 i 确定 $n_i = 3$（这比我们实际模拟中所需要的要小得多）。令 $M = 3$（同样，实际上会更大）。从 S_{start} 开始进行 $n_1 = 3$ 次模拟。一次以进入 S_{common} 结束，另两次以进入 S_1 结束。一旦进入 S_{common} 或 S_1 状态，就会停止第一次模拟。为简化，在图中将 S_{start} 标识在 S_{common} 外。显然，我们完全可以在 S_{common} 中选择初始状态。我们关心的是在时刻 0 以后所发生的转移。

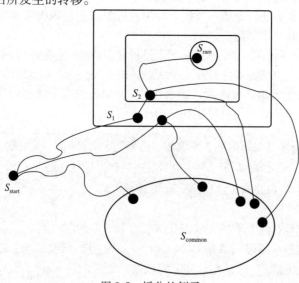

图 9-5　拆分的例子

现在 S_1 中有了两个状态可以作为模拟的初始状态。从这两个点开始进行三次模拟，在图中可以看到，只有一次进入 S_2，另外两次在进入 S_{common} 后终止。

最后，从 S_2 中的状态开始进行三次模拟，其中一次到达 S_{rare}。因此我们有 $m_1 = 2$，$m_2 = m_3 = 1$，所以 $\pi_1 = 2/3$，$\pi_2 = \pi_3 = 1/3$。对概率 $P(\tau_{S_{rare}} < \tau_{S_{common}} | S_{start})$ 的估计值为 $\dfrac{2}{3}\dfrac{1}{3}\dfrac{1}{3} = \dfrac{2}{27}$。

这里要提醒读者，在实际模拟过程中，在每一级上运行模拟的次数，都会远远大于 3。

为加快模拟速度，有时会牺牲一定的准确性。如果在"错误"方向上偏离太远，可能会提前终止模拟运行。例如，需要进行 10 层的模拟，当我们正在估计 $\pi_9 = P(E_9 | E_8)$ 时，如果从 S_8 开始的模拟进入了集合 $S_3 - S_2$，那么我们可以判断它在第一次进入 S_{common} 前不太可能回到 S_9，此时可以立即终止模拟以节省时间。

这些看起来简单，但是细节很难实现。实施中存在两个可能的难题。首先，如何选择嵌套子空间序列 $S_1, S_2, \cdots, S_M$？其次，应该为每个步骤进行多少次模拟运行，即 n_i 应该是多少？为了回答这些问题，必须解决一个优化问题，即在给定一定模拟数量的情况下，最小化 $P(E_M)$ 估计的方差。这个分析超过了本书讨论的范围，可在延伸阅读中查找这部分参考文献。但是我们提供一些参考。$\pi_i = m_i / n_i$ 是对从 S_{i-1} 到 S_i 而不先进入 S_{common} 的实际概率 p_i^{true} 的估计值。以下经验法则在很多情况下都适用。

选择 $S_1, S_2, \cdots, S_M$ 使得

$$\pi_1 \approx \pi_2 \approx \cdots \pi_M \approx e^{-2} \approx 0.14 \tag{9.10}$$

由此，利用 $P(\tau_{S_{rare}} < \tau_{S_{common}} | S_{start}) \approx \pi_1 \cdots \pi_M$，我们还可以获得 M。

现在，我们进入了一个循环。为了获得子空间 S_i，需要提前知道 π_i。但是，如果我们已经知道了所有的 π_i，我们还需要运行模拟做什么！

解决这一难题的一种实际方法是进行一些探索性的试运行，并基于这些试运行的模拟结果（不完美，高方差的）调整子集 S_i。我们可以对此类试运行模拟使用拆分的方法，若满足等式（9.10）的要求且每层所需的模拟时间大致相同，则在每层上执行相同数量的模拟。实际数量将取决于总的模拟预算。

这种方法有一个变体，不强调满足等式（9.10），而是直接选择子集 S_i，然后进行试运行去获得 π_i 初始值（即 p_i^{true} 的粗略估计值）。之后推荐使用一下经验法则，即选择 n_i 使得

$$\frac{n_1}{\sqrt{\dfrac{1 - \pi_1}{\xi_1 \pi_1}}} \approx \frac{n_2}{\sqrt{\dfrac{1 - \pi_2}{\xi_2 \pi_2}}} \approx \frac{n_M}{\sqrt{\dfrac{1 - \pi_M}{\xi_M \pi_M}}} \tag{9.11}$$

其中 ξ_i 是完成估计 $P(E_i | E_{i-1})$ 所需的 n_i 个模拟运行中的一个的平均工作量（例如模拟时间）。若我们有确定的模拟预算 B，则需要满足以下约束：

$$\xi_1 n_1 + \xi_2 n_2 + \cdots + \xi_M n_M = B \tag{9.12}$$

通常，随着潜在的状态空间的维度增加，拆分方法将变得更加难以实现。

示例　假设我们正在模拟一个电网，研究某条支线跳闸导致滚雪球效应的概率，这最终会导致超过 50% 的电网容量损失（在恢复完成之前）。发生这种重大损失的概率往往会随着电网的单个分支发生失效的概率呈指数增长。假设我们选择 S_1 作为状态的一个子集，其中包含的状态至少损失了 2% 的电网容量。我们运行 n_1 次模拟，从最初的分支发生失效开始到 S_1 发生或恢复完成，记录每次模拟进入 S_1 的状态，记为 $x_1, \cdots, x_k$。然后从这些状态中选

择 n_2 个（随机抽样，从 $x_1,\cdots,x_k$ 交替选取），运行 n_2 次模拟，直到系统恢复或损失了 50% 的容量。

示例　考虑一个能量采集传感器网络。每个节点都有一个超级电容储能器，该储能器由太阳能电池充电。随着感知和通信活动的发生，能量将被消耗。若存储的能量下降到某个阈值以下，则该节点将不能够再进行通信（实际中，会有短暂失效，直到充够足够的电），并且将退出网络。

假定超级电容器在时刻 T_0 充满电，我们希望找到在再次充满电之前其发生失效的概率。若概率足够高，可采用传统的模拟方法。但是若很小，则拆分可能会有用。

$S_1,S_2,\cdots,S_M$ 用于表示不同级别的电量存储，我们可以定义电量等级 $L_1>L_2>\cdots>L_M$，S_i 意味着电量等级不会超过 $L_i(i=1,\cdots,M)$。初始状态 S_{start} 对应着超级电容器充满电的状态。将 S_{common} 定义为充满电的状态，将 S_{rare} 定义为系统电能不足（节点失效）的状态。

假设使用经验法则 $\pi_i \approx e^{-2}$。通过先进行一些试运行确定 L_1 的合适级别，以使从初始状态进入 L_1（排除在首次进入 L_1 之前回到初始状态 S_{start} 的情况）的概率约为 e^{-2}。同样，从 L_1 中的这些“进入”状态开始，通过一些试运行选择适当的 L_2，以此类推。

试运行完成后，可以进行正式模拟。假设总模拟预算约为 B 秒（计算机时间）。根据我们的试运行结果，我们发现从 L_i 开始，每一轮模拟花费时间 ξ_i。然后利用等式（9.11）和式（9.12）获得每个阶段需要运行模拟的适当次数 n_i。

示例　再次考虑一个传感器网络，该网络通过节点之间转发固定大小的数据包来将数据传递到基站。每个节点具有有限数量的缓冲区。当缓冲区已满时，任何传向该节点的消息都将丢失。当缓冲区完全为空时，为初始状态 S_0。我们希望找到缓冲区在再次完全为空之前无法接收传入数据包的概率。

此问题与上个问题相似之处很明显。相关状态是数据包到达时缓冲区的空闲项数目。可以定义分级为 $L_1>L_2>\cdots>L_M=0$，并设置 $S_1,S_2,\cdots,S_M$。在 S_i 所包含的状态中，数据包到达时的空闲项数目不大于 L_i。然后就可以像前面的例子一样进行操作。

这种方法在哪些方面效果不佳？看等式（9.9），若我们不能很好地定义 $S_1,S_2,\cdots,S_{M-1}$，使得从 S_i 到 S_{i+1} 的概率（在进入 S_{common} 之前）太大，就不能使用这种方法了。换而言之，拆分法使用相对常见的事件（即 $P(E_{i+1}|E_i)$ 不会太小）的模拟序列，而非罕见事件的，当常见的事件链不可用时，这种方法也就不可行了。

示例　考虑一个包含 10 个处理器的系统，每个处理器都可以快速恢复，且处理器的失效率非常低。假设同时关闭 3 个以上的处理器时整个系统会发生失效，这是我们所说的罕见事件。将 S_{common} 定义为所有处理器都能够正常运行的状态，将 S_{rare} 定义为有 3 个处理器发生失效的状态。为了使用拆分法来估计概率 $P(\tau_{S_{\text{rare}}} < \tau_{S_{\text{common}}})$，可以定义分级 $L_i=i$，使得等级 i 代表有 i 个处理器发生失效。S_i 表示至少 L_i 个处理器失效的状态集。但是在这种情况下，从 S_i 进入 S_{i+1}（在先进入 S_{common} 之前）的概率很小。因此，拆分不是解决此类问题的好方法。

9.5　随机数生成

概率事件模拟的核心是随机数生成器，其作用是根据某些指定的概率分布函数生成服从独立同分布（i.i.d.）的随机变量。这种生成器的质量通常对于模拟结果的准确性至关重要，选择一个好的生成器具有着重要的实际意义。本节将讨论如何创建随机数生成器以及如何测试其质量。

当需要根据某个概率分布函数生成一串独立同分布（i.i.d.）的随机数时，通常分两步进行。第一步，生成一串在[0,1]内均匀分布的独立同分布随机数。第二步，将这些随机数转换为符合所需的概率分布。

9.5.1　均匀随机数生成器

在理想情况下，能够生成真正的随机数，它们既在[0,1]上均匀分布，又在统计上彼此独立。若我们能够找出具有随机属性的物理过程，则可以简单地对该过程进行测量。例如，一个商用的生成器会放大加在晶体管上的散粒噪声以及热噪声，然后使用阈值函数将这些噪声转换为比特（若噪声高于阈值，则为1，否则为0）。最后处理这串比特流以生成满足非常严格随机性测试的数列。

但是在大多数情况下，必须使用计算机程序生成的随机数。这里存在一个基本矛盾。通常这样的随机数序列 $X_1, X_2, \cdots$ 满足某个函数 $f(\cdot)$，使得 $X_{i+1} = f(X_i)$。给定种子 X_0，可以预测产生的随机数将是多少，它们之间并不具备真正的随机性。这就是为什么这种方式产生的数字称为伪随机数。我们希望生成的随机数具备足够的随机性，能够在我们的模拟中使用，从而不需要使用真正的随机数。实际上，我们正在尝试基于著名的图灵智能测试的一个变体，对随机数序列的随机性进行测试。针对人工智能的图灵测试如下：让人们与计算机或人互动，不告知互动对象是谁，如果他们不能从回答中辨别出是在和计算机还是在和人交谈，则认为计算机具有智能。应用于随机数序列的图灵测试变体如下：生成一个伪随机序列并将其交给统计学家，而不告诉其如何获得该序列，如果统计学家无法区分这样的序列和真正随机生成的序列，则通过测试。这是一项非常严格的测试，大多数生成器都会失败。我们希望所生成的伪随机数足够真实，以使我们的模拟足够准确地达到我们的模拟目的，模拟中的主要错误来源就是使用质量较差的随机数生成器。后面将介绍如何测试这样的序列以确定它们是否满足随机性的统计特性。

一组常用的均匀随机数生成器（URNG）是使用线性同余法：

$$X_{i+1} = (aX_i + c) \mod m, \quad 0 \leqslant a, c < m$$

其中 a、c、m 是常数。m 是生成器的模数，a 是乘数，c 是增量。若 $c=0$，则称为乘法生成器。通过指定随机数序列的种子 X_0 开始迭代过程。生成器的属性取决于这些常数的值。给定一个整数的序列（属于集合 $\{0, 1, \cdots, m-1\}$），可以定义因子序列 $U_i = X_i / m$，一般认为这个序列是在区间[0,1]内均匀分布且相互独立的。

因为序列 $X_1, X_2, \cdots$ 必须是一组数字组成的有限集合，所以序列将随时间重复，即在给定的此类生成器中，总会存在一些 M，使得 $X_i = X_{i+M}$。这其中最小的 M 称为生成器的周期 P，显然 $P \leqslant m$。

示例　考虑生成器 $X_{n+1} = (aX_n + c) \mod 8$（使用如此小的模数只是为了便于解释说明。实际上，正如我们将看到的，实际应用中将使用非常大的模数）。下面来证明 a 和 c 的值对于生成器运行来说至关重要。

首先考虑以下结果集：

种子	0	1	2	3	4	5	6	7
X_1	1	4	7	2	5	0	3	6
X_2	4	5	6	7	0	1	2	3
X_3	5	0	3	6	1	4	7	2
X_4	0	1	2	3	4	5	6	7
X_5	1	4	7	2	5	0	3	6
X_6	4	5	6	7	0	1	2	3
X_7	5	0	3	6	1	4	7	2

$a=3$；$c=1$；$m=8$

请注意这个序列中，每一个种子的值都会产生周期为 4 的数列。下面尝试另一组常数。

种子	0	1	2	3	4	5	6	7
X_1	2	4	6	0	2	4	6	0
X_2	6	2	6	2	6	2	6	2
X_3	6	6	6	6	6	6	6	6
X_4	6	6	6	6	6	6	6	6
X_5	6	6	6	6	6	6	6	6
X_6	6	6	6	6	6	6	6	6
X_7	6	6	6	6	6	6	6	6

$a=2$；$c=2$；$m=8$

这个结果是灾难性的，产生的数字是非随机且相关的。不管种子如何设定，生成器都将生成一串重复的 6。我们再尝试另一组取值。

种子	0	1	2	3	4	5	6	7
X_1	1	6	3	0	5	2	7	4
X_2	6	7	0	1	2	3	4	5
X_3	7	4	1	6	3	0	5	2
X_4	4	5	6	7	0	1	2	3
X_5	5	2	7	4	1	6	3	0
X_6	2	3	4	5	6	7	0	1
X_7	3	0	5	2	7	4	1	6

$a=5$；$c=1$；$m=8$

对于 a 和 c 的这些取值，每个种子都会产生一个最大周期为 8 的随机数序列。应注意，这并不意味着这是一个好的生成器，它只是传递一个基本的合理性检查结果。

当且仅当具有以下性质时，线性同余生成器（LCG）具有周期 m：
- c 和 m 互质（最大公因数为 1）。
- 对于能够整除 m 的每个质数 p，$a-1$ 是 p 的倍数。
- 若 m 是 4 的倍数，则 $a-1$ 也是 4 的倍数。

该结果的证明不在本书讨论范围之内，有关更多信息，请参见延伸阅读。

由于随机数生成器在模拟中至关重要，因此许多研究人员在参数空间中进行了广泛的搜索，以找到具有良好性能的生成器。一种具有良好统计特性，被广泛应用的生成器所使用的参数为 $a=16\,807$、$m=2^{31}-1$、$c=0$。

LCG 的周期受到 m 的限制，这对于运行一个长时间的模拟来说是个问题。在模拟容错系统的过程中，对于遇到的每个系统失效都必须生成大量事件，此时这类生成器的周期通常都相对太小了。例如，在上述生成器中，$m=2^{31}-1=2\,147\,483\,647$，在模拟过程中，完全有可能对随机数生成器产生二十亿次调用。我们希望对生成器的调用次数要比生成器周期小很多，这可以使用组合生成器来实现。一种实现方法是选择参数 a_{ij}、m_1、m_2、k，然后定义

$$X_{1,n} = (a_{11}X_{1,n-1} + a_{12}X_{1,n-2} + \cdots + a_{1k}X_{1,n-k}) \mod m_1$$

$$X_{2,n} = (a_{21}X_{2,n-1} + a_{22}X_{2,n-2} + \cdots + a_{2k}X_{2,n-k}) \mod m_2$$

通过谨慎选择这些参数，可使下面的序列（此表达式的分数部分）的属性非常接近服从 i. i. d. 均匀分布的随机变量：

$$U_n = (X_{1,n}/m_1 - X_{2,n}/m_2) \mod 1$$

要找到适合此生成器的参数，需要长时间的搜索。以下参数被认为具有良好的统计特性：$k=3$、$m_1=2^{32}-209$、$(a_{11}, a_{12}, a_{13}) = (0, 1\,403\,580, -810\,728)$、$m_2=2^{32}-22\,853$、$(a_{21}, a_{22}, a_{23}) = (527\,612, 0, -1\,370\,589)$。这样的生成器周期长度接近 2^{191}。详细信息参见延伸阅读。

9.5.2　测试均匀随机数生成器

所有针对 URNG 的测试都会提出以下问题：URNG 的输出在多大程度上服从均匀分布随机数流的特性（即这些随机数是相互独立的）？要回答这个问题，首先必须确定一些关键属性。

最重要的属性是输出的均匀性，即我们需要计算输出在 $[0,1]$ 范围内均匀分布的程度。假设生成 1000 个数字，却发现它们都在 $[0,0.7]$ 范围内。从单位区间内均匀独立地选出 1000 个数字且它们都落在 $[0,0.7]$ 内，并不是不可能的，该事件的概率为 $0.7^{1000} = 1.25 \times 10^{-155}$，虽然概率小，但是并不为 0。因此，若从被测试的 URNG 中得到这样的序列，不能肯定地说 URNG 不好。我们只能说，好的生成器不太可能产生这样的序列。

接下来介绍一些测试 URNG 良好性的方法。

χ^2 测试

使用 URNG 生成一个长数列。对于一个适合的 k，定义 $a_0, a_1, a_2, \cdots, a_{k-1}, a_k$，使得 $0 = a_0 < a_1 < a_2 < \cdots < a_{k-1} < a_k = 1$。对 $i = 0, 1, \cdots, k-1$，定义区间 $I_i = [a_i, a_{i+1})$。令 O_i 和 E_i 分别为落入区间 I_i 内的观测频率和期望频率，并定义 S，该值衡量观测频率与期望频率之间的偏差，即

$$S = \sum_{i=0}^{k-1} \frac{(O_i - E_i)^2}{E_i}$$

显然，好的 URNG 会使得 S 值很小。可以得到（延伸阅读部分提供了对该推导的提示），若随机数是完美 URNG 的输出，并且有大量的随机数（至少有 5 个落入对应区间 I_i），则 S 近似服从自由度为 $k-1$ 的 χ^2 分布。通过统计相关书籍或网络搜索，很容易找到 χ^2 分布的图表。若 S 太大，我们将拒绝这个 URNG，因为真正的 URNG 产生这样差（或更大的差）的可能性很小。

示例 把 $[0,1]$ 区间划分为 10 个相等的子区间，每个长度为 0.1，于是对于 $i=0,1,\cdots,9$，有 $I_i=[0.1i, 0.1i+0.1)$。假设生成 1000 个随机数，结果如表 9-2 所示。我们选择 0.05 作为显著性水平，这意味着，如果某个 URNG 产生的随机数序列的 S 值满足以下条件，则应该被拒绝，即一个理想的 URNG 产生的随机数序列大于或等于该 S 值的概率小于 0.05。参照自由度为 9 的 χ^2 分布表，在显著性水平为 0.05 时，若 $S>16.9$，则拒绝 URNG。因为在这个例子中，有 $S=331.98$，我们拒绝此生成器（它和预期行为有很大差异）。一个好的 URNG 产生像这样的数列的概率很小（远小于 0.5）。

表 9-2 描述 χ^2 测试

i	O_i	E_i	$(O_i-E_i)^2$	$(O_i-E_i)^2/E_i$
0	15	100	7225	72.25
1	100	100	0	0.00
2	200	100	10000	100.00
3	88	100	144	1.44
4	100	100	0	0.00
5	100	100	0	0.00
6	90	100	100	1.00
7	80	100	400	4.00
8	27	100	5329	53.29
9	200	100	10000	100.00
	1000	1000	TOTAL	331.98

串行测试

测试一个 URNG 是否产生均匀分布的随机数是必要的，但绝对不是充分的。为了解原因，请考虑以下生成器（这是一个极端且人为的示例，其唯一目的是说明一种思路）。使用近似均匀分布的 URNG 产生 $Y_1,Y_2,\cdots,Y_n$。然后对于 $k>1$，用如下的方法产生序列 $Z_1,Z_2,\cdots,Z_n$，

$$Z_1 = Z_2 = \cdots = Z_k = Y_1;$$
$$Z_{k+1} = Z_{k+2} = \cdots = Z_{2k} = Y_2;$$
$$\vdots$$
$$Z_{(n-1)k+1} = Z_{(n-1)k+2} = \cdots = Z_{nk} = Y_n$$

若 $Y_1,\cdots,Y_n$ 能够很好地服从均匀分布，则序列 Z_i 将通过 χ^2 测试。然而各 Z_i 是不可接受的，因为它们高度相关。因此，还需要测试其是否不具备相关性，这种不相关性看起来像连续的数字的统计独立性。这种独立性事实上是假的，序列中第 n 个随机数是第 $(n-1)$ 个随机数的函数。我们真正要测试的是产生的数列是否像一个独立序列。同样，即使完全独立生成的随机数也完全有可能（尽管可能性很小）表现出相关性。实际上，我们能做的测试是：一个能够生成相互独立的随机数的理想生成器产生如此一个随机数序列的概率是否足够高？

要测试连续数之间的相关性，可以使用串行测试。在 k 维空间中做如下测试：生成一个随机数列，然后将它们组成 k 元组，如下所示：

$$G_1 = (X_1, X_2, \cdots, X_k);$$
$$G_2 = (X_{k+1}, X_{k+2}, \cdots, X_{2k});$$
$$G_3 = (X_{2k+1}, X_{2k+2}, \cdots, X_{3k});$$
$$\vdots$$

然后，将 k 维单位立方体划分成 n 个相等的子立方体，计算落入每个子立方体中的 k 元组的数量，并测试（χ^2 测试）这些 k 元组是否在每个子立方体中是均匀分布的。

示例　假设针对 2 维的相关性进行测试。为此，生成 2 元组序列 (X_1, X_2)，(X_3, X_4)，…，然后将二维立方体（单位正方形）细分成为 100 个正方形（称为子正方形），每个区域的面积为 0.01。计算落入子立方形 i 的 2 元组数目 n_i，使用 χ^2 测试来检查这些 2 元组是否均匀地分布在子正方形中。若存在相关性，则部分子正方形中的 2 元组数目明显高于其他子正方形（见图 9-6）。

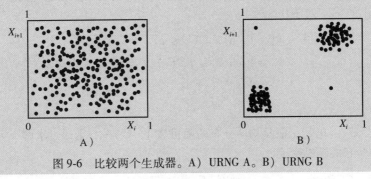

图 9-6　比较两个生成器。A）URNG A。B）URNG B

排列测试

给定一个特定的数列，将它们分成不重叠的子序列，每个子序列的固定长度为 k。这些子序列中的每一个都可以是 $k!$ 种可能排列顺序中的一种。若 URNG 是可接受的，则每一种排列顺序出现的可能性相同，可以使用 χ^2 测试进行验证。

示例　考虑 $k=3$，用 u_1, u_2, u_3 表示一个子序列。这个子序列有 $3! = 6$ 中可能排列：$u_1 \leq u_2 \leq u_3$、$u_1 \leq u_3 \leq u_2$、$u_2 \leq u_1 \leq u_3$、$u_2 \leq u_3 \leq u_1$、$u_3 \leq u_1 \leq u_2$、$u_3 \leq u_2 \leq u_1$。我们生成大量的这种序列，希望一个好的 URNG 能够以概率 1/6 生成这 6 种排序中的任何一个。若其中一个的概率显著不同于 1/6（用 χ^2 来测试），那么这个 URNG 无法通过该测试。

光谱测试

这可能是最强的一种可用测试方法。在二维空间中，光谱测试所采用的方法也许最容易理解。尝试绘制平行线，以使散点图中的每个点都在某一条平行线上。然后，找到任意两条相邻的平行线之间的最大距离，令 d_2 为该距离的最大值，可以采取任何可行的方法画出这些平行线（下标为 2 是指我们在二维空间上进行分析）。定义 $v_2 = 1/d_2$ 为 URNG 的二维精度。精度越高，效果越好。直观来说，对于较大的 v_2 值，这些点在二维空间中的分布更加"随机"。

这种方法可以推广到更高的维度。在 k 维空间（绘制 $(X_i, X_{i+1}, \cdots, X_{i+k-1})$）中，可以将平行线替换为 $k-1$ 维超平面，并重复距离计算。$v_k = 1/d_k$（其中 d_k 为 k 维，正如 d_2 是二维的）是 URNG 的 k 维精度。

建议研究最多为六维的散点图，且对于 $i = 2, 3, 4, 5, 6$ 有 $v_i \geq 2^{30/i}$，以使生成器质量更好。

剩下的一个问题是如何计算 v_i。这背后的理论超出了本书的范围，读者可以从网上下载运行光谱测试的程序。

9.5.3 生成其他分布

给定一个 URNG，我们可以很容易生成服从其他分布的随机数。有一些标准方法可以做到这一点。

逆变换技术

该技术基于：若随机变量 X 服从概率分布 $F_X(\cdot)$，则随机变量 $Y = F_X(X)$ 在区间 $[0,1]$ 上服从均匀分布。这很容易证明：

用 F_X^{-1} 表示 F_X 的逆函数，即 $F_X^{-1}(F_X(y)) = y$（如果因为存在多个这样的 y 而导致逆不存在，则选择最小的 y）。对于 $0 \leqslant y \leqslant 1$，

$$\begin{aligned} \text{Prob}\{Y \leqslant y\} &= \text{Prob}\{F_X(X) \leqslant y\} \\ &= \text{Prob}\{X \leqslant F_X^{-1}(y)\}（因为 F_X(\cdot) 非递减）\\ &= F_X(F_X^{-1}(y)) \\ &= y \end{aligned}$$

因此，若生成在 $[0,1]$ 上服从均匀分布的随机数 $Y_1, Y_2, \cdots$，则通过求解 $X_i = F_X^{-1}(Y_i)$，将得到服从 $F_X(\cdot)$ 分布的随机变量。

示例 假设我们要生成随机变量 X 的实例，X 是服从参数为 μ 的指数分布的随机变量。X 的概率分布函数为

$$F_X(x) = 1 - e^{-\mu x}, \quad x \geqslant 0$$

现在定义

$$Y = F_X(X) = 1 - e^{-\mu X}$$
$$e^{-\mu X} = 1 - Y$$

因此

$$-\mu X = \ln(1 - Y)$$
$$X = -(1/\mu)\ln(1 - Y)$$

为产生服从指数分布的随机数，在 $[0,1]$ 上生成服从均匀分布的随机数 y，然后输出 $x = -(1/\mu)\ln(1-y)$。如果直接使用 $-(1/\mu)\ln y$ 也可以稍微加快计算速度，有关详细信息参见练习题。

如下面的示例所示，处理离散随机变量的方法类似。

示例 要求生成一个具有以下概率质量函数的离散随机变量 V：

$$\text{Prob}\{V = v\} = \begin{cases} 0.1 & ,v = 1 \\ 0.3 & ,v = 2 \\ 0.6 & ,v = 2.25 \\ 0 & ,其他 \end{cases}$$

V 只能取值为 1、2、2.25。相应的概率分布函数为：

$$F(v) = \text{Prob}\{V \leqslant v\} = \begin{cases} 0.0 & ,v < 1 \\ 0.1 & ,1 \leqslant v < 2 \\ 0.4 & ,2 \leqslant v < 2.25 \\ 1.0 & ,v \geqslant 2.25 \end{cases}$$

该分布函数在 $v=1$、2、2.25 时发生跳跃，在其他情况下则是平坦的。现在区间 $[0,1]$ 上生成服从均匀分布的随机变量 U，输出

$$V = \begin{cases} 1 & ,0 \leqslant U \leqslant 0.1 \\ 2 & ,0.1 < U \leqslant 0.4 \\ 2.25 & ,0.4 < U \leqslant 1.0 \end{cases}$$

示例　假设生成一个非齐次泊松过程。这是著名的泊松过程的推广，唯一的不同是事件的发生率不是常数 λ，而是一个时间 t 的函数，用 $\lambda(t)$ 表示。事件在区间 $[t,t+\mathrm{d}t]$ 内发生的概率由 $\lambda(t)\mathrm{d}t$ 表示。非齐次泊松过程可用于对失效率随着时间而变化的组件进行建模。

现在我们的任务是生成事件发生的时间。为此，我们将生成第一个事件发生的时间，然后根据第一个事件的时间生成第二个事件的时间，以此类推。

为了使用逆变换技术，首先需要计算连续事件间隔时间的概率分布函数。在区间 $[t_1,t_2]$ 中，无事件发生的概率为

$$e^{-\int_{t_1}^{t_2}\lambda(\tau)\mathrm{d}\tau}$$

因此，若第 i 个事件在时间 t_i 发生，则到下一个事件发生的时间间隔的分布函数为：

$$F(x \mid t_i) = 1 - e^{-\int_{t_i}^{x+t_i}\lambda(\tau)\mathrm{d}\tau}$$

例如，假设 $\lambda(t) = at$，这意味着失效率随着时间线性增加。第 i 个事件与第 $(i+1)$ 个事件的时间间隔的分布函数为

$$F(x \mid t_i) = 1 - e^{-\int_{t_i}^{x+t_i}a\tau\mathrm{d}\tau} = 1 - e^{-a[x^2+2xt_i]/2}$$

使用逆变换技术，定义

$$u = 1 - e^{-a[x^2+2xt_i]/2}$$

解出 x，

$$x = -t_i + \sqrt{t_i^2 - 2\ln(1-u)/a}$$

这是分隔 t_i 和 t_{i+1} 的区间的长度。因此，我们生成事件的时间如下（生成在区间 $[0,1]$ 上均匀分布的 U_1，U_2，…）：

（1）$t_1 = \sqrt{-2\ln(1-U_1)/a}$

（2）$t_2 = t_1 - t_1 + \sqrt{t_1^2 - 2\ln(1-U_2)/a} = \sqrt{t_1^2 - 2\ln(1-U_2)/a}$

（3） $t_3 = t_2 - t_2 + \sqrt{t_2^2 - 2\ln(1 - U_3)/a} = \sqrt{t_2^2 - 2\ln(1 - U_3)/a}$

······

示例   假设要生成服从韦布尔分布［见等式(9.2)］的正随机变量，那么

$$F(x) = 1 - e^{-\lambda x^{\beta}} \quad (x \geqslant 0)$$

现在有

$$u = 1 - e^{-\lambda x^{\beta}}$$

因此

$$x = [-\ln(1 - u)/\lambda]^{1/\beta}$$

拒绝法

假设我们给定一个随机数生成器，它可以根据概率密度函数 $g(\cdot)$ 生成随机数，而我们需要根据概率密度函数 $f(\cdot)$ 生成随机数，满足对于所有 x 和有限常数 c，$f(x) \leqslant cg(x)$ 的条件。那么，拒绝法过程如下：

（1） 根据概率密度函数 $g(\cdot)$ 生成随机数 Y。

（2） 生成 U，服从 $[0,1]$ 区间上的均匀分布。

（3） 若 $U \leqslant \dfrac{f(Y)}{cg(Y)}$，则输出 Y，否则返回到步骤 1，重复执行。输出概率密度函数 $f(\cdot)$。

常数 c 的作用是确保 $\dfrac{f(Y)}{cg(Y)}$ 永远不大于 1。我们希望选择一个函数 $g(\cdot)$，使得 c 不会很大。作为练习题，请读者证明，遍历上述过程生成一个输出的平均次数为 c。

接下来我们证明该方法产生了预期结果：

$$\text{Prob}\{X \leqslant x\} = \text{Prob}\left\{Y \leqslant x \,\middle|\, U \leqslant \frac{f(Y)}{cg(Y)}\right\}$$

$$= \frac{\text{Prob}\left\{Y \leqslant x \text{ 且 } U \leqslant \dfrac{f(Y)}{cg(Y)}\right\}}{\text{Prob}\left\{U \leqslant \dfrac{f(Y)}{cg(Y)}\right\}}$$

$$\text{Prob}\left\{Y \leqslant x \text{ 且 } U \leqslant \frac{f(Y)}{cg(Y)}\right\} = \text{Prob}\left\{U \leqslant \frac{f(Y)}{cg(Y)} \,\middle|\, Y \leqslant x\right\}\text{Prob}\{Y \leqslant x\}$$

$$= \frac{F(x)}{c}（填写缺少的步骤作为练习题）$$

$$\text{Prob}\left\{U \leqslant \frac{f(Y)}{cg(Y)}\right\} = \frac{1}{c}（证明，作为练习题）$$

因此，$\text{Prob}\{X \leqslant x\} = F(x)$，这样就完成了证明。

示例   假设我们想根据均值为 0，方差为 1 的正态分布生成随机变量 Z。密度函数为 $h(z) = \dfrac{1}{\sqrt{2\pi}}e^{-z^2/2}$ $(-\infty < z < \infty)$。

我们想要找到一个合适的函数 $g(\cdot)$。URNG 不合适，它的密度函数在有限的区间外将变成 0。但是我们知道如何生成服从指数分布的随机变量（参数为 1），对于 $x \geq 0$，它的密度函数为 $g(x) = e^{-x}$。对于正负 z 来说唯一的问题是正态分布都不为零，并且仅在 $x \geq 0$ 时才定义指数。

困难可以被克服，因为观察到 $h(z)$ 关于原点对称并且 $h(z) = h(-z)$。生成一个随机变量 $X = |Z|$，在非负的半个区间内，它的密度函数是标准密度函数的二倍。这得到了密度函数 $f(x) = \dfrac{2}{\sqrt{2\pi}} e^{-x^2/2} \ (0 \leq x < \infty)$。

令 $Z = X$ 和 $Z = -X$ 的概率各为 0.5。

首先找到一个 c，使得 $f(x) \leq cg(x)$。为此，我们需要在 $x \geq 0$ 时最大化 $f(x)/g(x)$。简单计算得到当 $x = 1$ 时会发生这种情况，因此我们可以使用

$$c = \frac{f(1)}{g(1)} = \sqrt{\frac{2e}{\pi}}$$

经过一些代数运算后，得到

$$\frac{f(x)}{cg(x)} = e^{-(x-1)^2/2}$$

因此要生成 X，执行以下步骤：

(1) 生成 Y，其概率密度函数为 $g_Y(y) = e^{-y}$。

(2) 生成在区间 $[0,1]$ 上均匀分布的 U_1。

(3) 若 $U_1 \leq e^{-(Y-1)^2/2}$，输出 $X = Y$，否则返回到步骤（1），重复执行。

要根据 X 生成 Z，请执行以下操作：

(1) 生成在区间 $[0,1]$ 上均匀分布的 U_2。

(2) 若 $U_2 \leq 0.5$，输出 $Z = X$，否则输出 $Z = -X$。

组合方法

当要生成的随机变量是其他随机变量的和时，可以生成后者的每一个变量，然后把它们相加。

示例　我们要生成一个随机变量 Z，其定义为 $Z = V + X + Y$，其中：

(1) V 在区间 $[0,10]$ 上均匀分布。

(2) X 服从参数为 16 的指数分布。

(3) Y 服从均值为 5，方差为 23 的正态分布。

我们使用逆变换技术生成 V 和 X，使用拒绝法生成 Y。然后将它们加和输出结果。

9.6　故障注入

模拟系统获得其可靠性或相似属性需要了解参数，例如组件的失效率。这些可以通过长时间的观测获得，也可以通过故障注入实验更快地获得。在这样的实验中，将各种故障注入目标系统的模拟模型或系统的硬件和软件原型中。然后观测并分类每个故障存在时系统的行为。可以基于上述实验来估计的参数包括故障将导致出错的概率，以及系统成功从

错误中恢复执行的概率（后一种概率通常称为覆盖因子）。这些操作包括检测故障，识别受故障影响的系统组件以及采取适当的恢复措施，其中可能涉及系统的重新配置。任意操作花费的时间并不是常量，会随着故障的变化而变化，也可能取决于当前的工作量。因此，除了提供覆盖因子的估计值之外，故障注入实验还可以用于估计与上述操作相关的单个延迟的分布。

此外，故障注入实验可用于评估和验证系统可靠性。例如，可以发现容错机制实现中的错误，并且可以识别出更有可能导致整个系统崩溃的系统组件故障。此外，可以观测系统工作负载对可靠性的影响。

9.6.1　故障注入技术类型

最初，故障注入研究涉及将物理故障注入系统的硬件组件中。这就需要能够修改几乎每个电路节点的电流值，从而模仿在那里可能发生的故障。随着当前 VLSI 技术中电路密度的显著增加以及相应设备尺寸的减小，并且只能较轻松地访问集成电路的引脚，该技术的功能受到了限制。

可利用扫描链增进可访问性，该扫描链以顺序的方式连接大量内部电路锁存，并且目前已包含在许多复杂集成电路设计中。扫描链通过许多允许用户移出当前值（出于观察的目的）并移入新值来简化电路的调试和生产测试。通过移位错误数据位，扫描链也可用于注入故障。

即便如此，将故障注入所有内部电路节点实际上并不可行，因为即使在一个适度复杂的系统中，电路节点的数量也非常大，这使得很难完全注入。故而，必须仔细选择注入点的子集。

已经制定了几种可以注入故障而无须直接访问内部节点的替代方案。其中一个方案是针对硬件问题的粒子辐射（例如重粒子辐射）。这样的辐射可以将故障注入原本无法到达的位置，但是另一方面，它只能注入瞬时故障，因为粒子撞击的影响会在短暂的延迟后消失。该技术的另一个优势是，它与现实生活中可能发生的事件密切相关。随着当前集成电路中器件尺寸变小，由中子和 α 粒子撞击引起的故障变得越来越普遍。这些粒子撞击（也称为软错误或单粒子反转）在太空中常见，但是由于宇宙射线对地球的轰炸以及包装材料中存在微量放射性原子，所以也出现在地表中。

故障注入的另一种方式是通过电源干扰。短暂降低电源电压，使之低于额定电压。不像通常的辐射方法生成单粒子反转故障，该方案会同时影响电路中的多个节点，从而产生多个瞬时故障。但是，这些故障的确切位置都无法控制。电源干扰的影响确实类似于计算机系统在工业应用中可能遇到的一些现实情况。

电磁干扰是故障注入的另一种方法。系统受到电磁脉冲的影响会产生故障，可以影响所有组件，也可以被限制为仅某个组件受到影响。同样，注入的故障也是瞬时的。

上述物理注入技术需要提供目标系统的原型系统。如果设计者只是希望测试设计方案中的某些容错功能特性，并在可靠性达不到设计要求的情况下对其进行修改，则使用物理注入技术成本过于高昂。一种替代方法是通过软件层注入故障。这种技术称为软件实现的故障注入（SWIFI），可应用于目标系统的原型，也可应用于其模拟模型。SWIFI 还克服了物理故障注入的一些问题，例如可重复性和可控性。它可以轻松访问系统中大量的内部电路节点（但是不能访问所有），比物理注入更容易控制注入故障的位置、发生时间、持续时间和类型。SWIFI 方法的一个重要优点是它不仅限于注入硬件故障，还可以注入软件故障。此类软件故障可能会导致数据错误、接口错误和代码错误。

顾名思义，数据错误涉及破坏某些内存段的内容（例如堆、栈、代码段等）。与之相应的网络错误可以通过延迟、丢弃或破坏消息来模拟。

接口错误主要是破坏发送到软件模块输入接口的值或是其输出接口的值。通常通过随机翻转一位、多位或使用不正确的数据类型来产生此类错误。

代码错误涉及更改代码中的指令。可以使用空操作（不执行任何操作）或其他一些指令代替正常代码中的某些指令来实现。可以在源代码级别或机器代码级别进行此类更改。

> **示例** 典型的注入代码错误包括更改常量值、分支条件或赋值语句。其他还包括更改动态内存的分配或释放。下表提供一些示例：
>
> | 正确的 | 更改后的 |
> |---|---|
> | int i = 0; | int i = 5; |
> | if (j<55) ... | if (j>55) ... |
> | i=j; | i=k; |
> | free (ptr) | nop |

若将 SWIFI 应用到目标系统的模拟模型而不是原型中，则可以使用混合模式模拟技术，从而支持多个级别的系统抽象，包括结构级、功能级、逻辑级和电路级的。在混合模式模拟中，系统以层次化方式进行分解，从而使我们能够在不同抽象级别上模拟各种组件。因此，可以在较低的抽象级别上模拟注入的故障，而在较高的抽象级别上模拟其在整个系统中的传播，从而大大减少了模拟时间。尽管基于模拟的故障注入具有一些理想的属性，但是将故障注入原型系统中可以提供更加真实、可信和准确的结果。

软件故障注入可根据故障注入时间分为编译时注入或运行时注入。为了在编译时注入故障，可以修改程序指令，将错误注入源代码或汇编代码，以模拟硬件（永久或瞬时故障）和软件故障的影响。要在运行时注入故障，可以使用定时器（硬件或软件）来确定触发注入的确切时间，也可以使用软件陷阱来确定相对于某些系统事件的注入触发时间。此技术仅需要对应用程序进行少量修改（如果需要的话）。触发软件故障注入的另外一种方法是往应用程序中添加指令，这将允许在程序执行期间，在预定的时刻触发故障注入。

9.6.2 故障注入应用和工具

故障注入已广泛应用于评测覆盖因子和各类延迟（时间）参数，研究错误传播机制以及分析系统工作负载和故障处理能力之间的关系。故障注入方案的另一个有趣的应用是评估瞬时故障对高可用系统的可用性影响。这些系统能够从瞬时故障中恢复，但是恢复过程需要一定时间（会造成服务中断），从而降低了可用性。

现今，已经开发和使用了大量的故障注入器，其中的一部分在延伸阅读中有提及。在许多故障注入器的比较研究中发现，软件和硬件故障注入器可以彼此验证或相互补充。如果注入实验需要涵盖多种不同的故障，则需要同时实现的软硬件故障注入器互为补充。

故障注入方法的不同导致相应工具具有不同的属性。表 9-3 总结了其中一些差异。

表 9-3 四种故障注入方法的属性比较

属性	硬件直接注入	硬件间接注入	编译时软件注入	运行时软件注入
可用性	低	高	低	低到中
可控性	高	低	高	高
侵入性	无	无	低	高
可重复性	高	低	高	高
成本	高	高	低	低

所有故障注入方案都需要一个定义明确的故障模型，该模型应该尽可能接近人们期望在目标系统生命周期中观察到的故障。故障模型必须指定故障的类型、故障的位置和持续时间，以及这些特征的统计分布。当前可用的故障注入工具中使用的故障模型差异很大，从非常详细的设备级故障（例如，一个特定线路上的延迟故障）到简化的功能级故障（例如，一个错误的加法器输出）。

9.7　延伸阅读

关于模拟的两本参考书［16，45］讲述了有关如何编写模拟程序的方法。另一本更为基础的参考书是运筹学的书籍［26］。在文献［4］中可以找到很多关于模拟模型的内容。许多模拟都是用专门的模拟语言编写的，例如用 GPSS。有关此语言的详尽介绍，请参见文献［47］。在我们的研究中，没有讨论并行模拟，这是加速模拟方面非常有前景的方法，有关详细信息，请参见文献［18］。

许多书中都涉及参数估计的内容，例如文献［12，49］。在文献［51］中对于这部分内容进行了通俗易懂的讨论。

两本书［17，45］可能是对于减小方差方法的最佳阐述。有关重要性抽样，请参见文献［22，25，40，41］。这其中还包含了一些非常有用的参考书目。文献［37］为强制技术提供了早期资料。在文献［15］中提出了使用重要性抽样评估实时系统可靠性的案例研究。文献［9］则是最近的关于该内容的参考文献。

对于拆分，最开始的参考资料是文献［19，32，36，46，48，55］。在文献［20，21］中提供了实用的参考资料，用于分析拆分。可以在文献［39］中找到网络可靠性分析中的拆分示例。我们在电网可靠性分析中使用的拆分示例基于文献［58］。有关此领域进一步工作的示例，请参见文献［9，33］。最后，关于重要性抽样和拆分的结合，可以参见文献［34］。

文献［30］的第二卷提供了有关均匀随机数生成器的详尽资料。可以在其中找到有关线性同余生成器属性的详尽数学处理方法，包括必须满足的条件 $P=m$。提供的随机性统计测试的详尽处理方法尤其有价值，对 x^2 测试的基本理论进行了详细说明，并针对其中最强大的测试——光谱测试进行了广泛的介绍。这本书还提供了一系列出色的参考文献。关于统计测试的其他资料来源还包括文献［5］和［28］。

文献［31］中的最新工作介绍了关于长周期的随机数生成器。

许多书中都讨论了生成不服从均匀分布的随机数的内容，例如文献［5，45］。关于高斯随机数生成的综述可以在文献［38］中找到。

几篇调查报告回顾了故障注入器的使用以及各种可用的工具[11,27]。已开发的某些故障注入工具依赖于硬件故障注入，例如 Messaline[2]、FIST[23]、Xception[10] 和 GOOFI[1]。其他的则基于软件故障注入，例如 Ferrari[29]、FIAT[6]、NFtape[50] 和 DOCTOR[24]。有关如何评估故障注入覆盖因子的方法，参见文献［44］。

故障注入很难评估软件对于故障的弹性，因为很难确定什么样的软件故障能够真正代表实际系统中发生的故障。例如，最近的综述文献［43］和文献［14，42］。文献［3］对评估容错系统可靠性的几种工具进行了一个较好的比较。软件故障注入的另一种用途是评估使用软件产品所涉及的风险[56,57]。这种方法使用能够修改程序状态的代码（通过在指令中注入异常来实现），以观察软件的行为有多糟糕。

与通过模拟或其他方法生成的数据相关的一个重要问题，是数据的可视化。如何以人类可以准确而迅速地掌握的方式来显示数据是许多研究的主要目的。例如，需要决定创建哪种图（例如二维或三维，颜色的使用，散点图与点线图或直方图，线性轴与对数轴，轴位移值）以及如何创建数据汇总。关于该内容的介绍，可以参见一篇很好的综述［35］，还可参见长篇论文［52-54］。

　　虚拟现实技术的最新发展能够以自适应的方式呈现数据，开辟了新的前景，参见文献［8，13］。

9.8　练习题

1. 给定 10 个处理器的集合，其服从泊松失效过程，且每个处理器每小时的失效率是 λ。这些处理器运行一周，得到每个处理器的失效次数分别是 2、4、2、1、1、2、3、2、0、2。
   a）估计 λ 的值是多少？
   b）使用式（9.1），为 λ 构造一个 95% 的置信区间来估计标准差。
   c）根据泊松分布 $E(x) = \mathrm{Var}(x) = \lambda$，为 λ 构造一个 95% 的置信区间。
   d）解释 b）和 c）之间的不同。

2. 给定 10 个处理器的集合，其服从泊松失效过程且每个处理器每小时的失效率是 λ。λ 的先验密度为区间［0.001，0.002］上的均匀分布。
   a）这些处理器运行 100h，没有任何处理器发生失效。λ 最优的估计值（即 λ 的后验密度的平均值）是多少？
   b）继续这个实验 10 000h，没有任何处理器发生失效。λ 最优的估计值是多少？
   c）假设运行这个实验很长时间，没有任何处理器发生失效。那么 λ 的后验密度函数应该是什么样的？

3. 这个题目是我们关于之前一个难以实现问题的讨论的延续，即验证一个安全关键系统的可靠度能否达到一个足够高的置信度。
   假设要计算一个安全关键系统可靠度的置信区间，它在指定运行区间上的真实失效概率是 10^{-8}（当然，事先我们并不知道失效概率是 10^{-8}，这也就是为什么要收集统计数据的原因）。估计以 99.999 999% 的置信度得到在区间［0.9×10^{-8}，1.1×10^{-8}］上真实的失效概率所需要的观测数据数量。
   针对这个问题，需要一个足够准确的计算标准分布的算法。通过网络搜索可以找到这样的算法，例如文献［7］中所展示的那样。

4. 评估随机数生成器（RANDU），其许多年前就被广泛应用于产生均匀随机数。它的递归公式为 $X_{n+1} = (65\ 539 X_n)\ \mathrm{mod}\ 2^{31}$。令 $X_0 = 23$，并使用 9.5.2 节描述的各种测试方法。光谱测试的软件能在网上找到。

5. 在你最喜欢的计算机系统或是电子制表软件中，重复习题 4 的随机数生成器。

6. 给出一个均匀随机数生成器，得到概率密度函数为以下几种形式的连续值随机变量生成器（假设指定范围之外的密度为 0）。
   a）$f_1(x) = 0.25$，$16 \leqslant x \leqslant 20$。
   b）$f_2(x) = 0.4\mu_1 e^{-\mu_1 x} + 0.6\mu_2 e^{-\mu_2 x}$，$x \geqslant 0$。
   c）$f_3(x) = \dfrac{1}{24} x^4 e^{-x}$，$x > 0$。
   d）$f_4(x) = \begin{cases} x & , 0 \leqslant x \leqslant 1 \\ 2-x & , 1 \leqslant x \leqslant 2 \\ 0 & , \text{其他} \end{cases}$

7. 生成具有以下概率质量函数的离散随机变量（假设参数的值已知）：
   a）$\mathrm{Prob}\{X = n\} = p(1-p)^{n-1}$，$n = 1, 2, 3, \cdots, 0 < p < 1$。
   b）$\mathrm{Prob}\{X = n\} = e^{-\lambda} \lambda^n / n!$，$n = 0, 1, 2, \cdots, \lambda > 0$。
   c）$\mathrm{Prob}\{X = n\} = \begin{cases} 0.25 & , n = 1 \\ 0.50 & , n = 2 \\ 0.25 & , n = 3 \\ 0 & , \text{其他} \end{cases}$

d) $\text{Prob}\{X=n\} = 0.7e^{-\lambda}\lambda^n/n! + 0.3e^{-2\lambda}(2\lambda)^n/n!$。

8. 我们知道推导指数分布的随机变量生成器时，$-(1/\lambda)\ln(1-U)$ 是有效的。证明，$-(1/\lambda)\ln U$ 也能产生服从指数分布的随机变量。

9. 当证明拒绝法的正确性时，有几步被省略了，在适当的位置完善这些步骤的证明。

10. 写出一个模拟程序，来得到如图 9-4A 所示的系统的 MTTF。

11. 写出一个模拟程序，得到由 8 个数据磁盘和 1 个校验磁盘组成的 RAID 3 系统的 MTTDL。这些磁盘间的失效互相独立，且服从泊松过程，每小时的失效率为 10^{-4}。恢复时间（以小时为单位）具有均值为 2h 的指数密度。

   a) 估计平均数据丢失时间，即 MTTDL。

   b) 在运行 1000 次模拟后，得到置信区间 99% 的 MTTDL。

   c) 确定使 99% 置信区间的宽度小于从 a) 得到的 MTTDL 的 10%，需要运行多少次模拟。

   d) 将模拟数量从 1000 增至 10 000，绘制在这个范围内的置信区间的宽度。

12. 使用对偶变量方法，重复以上的模拟。在相同的模拟次数范围（1000~10 000）内，运用两种方法，对获得的 99% 置信区间的宽度进行比较。

13. 使用重要性抽样法，重复以上的模拟，使用平衡失效偏置技术，在 0.1~0.9 之间改变 p^* 的值，步长为 0.1。对于每一个值，运行 1000 次模拟。绘制出 99% 置信区间宽度与 p^* 值的函数关系。

14. 考虑 9.3.3 节讨论的例子。假设运行几次后得到 π_1 和 π_2 的粗略估计，最终得到 $\hat{\pi}_1 = 0.9$ 和 $\hat{\pi}_2 = 0.98$。模拟时间预算允许运行总量为 1000 次的模拟，也就是 $n_1 + n_2 = 1000$。n_1 和 n_2 应当取何值使得估计方差的生存概率 π 最小。

15. 考虑图 9-7 中的系统。每个块与其他块发生失效是相互独立的，均服从泊松过程，且各个块每小时失效率为 $\lambda_A = 0.001$、$\lambda_B = 0.002$、$\lambda_C = 0.005$、$\lambda_D = 0.01$、$\lambda_E = 0.009$、$\lambda_T = 0.005$ 和 $\lambda_P = 0.000\ 01$，下标符号代表各个块。标识为数字 3 的方块的可靠性非常高，从不发生失效。In 和 Out 节点代表输入和输出点，而非块，它们不会出现失效。

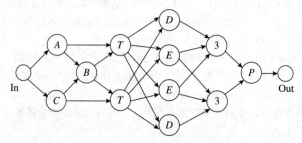

图 9-7　非串-并联系统

每个节点的恢复时间服从指数分布，所有节点的平均恢复时间为 1h。

In 节点和 Out 节点之间无路径连接时会发生失效。

   a) 编写模拟程序，获得本系统的平均失效时间。绘制出 99% 置信区间宽度与模拟运行次数（500~10 000 次）之间的关系。

   b) 使用控制变量法重复步骤 a)。

   c) 利用平衡失效偏置（$p^* = 0.2$）的重要性抽样方法重复步骤 a)。

16. 重复习题 15 中的问题 a)，此时不同块失效均服从非齐次泊松过程，失效率是时间的递增函数，$\lambda_i(t) = t^{1/3}\lambda_i$，$i \in \{A, B, C, D, E, P, T\}$。

17. 推导式（9.8）。

18. （该问题需要一定的概率论背景知识）考虑一个三级拆分模拟，如 9.4 节那样定义 n_i、p_i^{true}（$i = 1, 2, 3$），利用 n_i 和 p_i^{true} 得出模拟结果方差的表达式。假设从每一级开始的模拟独立于从任意其他级开始的模拟。

参考文献

[1] J.L. Aidemark, J.P. Vinter, P. Folkesson, J. Karlsson, GOOFI: a generic fault injection tool, in: Dependable Systems and Networks Conference (DSN-2001), 2001, pp. 83–88.

[2] J. Arlat, A. Costes, Y. Crouzet, J.C. Laprie, D. Powell, Fault injection and dependability evaluation of fault-tolerant systems, IEEE Transactions on Computers 42 (August 1993) 913–923.

[3] J. Arlat, Y. Crouzet, J. Karlsson, P. Folkesson, E. Fuchs, G.H. Leber, Comparison of physical and software-implemented fault injection techniques, IEEE Transactions on Computers 52 (September 2003) 1115–1133.

[4] J. Banks (Ed.), Handbook of Simulation, Wiley, 1998.

[5] J. Banks, J.S. Carson II, B.L. Nelson, D.M. Nicol, Discrete-Event System Simulation, Prentice-Hall, 2001.

[6] J.H. Barton, E.W. Czeck, Z. Segall, D.P. Siewiorek, Fault injection experiments using FIAT, IEEE Transactions on Computers 39 (April 1990) 575–582.

[7] B.D. Bunday, S.M.H. Bokhari, K.H. Khan, A new algorithm for the normal distribution function, Sociedad de Estadistica e Investigacion Operativa Test 6 (1997) 369–377.

[8] S. Butscher, S. Hubenschmid, J. Müller, J. Fuchs, H. Reiterer, Clusters, trends, and outliers: how immersive technologies can facilitate the collaborative analysis of multidimensional data, in: CHI Conference on Human Factors in Computing Systems, 2018, Paper 90.

[9] V. Caron, A. Guyader, M.M. Zuniga, B. Tuffin, Some recent results in rare event estimation, ESAIM Proceedings 44 (January 2014) 239–259.

[10] J. Carreira, H. Madeira, J.G. Silva, Xception: a technique for the experimental evaluation of dependability in modern computers, IEEE Transactions on Software Engineering 24 (February 1998) 125–136.

[11] J.A. Clark, D.K. Pradhan, Fault injection: a method for validating computer-system dependability, IEEE Computer 28 (June 1995) 47–56.

[12] A.C. Cohen, B.J. Whitten, Parameter Estimation in Reliability and Life Span Models, Marcel Dekker, 1988.

[13] C. Donalek, S.G. Djorgovski, A. Cioc, A. Wang, J. Zhang, E. Lawler, S. Yeh, A. Mahabal, M. Graham, A. Drake, S. Davidoff, Immersive and collaborative data visualization using virtual reality platforms, in: IEEE International Conference on Big Data (Big Data), 2014, pp. 609–614.

[14] J.A. Duraes, H.S. Madeira, Emulation of software faults: a field data study and a practical approach, IEEE Transactions on Software Engineering 32 (11) (2006) 849–867.

[15] G. Durairaj, I. Koren, C.M. Krishna, Importance sampling to evaluate real-time system reliability, Simulation 76 (March 2001) 172–183.

[16] G.S. Fishman, Discrete Event Simulation, Springer-Verlag, 2001.

[17] G.S. Fishman, A First Course in Monte Carlo, Duxbury, 2006.

[18] R.M. Fujimoto, Parallel and Distributed Simulation, Wiley, 2000.

[19] M.J.J. Garvels, The Splitting Method in Rare Event Simulation, Ph.D. Dissertation, University of Twente, 2000.

[20] M.J.J. Garvels, D.P. Kroese, A comparison of restart implementations, in: 1998 Winter Simulation Conference, vol. 1, IEEE, 1998, pp. 601–608.

[21] P. Glasserman, P. Heidelberger, P. Shahabuddin, T. Zajic, Multilevel splitting for estimating rare event probabilities, Operations Research 47 (4) (1999) 585–600.

[22] A. Goyal, P. Shahabuddin, P. Heidelberger, V.F. Nicola, P.W. Glynn, A unified framework for simulating Markovian models of highly dependable systems, IEEE Transactions on Computers 41 (January 1992) 36–51.

[23] U. Gunneflo, J. Karlsson, J. Torin, Evaluation of error detection schemes using fault injection by heavy-ion radiation, in: 19th IEEE International Symposium on Fault-Tolerant Computing (FTCS-19), June 1989, pp. 340–347.

[24] S. Han, K.G. Shin, H.A. Rosenberg, DOCTOR: an integrated software fault injection environment for distributed real-time systems, in: International Computer Performance and Dependability Symposium (IPDS'95), April 1995, pp. 204–213.

[25] P. Heidelberger, Fast simulation of rare events in queuing and reliability models, ACM Transactions on Modeling and Computer Simulation 5 (January 1995) 43–55.

[26] F.S. Hillier, G.J. Lieberman, Introduction to Operations Research, McGraw-Hill, 2001.

[27] M.C. Hsueh, T.K. Tsai, R.K. Iyer, Fault injection techniques and tools, IEEE Computer 30 (April 1997) 75–82.

[28] R. Jain, The Art of Computer Systems Performance Analysis, Wiley, 1991.

[29] G.A. Kanawati, N.A. Kanawati, J.A. Abraham, FERRARI: a flexible software-based fault and error injection system, IEEE Transactions on Computers 44 (February 1995) 248–260.

[30] D.E. Knuth, The Art of Computer Programming, vol. 2, Addison Wesley, 1998.

[31] P. L'Ecuyer, Random numbers, in: International Encyclopedia of Social and Behavioral Sciences, 2001.

[32] P. L'Ecuyer, V. Demers, B. Tuffin, Splitting for rare-event simulation, in: 2006 Winter Simulation Conference, 2006, pp. 137–148.

[33] P. L'Ecuyer, Z.I. Botev, D.P. Kroese, On a generalized splitting method for sampling from a conditional distribution, in: 2018 Winter Simulation Conference, 2018, pp. 1694–1705.

[34] D. Jacuemart-Tomi, J. Morio, F. Le Gland, A combined importance splitting and sampling algorithm for rare event simula-

tion, in: 2013 Winter Simulation Conference, 2013, pp. 1035–1046.

[35] C. Kelleher, T. Wagener, Ten guidelines for effective data visualization in scientific publications, Environmental Modelling and Software 26 (2011) 822–827.

[36] A. Lagnoux, Rare event simulation, Probability in the Engineering and Informational Sciences 20 (2006) 45–66.

[37] E.E. Lewis, F. Bohm, Monte Carlo simulation of Markov unreliability models, Nuclear Engineering and Design 77 (1984) 49–62.

[38] J.S. Malik, A. Hemani, Gaussian random number generation: a survey on hardware architectures, ACM Computing Surveys 49 (3) (2016) 53.

[39] L. Murray, H. Cancela, G. Rubino, A splitting algorithm for network reliability estimation, IIE Transactions 45 (2) (2013) 177–189.

[40] M.K. Nakayama, Fast simulation methods for highly dependable systems, in: Winter Simulation Conference, 1994, pp. 221–228.

[41] M.K. Nakayama, A characterization of the simple failure-biasing method for simulations of highly reliable Markovian systems, ACM Transactions on Modeling and Computer Simulation 4 (January 1994) 52–86.

[42] R. Natella, D. Cotroneo, J.A. Duraes, H.S. Madeira, On fault representativeness of software fault injection, IEEE Transactions on Software Engineering 39 (1) (2013) 80–96.

[43] R. Natella, D. Cotronae, H.S. Madeira, Assessing dependability with software fault injection: a survey, ACM Computing Surveys 48 (3) (2016) 44.

[44] D. Powell, E. Martins, J. Arlat, Y. Crouzet, Estimators for fault tolerance coverage evaluation, IEEE Transactions on Computers 44 (February 1995) 261–274.

[45] S.M. Ross, Simulation, Academic Press, 2012.

[46] G. Rubino, T. Bruno (Eds.), Rare Event Simulation Using Monte Carlo Methods, John Wiley & Sons, 2009.

[47] T.J. Schriber, An Introduction to Simulation Using GPSS/H, Wiley, 1991.

[48] J.F. Shortle, C.-H. Chen, A preliminary study of optimal splitting for rare-event simulation, in: 2008 Winter Simulation Conference, 2008, pp. 266–272.

[49] H.W. Sorenson, Parameter Estimation: Principles and Problems, Marcel Dekker, 1980.

[50] D.T. Stott, G. Ries, M.-C. Hsueh, R.K. Iyer, Dependability analysis of a high-speed network using software-implemented fault injection and simulated fault injection, IEEE Transactions on Computers 47 (January 1998) 108–119.

[51] K.S. Trivedi, Probability and Statistics with Reliability, Queuing and Computer Science Applications, John Wiley, 2002.

[52] E.R. Tufte, The Visual Display of Quantitative Information, Graphics Press, 1983.

[53] E.R. Tufte, Beautiful Evidence, Graphics Press, 2006.

[54] E.R. Tufte, N.H. Goeler, R. Benson, Envisioning Information, Graphics Press, 1990.

[55] M. Villén-Altamirano, J. Villén-Altamirano, Restart: a straightforward method for fast simulation of rare events, in: 1994 Winter Simulation Conference, 1994, pp. 282–289.

[56] J.M. Voas, G. McGraw, Software Fault Injection, Wiley Computer Publishing, 1998.

[57] J. Voas, G. McGraw, L. Kassab, L. Voas, Fault-injection: a crystal ball for software liability, IEEE Computer 30 (June 1997) 29–36.

[58] S.-P. Wang, A. Chen, C.-W. Liu, C.-H. Chen, J. Shortle, Rare-event splitting simulation for analysis of power system blackouts, in: 2011 IEEE Power and Energy Society General Meeting, 2011, pp. 1–7.

VLSI 电路设计中的缺陷容错

随着 VLSI（例如微处理器）的快速发展，设备的尺寸逐渐缩小，器件数量也逐渐增加。这使得电路的密度逐渐升高，对其缺陷容错的需求随之提升。VLSI 芯片中包含了数十亿的亚微米级器件，其中总会有一些是不完善的，这就是导致芯片成品率降低的制造缺陷。成品率定义为在制造的芯片总量里，预期能够正常运行的芯片所占的比例。

因此，为了提高 VLSI 芯片的成品率，作为加工阶段一些可靠性措施的有效补充，缺陷容错技术受到越来越多的关注。在设计阶段引入成品率增强技术，旨在使集成电路实现缺陷容错，或者降低制造缺陷对芯片的影响。缺陷容错主要包括增加冗余设计、修改电路平面图以及修改电路布局等方面。我们在本章重点讨论前两个方面，这也与本书的重点密切相关。

在电路中增加冗余元件，有助于对制造缺陷的容错，从而提高成品率。然而，过多的冗余设计会导致电路面积增加，使得电路可能出现更多的缺陷，反而降低电路的成品率。此外，单个芯片面积的增加，也会导致固定大小的单个晶圆可加工芯片数量减少。因此，使用缺陷容错技术设计的芯片必须依赖于精确的成品率预测，从而确定冗余的最佳数量。我们在本章讨论了几种成品率模型及其在容错设计中的应用。最后，介绍了一些成品率增强技术。

10.1 制造缺陷与电路故障

制造缺陷大致可以分为整体缺陷（或全域缺陷）和点状缺陷。整体缺陷是指相对较大规模的缺陷，如晶圆处理不当导致的划伤、掩膜失调导致的大面积缺陷，以及过蚀刻与欠蚀刻。点状缺陷是指随机的、局部的、小的缺陷，一般是由于工艺中使用的材料和环境原因产生的，大部分由工艺的各个步骤中沉积在芯片上的化学杂质与空气颗粒导致。

这两种缺陷都会导致成品率降低。在成熟且控制良好的生产线上，产生整体缺陷的几率是可以控制到最小甚至几乎消除的。控制点状缺陷就要困难得多，因此点状缺陷造成的成品率损失也比全局缺陷引起的成品率损失大得多。另外，全局缺陷出现的频率几乎与模具的尺寸无关，但点状缺陷的期望值会随着芯片面积的增加而提高，所以对于大面积集成电路来说点状缺陷对成品率的影响更大。总之，在进行成品率预测与提高的相关工作时，针对点状缺陷的分析更为重要，因此这也是本章的重点。

根据点状缺陷的位置及其可能造成的危害，可以将其按照以下几种方式进行分类。一些缺陷会导致图形缺失，从而引发断路。另一些缺失会引入额外的图形，从而导致短路。点状缺陷也可以分为层内缺陷和层间缺陷。在光刻过程中沉积的颗粒会导致层内缺陷，又称为光刻缺陷，金属材料（扩散型或多晶硅型）缺失以及多余金属材料（扩散型或多晶硅型）是这种缺陷的两个例子。层内缺陷也会发生在硅衬底，例如沉积过程中受到污染。层间缺陷包括在两个金属层之间或金属层与多晶硅之间的过孔缺失材料，以及衬底与金属（扩散型或多晶硅型）之间或两个单独的金属层之间存在多余的材料，这些层间缺陷是灰尘颗粒等造成局部污染的结果。

并非所有的点状缺陷都会导致电路结构故障，如断路或短路。如图 10-1 所示，一个缺陷是否会引起故障取决于它的位置、尺寸以及电路的布局与密度。一个缺陷要引起故障，它必须足够大以至于能够连接两个不相交的导体，或能够断开一个连续的图形。在图 10-1 所示的金属导体中有三个圆形的金属缺失缺陷，其中上面的两个缺陷不会使导体断开，底部的缺陷会引发断路故障。

因此，我们要对物理缺陷和电路故障加以区分。缺陷是晶圆上任意的瑕疵，只有影响电路实际运行的缺陷，我们才称之为故障。故障是导致成品率损失的唯一原因。因此，对于成品率估计，我们更加关注故障，而不是缺陷。

虽然一些随机缺陷不会导致结构故障（又称为功能故障），但仍可能导致参数故障，即某些元器件的电气参数可能会超出其允许的范围，从而影响电路的性能。例如，尽管金属缺失的光刻缺陷可能很小而无法使晶体管断路，但它仍然可能影响晶体管的性能。参数故障也可能是引起工艺参数变化的整体缺陷导致的结果。本章将重点放在可以使用容错技术的功能故障上，而不会对参数故障进行研究。

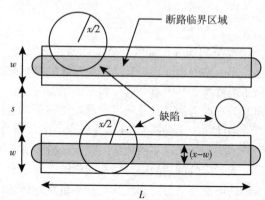

图 10-1   直径为 x 的金属缺失临界区域

10.2   失效概率与临界面积

在本节，我们对功能故障在制造缺陷中所占的比例进行说明。这个比例又称为**失效概率**（probability of failure，POF），它取决于很多因素，包括缺陷的类型、大小（缺陷越大，引起故障的概率就越大）、位置以及电路的几何形状。一种常用的简化假设是假定缺陷为随机直径为 x 的圆形（如图 10-1 所示）。据此，用 $\theta_i(x)$ 表示直径为 x 的第 i 型缺陷引起故障的概率，用 θ_i 表示 i 型缺陷的平均 POF。通过计算得到 $\theta_i(x)$ 后，就可以通过对所有缺陷的直径 x 取积分得到 θ_i。通过实验数据可以得出，一个缺陷的直径 x 存在概率密度函数 $f_d(x)$，其表达式为

$$f_d(x) = \begin{cases} kx^{-p}, & x_0 \leqslant x \leqslant x_M \\ 0, & \text{其他} \end{cases} \tag{10.1}$$

其中，$k = (p-1)x_0^{p-1}x_M^{p-1}/(x_M^{p-1}-x_0^{p-1})$ 是一个归一化常量，x_0 是光刻工艺的极限分辨率，x_M 是最大缺陷尺寸。p 和 x_M 的值可以依据经验确定，而且有可能取决于缺陷的类型。p 的典型值范围为 2～3.5。θ_i 可以由下式计算得到，

$$\theta_i = \int_{x_0}^{x_M} \theta_i(x) f_d(x) \, dx \tag{10.2}$$

类似地，我们为直径为 x 的第 i 型缺陷定义临界区域，其面积为 $A_i^{(c)}(x)$，缺陷的中心必须落到临界区域中才会导致电路故障。$A_i^{(c)}$ 称为第 i 型缺陷的临界面积，可以通过下式计算得到，

$$A_i^{(c)} = \int_{x_0}^{x_M} A_i^{(c)}(x) f_d(x) \, dx \tag{10.3}$$

假定一个缺陷的中心均匀分布在芯片所在区域，并且用 A_{chip} 表示芯片的面积，我们可以得到

$$\theta_i(x) = \frac{A_i^{(c)}(x)}{A_{chip}} \tag{10.4}$$

并且由式（10.2）和式（10.3）可以得到，

$$\theta_i = \frac{A_i^{(c)}}{A_{chip}} \tag{10.5}$$

式（10.5）建立了 POF 与临界面积的联系，所以可以先计算其中一个量，再通过该式求出另一个量。在计算这些参数的方法之中，一些基于几何的方法首先计算出 $A_i^{(c)}(x)$，另一些方法属于蒙特卡罗型方法（Monte Carlo-type method），则是首先计算 $\theta_i(x)$。

我们通过图 10-1 中的 VLSI 布局对采用几何方法的临界面积计算进行说明。图 10-1 中有两根水平导体，在长 L 宽 w 的导体中，尺寸为 x 的金属缺失缺陷的临界面积为图 10-1 中阴影区域的大小，可以得到临界面积为

$$A_{miss}^{(c)}(x) = \begin{cases} 0, & x < w \\ (x-w)L + \frac{1}{2}(x-w)\sqrt{x^2-w^2}, & x \geq w \end{cases} \tag{10.6}$$

临界面积是缺陷直径的二次函数，但对于 $L \gg w$ 的情况，二次项可以忽略。因此，对于长导体，我们可以只保留线性项。类似地，将式（10.6）中的 w 用 s 代替，就可以得到两个相邻导体之间宽为 s 的矩形区域内的冗余金属缺陷的临界面积 $A_{extra}^{(c)}(x)$ 的表达式。

对于其他的规则形状，也可以进行类似的分析，并推导出其临界面积的表达式。常见的 VLSI 布局由许多大小和方向不同的形状组成，除非布局是很简单的规则与形状，否则很难推导出所有临界面积的精确表达式。因此，一些更有效的几何方法和蒙特卡罗模拟方法得以应用。多边形展开法是一种几何方法，通过将相邻多边形以 $x/2$ 展开，展开多边形的相交部分可以构成直径为 x 的具有短路故障的临界区域。

在蒙特卡罗方法中，在电路布局的随机位置放置代表不同尺寸缺陷的模拟圆。对于每个此类"缺陷"，提取有缺陷集成电路的电路拓扑并与无缺陷电路进行比较，以确定该缺陷是否会导致电路故障。对于直径为 x 的 i 型缺陷，计算其 POF，表示为 $\theta_i(x)$。然后利用式（10.2）通过积分得到 θ_i，并且 $A_i^{(c)} = \theta_i A_{chip}$。蒙特卡罗方法还可以精确地识别由给定缺陷引起的电路故障。传统的蒙特卡罗方法非常耗时，但目前在此基础上已经进一步开发出了很多适合实际应用的方法，可以用于对大型集成电路的分析。

在计算得到每个 i 型缺陷的 $A_i^{(c)}$（或 θ_i）的结果后，设 d_i 为单位面积上 i 型缺陷的平均数量，那么芯片上 i 型制造缺陷的平均数量为 $A_{chip}d_i$，i 型电路故障在芯片上的平均次数现在可以表示为 $\theta_i A_{chip} d_i = A_i^{(c)} d_i$。

在本章的后续部分，我们将假定缺陷的密度函数是已知的，临界面积是可计算的。这样，我们可以计算芯片上的平均故障数 λ，

$$\lambda = \sum_i A_i^{(c)} d_i = \sum_i \theta_i A_{chip} d_i \tag{10.7}$$

上式中的求和运算包含了芯片上所有可能的缺陷类型。

10.3   基本的成品率模型

为了预测给定芯片设计的成品率，我们可以建立一个解析概率模型来描述制造缺陷的预期空间分布，进而得到最终导致成品率下降的电路故障的预期空间分布。在有容错设计的芯片和没有容错设计的芯片之间，这种分布所需的细节量是不同的。如果一个芯片没有容错设计，则它的预期成品率等于在芯片上任何地方都不发生故障的概率。用 X 表示芯片上的故障数，则芯片成品率用 Y_{chip} 表示为

$$Y_{\text{chip}}=\text{Prob}\{X = 0\} \tag{10.8}$$

如果芯片有一些冗余元件，那么需要一个更复杂的模型来预测它的成品率。在模型中不仅要包含关于芯片局部区域故障分布的信息，还要体现发生在不同子区域的故障之间可能的相关性。在本节中，我们将建立无冗余芯片的统计成品率模型，在第 10.4 节中，我们会进一步说明在这些模型中冗余设计对预期成品率的影响。

10.3.1   泊松和复合泊松成品率模型

常见的统计成品率的模型是泊松模型和复合泊松模型。相比较于其他模型，这两个模型容易计算，而且这些分布与经验成品率数据可以很好地拟合。

我们用 λ 表示芯片上发生的故障的平均数量，也就是说，它是随机变量 X 的期望值。假设芯片区域分为 n 个小的在统计上独立的分区，这里 n 很大，那么每个分区都有 λ/n 的概率存在一个故障，我们得到芯片上故障数量的二项概率为如下：

$$\text{Prob}\{X = k\} = \text{Prob}\{芯片上有 k 个故障\}$$
$$= \binom{n}{k}\left(\frac{\lambda}{n}\right)^k\left(1 - \frac{\lambda}{n}\right)^{n-k} \tag{10.9}$$

使式（10.9）中 $n\to\infty$，将得到泊松分布

$$\text{Prob}\{X = k\} = \text{Prob}\{芯片上有 k 个故障\} = \frac{\text{e}^{-\lambda}\lambda^k}{k!} \tag{10.10}$$

进一步可以得到芯片的成品率为

$$Y_{\text{chip}}=\text{Prob}\{X = 0\} = \text{e}^{-\lambda} \tag{10.11}$$

值得注意的是，这里我们使用的是空间（区域相关的）泊松分布，而不是在第 2 章中所讨论的时间相关的泊松过程。

自集成电路制造之初，人们就知道式（10.11）的预测是过于悲观的，会导致通过较小芯片或单个电路推断出的芯片预期成品率过低。后来人们发现，较低的预期成品率是缺陷以及随之而来的故障导致的，并不是独立地发生在芯片的不同区域，而是倾向于比泊松分布所预测的出现得更加聚集。图 10-2 说明了可以通过增加故障聚集程度来提高成品率。在两个晶圆中存在同样的 6 个缺陷，但右边的晶圆由于缺陷分布更紧密，成品率更高。

在上述推导中，假设一个芯片的子区域

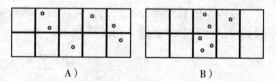

图 10-2   故障聚集对芯片成品率的影响。A）非聚集故障，$Y_{\text{chip}} = 0.5$。B）聚集故障，$Y_{\text{chip}} = 0.7$

在统计上是独立的,但故障的聚集意味着这种假设是过度简化的。因此,需要对式(10.10)进行一些修改,以考虑故障的聚集。最常用的修改方法是将等式(10.10)中的 λ 参数视为随机变量而不是常数。这样,我们通过复合泊松分布建立了一个考虑了故障间关系的故障分布。在这种分布中,芯片上的不同子区域是相互关联的,并且比纯泊松分布产生的故障聚集性更明显。

下面对这样的复合过程进行说明。使 λ 作为随机变量 L 的期望值。L 的取值为 l,密度函数为 $f_L(l)$,其中 $f_L(l)\mathrm{d}l$ 表示芯片故障均匀地位于 l 与 $l+\mathrm{d}l$ 之间的概率。对带有这个密度函数的式(10.10)取积分可以得到

$$\mathrm{Prob}\{X = k\} = \int_0^\infty \frac{\mathrm{e}^{-l}l^k}{k!}f_L(l)\,\mathrm{d}l \tag{10.12}$$

并且芯片的成品率为

$$Y_{\mathrm{chip}} = \mathrm{Prob}\{X = 0\} = \int_0^\infty \mathrm{e}^{-l}f_L(l)\,\mathrm{d}l \tag{10.13}$$

在这个表达式中,$f_L(l)$ 作为复合函数或混合函数,需满足条件

$$\int_0^\infty f_L(l)\,\mathrm{d}l = 1\,; E(L) = \int_0^\infty lf_L(l)\,\mathrm{d}l = \lambda$$

$f_L(l)$ 通常表示为含有 α 与 $\dfrac{\alpha}{\gamma}$ 这两个参数的伽马密度函数

$$f_L(l) = \frac{\alpha^\alpha}{\lambda^\alpha\Gamma(\alpha)}l^{\alpha-1}\mathrm{e}^{-\frac{\alpha}{\lambda}l} \tag{10.14}$$

其中 $\Gamma(y) = \int_0^\infty \mathrm{e}^{-u}u^{y-1}\mathrm{d}u$(见 2.2 小节)。将式(10.14)代入式(10.12)并求解,可以得到负二项成品率公式

$$\mathrm{Prob}\{X = k\} = \frac{\Gamma(\alpha + k)}{k!\,\Gamma(\alpha)}\frac{\left(\dfrac{\lambda}{\alpha}\right)^k}{\left(1 + \dfrac{\lambda}{\alpha}\right)^{\alpha+k}} \tag{10.15}$$

与

$$Y_{\mathrm{chip}} = \mathrm{Prob}\{X = 0\} = \left(1 + \frac{\lambda}{\alpha}\right)^{-\alpha} \tag{10.16}$$

最后一种模型也称为大区域聚集负二项模型。它将整个芯片视为一个单元,并且同一芯片内的子区域与故障有关。负二项成品率模型含有两个参数,因此具有一定的灵活性,易于对实际数据进行拟合。参数 λ 是每个芯片的平均故障数,参数 α 是对故障聚集程度的度量。α 值越小,聚集程度越高。α 的实际值通常在 0.3~5 之间。当 $\alpha\to\infty$ 时,式(10.16)等于式(10.11),表示完全不聚集的泊松分布下的成品率。(要注意泊松分布并不能保证缺陷会随机地分散开来,它只是表明不存在固有的聚集。在个别的实例中,仍然可能偶然地出现聚集的缺陷。)

10.3.2 简单成品率模型的变化

上述大区域聚集复合泊松模型做了两个至关重要的假设,即相对于芯片尺寸而言,聚集

而成的故障群更大，且它们大小一致。如图 10-3 所示，通过观察晶圆缺陷分布图，可以清楚地看出，故障可以分为高度聚集和轻度聚集两类。在这种情况下，上述简单成品率模型无法很好地描述故障分布，尤其是在评估冗余芯片的成品率时，这种不足将更加明显。处理这个问题的一种方法是在模型中设置一个毛成品率因子 Y_0，表示芯片不存在严重缺陷的概率。严重缺陷通常是影响整个晶圆片或部分晶圆片的系统加工问题造成的，可能由未对准、过蚀刻或蚀刻不足，以及半导体参数（如阈值电压）超出规格等因素引起。结果表明，即使是密度很高的故障群也可以用 Y_0 建模。如果使用负二项成品率模型，则引入毛成品率因子 Y_0 后可以推导出

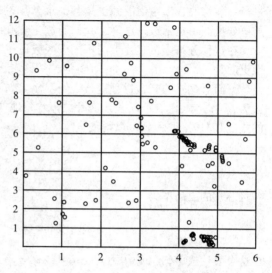

$$Y_{chip} = Y_0 \left(1 + \frac{\lambda}{\alpha} \right)^{-\alpha} \qquad (10.17)$$

图 10-3　晶圆缺陷分布图

由于很少有故障会影响整个芯片，因此随着芯片尺寸变大，这种方法不再适用。对于两个不同的故障分布，各自有不同的参数集，是可以组合在一起分析的。可以将芯片上的故障总数 X 看作 $X = X_1 + X_2$，其中 X_1 和 X_2 是在统计上独立的随机变量，分别表示芯片上第 1 类和第 2 类故障的数量。可以推导出 X 的概率函数为

$$\text{Prob}\{X = k\} = \sum_{j=0}^{k} \text{Prob}\{X_1 = j\} \times \text{Prob}\{X_2 = k - j\} \qquad (10.18)$$

与

$$Y_{chip} = \text{Prob}\{X = 0\} = \text{Prob}\{X_1 = 0\} \times \text{Prob}\{X_2 = 0\} \qquad (10.19)$$

如果 X_1 和 X_2 服从负二项分布，假设参数分别为 λ_1、α_1 与 λ_2、α_2，那么可以得到

$$Y_{chip} = \left(1 + \frac{\lambda_1}{\alpha_1} \right)^{-\alpha_1} \left(1 + \frac{\lambda_2}{\alpha_2} \right)^{-\alpha_2} \qquad (10.20)$$

对于一些超大芯片，其中的故障群大小均匀，但是与芯片相比面积小得多。针对这样的超大芯片的简单成品率模型，不再适合将芯片整个视为统计意义上的单个对象，可以将其视为若干在统计上独立的区域，这里我们称每个独立统计区域为块。各块内的故障数目服从负二项分布，块区域内的故障服从均匀分布。大区域负二项分布是一种特殊情况，此时整个芯片包含一个块。另一种特殊情况是小区域负二项分布，可以描述非常小的独立故障群。从数学上讲，也可得到中等大小区域负二项分布，与大区域的情况相似，也是一种复合泊松分布，其中式（10.12）的积分是在芯片不同的区域独立进行的。假设芯片平均有 l 个故障，B 个块，那么每个块将有 l/B 个故障，根据泊松分布，可以得到芯片成品率为

$$Y_{chip} = e^{-l} = \left(e^{-l/B} \right)^B \qquad (10.21)$$

其中 $e^{-l/B}$ 为每个块的成品率。

我们对式（10.21）中的每个因子分别考虑式（10.14）的复合因素，那么复合泊松分布的结果为

$$Y_{\text{chip}} = \left[\left(1 + \frac{\lambda / B}{\alpha} \right)^{-\alpha} \right]^{B} = \left(1 + \frac{\lambda}{B\alpha} \right)^{-B\alpha} \tag{10.22}$$

考虑到芯片上每个区域对故障的灵敏度可能是不同的，假设第 i 个块的参数为 λ_i 和 α_i，那么进一步得到结果为

$$Y_{\text{chip}} = \prod_{i=1}^{B} \left(1 + \frac{\lambda_i}{\alpha_i} \right)^{-\alpha_i} \tag{10.23}$$

值得注意的是，当使用本节中介绍的各种模型来预测具有冗余设计的芯片的成品率时，它们之间的差异变得更加明显。

"窗口法"是一种常用的估计成品率模型参数的方法。以晶圆分布图为统计分析对象，其中标识了故障芯片和正常芯片在晶圆上的位置，我们使用多重规格的网格或窗口对其进行多次统计分析。这些窗口由成倍的被测试芯片（例如，1、2 和 4 倍）相连而成，统计每种不同规格窗口的成品率，然后通过曲线拟合的方法确定参数 Y_0、λ 和 α 的值。

10.4　基于冗余设计的成品率提高方法

在本节中，我们将介绍几种在 VLSI 芯片中加入冗余设计以提高成品率的技术。我们首先分析了冗余对成品率的影响，然后提出了将冗余引入存储器和电路逻辑设计中的方案。

10.4.1　具有冗余设计的芯片成品率预测

在许多集成电路芯片中，经常会多次重复使用相同的电路模块。在存储芯片中，存储单元构成的块就是这样的模块，也被称为子阵列。在数字芯片中，它们被称为宏。我们将使用模块来代指这两类重复的单元。

在超大规模芯片中，如果要求整个芯片都是无故障的，那么芯片成品率将会非常低。通常是在设计中添加一些备用的冗余模块，只要片上无故障模块的数量达到设计标准的需求，就可以认为芯片是合格的，这样就可以提高芯片成品率。然而，增加冗余模块，也会增加芯片面积，减少对应晶圆区域的芯片数量。因此，需要一个更好地权衡冗余效果的指标，定义为有效成品率，表示为

$$Y_{\text{chip}}^{\text{eff}} = Y_{\text{chip}} \frac{无冗余芯片的面积}{带冗余芯片的面积} \tag{10.24}$$

$Y_{\text{chip}}^{\text{eff}}$ 的最大值决定了芯片中包含冗余模块的最优数量。

带冗余芯片的成品率是芯片具有足够的无故障模块从而能正常运行的概率。为了计算这个概率，需要建立一个比上一节更加详细的统计模型。在模型中要包含芯片任何子区域的故障分布以及芯片不同子区域之间的关联。

含单一类型模块的芯片

我们先简化问题，假设要预测其成品率的芯片中含有 N 个相同的模块，其中有 R 个备用模块，令 $M = N - R$，为保证芯片正常运行的最少无故障模块数。那么可以定义概率如下：

$$F_{i,N} = \text{Prob}\{N \text{ 个模块中恰好有 } i \text{ 个无故障}\}$$

那么芯片的成品率为

$$Y_{\text{chip}} = \sum_{i=M}^{N} F_{i,N} \tag{10.25}$$

利用空间泊松分布,每个模块的平均故障数 λ_m 为 $\lambda_m = \lambda/N$。此外,在使用泊松模型时,任何不同子区域的故障在统计上是独立的,因此

$$F_{i,N} = \binom{N}{i} (e^{-\lambda_m})^i (1 - e^{-\lambda_m})^{N-i}$$

$$= \binom{N}{i} (e^{-\lambda/N})^i (1 - e^{-\lambda/N})^{N-i} \qquad (10.26)$$

则芯片的成品率为

$$Y_{\text{chip}} = \sum_{i=M}^{N} \binom{N}{i} (e^{-\lambda/N})^i (1 - e^{-\lambda/N})^{N-i} \qquad (10.27)$$

然而,尽管泊松分布在数学计算上很方便,但它并不符合实际的缺陷与故障分布数据。使用复合泊松分布时,芯片上的不同模块在统计上并不是独立的,而是与故障数量相关。因此,在实际中并不能像式(10.27)这样简单地使用二项分布的公式。有几种方法可以计算这种情况下的成品率,这些方法都会得到相同的最终表达式。

第一种方法仅适用于复合泊松模型,是将式(10.26)中的 λ_m 用复合函数表示。先用 l 代替 λ/N,将 $(1-e^{-l})^{N-i}$ 扩展为 $\sum_{k=0}^{N-i} (-1)^k \binom{N-i}{k} (e^{-l})^k$,从而得到

$$F_{i,N} = \binom{N}{i} \sum_{k=0}^{N-i} (-1)^k \binom{N-i}{k} (e^{-l})^{i+k} \qquad (10.28)$$

然后用密度函数 $f_L(l)$ 对式(10.28)进行复合,得到

$$F_{i,N} = \binom{N}{i} \sum_{k=0}^{N-i} (-1)^k \binom{N-i}{k} \int_0^\infty e^{-(i+k)l} f_L(l) \, dl$$

定义 y_n 为复合泊松模型中,n 个模块的一个给定子集无故障的概率,$y_n = \int_0^\infty e^{-nl} f_L(l) \, dl$。那么可以得到

$$F_{i,N} = \binom{N}{i} \sum_{k=0}^{N-i} (-1)^k \binom{N-i}{k} y_{i+k} \qquad (10.29)$$

并且芯片成品率等于

$$Y_{\text{chip}} = \sum_{i=M}^{N} \sum_{k=0}^{N-i} (-1)^k \binom{N}{i} \binom{N-i}{k} y_{i+k} \qquad (10.30)$$

通过代入下式,可以得到一种特殊情况的泊松模型:

$$y_{i+k} = e^{-(i+k)\lambda/N}$$

对于负二项模型,有

$$y_{i+k} = \left(1 + \frac{(i+k)\lambda}{N\alpha}\right)^{-\alpha} \qquad (10.31)$$

在这个模型下的芯片成品率为

$$Y_{\text{chip}} = \sum_{i=M}^{N} \sum_{k=0}^{N-i} (-1)^k \binom{N}{i} \binom{N-i}{k} \left(1 + \frac{(i+k)\lambda}{N\alpha}\right)^{-\alpha} \qquad (10.32)$$

　　上述计算芯片成品率的方法仅适用于复合泊松模型，而更具一般性的方法是使用容斥公式来计算概率 $F_{i,N}$：

$$F_{i,N} = \binom{N}{i} \sum_{k=0}^{N-i} (-1)^k \binom{N-i}{k} y_{i+k} \qquad (10.33)$$

这与式（10.29）的表达式相同。

　　由式（10.33）也就是式（10.29）可以推导出式（10.30）。由于式（10.30）可以从基本的容斥公式中得到，所以它更具普遍性，比复合泊松模型适用于更多的故障分布类型。它适用的唯一条件是，对于给定的 n，n 个模块的任意子集具有相同的无故障概率，且模块之间不需要统计上的独立性。

　　如上所示，对于任何复合泊松分布（包括纯泊松分布），可以通过用合适的表达式替换式（10.30）中的 y_n 计算出对应的成品率，并且可以在 y_n 表达式中考虑毛成品率因子 Y_0（如果存在）。如果模型的缺陷是由两个来源产生的，那么设每个芯片的故障数为 X，可以认为 $X = X_1 + X_2$，

$$y_n = y_n^{(1)} y_n^{(2)}$$

其中 $y_n^{(j)}$ 表示 n 个模块的一个给定子集不存在第 j 类故障的概率（$j = 1$，2）。中等大小聚集故障的负二项概率的 y_n 计算起来稍微复杂一些，在延伸阅读中会进行进一步的说明。

更加复杂的设计

　　上一节分析的简单架构是一种理想化的假设，因为实际的芯片很少完全由相同的电路模块组成。更普遍的情况是一个芯片有多种类型的模块，每个模块都有各自的冗余设计。此外，所有芯片都会包含由相同的模块副本共享的一些辅助电路。而辅助电路几乎没有任何冗余设计，一旦损坏，就会导致芯片无法使用。下面给出了一个包含两种不同模块以及一些辅助电路的芯片的成品率表达式。对于包含更多模块类型的芯片，可以直接对下面的表达式进行扩展，但扩展比较烦琐，因此这里没有对扩展进行说明。

　　用 N_j 表示第 j 类模块的数量，其中 R_j 块是备用模块。每个第 j 类模块在芯片上所占区域的面积为 $a_j (j = 1,2)$。辅助电路的面积为 a_{ck}（ck 代表 chip-kill，因为辅助电路中的任何故障对芯片而言都是致命的）。显然，$N_1 a_1 + N_2 a_2 + a_{ck} = A_{chip}$。

　　不同的电路类型对缺陷表现出的敏感度不一样，所以它们会有不同的故障密度。设每个 1 型模块、2 型模块和辅助电路的平均故障数分别为 λ_{m1}、λ_{m2} 和 λ_{ck}。用 F_{i_1,N_1,i_2,N_2} 表示刚好有 i_1 个 1 型模块、i_2 个 2 型模块，以及所有辅助电路都无故障的概率，则芯片的成品率为

$$Y_{chip} = \sum_{i_1=M_1}^{N_1} \sum_{i_2=M_2}^{N_2} F_{i_1,N_1,i_2,N_2} \qquad (10.34)$$

其中 $M_j = N_j - R_j (j = 1,2)$。根据泊松分布，

$$F_{i_1,N_1,i_2,N_2} = \binom{N_1}{i_1} \left(e^{-\lambda_{m1}}\right)^{i_1} \left(1 - e^{-\lambda_{m1}}\right)^{N_1-i_1} \times$$

$$\binom{N_2}{i_2} \left(e^{-\lambda_{m2}}\right)^{i_2} \left(1 - e^{-\lambda_{m2}}\right)^{N_2-i_2} e^{-\lambda_{ck}} \qquad (10.35)$$

为了得到一般故障分布下 F_{i_1,N_1,i_2,N_2} 的表达式，我们需要使用二维容斥公式

$$F_{i_1, N_1, i_2, N_2} = \sum_{k_1 = 0}^{N_1 - i_1} \sum_{k_2 = 0}^{N_2 - i_2} (-1)^{k_1} (-1)^{k_2} \binom{N_1}{i_1} \binom{N_1 - i_1}{k_1} \binom{N_2}{i_2} \binom{N_2 - i_2}{k_2} y_{i_1 + k_1, i_2 + k_2} \qquad (10.36)$$

其中 y_{n_1, n_2} 为给定的 n_1 个 1 型模块、n_2 个 2 型模块，以及所有相关辅助电路都无故障的概率。这个概率可以用 10.3 节中描述的任何模型来计算，只需将 λ 替换为 $n_1 \lambda_{m_1} + n_2 \lambda_{m_2} + \lambda_{ck}$。

有两种特殊的情况，分别是泊松分布和大区域负二项分布，它们分别对应如下：

$$y_{n_1, n_2} = (e^{-\lambda_{m_1}})^{n_1} (e^{-\lambda_{m_2}})^{n_2} e^{-\lambda_{ck}} = e^{-(n_1 \lambda_{m_1} + n_2 \lambda_{m_2} + \lambda_{ck})} \qquad (10.37)$$

$$y_{n_1, n_2} = \left(1 + \frac{n_1 \lambda_{m_1} + n_2 \lambda_{m_2} + \lambda_{ck}}{\alpha} \right)^{-\alpha} \qquad (10.38)$$

一些芯片会包含非常复杂的冗余方案，并不符合简单的 M-of-N 冗余。对于这样的芯片，为存在聚集故障的任何模型得到成品率的解析表达式都是非常困难的。一种可能的解决方案是使用蒙特卡罗模拟，根据基本统计模型将故障散布到晶圆上，计算出可运行的芯片的百分比。还有一种更快速的解决方案是使用泊松分布计算成品率，尽管复杂的冗余方案可能需要一些非平凡的组合计算，但这还是比较容易的。选取合适的复合函数代入 λ 得到成品率，如果泊松成品率表达式可以在 λ 下展开为幂级数，那么有可能可以进行解析积分。否则，更有可能的情况是，必须进行数值积分。这个方法可以用于推导 VLSI 芯片互连总线、部分可用存储芯片以及存储芯片的混合冗余设计的成品率表达式。

10.4.2   具有冗余设计的存储器阵列

缺陷容错技术由于具有很强的规律性，已成功地应用于许多存储器阵列的设计中，这大大简化了将冗余融入设计中的复杂性。在存储器设计中，通过使用纠错码，利用备用行和列（也分别称为字行和位行）这样的简单技术，已经开发出了许多适用于存储器设计的缺陷容错技术。这些技术已得到许多半导体制造商的成功应用，成品率得到显著提高，可以将早期原型工艺的成品率提高 1.5 倍到 30 倍不等，甚至在成熟工艺中，成品率仍能提高 3 倍。

最常见的缺陷容错存储器阵列的实现方案包括冗余位行和冗余字行，如图 10-4 所示。图中是一个存储器阵列，它被分成了两个子阵列（这样可以避免很长的字行和位行使存储器的读写操作变慢），其中设计了备用的行和列。如图 10-5 所示，对于存储器阵列中一个有缺陷的行（例如，包含一个或多个有缺陷的存储单元的行），可以在相应解码器的输出处熔断可熔连接使其断开连接。断开的行可以用备用行替换，备用行具有可编程解码器和可熔连接，这使得它可以替换任何有缺陷的行。

第一种含有备用行和列的设计使用了激光熔断方法，这种熔断方式的面积开销相对较大，需要使用特殊的激光设备来断开有故障的线路，并在相应位置连接备用线路。后来，激光熔断被 CMOS 熔丝取代，CMOS 熔丝可以在芯片内部编程，不需要外部激光设备。由于在内部编程电路中可能出现的任何缺陷都将使芯片失效，一些存储器设计人员已经在这些编程电路中加入了纠错码，以提高其可靠性。

我们首先需要识别所有故障存储单元，从而确定哪些行和列应该被断开连接并分别用备用行和列替换。近年来，在存储器芯片设计中，可以通过内建自检测（built-in self-testing，BIST）技术在芯片内部完成缺陷存储单元的识别，从而避免了对外部测试设备的需求。在更高级的设计中，基于测试结果的存储器阵列的重新配置也在芯片内部执行。实现内存的自测试是非常简单的，顺序扫描所有存储器位置，向所有位写入和读取 0 和 1 即可。接下来是确定如何分配备用行和列来替换所有有缺陷的行和列，这个过程复杂得多。一个随意分配方案可能导致备用行和列不够用，而另一种不同的分配方案可能成功恢复存储器阵列。

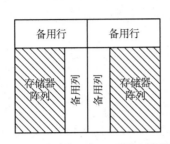

图 10-4　带有备用行和列的存储器阵列

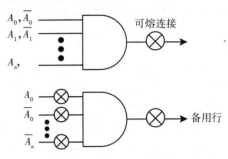

图 10-5　标准解码器与可编程解码器

为了说明这个分配问题的复杂性，这里参考图 10-6 所示的 6×6 存储器阵列，它有 2 个备用行（SR_0 和 SR_1）和 2 个备用列（SC_0 和 SC_1）。在阵列的 36 个单元中有 7 个是有缺陷的，我们要选择需要断开连接并替换为备用行和列的行和列，以获得一个完全可用的 6×6 阵列。假设我们使用一个简单的行优先分配算法，首先使用所有可用的备份行，然后使用备份列。对于图 10-6 中的阵列，我们首先用两个备用行替换 R_0 和 R_1 行，剩下 4 个有缺陷的单元。因为只有两个备用列存在，所以存储器阵列未能恢复至正常使用的状态。

我们可以通过图 10-7 所示的二分图，来设计一个更好的分配算法。这个图包含两组顶点，对应于存储器阵列的行（$R_0 \sim R_5$）和列（$C_0 \sim C_5$），如果行 R_i 和列 C_j 相交的单元格有缺陷，则有一条边连接 R_i 到 C_j。因此，为了确定必须被断开连接（并用备用行和列替换）的最小行数和列数，我们需要在图 10-7 中选择覆盖所有边所需的最小顶点数（对于每条边，必须至少选择两个关联节点中的一个）。在图 10-7 的简单例子中，很容易看到，我们应该分别选择 C_2 和 R_5，用备用的行和列来替换，然后从 C_0 和 R_3 中选择一个被替换，类似地，从 C_4 和 R_0 中再选择一个被替换。

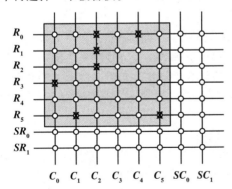

图 10-6　带有 2 个备用行、2 个备用列和 7 个缺陷单元（由 x 标记）的 6×6 存储器阵列

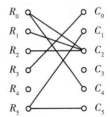

图 10-7　与图 10-6 对应的二分图

这个问题被称为二分图边覆盖问题，是一个 NP 完全问题。因此，目前还没有多项式复杂度的算法来解决备用行和备用列的分配问题。但是，我们可以施加一些限制条件来降低这个问题的复杂度，例如，我们可以将设计限制为只有备用行可用。如果只有备用行可用，

则我们必须用备用行（如果有的话）替换每行中的一个或多个有缺陷的单元。然而，这并不是一个实用的解决方案，原因有二。首先，如果单个列中发生了两个（或更多）缺陷，我们将需要使用两个（或更多）备用行，而此前只使用单个备用列就可以（参见图 10-6 中的列 C_2），这将显著增加所需的备用行数目。其次，在存储器阵列中整个列（或行）完全有缺陷也是一种很常见的情况，如果此时无法提供备用的列（或行），这将成为不可纠正的缺陷。

为了能够提供有效可行的分配算法，目前实现了很多启发式方法。这些启发式方法不需要找到被替换的最小行数和列数，而只需要找到一个可行的解决方案，以恢复具有给定备用行和列数目的存储器阵列。

一个简单的分配算法分为两步。第一步是确定必须要被替换的行（或列）。必须恢复的行是包含缺陷单元的数量大于当前可用的备用列的数量的行。必须恢复的列的定义类似。例如，图 10-6 中的 C_2 列是必须恢复的列，因为它包含 3 个有缺陷的单元，但只有 2 个备用行。一旦这些必须恢复的行和列被备用组件替换，可用备用行和列的数量就会大幅减少，其他行和列可能成为新的必须恢复的行和列。例如，在将 C_2 作为必须恢复的列并将其替换（比如用 SC_0）之后，就只剩下一个备用列，行 R_5 成为了必须恢复的行。这个过程一直持续到没有新的必须恢复的行和列为止，此时存储器阵列只有少量分布稀疏的缺陷单元。

识别必须恢复的行和列的第一步很简单，第二步比较复杂。为了使存储器阵列具备更高的性能，对于这种带有备用行和列的存储器阵列，其大小通常会保持得比较小（大约 1 Mb 或更小），这样在算法的第二步中就只剩下很少几个缺陷需要处理。因此，即使是非常简单的启发式方法，例如上面提到的行优先算法，也能在大多数情况下正常工作。以图 10-6 为例，在替换了必须恢复的列 C_2 和必须恢复的行 R_5 之后，我们将用剩余的备用行替换 R_0，然后用剩余的备用列替换 C_0。对行优先算法的一个简单修改可以提高其成功率，即首先替换有多个缺陷单元的行和列，然后才处理只有一个缺陷单元的行和列。

即使使用了冗余行和列，存储器芯片的成品率也不可能达到 100%，特别是在缺陷密度仍然很高的早期制造阶段。因此，一些制造商包装并销售部分可用的芯片，而不是将其丢弃。部分可用的芯片是指使用了所有冗余线路后，只有部分而不是全部的存储器单元阵列可正常运行的芯片。

在 VLSI 芯片中嵌入大型存储器阵列已经变得非常普遍，比如在微处理器中嵌入大型高速缓存单元。与其他逻辑单元相比，这些大型嵌入式存储器阵列的设计规则更为激进，所以更容易出现缺陷。因此，大多数微处理器制造商在高速缓存设计中会包含某种形式的冗余，尤其是在二级高速缓存单元的设计中（因为二级高速缓存单元通常比一级高速缓存大），而冗余可以采用备用行、备用列或备用子阵列的形式。

高级冗余技术

对传统的冗余技术（使用备用的行和列）可以进一步改进。例如，使用纠错码（error-correcting code，ECC）技术，这种方法已应用于 16 Mb 的 DRAM 芯片的设计中。该芯片包括 4 个独立的子阵列，每个子阵列有 16 个冗余位行和 24 个冗余字行。此外，在每 128 位数据位中增加 9 位校验位，以纠正 137 位以内任何的单位错误（这是 (137,9) SEC/DED 海明码）。为了降低同一个字中出现两个或多个故障位的概率（例如，由于聚集故障），子阵列中每 8 个相邻的位被分配给 8 个单独的字。研究发现，对于成品率增强策略而言，两种策略的有效结合所取得的效果要大于单独实现两种技术的预期效果之和。ECC 技术对单个单元失效非常有效，而冗余的行和列对同一行或列中有几个缺陷单元，甚至整个行和列全部失效的情况非常有效。为了提高存储器的可靠性，在大型存储器系统中经常使用 ECC 技术来防止存储器运行时发生的瞬时故障，使用校验位来纠正有缺陷的存储单元，对可靠性的提高只有轻微的影响。

随着存储芯片尺寸的增大，有必要将存储器阵列划分成几个子阵列，通过缩短位和字行的长度来减小电流并减少访问时间。在传统的冗余方法中，每个子阵列都有自己的备用行和列，可能会出现有一个子阵列的备用行不足，无法处理局部故障，而其他子阵列仍然有一些未使用的备用行的情况。显然，解决这个问题的一个很简单的方法是将一些局部冗余线路变成全局冗余线路，这样可以更有效地使用这些备用线路。不过，由于这个策略所需可编程熔断器的数量更多，因此需要以更高的芯片面积开销为代价。

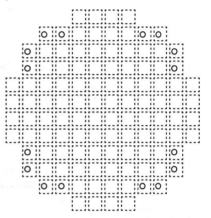

还有一些其他更高效的冗余方案。在 1 Gb 的 DRAM 的设计中采用的冗余方案，比传统技术使用了更少的冗余线路，并且冗余线路保持在局部。为了增加缺陷容忍度，每个 256 Mb 大小的子阵列（占芯片的四分之一）可以成为四个不同的存储芯片的一部分。图 10-8 所示的晶圆片包含 112 个这样的子阵列，其中 16 个子阵列（图中用圆圈标记）在常规设计中是无法制造出来的，因为常规设计中的芯片边界是固定的。

为了在确定芯片边界时更具有灵活性，子阵列的面积必须增加 2%。但为了保持子阵列的整体面积与传统设计相同，可以去掉备用行来对这个增加的开销进行补偿。备用列将被保留。

图 10-8　含有 112 个 256Mb 子阵列的 8 英寸晶圆（用圆圈标记的 16 个子阵列采用特殊设计制造而得）

对图 10-8 所示设计的成品率的分析表明，在故障几乎均匀分布并且可以采用泊松分布的情况下，与采用固定芯片边界的常规设计和行、列冗余技术相比，新的设计几乎没有优势。然而，如果采用中等区域负二项分布，成品率会有大幅提高。成品率的提高程度对加工参数的取值非常敏感。

还有一种将缺陷容错整合到存储器集成电路中的方法，将行和列的冗余与冗余子阵列结合起来，这些冗余子阵列用来替换那些发生"芯片猎杀"（chip-kill）故障（ECC 无法处理的多位错）的子阵列。如图 10-9 所示的 1 Gb 内存设计中采用了这种方法，图中包含 8 个 128 Mb 大小的存储模块和 8 个 1 Mb 大小的冗余块（RB）。如图 10-10 所示，冗余块由 4 个基本的 256 Kb 阵列组成，另外还有 8 个冗余行和 4 个冗余列，用于增加冗余块本身能够可靠运行的概率。冗余块可用于替换出现芯片猎杀故障的块。

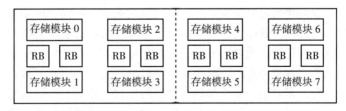

图 10-9　带有 8 个 128Mb 存储模块与 8 个 1Mb 冗余块的 1Gb 芯片

每个存储模块由 512 个大小为 256 Kb 的基本阵列组成，有 32 个冗余行和 32 个冗余列。不过这里的冗余行和列并不是全局性的，有 4 个冗余行被分配给模块中一个 16 Mb 的部分，有 8 个冗余列被分配给模块中一个 32 Mb 的部分。

如图 10-11 所示，与仅采用行和列冗余的传统设计相比，这种新的存储器芯片设计在成品率上体现了块冗余的优势，采用这种设计的存储器芯片的成品率改善远远大于冗余块增加的 2% 的面积。我们还可以看到，即使是在合并了冗余块的情况下，列冗余仍然是有效的，而且这种冗余列的最优数目与冗余块的数量无关。

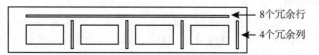

图 10-10　包含 4 个 256Kb 阵列、8 个冗余行和 4 个冗余列的冗余块

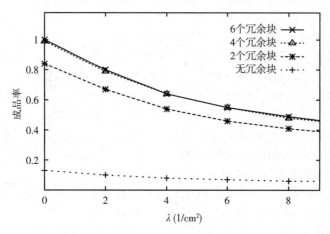

图 10-11　在每半块芯片具有不同数目冗余块的情况下，成品率是关于 λ 的函数（芯片猎杀概率 = 5×10^{-4}）

10.4.3　具有冗余设计的逻辑集成电路

与存储器阵列相比，很少有逻辑集成电路被设计成内建冗余的形式。如果希望降低冗余设计带来的额外开销，在电路设计方案中要满足一些规则性设计要求。对于完全无规则的电路设计，双模冗余甚至三模冗余是目前唯一可用的冗余技术，但由于这样会带来巨大的开销，这些技术通常并不会在实际生产中使用。对于一些规则性较好的电路，如可编程逻辑阵列（programmable logic array，PLA），以及由相同计算元件组成的阵列，则需要较少的冗余，已经有很多各种相关的缺陷容错技术用于提高它们的成品率。然而，这些技术需要额外的电路，例如备用乘积项（用于 PLA）、重构开关电路以及用于识别故障乘积项的额外的输入线路。与存储器芯片中所有缺陷单元都可以通过外部测试模式来识别不同，即使逻辑芯片的设计具有较好的规则结构，对芯片中缺陷元件的识别也是非常复杂的，通常需要添加一些内建辅助测试工具。因此，在选择逻辑集成电路容错设计方案时，可测试性也是必须考虑的一个因素。

这种情况在微处理器这样的随机逻辑电路中变得更加复杂。当设计这样的电路时，可以把电路分成独立的组件，最好每个组件都具有规则的结构。然后，不同的冗余方案可以应用到不同的组件上，某些组件的冗余开销是不可接受的，还要考虑到对这些组件进行无容错能力设计。

接下来，我们将介绍这类设计的两个例子：容错微处理器和晶圆级设计。这些设计证明了在处理器的设计中引入缺陷容错从而提高成品率的可行性，同时也证明了缺陷容错的使用并不局限于高度规则的存储器阵列。

　　Hyeti 微处理器是一款 16 位容错微处理器，它的设计和制造是为了证明高成品率容错微处理器的可行性。这种微处理器可以作为基于特定应用的微处理器的系统的核心，这个系统集成在一块单独的芯片上。这种芯片的硅片规模通常较大，可以说肯定会导致芯片的成品率较低，所以需要在设计中加入一些冗余形式的缺陷容错设计。

　　微处理器的数据通路包含几个功能单元，如寄存器、算术和逻辑单元（arithmetic and logic unit，ALU）及总线。数据通路中的几乎所有单元都又被复制了 16 次，形成经典的位片（bit slice）架构。这种常规组织通过提供可替代缺陷位片的备用位片来提高成品率。然而，在数据通路中，并非所有电路都由完全相同的子电路组成。例如，状态寄存器的每个位都与唯一的随机逻辑相关联，因此没有额外的冗余。

　　控制部分被设计成只能使用 PLA 实现的硬连线控制电路。PLA 的规则结构使得它可以直接通过添加备用乘积项实现冗余，以提高成品率。另外，需要修改 PLA 的设计，以识别缺陷乘积项。

　　该微处理器的成品率分析表明，数据通路的最佳冗余是单个 1 位片，而所有 PLA 的最佳冗余是一个乘积项。然而，由于控制单元的布局允许在这些 PLA 中添加一些额外的乘积项，而不受面积限制，因此在许多 PLA 中已经实现了高于最优的冗余。实际应用中的成品率分析应该考虑芯片的布局，并允许在最优数量之外增加有限的冗余。尽管如此，并不是所有可用的区域都应该用于冗余设计，因为这将增加电路面积，进而增加可能发生芯片猎杀故障的面积。这在某种程度上，会抵消由于增加冗余而提高的成品率。

　　图 10-12 给出了该微处理器的有效成品率［见式（10.24）］。图中展示了在微处理器中不加入冗余与加入最佳冗余两种情况的有效成品率。从图中可以看出，当设计中加入最优量的冗余时，可以使预期成品率增加 18% 左右。

　　在存储器设计之外，关于缺陷容错的第二个实验是 3D 计算机，这属于晶圆级容错设计。3D 计算机是采用晶圆级集成技术实现的蜂窝阵列处理器。其最独特的一点是使用了堆叠晶圆。基本的处理单元被分为五个功能单元，每个功能单元在不同的晶圆上实现。因此每个晶圆片只包含一种功能部件以及用来提高成品率的备用件。不同晶圆片中的单元通过相邻晶圆片之间的微桥垂直连接，形成一个完整的处理

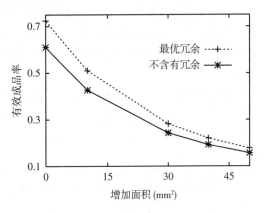

图 10-12　服从 $\lambda = 0.05/mm^2$、$\alpha = 2$ 的负二项分布时，在不含有冗余和含有最优冗余的情况下，有效成品率作为增加面积的函数

单元。3D 计算机的第一个工作原型机的尺寸为 32×32，第二个原型包含 128×128 个处理单元。

　　每个晶圆片的缺陷容错是通过一种填隙冗余方案实现的，在该方案中，备用单元均匀分布在阵列中，并通过局部、路径较短的互连网络与主单元相连。在 32×32 原型机中，使用了（1，1）冗余方案，每个主单元都有一个单独的备用单元。128×128 原型机采用了（2，4）方案，每个主单元连接 2 个备用单元，每个备用单元又连接 4 个主单元，冗余占 50%，而（1，1）冗余占 100%。（2，4）填隙冗余方案可以通过多种方式实现。下一节将进一步讨论它在 3D 计算机中的具体实现及对成品率的影响。

　　由于制造的晶圆片不可能完全无故障，所以如果不加入冗余设计，处理器的成品率将会变成 0。在微处理器中加入冗余之后，32×32 阵列恢复后的测试成品率为 45%。对于 128×128

阵列，（1，1）冗余方案会导致成品率非常低（约 3%），因为主单元和相关的备用单元发生故障的概率很高。结果表明，采用（2，4）方案的 128×128 阵列的成品率要高很多。

10.4.4 调整芯片布局规划

对于体积较小且故障分布可以用泊松模型或拥有大型故障群（故障群的尺寸大于芯片的尺寸）的复合泊松成品率模型精确描述的芯片来说，芯片的布局通常不会对成品率产生影响。

随着总面积超过 $2cm^2$ 的集成电路的出现，这种情况发生了改变。这种芯片通常由不同类型的元件组成，每种元件都有自己的故障密度，并且有一些合并的冗余。如果具有这些属性的芯片受到中型故障群的影响，那么布局规划的调整可能会影响它们的预期成品率。

考虑图 10-13 所示的一个芯片示例，它由 4 个等面积的模块（功能单元）M_1、M_2、M_3 和 M_4 组成。芯片没有冗余设计，所有 4 个模块都是芯片的正常运行所必需的。

布局规划 a 布局规划 b 布局规划 c

图 10-13   2×2 阵列的三种布局规划

假设缺陷群相对于芯片尺寸为中等大小，这 4 个模块对缺陷敏感程度不同，我们使用中等区域负二项分布中描述的故障空间分布，其中模块 M_i 的参数为 λ_i、每个块的参数为 α，并且 $\lambda_1 \leq \lambda_2 \leq \lambda_3 \leq \lambda_4$。

这个芯片有 4! = 24 种可能的布局规划。由于旋转和翻转不会影响成品率，我们剩下如图 10-13 所示的三种不同的平面图。如果芯片具有小型缺陷群（大于或等于模块大小的群）或大型缺陷群（大于或等于芯片面积的群），那么所有可能的布局规划的预期成品率将是相同的。但是，当假设为中型缺陷群（包含两个模块的水平或垂直缺陷块）时，情况与之不同。

假设水平缺陷块大小为两个模块，则布局 a、b 和 c 的成品率为

$$Y(a) = Y(b) = (1 + (\lambda_1 + \lambda_2)/\alpha)^{-\alpha}(1 + (\lambda_3 + \lambda_4)/\alpha)^{-\alpha} \qquad (10.39)$$
$$Y(c) = (1 + (\lambda_1 + \lambda_4)/\alpha)^{-\alpha}(1 + (\lambda_2 + \lambda_3)/\alpha)^{-\alpha}$$

通过简单计算可知，在 $\lambda_1 \leq \lambda_2 \leq \lambda_3 \leq \lambda_4$ 的条件下，布局 a 和 b 的成品率较高。类似地，对于大小为两个模块的垂直缺陷块，布局 a 和 c 有较高的成品率，

$$Y(a) = Y(c) = (1 + (\lambda_1 + \lambda_3)/\alpha)^{-\alpha}(1 + (\lambda_2 + \lambda_4)/\alpha)^{-\alpha} \qquad (10.40)$$
$$Y(b) = (1 + (\lambda_1 + \lambda_4)/\alpha)^{-\alpha}(1 + (\lambda_2 + \lambda_3)/\alpha)^{-\alpha}$$

因此，布局 a 是在任何大小的缺陷群下都能最大限度地提高芯片成品率的布局规划。对于 a 的一个直观解释是，将对缺陷敏感度较低的模块放在一起，可以使芯片在一些缺陷群中得以保留的机会更大。

如果将之前的芯片推广为一个 3×3 阵列（如图 10-14 所示），并且 $\lambda_1 \leq \lambda_2 \leq \cdots \leq \lambda_9$，那么，糟糕的是，没有一种布局规划总是最好的，最优布局规划将取决于缺陷群的大小。然而，我们可以得出以下结论。对于各种大小的缺陷群，故障密度最高的模块（M_9）应放置在芯片的中心，并将每一行或每一列重新排列，使对缺陷最敏感的模块位于其中心（例如，图 10-14 中的布局 b）。注意，我们得出这个结论时并没有假设芯片的边界比其中心更容易产生缺陷。对这一建议的直观解释是，将高度敏感的模块放置在芯片角落，会使单一缺陷群导致 2 个甚至 4 个相邻芯片出现故障的概率提高。如果将不太敏感的模块放置在角落，这种情况就不太可能发生。

下一个例子是有冗余的芯片，该芯片由 4 个模块组成：M_1、S_1、M_2 和 S_2。其中 S_1 是 M_1 的备用模块，S_2 是 M_2 的备用模块。该芯片的三种不同拓扑的布局规划如图 10-15 所示。

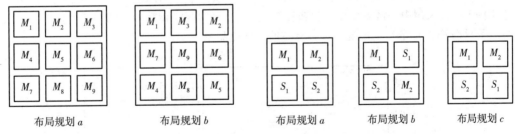

图 10-14　3×3 阵列的两种布局规划　　　　图 10-15　带有冗余设计芯片的三种布局规划

设故障数目服从中等区域负二项分布，M_1 和 S_1 的平均值为 λ_1，M_2 和 S_2 的平均值为 λ_2，每块的聚集参数为 α。假设缺陷群是水平的，每个缺陷群的大小为两个模块，三种布局的成品率如下：

$$
\begin{aligned}
Y(a) = Y(c) = {} & 2[1 + (\lambda_1 + \lambda_2)/\alpha]^{-\alpha} + 2[1 + \lambda_1/\alpha]^{-\alpha}[1 + \lambda_2/\alpha]^{-\alpha} - \\
& 2[1 + (\lambda_1 + \lambda_2)/\alpha]^{-\alpha}[1 + \lambda_1/\alpha]^{-\alpha} - 2[1 + (\lambda_1 + \lambda_2)/\alpha]^{-\alpha}[1 + \lambda_2/\alpha]^{-\alpha} + \\
& [1 + (\lambda_1 + \lambda_2)/\alpha]^{-2\alpha}
\end{aligned}
$$

$$(10.41)$$

$$
Y(b) = [2(1 + \lambda_1/\alpha)^{-\alpha} - (1 + 2\lambda_1/\alpha)^{-\alpha}] \times [2(1 + \lambda_2/\alpha)^{-\alpha} - (1 + 2\lambda_2/\alpha)^{-\alpha}]
$$

$$(10.42)$$

可以很容易地证明，对于任意的 λ_1 和 λ_2，$Y(a) = Y(c) \geqslant Y(b)$。

然而，如果缺陷群是垂直的，大小为两个模块，则显然 $Y(a)$ 为式（10.42）的表达式，$Y(b) = Y(c)$ 为式（10.41）的表达式。在这种情况下，对于任意的 λ_1 和 λ_2，$Y(b) = Y(c) \geqslant Y(a)$。因此，应优先选择布局 c 而不是布局 a 和 b。选择布局 c 的一个直观理由是，它保证了在任何大小和形状的缺陷群下，使主模块及其备件保持间隔，这将使成品率有所提高，因为相同的缺陷群不太可能同时出现在主模块和它的备用模块上（同时出现将使芯片失效）。

最后一个建议在 10.4.3 节描述的 3D 计算机的设计中得到了例证。选择在 3D 计算机中实现的（2，4）结构如图 10-16A 所示。在这个布局规划中，每个备用元件都与四个主元件相邻，可以互相替换。这里，备用元件和它可能替换的主元件之间的互连连接很短，因此当主元件发生故障时，性能损失是最小的。但是，由于备用元件和主元件的距离很近，导致出现聚集故障时的成品率会很低，因为单个故障群可能覆盖一个主要元件及其所有的备用元件。

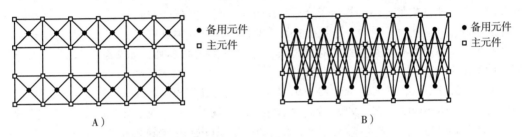

● 备用元件　　　　　　　　● 备用元件
□ 主元件　　　　　　　　　□ 主元件

A）　　　　　　　　　　　　B）

图 10-16　3D 计算机中的晶圆的布局规划。A）初始布局规划。B）可选布局规划

我们可以设计几种可供选择的布局，使备用元件与连接到它的主元件之间的距离更远，例如图 10-16B 所示的那样。使用图 10-16A 所示的初始布局规划与图 10-16B 所示的可选布局规划的 128×128 阵列的预期成品率如图 10-17 所示。缺陷块大小为两行主元件（见图 10-16A），采用中等区域负二项分布计算成品率。图 10-17 清楚地表明，备用元件与可替代的主元件分离的可选布局规划，具有更高的预期成品率。

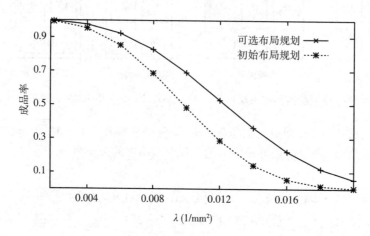

图 10-17   图 10-16 中初始布局规划与可选布局规划的成品率（关于 λ 的函数，$\alpha = 2$）

10.5   延伸阅读

一些参考书籍［14，16，17］、一个论文集［9］和一些期刊综述论文［11，26，31，32，36，42，44，45，54，63］都与这一章的主题相关。关于如何计算临界面积和 POF 的详细描述，请参见文献［17］的第 5 章和文献［60，67］。两种不同于本章所述的几何方法是 virtual artwork 技术[43] 和 Voronoi 图解方法[52]。由工艺参数变化引起的参数故障见文献［13，58］。

文献［47］和文献［56］中的复合函数分别为三角密度函数和指数密度函数。在文献［50］和文献［59］中提出了将更常用的伽马分布作为复合函数。用于估计成品率模型参数的"窗口法"见文献［31，50，53，56，61］，并且该方法已在文献［34］中得到扩展，包含了针对中型故障群的成品率模型的块尺寸估计。

文献［1］中描述了在将生产转移到不同的制造工厂或改变所采用的技术时，预测已投产芯片成品率的更简单的技术。

文献［6，19，21，22，64，72，73］描述了容错存储器的设计。文献［19］中给出了 ECC 的使用方法。文献［64］提出了灵活芯片边界方案，文献［73］描述了具有冗余子阵列的存储器设计。这些设计中的一部分在文献［23，25，62］中进行了分析。人们已经开发了许多技术来将备用的行和列分配给存储器阵列中有缺陷的行和列，如文献［2，3，10，37，57］中的示例。

文献［5，29，30，33，38，40，48，69，74］中提出了逻辑电路的缺陷容错技术。文献［40］描述和分析了 Hyeti 微处理器，文献［74］提出了 3D 计算机。文献［39，46，51，55］介绍了提高多核和片上系统成品率的技术。文献［68，71］研究了 3D 电路中的缺陷容错。文献［8，12］讲述了本章未涉及的走线修改技术。文献［28］分析了调整芯片面积对成品率的影响。

许多现代微处理器的设计者已经将冗余纳入片上高速缓存单元的设计中。文献［65］为了确定适合在 PowerPC 微处理器的缓存单元中使用的冗余类型，将行、列和子阵列冗余等不同的方案进行了比较，综合考虑了面积、性能损失以及预期成品率改进。根据分析结果，设计者决定在一级高速缓存单元中使用行冗余，在二级高速缓存单元中使用行和列冗余。

英特尔的 Pentium Pro 处理器在其 512 KB 的二级高速缓存中加入了冗余设计[18]。这个高速缓存单元由 72 个子阵列组成，每个子阵列包含 64 KB 存储单元，它们被划分为 4 个象限，每个象限都添加了一个冗余子阵列。由于增加了冗余，得到的成品率提高了 35%。这个设计包括用于识别故障单元的 BIST（内建自测试）电路，还有一个闪存电路，在该电路中可以通过编程使用备用子阵列来取代有缺陷的子阵列。

惠普 PA7300LC 微处理器的两个 64 KB 缓存单元设计了冗余列。每个备用块含有四个备用列，可以使用由可编程熔断器控制的多路复用器来替换故障列。还设计了 BIST 电路来测试缓存单元并识别故障块[35]。存储器的内建测试和恢复算法在文献［20，49］中有所描述。

文献［2］描述了 Alpha 微处理器内嵌内存单元的自恢复电路中使用的备用行和列分配算法。

文献［24，27］分析了布局规划对成品率的影响。

文献［15，41］研究了模拟和混合信号电路的成品率。文献［7，70］中描述亚 65 nm 级 CMOS 电路的可制造性设计，并考虑到光刻技术、亚波长图案、应力邻近效应和工艺可变性。后 CMOS 电路（例如纳米导线和碳纳米管）中出现的特有缺陷和相应的成品率估计在文献［4，66］中有所描述。

10.6　练习题

1. 已知长为 L 和宽为 w 的导体中，存在大小为 $u \times u$ 的方形的缺失金属缺陷，请推导出缺陷的临界面积 $A_{miss}^{(c)}(u)$ 的表达式。假设缺陷的一侧总是平行于导体，并且 $L \gg w$，非线性边缘效应可以忽略。

2. 如下图所示的由两根导体组成的 14×7 布局，请使用多边形展开技术计算直径为 3 的圆形短路缺陷的临界面积。

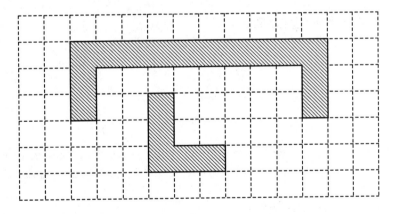

3. 利用式（10.1）中的缺陷尺寸分布，求长为 L 和宽为 w 的导体中圆形缺失金属缺陷的平均临界面积 $A_{miss}^{(c)}$。设式（10.1）中 $p=3$，$L \gg w$，忽略式（10.6）中的非线性项。

4. a) 如图 10-1 所示，已知两个长为 L，宽为 w，间距为 s 的导体，推导出直径为 x 的圆形缺失金属缺陷的临界面积 $A_{miss}^{(c)}(x)$ 的表达式。忽略非线性项，注意表达式在三种情况下是不同的，这些情况分别是 $x<w$、$w \leqslant x \leqslant 2w+s$，以及 $2w+s<x \leqslant x_M$。

   b) 利用式（10.1）中的缺陷尺寸分布，求出平均临界面积 $A_{miss}^{(c)}$，式（10.1）中 $p=3$。为简单起见，假设 $x_M = \infty$。

5. 目前已经制造了一个面积为 0.2cm^2 的芯片（没有冗余），该芯片的 POF 为 $\theta = 0.6$，成品率为 $Y_1 = 0.87$。该制造商计划使用相同的晶圆制造设备制造一个类似的，但面积为 $0.3\ \text{cm}^2$ 的芯片。假设只有一种类型的缺陷，且在相同的 POF θ 和相同的缺陷密度 d 的情况下，两种缺陷的成品率均服从泊松模型 $Y = e^{-\theta A_{\text{chip}} d}$。

a）计算第二个芯片的缺陷密度 d 和预期成品率 Y_2。

b）假设第二个芯片的面积是一个变量 A，画出第二个芯片的成品率 Y_2 关于 A 的函数的图形（A 在 0 和 2 之间）。

6. 一个面积为 A_{chip} 的芯片（没有冗余，并且有一种缺陷），目前的成品率是 $Y = 0.9$。制造商正在研究设计和制造两种面积更大的 $2A_{\text{chip}}$ 和 $4A_{\text{chip}}$ 芯片的可能性。新芯片的设计和布局将与当前芯片的设计和布局类似（即采用相同的 θ），缺陷密度 d 将保持不变。

a）采用泊松模型计算两种新芯片的预期成品率。

b）在 $\alpha = 1.5$ 的负二项模型下，计算两个新芯片的预期成品率。

c）讨论 a）和 b）结果之间的差异。

7. 设计了 10 个相同的模块，测试成品率为 0.1。

a）假设服从泊松成品率模型，平均故障数 λ 是多少？假设服从 $\alpha = 2$ 的负二项模型，λ 是多少？

b）为了提高成品率，添加了一个备用模块。忽略芯片面积的增加，分别根据泊松模型和负二项模型计算新设计的成品率。

8. 对于没有冗余设计的芯片，假设芯片上的故障数 X 服从复合泊松分布。

a）用三角密度函数作为复合函数，

$$f_L(l) = \begin{cases} \dfrac{l}{\lambda^2} & 0 \le l \le \lambda \\[2mm] \dfrac{2\lambda - l}{\lambda^2} & \lambda \le l \le 2\lambda \end{cases}$$

根据其推导出如下的芯片成品率表达式：

$$Y_{\text{chip}} = \text{Prob}\{X = 0\} = \int_0^{2\lambda} e^{-l} f_L(l)\,dl = \left(\frac{1 - e^{-\lambda}}{\lambda}\right)^2 \tag{10.43}$$

b）现在用指数密度函数作为复合函数，

$$f_L(l) = \frac{e^{-l/\lambda}}{\lambda}$$

根据其推导出成品率：

$$Y_{\text{chip}} = \text{Prob}\{X = 0\} = \int_0^\infty e^{-l} f_L(l)\,dl = \frac{1}{1 + \lambda} \tag{10.44}$$

c）分别利用泊松模型和负二项模型（无冗余芯片），绘制 λ 的函数图像，其中 $0.001 \le \lambda \le 1.5$。对于负二项模型，分别使用 0.25、2 和 5 这三个 α 值，比较式（10.43）和式（10.44）这两个成品率表达式。

9. 为什么图 10-5 中的备用行包含一个可熔连接？

10. 在一个 4 行 8 列的存储器阵列中，添加了一个备用行和两个备用列。对存储器阵列的测试已经确定了四个有缺陷的单元，在下面的图表中用 x 表示。

$$\begin{bmatrix} x & 0 & 0 & 0 & 0 & 0 & 0 & 0 \\ 0 & 0 & 0 & 0 & 0 & x & 0 & 0 \\ 0 & 0 & 0 & 0 & 0 & 0 & 0 & 0 \\ 0 & x & 0 & 0 & 0 & x & 0 & 0 \end{bmatrix}$$

a）列出重新配置存储器阵列的两种方法，即哪些行和列将被断开连接并被备用行和列替换。

b）列出四个缺陷单元在存储器阵列上的一种分布，能够使备用行和列无法满足恢复需求。存在多少个这样的分布？

c）假设有四个缺陷单元，它们随机分布在阵列上，出现 b）中这种不可恢复分布的概率是多少？

11. 图 10-18 所示的是一个 6×6 的存储器阵列，有两个备用行和两个备用列。绘制相应的二分图，识别所有必须恢复的行和列，并选择额外的行或列来替换剩余的缺陷单元。如果在替换了必须恢复的行（必须恢复的列）之后应用列优先（行优先）算法，是否能够恢复存储器阵列？

12. 一个芯片由五个模块组成，其中四个模块用于正常运算，一个是备用模块。假设制造过程的故障密度为每平方厘米 0.7 个故障，每个模块的面积为 $0.1\ \mathrm{cm}^2$。

a）用泊松模型计算芯片的预期成品率。

b）用 $\alpha = 1$ 的负二项模型计算芯片的预期成品率。

c）对于 a）和 b）中的两个模型，从有效成品率的角度来看，在芯片上增加备用模块是否有利？

d）讨论两种模型对 c）答案的差异。

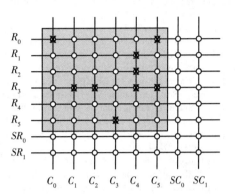

图 10-18   一个 6×6 的存储器阵列，包含两个备用行和两个备用列，以及九个缺陷单元（用 x 标出）

参考文献

[1] A. Ahmadi, H.-G. Stratigopoulos, K. Huang, A. Nahar, B. Orr, M. Pas, J.M. Carulli, Y. Makris, Yield forecasting across semiconductor fabrication plants and design generations, IEEE Transactions on Computer-Aided Design of Integrated Circuits and Systems (TCAD) 36 (12) (2017) 2120–2133.

[2] D.K. Bhavsar, An algorithm for row-column self-repair of RAMs and its implementation in the alpha 21264, in: International Test Conference (ITC'99), 1999, pp. 311–318.

[3] D. Blough, Performance evaluation of a reconfiguration algorithm for memory arrays containing clustered faults, IEEE Transactions on Reliability 45 (June 1996) 274–284.

[4] S. Bobba, J. Zhang, P.E. Gaillardon, H.S.P. Wong, S. Mitra, G. de Micheli, System level benchmarking with yield-enhanced standard cell library for carbon nanotube VLSI circuits, ACM Journal on Emerging Technologies in Computing Systems (JETC) 10 (May 2014) 33.

[5] A. Boubekeur, J-L. Patry, G. Saucier, J. Trilhe, Configuring a wafer scale two-dimensional array of single-bit processors, IEEE Computer 25 (April 1992) 29–39.

[6] J.C. Chan, S.K. Gupta, Characterization of granularity and redundancy for SRAMs for optimal yield-per-area, in: IEEE Conference on Computer Design (ICCD), 2008, pp. 219–226.

[7] C. Chiang, J. Kawa, Design for Manufacturability and Yield for Nano-Scale CMOS, Springer, 2007.

[8] V.K.R. Chiluvuri, I. Koren, Layout synthesis techniques for yield enhancement, IEEE Transactions on Semiconductor Manufacturing 8 (Special Issue on Defect, Fault, and Yield Modeling) (May 1995) 178–187.

[9] B. Ciciani (Ed.), Manufacturing Yield Evaluation of VLSI/WSI Systems, IEEE Computer Society Press, 1998.

[10] H. Cho, W. Kang, S. Kang, A very efficient redundancy analysis method using fault grouping, ETRI Journal 35 (3) (June 2013) 439–447.

[11] J.A. Cunningham, The use and evaluation of yield models in integrated circuit manufacturing, IEEE Transactions on Semiconductor Manufacturing 3 (May 1990) 60–71.

[12] N. Dhumane, S. Kundu, Critical area driven dummy fill insertion to improve manufacturing yield, in: 13th Symposium on Quality Electronic Design (ISQED), 2012, pp. 334–341.

[13] S.W. Director, W. Maly, A.J. Strojwas, VLSI Design for Manufacturing: Yield Enhancement, Kluwer Academic Publishers, 1990.

[14] A.V. Ferris-Prabhu, Introduction to Semiconductor Device Yield Modeling, Artech House, 1992.

[15] F. Gong, Y. Shi, H. Yu, L. He, Variability-aware parametric yield estimation for analog/mixed-signal circuits: concepts, algorithms, and challenges, IEEE Design and Test 31 (4) (August 2014) 6–15.

[16] J.P. Gyvez, Integrated Circuit Defect-Sensitivity: Theory and Computational Models, Kluwer Academic Publishers, 1993.

[17] J.P. Gyvez (Ed.), IC Manufacturability: The Art of Process and Design Integration, IEEE Computer Society Press, 1998.

[18] C.W. Hampson, Redundancy and high-volume manufacturing methods, Intel Technology Journal (1997), 4th Quarter, available at http://developer.intel.com/technology/itj/q41997/articles/art_4.htm.

[19] H.L. Kalter, C.H. Stapper, J.E. Barth, J. Dilorenzo, C.E. Drake, J.A. Fifield, G.A. Kelley, S.C. Lewis, W.B. Van Der Hoeven, J.A. Yankosky, A 50-ns 16Mb DRAM with 10-ns data rate and on-chip ECC, IEEE Journal of Solid-State Circuits (October 1990) 1118–1128.

[20] J. Kim, W. Lee, K. Cho, S. Kang, Hardware-efficient built-in redundancy analysis for memory with various spares, IEEE Transactions on Very Large Scale Integration (VLSI) Systems 25 (3) (March 2017) 844–856.

[21] T. Kirihata, Y. Watanabe, H. Wong, J.K. DeBrosse, Fault-tolerant designs for 256 Mb DRAM, IEEE Journal of Solid-State Circuits 31 (April 1996) 558–566.

[22] G. Kitsukawa, M. Horiguchi, Y. Kawajiri, T. Kawahara, 256-Mb DRAM circuit technologies for file applications, IEEE Journal of Solid-State Circuits 28 (November 1993) 1105–1110.

[23] I. Koren, Z. Koren, Yield analysis of a novel scheme for defect-tolerant memories, in: IEEE International Conference on Innovative Systems in Silicon, October 1996, pp. 269–278.

[24] Z. Koren, I. Koren, On the effect of floorplanning on the yield of large area integrated circuits, IEEE Transactions on Very Large Scale Integration (VLSI) Systems 5 (March 1997) 3–14.

[25] I. Koren, Z. Koren, Analysis of a hybrid defect-tolerance scheme for high-density memory ICs, in: IEEE International Symposium on Defect and Fault Tolerance in VLSI Systems, October 1997, pp. 166–174.

[26] I. Koren, Z. Koren, Defect tolerant VLSI circuits: techniques and yield analysis, Proceedings of the IEEE 86 (September 1998) 1817–1836.

[27] I. Koren, Z. Koren, Incorporating yield enhancement into the floorplanning process, IEEE Transactions on Computers 49 (Special Issue on Defect Tolerance in Digital Systems) (June 2000) 532–541.

[28] I. Koren, The effect of scaling on the yield of VLSI circuits, in: W. Moore, W. Maly, A. Strojwas (Eds.), Yield Modelling and Defect Tolerance in VLSI, Adam Hillger Ltd., 1988, pp. 91–99.

[29] I. Koren, D.K. Pradhan, Yield and performance enhancement through redundancy in VLSI and WSI multiprocessor systems, Proceedings of the IEEE 74 (May 1986) 699–711.

[30] I. Koren, D.K. Pradhan, Modeling the effect of redundancy on yield and performance of VLSI systems, IEEE Transactions on Computers 36 (March 1987) 344–355.

[31] I. Koren, C.H. Stapper, Yield models for defect tolerant VLSI circuits: a review, in: I. Koren (Ed.), Defect and Fault Tolerance in VLSI Systems, vol. 1, Plenum, 1989, pp. 1–21.

[32] I. Koren, A.D. Singh, Fault tolerance in VLSI circuits, IEEE Computer 23 (Special Issue on Fault-Tolerant Systems) (July 1990) 73–83.

[33] I. Koren, Z. Koren, D.K. Pradhan, Designing interconnection buses in VLSI and WSI for maximum yield and minimum delay, IEEE Journal of Solid-State Circuits 23 (June 1988) 859–866.

[34] I. Koren, Z. Koren, C.H. Stapper, A unified negative binomial distribution for yield analysis of defect tolerant circuits, IEEE Transactions on Computers 42 (June 1993) 724–734.

[35] D. Kubicek, T. Sullivan, A. Mehra, J. McBride, High-performance processor design guided by system costs, Hewlett-Packard Journal 48 (June 1997) 8, available at http://www.hpl.hp.com/hpjournal/97jun/jun97a8.htm.

[36] N. Kumar, K. Kennedy, K. Gildersleeve, R. Abelson, C.M. Mastrangelo, D.C. Montgomery, A review of yield modelling techniques for semiconductor manufacturing, International Journal of Production Research 44 (2006) 5019–5026.

[37] S.-Y. Kuo, W. Fuchs, Efficient spare allocation for reconfigurable arrays, IEEE Design and Test 4 (February 1987) 24–31.

[38] S.-Y. Kuo, W. Kent Fuchs, Fault diagnosis and spare allocation for yield enhancement in large reconfigurable PLA's, IEEE Transactions on Computers 41 (February 1992) 221–226.

[39] F. Lan, Y. Pan, K-T. Cheng, An efficient network-on-chip yield estimation approach based on Gibbs sampling, IEEE Transactions on Computer-Aided Design of Integrated Circuits and Systems 35 (March 2016) 447–457.

[40] R. Leveugle, Z. Koren, I. Koren, G. Saucier, N. Wehn, The HYETI defect tolerant microprocessor: a practical experiment and a cost-effectiveness analysis, IEEE Transactions on Computers 43 (December 1994) 1398–1406.

[41] X. Li, W. Zhang, F. Wang, S. Sun, C. Gu, Efficient parametric yield estimation of analog/mixed-signal circuits via Bayesian model fusion, in: IEEE/ACM International Conference Computer-Aided Design, 2012, pp. 627–634.

[42] W. Maly, Computer-aided design for VLSI circuit manufacturability, Proceedings of the IEEE 78 (February 1990) 356–392.

[43] W. Maly, W.R. Moore, A. Strojwas, Yield loss mechanisms and defect tolerance, in: W.R. Moore, W. Maly, A. Strojwas (Eds.), Yield Modelling and Defect Tolerance in VLSI, Adam Hillger Ltd., 1988, pp. 3–30.

[44] T.L. Michalka, R.C. Varshney, J.D. Meindl, A discussion of yield modeling with defect clustering, circuit repair, and circuit redundancy, IEEE Transactions on Semiconductor Manufacturing 3 (August 1990) 116–127.

[45] W.R. Moore, A review of fault-tolerant techniques for the enhancement of integrated circuit yield, Proceedings of the IEEE 74 (May 1986) 684–698.

[46] D.P. Munteanu, V. Sune, R. Rodriguez-Montanes, J.A. Carrasco, A combinatorial method for the evaluation of yield of fault-tolerant systems-on-chip, in: International Conference on Dependable Systems and Networks, 2003, pp. 563–572.

[47] B.T. Murphy, Cost-size optima of monolithic integrated circuits, Proceedings of the IEEE 52 (December 1964) 1537–1545.

[48] R. Negrini, M.G. Sami, R. Stefanelli, Fault Tolerance Through Reconfiguration in VLSI and WSI Arrays, MIT Press, 1989.

[49] P. Ohler, S. Hellebrand, H.-J. Wunderlich, An integrated built-in self-test and repair approach for memories with 2D redundancy, in: IEEE European Test Symposium (ETS), May 2007, pp. 91–99.

[50] T. Okabe, M. Nagata, S. Shimada, Analysis of yield of integrated circuits and a new expression for the yield, Electrical Engineering Japan 92 (December 1972) 135–141.

[51] A. Pan, R. Rodrigues, S. Kundu, A hardware framework for yield and reliability enhancement in chip multiprocessors, ACM Transactions on Embedded Computing Systems 14 (January 2015) 12.1–12.26.

[52] E. Papadopoulou, Critical area computation for missing material defects in VLSI circuits, IEEE Transactions on Computer-Aided Design 20 (May 2001) 503–528.

[53] O. Paz, T.R. Lawson Jr., Modification of Poisson statistics: modeling defects induced by diffusion, IEEE Journal of Solid-State Circuits SC-12 (October 1977) 540–546.

[54] J.E. Price, A new look at yield of integrated circuits, Proceedings of the IEEE 58 (August 1970) 1290–1291.

[55] X. Qi, R.J. Rosner, J. Hopkins, T. Joseph, B. Walsh, A. Sinnott, B.K.G. Nair, Incorporating core-to-core correlation to improve partially good yield models, IEEE Transactions on Semiconductor Manufacturing 32 (November 2019) 538–543.

[56] R.B. Seeds, Yield, economic, and logistic models for complex digital arrays, in: IEEE International Convention Record, Part 6, 1967, pp. 61–66.

[57] A. Sehgal, A. Dubey, E.J. Marinissen, C. Wouters, H. Vranken, K. Chakrabarty, Redundancy modelling and array yield analysis for repairable embedded memories, IEE Proceedings. Computers and Digital Techniques 152 (January 2005) 97–106.

[58] R. Spence, R.S. Soin, Tolerance Design of Electronic Circuits, Addison Wesley, 1988.

[59] C.H. Stapper, Defect density distribution for LSI yield calculations, IEEE Transactions Electron Devices ED-20 (July 1973) 655–657.

[60] C.H. Stapper, Modeling of defects in integrated circuit photolithographic patterns, IBM Journal of Research and Development 28 (4) (July 1984) 461–474.

[61] C.H. Stapper, On yield, fault distributions and clustering of particles, IBM Journal of Research and Development 30 (May 1986) 326–338.

[62] C.H. Stapper, A.N. McLaren, M. Dreckmann, Yield model for productivity optimization of VLSI memory chips with redundancy and partially good product, IBM Journal of Research and Development 20 (1980) 398–409.

[63] C.H. Stapper, F.M. Armstrong, K. Saji, Integrated circuit yield statistics, Proceedings of the IEEE 71 (April 1983) 453–470.

[64] T. Sugibayashi, I. Naritake, S. Utsugi, K. Shibahara, R. Oikawa, A 1-Gb DRAM for file applications, IEEE Journal of Solid-State Circuits 30 (November 1995) 1277–1280.

[65] T. Thomas, B. Anthony, Area, performance, and yield implications of redundancy in on-chip caches, in: IEEE Intern. Conference on Computer Design, October 1999, pp. 291–292.

[66] O. Tunali, M. Altun, Yield analysis of nano-crossbar arrays for uniform and clustered defect distributions, in: 24th IEEE International Conference on Electronics, Circuits and Systems (ICECS), 2017, pp. 534–537.

[67] D.M.H. Walker, Yield Simulation for Integrated Circuits, Kluwer Academic Publishers, 1987.

[68] S. Wang, K. Chakrabarty, M.B. Tahoori, Defect clustering-aware spare-TSV allocation in 3-D ICs for yield enhancement, IEEE Transactions on Computer-Aided Design of Integrated Circuits and Systems 38 (October 2019) 1928–1941.

[69] C.L. Wey, On yield considerations for the design of redundant programmable logic arrays, IEEE Transactions on Computer-Aided Design CAD-7 (April 1988) 528–535.

[70] B.P. Wong, A. Mittal, G.W. Starr, F. Zach, V. Moroz, A. Kahng, Nano-CMOS Design for Manufacturability: Robust Circuit and Physical Design for Sub-65 nm Technology Nodes, Wiley-Interscience, NY, 2008.

[71] Q. Xu, S. Chen, X. Xu, B. Yu, Clustered fault tolerance TSV planning for 3-D integrated circuits, IEEE Transactions on Computer-Aided Design of Integrated Circuits and Systems 36 (August 2017) 1287–1300.

[72] T. Yamagata, H. Sato, K. Fujita, Y. Nishmura, K. Anami, A distributed globally replaceable redundancy scheme for sub-half-micron ULSI memories and beyond, IEEE Journal of Solid-State Circuits 31 (February 1996) 195–201.

[73] J-H. Yoo, C-H. Kim, K-C. Lee, K-H. Kyung, A 32-bank 1Gb self-strobing synchronous DRAM with 1GB/s bandwidth, IEEE Journal of Solid-State Circuits 31 (November 1996) 1635–1643.

[74] M.W. Yung, M.J. Little, R.D. Etchells, J.G. Nash, Redundancy for yield enhancement in the 3D computer, in: Wafer Scale Integration Conference, January 1989, pp. 73–82.

加密系统中的故障检测

加密算法正应用于越来越多的设备，以满足其高安全性的需求。许多设备要求高速的加解密操作，这就需要用于特定加密算法的专用硬件加密和解密电路。这些电路有一个独有的特性，就是它们对于故障具有高度敏感性。与普通的算术逻辑电路（例如加法器和乘法器）不同，在大多数情况下，即使只是单个数据位的故障，在加解密电路中也会迅速扩散并最终导致一个完全混乱的输出（几乎随机的模式）。因此，防止这种故障或者至少能够检测出它们是很有必要的。

其实，对于在加密设备中需要特别重视故障检测，还有另一个更有说服力的理由。加密算法（也叫密码算法）被设计和实现得使它们难以被攻破，为了获得可以将加密消息解密的密钥，攻击者必须执行大量令人望而却步的实验。然而，一些研究已经表明通过故意地将故障注入加密设备中并且观察相应的输出，获得密钥所需的实验数量会大大减少。因此出于安全性以及数据完整性目的，将某种形式的故障检测整合到加密设备中是必要的。

我们以两类重要密码算法的概述开启本章，即先介绍对称密钥和非对称密钥（或公钥），并描述可以针对它们发起的故障注入攻击。然后我们介绍可以用于检测被注入故障的技术，以劝退攻击者。

11.1 密码算法概述

密码算法用密钥加密给定的数据（称为明文）从而产生密文，并解密密文以重建原始的明文。用于加密和解密步骤的密钥可以相同（或微相关），对应所谓的对称密钥加密；也可以不同，对应所谓的非对称密钥（或公钥）加密。对称密钥加密相对于那些非对称密钥加密有比较简单的加密和解密的过程，因此速度也比较快。对称密钥加密的主要缺点是共享密钥，密钥可能会被攻击者发现，因此必须定期更改密钥。新密钥的生成通常会使用伪随机数生成器，这个过程必须非常小心地执行，不正确的初始化会导致此类生成器产生的密钥很容易被猜到。新生成密钥的分发必须保证安全，使用更安全（计算也更加密集）的非对称密钥加密是一种更好的选择。

11.1.1 对称密钥加密

对称密钥加密可以采用块密码算法，其同时对明文中固定数量的位（一个块）进行加密，也可以采用流密码算法，其按位执行加密。块密码算法更常用，因此是本章的重点。

一些众所周知的块密码算法包括数据加密标准（data encryption standard，DES）以及更新的高级加密标准（advanced encryption standard，AES）。DES 使用 64 位的明文块和 56 位的密钥，AES 使用 128 位的数据块并且密钥的大小在 128 位和 196 位之间。较长的密钥显然是更安全的，但是数据块的大小对密码算法的安全性也起着一定的作用。可以说，比较小的数据块容易遭受基于频率的攻击，比如根据英语文本中字母"e"出现的频率较高这一规律进行这种攻击。

几乎所有的对称密钥加密都使用相同的密钥进行加密和解密。加密的过程必须是可逆的，以使解密遵循着逆过程可以生成原始的明文。加密过程的主要目标是尽可能地搅乱明文。这个过程的实现需要多次重复一系列的简单计算步骤（称为一轮），以达到所需的不规则性。

DES 密码算法遵循 Feistel 方法。Feistel 方法把明文块按位分为 B_1 和 B_2 两个部分。B_1 保持不变，而 B_2 按位与一个单向哈希函数 $F(B_1, K)$ 相加（使用模 2 加法，即逻辑运算中按位的异或操作），其中 K 是密钥。哈希函数能够根据输入的长字符串（通常来说，可以任意长）生成固定长度的字符串输出。如果很难逆转这个过程，即根据给定输出很难找到对应的输入字符串，则该函数称为单向哈希函数。运算完成后，将两个子块 B_1 和 $B_2+F(B_1,K)$ 互换。

上述这些操作构成一轮，相同的操作会重复多轮。经过一轮运算，我们最终得到 $B_1' = B_2 + F(B_1, K)$ 和 $B_2' = B_1$。只执行一轮运算是不安全的，因为 B_1 的位没有改变，它们只是移动了位置，但是重复几轮之后，将会很大程度地打乱原始的明文。

单向哈希函数 F 似乎可以防止解密。尽管如此，在所有的轮都结束后，B_1 和密钥 K 都是可用的，并可以通过重新计算 $F(B_1, K)$ 获得 B_2。因此所有轮都可以按相反的顺序"撤销"以恢复明文。

DES 是第一个用于商业用途的官方标准密码算法。DES 于 1976 年成为标准，尽管目前有一个比较新的标准（AES 制定于 2002 年），但是它仍然以其原始的形式（或者更安全的变体，叫作 Triple DES）被广泛使用。Triple DES 用不同的密钥应用 DES 三遍，因此提供了更高级别的安全性（有一个变体使用三个不同的密钥，总计 168 位，而不是原始的 56 位，另一个变体使用 112 位密钥）。

基于 Feistel 函数的 DES 算法结构如图 11-1 所示。它由 16 个相同的轮组成。每一轮的操作序列与上述描述类似，首先使用 Feistel 函数（图中的 F 块），执行模 2 加法（图中的 $\oplus$），然后交换两边。此外，DES 还包括初始和最终置换模块（参见图 11-1），它们是可逆的，并且相互抵消，不会产生任何额外的扰乱，只是为了简化原始硬件实现中的数据块加载。

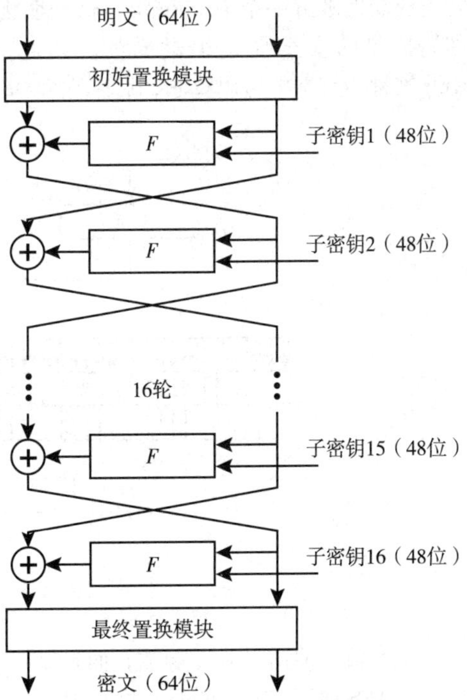

这 16 轮运算使用的是不同的 48 位子密钥，这些子密钥由图 11-2 所示的密钥调度过程生成。原始的密钥有 64 位，其中 8 位是奇偶校验位，所以密钥调度的第一步就是从 64 位中选择 56 位（图 11-2 中的"置换选择 1"）。其余的 16 步是相似的：这 56 个位被平分成两份，每一份的 28 位向左循环移动一位或者两位（由不同的步骤指定）；然后"置换选择 2"从每份中选择 24 位生成 48 位的子密钥。循环移位在图中表示为"<<<"，使得每个子密钥使用一组不同的位。

DES 中使用的特定的 Feistel（哈希）函数如图 11-3 所示。它由以下四个步骤构成。

（1）扩充。使用一个扩充置换把 32 位的输入扩充为 48 位，这个扩充置换会复制其中的一些位从而实现扩充。

图 11-1　DES 的整体结构

（2）加密钥。让 48 位的输入加上由密钥调度过程产生的 48 位子密钥（用模 2 加法，这是按位的异或操作）。

（3）替换。步骤（2）的 48 位结果被分成 8 组，每组为 6 位；然后通过替换盒（也叫 S 盒）进行处理。S 盒使用基于查找表的非线性转换算法生成 4 位的输出。

（4）置换。由 8 个 S 盒生成的 32 位输出执行置换操作。

每个优秀的密码算法必须拥有两个关键的原则叫作混淆和扩散。混淆是指在密文和密钥之间建立起一个复杂的关系，而扩散意味着明文中存在的任何自然冗余（可以被攻击者利用）将在密文中消失。在 DES 中，大多数的混淆由 S 盒提供，而扩充和置换提供了扩散。如果混淆和扩散得到正确执行，那么明文中一个位的改变将会导致密文中每个位以 0.5 的概率改变，并且这些改变相互独立。

在 1999 年，一个专门设计的电路能够在 24h 之内成功地破解一个 DES 密钥，这表明由 56 位密钥提供的安全性是很微弱的。因此，Triple DES 被称为首选的密码算法，后来在 2002 年被接下来介绍的 AES 取代。

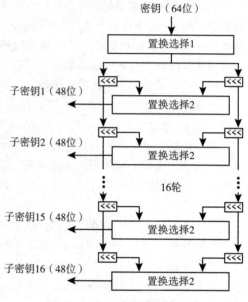

图 11-2　DES 的密钥调度过程

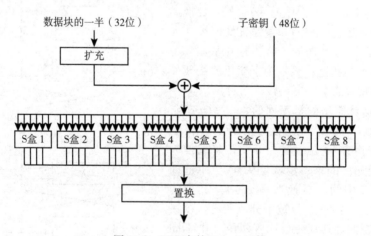

图 11-3　DES 中的 Feistel 函数

AES 没有使用 Feistel 函数，而是基于替换和置换，其中大多数的计算都是在有限域上的操作。AES 使用 128 位的明文块和 128、192 或者 256 位三种可能的密钥大小。128 位的数据块用 4×4 的字节矩阵表示，称为状态，记作 S，其中的字节元素表示为 $s_{i,j}(0 \leqslant i,j \leqslant 3)$。状态 S 在每个加密轮都会改变，直到生成最终的密文。如图 11-4 所示，每轮加密过程包含四个步骤。

（1）字节替换。状态矩阵中的每个字节都要经历（独立于所有其他字节）一个非线性的替换操作，记为 $T(s_{i,j}^{-1})$。由于这种转换的复杂性，它的 256 种可能的结果都是预先计算出来并存储在一个名为 S 盒的查找表中（在几乎所有 AES 实现中都是这样做的）。与 DES 不同，这是一个 8 位到 8 位的替换（如表 11-1 所示），而不是 6 位到 4 位的替换。AES 的 S 盒设计可以抵御一些简单的攻击。

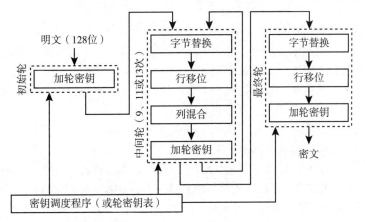

图 11-4　AES 的整体结构

表 11-1　AES 的 S 盒：字节 *xy* 的替换值（十六进制格式）

$x \backslash y$	0	1	2	3	4	5	6	7	8	9	a	b	c	d	e	f
0	63	7c	77	7b	f2	6b	6f	c5	30	01	67	2b	fe	d7	ab	76
1	ca	82	c9	7d	fa	59	47	f0	ad	d4	a2	af	9c	a4	72	c0
2	b7	fd	93	26	36	3f	f7	cc	34	a5	e5	f1	71	d8	31	15
3	04	c7	23	c3	18	96	05	9a	07	12	80	e2	eb	27	b2	75
4	09	83	2c	1a	1b	6e	5a	a0	52	3b	d6	b3	29	e3	2f	84
5	53	d1	00	ed	20	fc	b1	5b	6a	cb	be	39	4a	4c	58	cf
6	d0	ef	aa	fb	43	4d	33	85	45	f9	02	7f	50	3c	9f	a8
7	51	a3	40	8f	92	9d	38	f5	bc	b6	da	21	10	ff	f3	d2
8	cd	0c	13	ec	5f	97	44	17	c4	a7	7e	3d	64	5d	19	73
9	60	81	4f	dc	22	2a	90	88	46	ee	b8	14	de	5e	0b	db
a	e0	32	3a	0a	49	06	24	5c	c2	d3	ac	62	91	95	e4	79
b	e7	c8	37	6d	8d	d5	4e	a9	6c	56	f4	ea	65	7a	ae	08
c	ba	78	25	2e	1c	a6	b4	c6	e8	dd	74	1f	4b	bd	8b	8a
d	70	3e	b5	66	48	03	f6	0e	61	35	57	b9	86	c1	1d	9e
e	e1	f8	98	11	69	d9	8e	94	9b	1e	87	e9	ce	55	28	df
f	8c	a1	89	0d	bf	e6	42	68	41	99	2d	0f	b0	54	bb	16

（2）行移位。状态矩阵的第一行、第二行、第三行和第四行字节进行循环移位，分别移位 0、1、2 和 3 个字节，此步骤之后的状态为：

$$
S = \begin{bmatrix}
s_{0,0} & s_{0,1} & s_{0,2} & s_{0,3} \\
s_{1,1} & s_{1,2} & s_{1,3} & s_{1,0} \\
s_{2,2} & s_{2,3} & s_{2,0} & s_{2,1} \\
s_{3,3} & s_{3,0} & s_{3,1} & s_{3,2}
\end{bmatrix} \tag{11.1}
$$

因此，现在矩阵的每一列都由原始输入矩阵的所有列的字节组成。

（3）列混合。通过线性变换，每一列的四个字节用于生成四个新的字节，如下（$j = 0$，1，2，3）：

$$s_{0,j} = (\alpha \otimes s_{0,j}) \oplus (\beta \otimes s_{1,j}) \oplus s_{2,j} \oplus s_{3,j},$$
$$s_{1,j} = s_{0,j} \oplus (\alpha \otimes s_{1,j}) \oplus (\beta \otimes s_{2,j}) \oplus s_{3,j},$$
$$s_{2,j} = s_{0,j} \oplus s_{1,j} \oplus (\alpha \otimes s_{2,j}) \oplus (\beta \otimes s_{3,j}),$$
$$s_{3,j} = (\beta \otimes s_{0,j}) \oplus s_{1,j} \oplus s_{2,j} \oplus (\alpha \otimes s_{3,j}) \tag{11.2}$$

其中 $\alpha = x$ （或者十六进制中的 02），$\beta = x+1$ （或者十六进制中的 03）。$\otimes$ 和 $\oplus$ 在状态字节与系数 α 和 β 组成的多项式中分别表示模 2 乘法和加法运算。这些运算都是通过模 AES 的生成多项式（不可约的）执行的，其生成多项式为 $g(x) = x^8 + x^4 + x^3 + x + 1$。二进制数的多项式表示和模给定的生成多项式运算，都已经在 3.1 节中讨论过了。这一步中的列混合和上一步中的行移位一起为 AES 密码算法提供了所需的扩散。

（4）加轮密钥。状态与每一轮对应的子密钥相加（模 2 加法）。与 DES 中一样，使用一个密钥调度过程生成每一轮的子密钥。

所有的这四个步骤在生成 128 位密钥过程中的前 9 轮都会执行，在第 10 轮中列混合步骤被省略。另外，在第一轮之前，原始的明文要加上第一个子密钥（参见图 11-4）。每一轮使用的子密钥要么按照密钥调度过程实时生成（如图 11-5 所示），要么从一个查找表中获取，在每次产生新密钥时会填充查找表。对于 192 位密钥和 256 位密钥 AES，执行的总轮数分别增加到 12 和 14。

```
KeyExpansion(byte key[4 * Nk], word w[4 * (Nr + 1)], Nk)
begin
    word temp
    i = 0
    while (i < Nk)
        w[i] = word(key[4 * i], key[4 * i + 1], key[4 * i + 2], key[4 * i + 3])
        i = i + 1
    end while
    i = Nk
    while (i < 4 * (Nr + 1))
        temp = w[i − 1]
        if (i mod Nk = 0)
            temp = SubWord(RotWord(temp)) xor Rcon[i/Nk]
        else if (Nk > 6 and i mod Nk = 4)
            temp = SubWord(temp)
        end if
        w[i] = w[i − Nk] xor temp
        i = i + 1
    end while
end
```

图 11-5　AES 的密钥调度（Nr = 10、12、14 为轮数，Nk = 4、6、8 为明文中 32 位字的数量，Rcon 为一个轮常数数组，Rcon $[j] = (x^{j-1}, 00, 00, 00)$）

示例　我们用一个详细的例子来说明 AES 算法（就此而言，任何其他的对称密钥加密算法与此类似，如 DES）的使用。即使是参数（密钥和明文的位数）取最小的情况下，算法过程也是非常烦琐的，而且对读者并没有很好的启发性。所以我们仅介绍该例子的一些关键的步骤，这些步骤在官方的 AES 文档中有完整详细的展示（参考延伸阅读部分）。

我们假设 128 位的明文为

32 43 f6 a8 88 5a 30 8d 31 31 98 a2 e0 37 07 34

128 位的密钥为

$$2b\ 7e\ 15\ 16\ 28\ ae\ d2\ a6\ ab\ f7\ 15\ 88\ 09\ cf\ 4f\ 3c$$

以矩阵的格式表示它们两个的 32 位十六进制数字，分别见图 11-6 中的 A 和 B。读者可以验证对这两个矩阵进行按位异或运算在第一轮中生成的状态矩阵，如图 11-6C 所示。

　　第 2 轮的第一步是字节替换，其结果如图 11-6D 所示。例如，状态矩阵的第一个字节是 $s_{0,0}=19$，基于表 11-1 中对应的条目，其被替换为 d4。第二步是行移位，图 11-6E 显示了将矩阵的第一行、第二行、第三行和第四行分别循环移位 0、1、2 和 3 个字节的结果。下一步是列混合，其结果如图 11-6F 所示。例如状态矩阵的第一个字节是根据公式（11.2）计算的，结果如下：

$$s_{0,0} = (\alpha \otimes s_{0,0}) \oplus (\beta \otimes s_{1,0}) \oplus s_{2,0} \oplus s_{3,0} = (02 \otimes d4) \oplus (03 \otimes bf) \oplus 5d \oplus 30$$
$$= 1b8 \oplus 1c1 \oplus 5d \oplus 30 = 04$$

注意，由于其结果小于 100（多项式表示法中的 x^8），因此无须进一步做模 $g(x)$ 运算（$g(x)=x^8+x^4+x^3+x+1$ 为 AES 的生成多项式）。

　　当计算第一列第二个字节时情况是不同的。这里有

$$s_{1,0} = s_{0,0} \oplus (\alpha \otimes s_{1,0}) \oplus (\beta \otimes s_{2,0}) \oplus s_{3,0} = d4 \oplus (02 \otimes bf) \oplus (03 \otimes 5d) \oplus 30$$
$$= d4 \oplus 17e \oplus e7 \oplus 30 = 17d$$

这个值必须通过模 $g(x)$ 来减小，并且因为

$$x^8 \bmod g(x) = x^4 + x^3 + x + 1$$

我们可以得到

$$17d \bmod g(x) = 7d \oplus (x^4 + x^3 + x + 1) = 7d \oplus 1b = 66$$

这是第一列第二个字节的最终值，如图 11-6F 所示。

　　我们现在需要用如图 11-5 所示的过程来计算新一轮的密钥。首先原始的密钥被重写成如下的四个字：

$$w[0] = 2b7e1516, w[1] = 28aed2a6, w[2] = abf71588, w[3] = 09cf4f3c$$

为了计算 $w[4]$（第 2 轮中密钥矩阵的第一列），我们开始于

$$temp = w[i-1] = w[3] = 09cf4f3c$$

然后我们将这个字循环移位一个字节得到 cf4f3c09。接下来，我们使用表 11-1 中的字节替换这四个字节中的每一个，最后生成 8a84eb01。然后对其与以下 Rcon [1] 执行按位的异或操作

$$Rcon[1] = (x^{1-1}, 00, 00, 00) = 01000000$$

得到 8b84eb01。最后我们计算

$$w[i] = w[i-4] \text{xor } temp = w[0] \text{xor } 8b84eb01 = 2b7e1516 \text{ xor } 8b84eb01 = a0fafe17$$

这是密钥矩阵的第一列，如图 11-6G 所示。将密钥矩阵与状态矩阵相加，我们可以得到新的状态矩阵如图 11-6H 所示。在剩下的每一轮中继续这个过程（注意，在最后一轮中跳过

列混合步骤），结果得到密文

$$39\ 25\ 84\ 1d\ 02\ dc\ 09\ fb\ dc\ 11\ 85\ 97\ 19\ 6a\ 0b\ 32$$

正如图 11-6I 所示。

$$\begin{bmatrix} 32 & 88 & 31 & e0 \\ 43 & 5a & 31 & 37 \\ f6 & 30 & 98 & 07 \\ a8 & 8d & a2 & 34 \end{bmatrix}\ \begin{bmatrix} 2b & 28 & ab & 09 \\ 7e & ae & f7 & cf \\ 15 & d2 & 15 & 4f \\ 16 & a6 & 88 & 3c \end{bmatrix}\ \begin{bmatrix} 19 & a0 & 9a & e9 \\ 3d & f4 & c6 & f8 \\ e3 & e2 & 8d & 48 \\ be & 2b & 2a & 08 \end{bmatrix}\ \begin{bmatrix} d4 & e0 & b8 & 1e \\ 27 & bf & b4 & 41 \\ 11 & 98 & 5d & 52 \\ ae & f1 & e5 & 30 \end{bmatrix}$$

A)　　　　　B)　　　　　C)　　　　　D)

$$\begin{bmatrix} d4 & e0 & b8 & 1e \\ bf & b4 & 41 & 27 \\ 5d & 52 & 11 & 98 \\ 30 & ae & f1 & e5 \end{bmatrix}\ \begin{bmatrix} 04 & e0 & 48 & 28 \\ 66 & cb & f8 & 06 \\ 81 & 19 & d3 & 26 \\ e5 & 9a & 7a & 4c \end{bmatrix}\ \begin{bmatrix} a0 & 88 & 23 & 2a \\ fa & 54 & a3 & 6c \\ fe & 2c & 39 & 76 \\ 17 & b1 & 39 & 05 \end{bmatrix}\ \begin{bmatrix} a4 & 68 & 6b & 02 \\ 9c & 9f & 5b & 6a \\ 7f & 35 & ea & 50 \\ f2 & 2b & 43 & 49 \end{bmatrix}\cdots$$

E)　　　　　F)　　　　　G)　　　　　H)

$$\begin{bmatrix} 39 & 02 & dc & 19 \\ 25 & dc & 11 & 6a \\ 84 & 09 & 85 & 0b \\ 1d & fb & 97 & 32 \end{bmatrix}$$

I)

图 11-6　AES 算法的演示示例。A）初始状态矩阵。B）第 1 轮加密钥。C）状态矩阵——第 1 轮结束。D）字节替换之后。E）行移位之后。F）列混合之后。G）第 2 轮加密钥。H）状态矩阵——第 2 轮结束。I）状态矩阵——第 10 轮结束

如果明文中的一个位被改变，例如我们用

$$30\ 43\ f6\ a8\ 88\ 5a\ 30\ 8d\ 31\ 31\ 98\ a2\ e0\ 37\ 07\ 34$$

代替

$$32\ 43\ f6\ a8\ 88\ 5a\ 30\ 8d\ 31\ 31\ 98\ a2\ e0\ 37\ 07\ 34$$

我们将获得一个完全不同的密文：

$$c0\ 06\ 27\ d1\ 8b\ d9\ e1\ 19\ d5\ 17\ 6d\ bc\ ba\ 73\ 37\ c1$$

相似地，如果密钥中的一位被改变，例如我们用

$$2a\ 7e\ 15\ 16\ 28\ ae\ d2\ a6\ ab\ f7\ 15\ 88\ 09\ cf\ 4f\ 3c$$

代替

$$2b\ 7e\ 15\ 16\ 28\ ae\ d2\ a6\ ab\ f7\ 15\ 88\ 09\ cf\ 4f\ 3c$$

则生成的密文为

$$c4\ 61\ 97\ 9e\ e4\ 4d\ e9\ 7a\ ba\ 52\ 34\ 8b\ 39\ 9d\ 7f\ 84$$

这两个例子表明，即使单个位出错也可能导致完全混乱的（几乎是随机的）输出，这也表明了故障检测的重要性。

11.1.2　公钥密码

与对称密钥加密不同，非对称密钥加密（也被称为公钥密码）允许用户进行安全通信，而无须访问共享密钥。然而公钥密码相比于对称密钥加密在计算方面相当复杂。发送方和接收方每人各持有两个密钥（分别称为公钥和私钥），而不是双方共享同一个密钥。私钥是秘

密保存的，而公钥可以广泛地分发。从某种程度上来讲，这两个密钥中的一个用来"锁上"保险箱，而另一个用来打开它。如果一个发送方用接收方的公钥加密一段信息，那么只有接收方可以用相对应的私钥进行解密。

公钥密码的另一个重要应用是验证发送方的身份：发送方用私钥加密一段信息，接收方使用发送方的公钥解密信息并且可以确认信息是由发送方生成的（而不是其他方）。

最著名的公钥密码是 RSA，以三位发明者 Rivest、Shamir 和 Adleman 的名字命名，也有很多其他的公钥密码已经开发出来并且正在使用。一个希望使用 RSA 密码算法的人（称为 A）必须首先生成一个私钥和一个公钥。后者将被分发给每一个可能与 A 通信的人。密钥的生成过程包括以下步骤。

（1）选择两个大素数 p 和 q，并且计算它们的乘积 $N=pq$。

（2）选择一个奇整数 e，并且其与 $\phi(N)=(p-1)(q-1)$ 互素。

如果两个数（不必是素数）的公因子只有 1，那么称它们互素。例如，6 和 25 是互素的，即使它们都不是素数。

（3）找到满足下式的整数 d，

$$de = 1 \bmod \phi(N)$$

d 经常被称为 e 的"逆"。

数据对 (e, N) 构成了公钥，并且 A 应该把它广播给每一个想要与自己通信的人。数据对 (d, N) 将作为 A 的私钥。RSA 提供的安全性取决于将大整数 N 分解成其质因数的难度。小的整数可以在合理的时间内被分解，从而可以轻松地根据公钥推断出私钥。为了使分解的时间足够久，每个素数 p 和 q 必须至少有几百位。

给定一段信息 M，B 希望将其发送给 A，B 将用 A 的公钥 e 进行如下加密：

$$S = M^e \bmod N$$

注意，此加密方法使得限制消息 M 满足 $0 \leqslant M \leqslant N-1$ 是必要的。

当接收到加密消息 S 时，A 将要用自己的私钥 d 进行解密，通过计算下式：

$$S^d \bmod N = M^{de} \bmod N$$

可以表明其等于原始的明文消息 M。因此 RSA 对消息的加密解密都需要对消息的幂次方做模 N 运算。

尽管有一些技术（例如，蒙哥马利约分算法）可以减少这种对幂次方求模计算的复杂度，但是 RSA 密码算法的加解密计算的复杂度相比于对称密钥加密仍然相当高。

> **示例**　为了说明 RSA 算法的使用，我们考虑以下简单的例子。假设我们选择的素数为 $p=7$ 和 $q=11$，生成 $N=77$ 并且 $\phi(N)=60$。然后我们选择 $e=7$，很明显它与 $\phi(N)$ 互素。数据对 $(e,N)=(7,77)$ 构成公钥。我们现在寻找 d 并使它满足 $7d=1 \bmod 60$，得到 $d=43$（因为 $7 \cdot 43 = 301 = 1 \bmod 60$）。假设 B 希望发送给我们的消息是 $M=9$，B 用我们之前给他的公钥 $(e,N)=(7,77)$ 对其加密，将会得到 $9^7 \bmod 77 = 4\,782\,969 \bmod 77 = 37$。我们收到 37 并且用我们的私钥计算 $37^{43} \bmod 77$ 进行解密，获得的明文为 9。

11.2　通过故障注入进行安全攻击

不同的密码算法提供的安全级别还没有经过严格意义上的证明，所有密码算法的安全性都依赖于直接查找密钥的难度，这只能通过穷举的搜索方式进行，它所需要的时间令人望而却步。然而，目前已经出现了很多基于侧信道信息对加密系统进行攻击的方法。这些侧信道信息是从密码算法的硬件实现中获取的，而非通过对密码算法本身的某些漏洞进行破解来获得。例如，加密（或者解密）算法执行的时间就是一种侧信道信息，在某些实现中它可能与密钥的长度（位数）有关。这就允许攻击者缩小所需要尝试的值的范围。另一个例子是加密过程各个步骤的功耗，在某些具体的实现中，功耗曲线的变化可能与对应的密钥位的值（是0还是1）相关。

已经出现了一些保护加密系统避免遭受此类攻击的方案。例如将随机数量的无意义指令注入代码中，从而扰乱密钥中的位与完成加密（或者解密）所需的总时间的关系。这些随机注入的指令还可以防止基于功耗的攻击。还有一些其他的对策，包括延迟时间与数据无关的电路设计，或是使用双轨逻辑（dual rail logic）设计，它的功耗与某个特定位是 1 还是 0 无关。大多数此类技术都会产生延迟和功耗损失。

在本书中，我们对一种重要的侧信道攻击类型特别感兴趣，它通过有意将故障注入密码算法的硬件实现中来实现攻击。事实表明，这种攻击既容易又非常有效，攻击者可以在非常少的故障注入实验后就猜出密钥。这种攻击已经表明适用于许多类型的密码算法，包括对称和非对称密钥加密。

将故障注入加密设备中有多种不同的方法，包括扰动供电电压（例如，通过产生一个尖峰）、扰动时钟频率（生成短时脉冲干扰）、使设备过热，或者使用相机闪光灯甚至更精确的激光（或 X 射线）束将设备暴露在强光下。

通过电压尖峰或者时钟脉冲干扰注入故障可能会使整个字节（或者几个字节）出现故障，使用更精确的激光束或者 X 射线束可能会成功诱导单个位产生故障。基于这两种故障情况的攻击都已经开发出来，并且由于这些攻击大多数导致的是瞬时故障，因此它们允许攻击者多次重复他们的尝试，直到收集到足够多的信息来提取密钥，甚至在破解密码算法之后仍会使用该设备。

在发起基于故障注入的攻击时，必须考虑的一个实际问题就是需要对故障注入的时刻进行精确的控制。为了达到预期的效果，攻击者必须在加密或者解密算法的特定步骤中注入故障。事实证明这在实践中可以通过分析加密设备的功率和电磁信号的变化来实现。

接下来，我们将简略地介绍对称和非对称密钥加密中可能出现的故障攻击。

11.2.1 对称密钥加密中的故障攻击

DES 中基于故障注入的攻击有很多，接下来将介绍其中两个。

在用 DES 加密的设备（例如，智能卡）中，密钥经常被存储在 EEP-ROM 中，然后当有信息需要被加密或者解密时，再将其转移到内存中。如果在将密钥从 EEP-ROM 转移到内存中时，攻击者可以重置密钥中的一整个字节（把该字节的 8 个位都置为 0），那么他可以计算出密钥。攻击由表 11-2 中概述的 8 个步骤构成。在所有的这些实验中，（攻击者）已知明文信息用包含不同数量被强制置为 0 的字节的密钥进行了加密，如表 11-2 所示。基于密文 S_7，攻击者可以通过依次尝试第一个字节的所有可能值，找到可以正确生成 S_7 的那个值。这样也就得到了密钥的第一个字节。因为在 DES 中，密钥的每一个字节包括一个奇偶检验位，所以需要尝试至多 128 个值而不是 256 个。同样地，基于 S_6，密钥的第二个字节也可以被找到。继续此过程直到密钥的所有八个字节都被发现。

表 11-2　DES 中的故障攻击

DES 密钥	输出	DES 密钥	输出
$K_0 = xx\ xx\ xx\ xx\ xx\ xx\ xx\ xx$	S_0	$K_4 = xx\ xx\ xx\ xx\ 00\ 00\ 00\ 00$	S_4
$K_1 = xx\ xx\ xx\ xx\ xx\ xx\ xx\ 00$	S_1	$K_5 = xx\ xx\ xx\ 00\ 00\ 00\ 00\ 00$	S_5
$K_2 = xx\ xx\ xx\ xx\ xx\ xx\ 00\ 00$	S_2	$K_6 = xx\ xx\ 00\ 00\ 00\ 00\ 00\ 00$	S_6
$K_3 = xx\ xx\ xx\ xx\ xx\ 00\ 00\ 00$	S_3	$K_7 = xx\ 00\ 00\ 00\ 00\ 00\ 00\ 00$	S_7

　　另外一种基于故障的攻击是通过注入故障引起指令执行失败（大多是利用对时钟脉冲的干扰）。例如，如果控制基本轮执行次数的循环变量被损坏，将导致只执行一个或者两个轮次，查找密钥的任务被大大简化。

　　这种类型的攻击也可以针对使用 AES 并通过软件实现密码算法的设备。对于 AES 的故障注入攻击方法也已经提出，要么攻击某一轮的子密钥的一个字节，要么攻击最后一轮的状态。其中一些攻击在实践中已应用于智能卡，在不到 300 次的实验后就可以破解密钥。这些攻击的详细描述请参考延伸阅读部分。

11.2.2　公钥（非对称密钥）加密中的故障攻击

　　对称密钥加密的加密和解密过程都容易受到安全攻击，而对于公钥密码算法，只有解密过程可能受到试图获取私钥的攻击。在 RSA 解密过程中有一个容易理解的故障攻击是，假设对于一个私钥 d，攻击者可以随机翻转其中一位。假定攻击者可以拿到一段加密的信息 S 和它相对应的明文 M，如果攻击者随机选择私钥 d 的某一位 d_i 并翻转，使之变成它的补 $\overline{d}_i$，解密设备将会生成一段错误的明文 $\widehat{M}$ 而不是 M，它们的比是

$$\frac{\widehat{M}}{M} = \frac{S^{2^i \overline{d}_i}}{S^{2^i d_i}} \bmod N$$

如果上式中的这个比值等于 $S^{2^i} \bmod N$，那么攻击者可以得出对应的 $d_i = 0$ 的结论。如果这个比值为 $\dfrac{1}{S^{2^i}} \bmod N$，那么意味着对应的 $d_i = 1$。重复此过程，最终将获得私钥 d 的所有位。

　　以类似的方式，d 的位可以通过翻转密文 S 中的一位来获得，甚至可以通过同时翻转两位（或更多位）来获得。这一点留给读者作为练习。因此，即使攻击者无法精准地翻转单个位，这种类型的攻击也是可以成功的。

> **示例**　我们继续用 11.1.2 节的例子来讨论。我们用 $(e, N) = (7, 77)$ 作为公钥，$d = 43$（或者二进制表示 $d_5 d_4 d_3 d_2 d_1 d_0 = 101011$）作为私钥。假设在没有故障注入的时候，解密设备收到的密文为 37 并且生成明文 $M = 9$，如果一个单位故障被注入 d 中，得到了错误的明文 $\widehat{M} = 67$。我们现在开始对 i 的位置进行搜索，其中 i 满足 $9 = (67 \cdot 37^{2^i}) \bmod 77$。很容易验证 $i = 3$ 是其中一个可能值，因为
>
> $$(67 \cdot 37^8) \bmod 77 = (67 \cdot 53) \bmod 77 = 9$$
>
> 因此，我们推断 $d_3 = 1$。

11.3　防御措施

　　我们上面只呈现了大量针对加密设备的故障注入攻击中的一小部分。由于实施这些攻击

相对容易，因此我们必须采取适当的防御措施来确保设备的安全。任何防御都必须首先检测到故障，然后防止攻击者在故障被注入后观察设备的输出。可以对输入进行拦截（通过生成一个常数值，例如所有输出全零），也可以随机生成一个结果来误导攻击者。显然，必须改变设备的原始设计使之包括此类防御手段。

为了保护其免受故障注入的攻击，我们有两种方法对加密设备的设计进行改进。第一种方法是对加密或者解密的过程进行复制（使用硬件或者时间冗余），并对两个结果进行比较。这种方法假设注入故障是暂时的，并且不会在两次冗余计算中完全相同的时间出现。这种方法是很容易实现的，但是在某些情况下可能需要的开销太大，使之实用性很差。第二种方法是基于检错码，这与简单暴力地复制相比，通常只需要较小的开销，尽管这可能以较低的故障覆盖率为代价。因此，在方案设计时，应该在故障覆盖率与硬件和时间开销之间进行权衡。

11.3.1 空间和时间复制

对加密（或者解密）过程进行复制是非常简单直观的方法。空间复制需要冗余的硬件来支持相互独立的计算，这样一来，故障只是注入一个硬件单元，不会影响（以同样的方式）其他的单元。时间冗余可以通过重用相同的硬件单元或者重新执行相同的软件程序来实现，假设注入的故障在不同执行过程中的表现是不同的。这些方案类似于在传统的硬件和时间冗余技术。此处也可以使用 5.2.4 节中描述的方法，对操作数进行移位或修改后再进行重新计算，以防止两次计算过程以完全相同的方式受到注入故障的影响。

还有一个不同的实现方案，使用独立的硬件单元或者软件程序来执行一个逆过程。例如，在完成加密之后，将解密单元或者解密程序应用于密文，并且只有当解密的结果等于原始明文时，才认为该密文是无故障的并将之输出。

如果将后一种方法应用于 RSA 解密设备，则成本是高昂的。对根据收到的加密消息 S 获得的解密结果 $\hat{M}$ 进行验证的过程是计算 $\hat{S} = \hat{M}^e \bmod N$，并且比较 $\hat{S}$ 与 S。如果公钥 e 非常大，那么这个计算是非常耗时的。

11.3.2 检错码

本节说明如何使用检错码（EDC）技术来检测对称密钥加密过程中的故障。类似的规则也适用于在解密和密钥调度过程中使用 EDC，它们都使用了相同的基本数学运算。

当在加密过程中使用 EDC 时，首先为输入的明文生成校验位，然后对于数据位经历的每个操作，预测预期运算结果的校验位。定期生成对于实际结果的校验位，并将其与预测的校验位进行比较，如果两个集合不匹配，则认为出现了故障。一个通用的结构如图 11-7 所示。校验位的验证可以在加密计算过程中的各种粒度上进行，可以在对数据进行的每个操作之后，每一轮之后，也可以只在加密过程结束时进行一次。

第一步非常简单，即为明文生成校验位。困难的部分是为经过运算之后的新数据位设计校验位的预测规则。这些

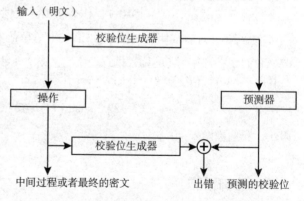

图 11-7　使用检错码为加密设备检测故障的通用结构

预测规则的复杂性，结合进行比较的频率，决定了应用 EDC 技术防御故障注入攻击的开销。

针对对称密码和公钥密码已经提出了各种各样的 EDC 检测方法，其中大多数是传统的 EDC。特别是基于奇偶校验位的 EDC 被发现对 DES 和 AES 对称密码算法非常有效。奇偶校验位可以与整个 32 位字、单个字节甚至半个字节（4 位二进制数）相关联，每个不同的方案都提供了不同的故障覆盖范围，并且在冗余硬件以及延迟方面会产生不同的开销。

我们以在 AES 密码算法中使用基于奇偶校验位的 EDC 为例，说明奇偶校验位的预测规则的设计过程。因为在 AES 密码算法中大多数数据转换都是对字节进行操作，因此自然的选择就是为状态的每个字节分配一个奇偶校验位。这将简化预测规则并提高故障覆盖率。接下来我们将讨论包含于算法每一轮的四个步骤的对应预测规则。

预测行移位后的奇偶校验位是很简单的，按照式（11.1）将输入的奇偶校验位进行循环移位即可。

对于每一轮中加轮密钥的步骤，预测输出的奇偶校验位同样很简单，将与状态相关的输入的奇偶校验位矩阵和与当前轮密钥相关的奇偶校验位矩阵相加即可。

字节替换步骤使用了查找表（称为 S 盒），S 盒通常实现包含 256×8 位的存储。S 盒的输入已经有相关的奇偶校验位。若要生成输出的奇偶校验位，可以将奇偶校验位与每个数据字节一起储存，从而将 S 盒中每个位置的位数增加到 9 位。为了确保输入的校验错误不会被丢弃，我们不得不对输入数据的奇偶校验先进行检查，如果检测到错误则停止加密过程。这将增加硬件开销（16 个字节的奇偶校验检查器）和额外的延迟。

一个更好的选择是先不对输入中的奇偶校验错误进行处理，任其传播下去，使我们可以后面的步骤中检测到它们。这可以通过在对 S 盒进行寻址时包含当前输入的奇偶校验位（将 S 盒的地址线增加一位）来实现，从而进一步将表的大小增加到 512×9 位。具有正确奇偶校验的输入字节相对应的条目是正常的字节替换转换的结果。其他的条目包括一些故意设置的不正确替换结果，例如拥有一个不正确奇偶校验位的全零字节。

可以想象到，如果 S 盒的地址解码器受到故障攻击，则上述方案是不满足安全性的。在这种情况下，我们可以加一个 256×1 位的独立的小表，该表将包括为正确的输出字节预测的奇偶校验位。这个单独的表只检测正确输出字节的奇偶校验位与非正确输出字节（拥有一个有效的校验位）的奇偶校验位的不匹配。我们可以通过在这个单独小表中的每个位置为正确输出的数据添加一位（或者多位）来增加此方案的检测能力，增加它的大小。将此表的输出与主 S 盒表的正常输出进行比较，就可以检测大多数寻址电路的故障。

预测列混合步骤的奇偶校验位的输出是最复杂的。预测这些奇偶校验位的式子如下（读者可以作为练习进行验证）：

$$p_{0,j} = p_{0,j} \oplus p_{2,j} \oplus p_{3,j} \oplus s_{0,j}^{(7)} \oplus s_{1,j}^{(7)},$$
$$p_{1,j} = p_{0,j} \oplus p_{1,j} \oplus p_{3,j} \oplus s_{1,j}^{(7)} \oplus s_{2,j}^{(7)},$$
$$p_{2,j} = p_{0,j} \oplus p_{1,j} \oplus p_{2,j} \oplus s_{2,j}^{(7)} \oplus s_{3,j}^{(7)},$$
$$p_{3,j} = p_{1,j} \oplus p_{2,j} \oplus p_{3,j} \oplus s_{3,j}^{(7)} \oplus s_{0,j}^{(7)} \tag{11.3}$$

其中 $p_{i,j}$ 是与状态字节 $s_{i,j}$ 相关的奇偶校验位，并且 $s_{i,j}^{(7)}$ 是 $s_{i,j}$ 中的最高有效位。

剩下的问题就是在生成和预测的奇偶校验位之间进行比较的粒度选择。可以选择只在整个加密过程结束时安排一次比较验证，这样做有个明显好处就是在硬件和额外的延迟方面具有最小的开销。从理论上说，这可能会导致在加密过程中一些错误被掩盖，有时尽管密文是错误的，但是生成和预测的奇偶校验位是一致的。然而，可以证明，在 AES 的加密过程中的任何步骤注入的错误都不会被掩盖，因此在 AES 算法中，只在结束时检查最终密文就可以满足错误检测的目的。

当然，并不是错误的每一种组合都可以通过这种方案检测到。基于奇偶校验的 EDC 能够检测包含奇数位错误的任何故障，单个字节中发生的偶数位错误不会被检测到。此外，如果在状态和轮密钥中都注入了错误，那么一些奇数位的故障也可能不会被检测到。例如，轮密钥的单个位错误和状态的单个位错误，如果二者都出现在对应的字节上，它们将在加轮密钥步骤中相加。我们之所以不将我们的讨论限制在单个位错误的检测能力上（通常考虑良性故障时会这样做），是因为当恶意的故障注入攻击发生时，它很可能会影响状态和（或）轮密钥的多个相邻位。尽管在使用基于奇偶校验位的 EDC 时，我们不能期待 100% 的故障覆盖率，但是已经证明，这种方法的故障覆盖率已经非常高了，甚至是在发生多个故障时。

基于奇偶校验位的 EDC 也适用于 DES 密码算法，但是这里的情况与 AES 不同，因为在 DES 加密过程中存在两个内部操作，即扩充（从 32 位到 48 位）和置换（从 48 位到 32 位）。置换是无规律的，没有一个简单的方法用来预测四个字节各自的奇偶校验位。更实用的解决方案是通过复制电路并比较结果来验证置换的正确性。此外，如果我们希望使用基于奇偶校验的 EDC 检测加密过程中其他步骤存在的故障，则我们必须在置换之前的每个轮次中安排一个检查点，并在检查点之后生成新的奇偶校验位。为了克服对于 32 位置换操作进行奇偶校验预测的复杂性，一种简单的方法是为每个 32 位的字使用一个奇偶校验位。然而，这会导致非常低的故障覆盖率，所以并不建议这样做。

以类似的方式，EDC 可以应用到其他的对称密钥密码算法中。几个基于模加和模乘的此类密码算法将更适合使用剩余码（参见第 3 章）。其他对称加密算法已经表明采用 EDC 方法的成本费非常高昂，这就导致简单粗暴的复制方法可能是更适合的解决方案。当为设备选择密码算法时，应该考虑针对故障注入攻击的防御成本。

RSA 公钥密码是基于模运算的，因此它将剩余码作为自然的选择。首先，基于剩余码所设定的模 C 生成明文的校验位（$M \bmod C$，其中 M 为原始信息）。由于在 RSA 加密（和解密）期间执行的所有操作都是模操作，因此我们将这些操作直接应用于输入的校验位，就可以获得输出结果的预测校验位。如果错误的密文与正确的密文有相同的剩余校验位，那么剩余校验将会失败，假设注入的故障是随机的，则此情况的概率为 $1/C$，因此 C 值越大故障覆盖率就越高（但也会产生更大的开销）。

11.3.3　这些防御手段够用吗

上述的这些防御手段的目的是检测在加密或者解密期间注入的故障，并且当检测到这些故障时，防止传输故障引起的错误结果（这些结果可能有助于攻击者破解密钥）。不幸的是，目前已经证实，尽管检测故障是必要的，但是它并不总是足以防止基于故障的攻击。我们通过两个例子来表明这一点：RSA 解密和 AES 加密。

假设我们用一个简单的算法来进行 RSA 解密，该算法包括将输入 S 升到 d 次幂（其中 d 为私钥），如图 11-8 所示。该算法的输入为加密消息 S，模数 N 和 n 位的私钥 $d = d_{n-1}, d_{n-2}, \cdots, d_0$。

示例　假设一个 4 位的私钥 $(d_3, d_2, d_1, d_0) = (1011)$（十进制的 11）。图 11-8 的算法将计算出 $M = ((S^2)^2 \cdot S)^2 \cdot S = S^{11}$。

对此算法的故障攻击可以使用剩余码检测出来，也可以通过计算 $M^e \bmod N$ 并将结果与 S

```
Decryption_Algorithm_1(S, N, (d_{n-1}, d_{n-2}, ···, d_0))
begin
    a = S
    for i from n − 2 to 0 do
        a = a² mod N
        if d_i = 1 then a = S · a  mod N
    end
    M = a
end
```

图 11-8　RSA 的一个简单的解密算法

进行比较来进行检测。不管使用了哪一种，该算法还是很容易受到基于功耗分析的攻击，因为 $d_i = 0$ 的步骤比 $d_i = 1$ 的步骤消耗的功耗更少。为了应对这种攻击，可以修改算法使得每个步骤的功耗与 d_i 无关。图 11-9 显示了修改过的算法，与原始的算法相比，预期会产生更高的延迟和更多的功耗损失。算法结束时的检查是为了使算法能够抵抗故障注入攻击。

```
Decryption_Algorithm_2(S, N, (d_{n-1}, d_{n-2}, ···, d_0))
begin
    a = S
    for i from n − 2 to 0 do
        a = a²  mod N
        b = S · a  mod N
        if d_i = 1 then a = b else a = a
    end
    if (no error has been detected) then M = a
end
```

图 11-9　对 RSA 修改后的解密算法

然而，仔细检查图 11-9 中的算法后会发现，它仍然容易受到基于故障的攻击。如果 $d_i = 0$，那么不会用到 $S \cdot a \bmod N$ 的结果 b，攻击者可以在乘法计算过程中注入故障，如果解密的最终结果是正确的，那么他可以推断出私钥的一位。

幸运的是，可以使用称为蒙哥马利阶梯的方法设计一种不同的算法，解决上面的问题，如图 11-10 所示。在该算法中，a 和 b 的中间值都会用于下一步骤，因此在任何中间步骤中注入的故障都会产生错误的结果，它们将被检测到。

> **示例**　与前面的例子一样，假设一个 4 位的私钥 $(d_3, d_2, d_1, d_0) = (1011)$。图 11-10 的算法将会按如下方式计算 M：对 $i = 3$，$d_3 = 1$，因此 $a = S$ 且 $b = S^2$。对 $i = 2$，$d_2 = 0$，因此 $a = S^2$ 且 $b = S^3$。对 $i = 1$，$d_1 = 1$，因此 $a = S^5$ 且 $b = S^6$。最后对 $i = 0$，$d_0 = 1$，结果为 $M = a = S^{11}$ 且 $b = S^{12}$。

基于蒙哥马利阶梯的 RSA 解密算法允许使用另一种方法来检测解密期间注入的故障。计算完的 a 和 b 必须形如 (M, SM)，在任何中间步骤注入的故障都将会破坏这个关系。因此检查 a 和 b 是否满足这种关系就可以检测到所有注入的错误，存在两种例外情况，一种是那些能够按位修改私钥 d 造成的错误，另一种是修改图 11-10 中循环次数的错误。因此，除了验证 a 和 b 之间的关系外，对两种例外采用一些 EDC 的方法，就可以实现对所有被注入故障的检测。

接下来我们将介绍针对 AES 加密过程的一种基于故障的攻击，即使采用了能够阻止错误结果输出的故障检测机制，这种攻击也是可能成功的。首先，攻击者向 AES 加密设备提供一个全零的输入，在加密过程的第一步（参见图 11-4），加上初始轮的轮密钥，将产生状态矩阵 $s_{i,j}=0\oplus k_{i,j}=k_{i,j}$，其中 $0\leq i$，$j\leq 3$。同时，在首次字节替换操作之前，攻击者将故障注入状态矩阵的特定字节 $s_{i,j}$ 的第 l 位（$l=0$，1，$\cdots$，7）中，使所选位为 0。如果密钥相对应的位（$k_{i,j}$ 的第 l 位）为 1，则输出将不正确，并且检测机制将阻止这个错误输出。然而，如果密钥相对应的位为 0，则不会发生错误且加密设备将会正常工作，从而为攻击者提供该密钥位的值。

```
Decryption_Algorithm_3(S, N, (d_{n-1}, d_{n-2}, ···, d_0))
begin
    a = 1
    b = S
    for i from n − 1 to 0 do
        if d_i = 0 then
            a = a^2  mod N
            b = a · b  mod N
            end
        if d_i = 1 then
            a = a · b  mod N
            b = b^2  mod N
            end
    end
    if (no error has been detected) then M = a
end
```

图 11-10　基于蒙哥马利阶梯的 RSA 解密算法

这种攻击理论上很容易理解，但是由于故障的注入需要控制精确时间和位置，所以执行这种攻击是非常困难的。当然，将注入时间和位置要求放宽，仍然可以提取密钥，不过这需要进行大量的故障注入实验。感兴趣的读者可以在延伸阅读部分引用的论文中找到更多的详细信息。上述简单的攻击表明了对称密钥加密的实现，即使考虑了故障检测的功能，也不能完全避免基于故障的攻击。

11.3.4　最后一点说明

最后再说一点，本章的主题目前仍是一个非常活跃的研究领域，针对加密设备的新的基于故障的攻击不断涌现，新的防御机制与方法也越来越多地出现在文献中。本章的目的是说明在设计故障保护技术去处理恶意注入加密设备中的故障时遇到的一些额外困难。

11.4　延伸阅读

DES 和 AES 算法的正式的描述分别在文献［30］和文献［31］中。AES 的例子在文献［31］中的 11.1.1 节进行了详细的介绍。文献［15］中有对 AES 更详细的描述。RSA 算法在文献［34］中被首次描述。关于密码学各个方面的大量论文都发布在国际密码学研究协会（International Association for Cryptologic Research）的网站上[21]。维基百科[36] 中也有对密码学中关键术语的很好的描述。

故障注入攻击首次在文献［9］中被讨论。对公钥和对称密钥加密的许多其他的故障攻击方法都在之后被提出[1,2,11,14,17,20,32,38]。几个关于各种故障注入技术的综述也已发表[3,4,12,18]。这些文章也回顾了针对此类攻击的一些防御方案。有关保护密码算法的详细说明请参见文献

[6-8，10，13，24-26，28，35]。AES 的奇偶校验位的预测规则推导参照文献［6］。用于在多个密码算法中进行错误检测研究的模拟器可在线获得[27]。文献［10，37］中已经介绍了 RSA 和 AES 中针对故障注入攻击的故障检测方案的不足之处。基于蒙哥马利阶梯改进的 RSA 解密算法在文献［19，22］中有所描述。最近的故障注入攻击和防御措施可参见文献［5，16，29］。2012 年出版了一本介绍故障攻击的几个不同方面问题的书籍［23］。年度密码学故障诊断和容错研讨会（FDTC）[33] 专门介绍了最近出现的故障攻击以及防御措施的论文。

11.5　练习题

1. 使用 $p=61$ 和 $q=53$ 构造 RSA 加密方案。选择公钥 $e=17$，它显然与 $\Phi(pq)$ 互素。寻找相对应的密钥 d 并且计算消息明文 $M=123$ 的密文，说明私钥可以解密密文。

2. 开发一个实现 DES 的软件（或者在网上找一个），应用表 11-2 所示的基于故障的攻击。修改程序以注入故障，然后编写另一个破解密钥的程序

3. 完成本章中将故障注入一个 RSA 解密设备的私钥 d 中的那个例子，其中解密设备使用的公钥为 $(e,N)=(7,77)$，私钥为 $(d,N)=(43,77)$。如例中所示，假设密文为 37，列出向私钥 d 注入的单位错和双位错的所有可能。对于列表中的每种错误情况，给出生成的错误明文。所有的错误明文都是唯一的吗？

4. 开发一个实现 RSA 的软件（或者在网上找一个），如本章的例子所示，用素数 $p=7$ 和 $q=11$，并且选择 $e=7$。这将产生公钥 $(e,n)=(7,77)$ 和私钥 $(d,n)=(43,77)$。在程序中注入单位故障，并设法获取私钥的所有位。

5. 用第 4 题中的程序和参数，加上模 3 的剩余码校验。重复单位故障攻击。修改后的程序会检测到所有此类故障么？

6. 对于 AES 的生成多项式 $g(x)=x^8+x^4+x^3+x+1$，证明 $x^8 \bmod g(x)=x^4+x^3+x+1$。

7. 验证图 11-6F 中列混合步骤的所有 16 个结果。

8. 在图 11-6C 所示的状态矩阵中注入单位错误，把第一个字节 19 替换为 18，计算第二轮结束时错误的状态矩阵。将结果与图 11-6H 所示的矩阵进行比较。有多少字节是错误的？

9. 假设你正在使用具有 128 位数据块和 128 位密钥的 AES 算法，但是你的消息只有 50 位大小。你会为没有使用的 78 位设置何值？

10. 验证 AES 中列混合步骤的奇偶检验预测公式的正确性。

11. a）为什么 AES 使用短密钥（例如 128 位），而 RSA 使用长密钥（例如 1024 位）？

　　b）AES 的明文数据块大小比 DES 大（分别为 128 和 64），这是一种优势吗？

12. a）在 AES 中省略列混合步骤是否使得其更容易受到攻击？请给出解释。

　　b）使用 AES 加密，明文中的单个位翻转是否总会导致密文中的 64 个位翻转？

参考文献

[1] R. Anderson, M. Kuhn, Low cost attacks on tamper resistant devices, in: International Workshop on Security Protocols, in: Lecture Notes in Computer Science, vol. 1361, Springer-Verlag, 1997, pp. 125–136.

[2] C. Aumüller, P. Bier, W. Fischer, P. Hofreiter, J.-P. Seifert, Fault Attacks on RSA with CRT: Concrete Results and Practical Countermeasures, Cryptology ePrint Archive, Report 2002/073, 2002, available at: http://eprint.iacr.org/2002/073.

[3] A. Barenghi, L. Breveglieri, I. Koren, D. Naccache, Fault injection attacks on cryptographic devices: theory, practice and countermeasures, Proceedings of the IEEE 100 (11) (November 2012) 3056–3076.

[4] H. Bar-El, H. Choukri, D. Naccache, M. Tunstall, C. Whelan, The Sorcerer's apprentice guide to fault attacks, Proceedings of the IEEE 94 (2) (February 2006) 370–382, also in the Cryptology ePrint Archive, Report 2004/100, 2004, available at: http://eprint.iacr.org/2004/100.

[5] G. Barthe, F. Dupressoir, P-A. Fouque, B. Gregoire, J-C. Zapalowicz, Synthesis of fault attacks on cryptographic implementations, in: ACM SIGSAC Conference on Computer and Communications Security, CCS'14, 2014, pp. 1016–1027.

[6] G. Bertoni, L. Breveglieri, I. Koren, P. Maistri, V. Piuri, Error analysis and detection procedures for a hardware implemen-

tation of the advanced encryption standard, IEEE Transactions on Computers 52 (April 2003) 492–505.

[7] G. Bertoni, L. Breveglieri, I. Koren, P. Maistri, V. Piuri, Concurrent fault detection in a hardware implementation of the RC5 encryption algorithm, in: IEEE International Conference on Application-Specific Systems, Architectures and Processors, 2003, pp. 410–419.

[8] G. Bertoni, L. Breveglieri, I. Koren, P. Maistri, An efficient hardware-based fault diagnosis scheme for AES: performances and cost, in: IEEE International Symposium on Defect and Fault Tolerance in VLSI Systems, October 2004, pp. 130–138.

[9] E. Biham, A. Shamir, Differential fault analysis of secret key cryptosystems, in: 17th Cryptology Conference, Crypto 97, in: Lecture Notes in Computer Science, vol. 1294, Springer-Verlag, 1997, pp. 513–525.

[10] J. Blöemer, J.-P. Seifert, Fault based cryptanalysis of the advanced encryption standard (AES), in: Financial Cryptography, in: Lecture Notes in Computer Science, vol. 2742, Springer-Verlag, 2003, pp. 162–181, available at: http://eprint.iacr.org/2002/075.

[11] D. Boneh, R. DeMillo, R. Lipton, On the importance of eliminating errors in cryptographic computations, Journal of Cryptology 14 (2001) 101–119.

[12] J. Breier, D. Jap, A survey of the state-of-the-art fault attacks, in: International Symposium on Integrated Circuits (ISIC), 2004, pp. 152–155.

[13] A.S. Butter, C.Y. Kao, J.P. Kuruts, DES Encryption and Decryption Unit with Error Checking, US patent US5432848, July 1995.

[14] M. Ciet, M. Joye, Elliptic Curve Cryptosystems in the Presence of Permanent and Transient Faults, Cryptology ePrint Archive, Report 2003/028, 2003, available at: http://eprint.iacr.org/2003/028.

[15] J. Daemen, V. Rijmen, The Design of Rijndael: AES – The Advanced Encryption Standard, Springer-Verlag, 2002.

[16] H. Eldib, M. Wu, C. Wang, Synthesis of fault-attack countermeasures for cryptographic circuits, in: International Conference on Computer Aided Verification, CAV 2016, 2016, pp. 343–363.

[17] C. Giraud, DFA on AES, Cryptology ePrint Archive, Report 2003/008, 2003, available at: http://eprint.iacr.org/2003/008.

[18] C. Giraud, H. Thiebeauld, A survey on fault attacks, in: Smart Card Research and Advanced Applications VI, CARDIS 2004, in: IFIP International Federation for Information Processing, vol. 153, Springer, 2004, pp. 159–176.

[19] C. Giraud, Fault resistant RSA implementation, in: Fault Diagnosis and Tolerance in Cryptography, FDTC'05, 2005, pp. 143–151.

[20] C. Giraud, H. Thiebeauld, Basics of fault attacks, in: Fault Diagnosis and Tolerance in Cryptography, FDTC'04 – Supplemental Volume of the Dependable Systems and Networks Conference, 2004, pp. 343–347.

[21] International Association for Cryptologic Research, http://www.iacr.org/, ePrint Archive, available at: http://eprint.iacr.org.

[22] M. Joye, S.-M. Yen, The Montgomery powering ladder, in: Cryptographic Hardware and Embedded Systems, CHES 2002, in: Lecture Notes in Computer Science, vol. 2523, Springer-Verlag, 2002, pp. 291–302.

[23] M. Joye, M. Tunstall (Eds.), Fault Analysis in Cryptography, Springer, 2012.

[24] R. Karri, K. Wu, P. Mishra, K. Yongkook, Fault-based side-channel cryptanalysis tolerant Rijndael symmetric block cipher architecture, in: IEEE Symposium on Defect and Fault Tolerance in VLSI Systems, 2001, pp. 427–435.

[25] R. Karri, G. Kuznetsov, M. Goessel, Parity-based concurrent error detection in symmetric block ciphers, in: International Test Conference 2003, ITC 2003 (ISSN 1089-3539) 1 (2003) 919–926.

[26] M.G. Karpovsky, A. Taubin, A new class of nonlinear systematic error detecting codes, IEEE Transactions on Information Theory 50 (8) (2004) 1818–1820.

[27] I. Koren, Fault tolerant computing simulator, available at: http://www.ecs.umass.edu/ece/koren/fault-tolerance/simulator/.

[28] K.J. Kulikowski, M.G. Karpovsky, A. Taubin, Robust codes for fault attack resistant cryptographic hardware, in: Fault Diagnosis and Tolerance in Cryptography, FDTC'05, Sept. 2005, pp. 1–12.

[29] F. Majeric, B. Gonzalvo, L. Bossuet, JTAG fault injection attack, in: IEEE Embedded Systems Letters, 2018, pp. 65–68.

[30] National Institute of Standards and Technology, Data Encryption Standard, FIPS publication No. 46, January 1977.

[31] National Institute of Standards and Technology, Advanced Encryption Standard, FIPS publication No. 197, November 2001, available at: http://csrc.nist.gov/publications/fips/fips197/fips-197.pdf.

[32] G. Piret, J.-J. Quisquater, A differential fault attack technique against SPN structures, with application to the AES and Khazad, in: Cryptographic Hardware and Embedded Systems, CHES 2003, in: Lecture Notes in Computer Science, vol. 2779, Springer-Verlag, 2003, pp. 77–88.

[33] Proceedings of the Annual Fault Diagnosis and Tolerance in Cryptography Workshop (FDTC 2007-FDTC 2019), IEEE Digital Library (IEEE Explore), available at: https://ieeexplore.ieee.org/xpl/conhome.jsp?punumber=1001358.

[34] R.L. Rivest, A. Shamir, L. Adleman, A method for obtaining digital signatures and public-key cryptosystems, Communications of the ACM 21 (1978) 120–126, ACM Press.

[35] A. Shamir, Method and Apparatus for Protecting Public Key Schemes from Timing and Fault Attacks, US Patent 5991415, 1999.

[36] Wikipedia, the free encyclopedia, http://en.wikipedia.org/wiki/Cryptography.

[37] S-M. Yen, M. Joye, Checking before output may not be enough against fault-based cryptanalysis, IEEE Transactions on Computers 49 (September 2000) 967–970.

[38] S-M. Yen, S. Moon, J.-C. Ha, Permanent fault attack on the parameters of RSA with CRT, in: Lecture Notes in Computer Science, vol. 2727, Springer-Verlag, 2003, pp. 285–296.